Konstruktionsbücher

Herausgegeben von Professor Dr.-Ing. K. Kollmann

Band 17

Karl Trutnovsky

Berührungsdichtungen

an ruhenden und bewegten Maschinenteilen

2. neubearbeitete Auflage

Springer-Verlag Berlin Heidelberg GmbH 1975

Dr.-Ing. Karl Kollmann
o. Professor und Direktor des Instituts für
Maschinenkonstruktionslehre und Kraftfahrzeugbau
der Universität (TH) Karlsruhe

Dr.-Ing. Karl Trutnovsky
em. o. Professor der Montanistischen Hochschule Leoben

Mit 398 Abbildungen

ISBN 978-3-662-00939-0   ISBN 978-3-662-00938-3 (eBook)
DOI 10.1007/978-3-662-00938-3

Das Werk ist urheberrechtlich geschützt. Die dadurch begründeten Rechte, insbesondere die der Übersetzung, des Nachdruckes, der Entnahme von Abbildungen, der Funksendung, der Wiedergabe auf photomechanischem oder ähnlichem Wege und der Speicherung in Datenverarbeitungsanlagen bleiben, auch bei nur auszugsweiser Verwertung, vorbehalten

Bei Vervielfältigungen für gewerbliche Zwecke ist gemäß § 54 UrhG eine Vergütung an den Verlag zu zahlen, deren Höhe mit dem Verlag zu vereinbaren ist.

© by Springer-Verlag Berlin Heidelberg 1975.

Ursprünglich erschienen bei Springer-Verlag Berlin Heidelberg New York 1975

Library of Congress Cataloging in Publication Data. Trutnovsky, Karl. Berührungsdichtungen an ruhenden und bewegten Maschinenteilen. (Konstruktionsbücher, Bd. 17). Includes bibliographical references and index. 1. Gaskets. 2. Packing (Mechanical engineering). 3. Sealing (Technology) I. Title. II. Series. TJ 246.T75   1975   621.8'85   74-32364

Die Wiedergabe von Gebrauchsnamen, Handelsnamen, Warenbezeichnungen usw. in diesem Buche berechtigt auch ohne besondere Kennzeichnung nicht zu der Annahme, daß solche Namen im Sinne der Warenzeichen- und Markenschutz-Gesetzgebung als frei zu betrachten wären und daher von jedermann benutzt werden dürften.

Vorwort zur zweiten Auflage

Seit dem Erscheinen der ersten Auflage sind etwa 17 Jahre vergangen. Die Behandlung der Dichtungen im technischen Schrifttum hat sich grundlegend gewandelt. Aus den damals noch überblickbaren Arbeiten ist eine unübersehbare Anzahl von Veröffentlichungen geworden. Aber nicht nur die Zahl der Arbeiten hat sich vervielfacht, es ist auch eine wesentliche Verwissenschaftlichung festzustellen. Die Ursachen liegen nicht zum wenigsten in dem Einfluß modernster Techniken, wie Hochdruck-, Raumfahrt-, Raketen- und Kerntechnik. Alle diese Gebiete zählen vom Konstruktionsstandpunkt aus gesehen die Dichtungstechnik zu ihren Grundlagen.

Wenn auch im allgemeinen die Beschleunigung der Entwicklung eines Maschinenelementes durch solche Umstände zu begrüßen ist, so ergibt sich im gegenständlichen Fall ein bedeutender Nachteil: Die Fachliteratur, welche diese Entwicklungen bringt, ist begreiflicherweise großteils keine deutschsprachige. Als Folgen sind nicht nur die schwierige Auswertung zu nennen, sondern vor allem die oft schwierige Beschaffung. Es war dies auch im Schrifttumsverzeichnis zu berücksichtigen; sehr leicht hätte dieses vervielfacht werden können. Es wurde aber getrachtet, außer guten deutschsprachigen Aufsätzen vorwiegend solche aus dem englischsprachigen Fachschrifttum des Auslandes anzuführen, deren Beschaffung einem interessierten Leser voraussichtlich keine allzu großen Schwierigkeiten bereiten würde. In nicht wenigen Fällen mußte von dieser Einstellung allerdings abgewichen werden.

Gesamtdarstellungen des Gebietes sind auch jetzt noch selten, und nur ganz wenige Monographien über wichtige Dichtungsarten sind erschienen, obwohl die Bedeutung und fachliche Erschließung die Herausgabe von Einzeldarstellungen fast jeder bedeutenden Art rechtfertigen würde.

Die zweite Auflage unterscheidet sich inhaltlich von der ersten Auflage. Es sind einige Abschnitte neu hinzugekommen. Weggelassen wurde der Abschnitt über Schutzdichtungen. Diese Gruppe von Dichtungen ist heute so umfangreich geworden und unterscheidet sich grundsätzlich so sehr von den in diesem Buch behandelten Dichtungen, daß ihre Behandlung in einem eigenen Konstruktionsbuch vorgenommen werden sollte. Weiter wurden einige Bauarten weggelassen, die nicht zu den Berührungsdichtungen gezählt werden können, sondern die dem Gebiet der berührungsfreien Dichtungen zuzurechnen sind.

Wie bereits gesagt, hat die Technik des Abdichtens das bisherige halbempirische Niveau verlassen und entwickelt sich zu einem Fachgebiet mit wissenschaftlichen Grundlagen. Es wurden daher auch neue Dichtungsbauarten aufgenommen, auch wenn ihre zahlenmäßige Verbreitung vielleicht derzeit noch nicht sehr groß ist, ihre Grundlagen aber entsprechend fachlich beschrieben sind; sie können vielleicht auch Anregungen vermitteln.

Es ist der Zweck dieses Konstruktionsbuches, gute Grundlagen für das Arbeiten mit Dichtungen zu geben. Das Buch enthält weder eine Liste von

Dichtungen, die für bestimmte Fälle empfohlen werden, noch ein dem gleichen Zweck dienendes Werkstoffverzeichnis; beides ist kaum mit der notwendigen Objektivität durchführbar. Außerdem ist die Anzahl der am Markt befindlichen Dichtungen eine derart große, daß ihre bloße Aufzählung schon unmöglich ist. Das Buch vermittelt aber wohl alle Kenntnisse, die für eine Beurteilung eines Dichtungsproblems für die richtige Auswahl, wenn nötig auch für den Entwurf einer Dichtung bzw. Dichtverbindung notwendig sind. Schon die erste Auflage war in diesem Sinne abgefaßt.

Der letzten Fassung von DIN 1304 entsprechend, verwendet die 2. Auflage für die Kraft den Buchstaben F und für die Fläche den Buchstaben A. Das Technische Maßsystem (m, kp, s) wurde beibehalten, weil auch die neuesten Arbeiten auf dem Gebiet der Dichtungstechnik es fast ausnahmslos noch benutzen. Um aber den Übergang auf das SI zu erleichtern, ist von den wichtigsten verwendeten Rechnungsgrößen eine Umrechnungstabelle als Abschnitt 1.6 (S. 5) eingefügt.

Eine große Anzahl wertvoller Firmenveröffentlichungen ist erschienen. Es war nicht möglich sie im einzelnen anzuführen. Jene Firmen, deren Druckschriften aber benützt wurden, sind im alphabetischen Firmenverzeichnis zu finden; für das Entgegenkommen sei herzlich gedankt!

Der Verfasser hofft, daß auch diese Auflage den schöpferisch tätigen Ingenieuren gute Dienste leistet!

Es ist dem Verfasser eine angenehme Pflicht, dem Springer-Verlag und seinen Mitarbeitern sehr herzlich für die gute und harmonische Zusammenarbeit zu danken.

Leoben, im März 1975 **Karl Trutnovsky**

Aus dem Vorwort zur ersten Auflage

Es ist noch gar nicht lange her, da suchte man in den Inhaltsverzeichnissen der Bücher über Maschinenelemente vergeblich nach dem Stichwort Dichtungen oder Stopfbüchsen. Das entsprach keineswegs der wahren Bedeutung dieser Bauteile der Maschinen, denn vielfach ist es gerade das Versagen dieser Elemente, das zu schweren Betriebsstörungen führt; im besonderen Maß ist das der Fall seit der Einführung hoher Drücke und Temperaturen im Maschinenbau und in der Verfahrenstechnik.

In neuerer Zeit ist hier ein erfreulicher Wandel eingetreten: eine Reihe wertvoller Forschungsarbeiten und Firmenveröffentlichungen betrifft Entwicklungsarbeiten auf dem Gebiet der Dichtungen, und das Schrifttum darüber ist bedeutend geworden. Die einschlägigen Bücher widmen den Dichtungen ebenso Abschnitte wie den anderen Maschinenelementen. Trotzdem fehlte bisher eine zusammenfassende Darstellung des Gesamtgebietes für den Ingenieur; für den Betriebsmann ist im Werkstattbüchlein Dichtungen eine solche Übersicht bereits erschienen. Nur ein Sondergebiet – die berührungsfreien Dichtungen – hat bereits eine Darstellung auf Ingenieurniveau erfahren.

Aus dem Vorwort zur ersten Auflage

Es dürfte nicht übertrieben sein, wenn man feststellt, daß kaum ein anderes Maschinenelement diese Fülle an Ausführungsformen erreicht wie die Dichtungen. Unter Dichtungen sollen auch immer die Stopfbüchsen verstanden werden. Schon die bloße Aufzählung würde eine Broschüre erfordern. Das Konstruktionsbuch macht daher keinen Anspruch auf Vollständigkeit!

Da eigene Erfahrungen natürlich nicht auf allen Teilgebieten vorliegen konnten, mußte das einschlägige Fachschrifttum stark herangezogen werden.

Das ergibt die Gefahr, daß vielleicht manches anscheinend Minderwichtige genauer behandelt wurde, weil eben ein ausführlicher Versuchsbericht vorlag; manchmal ist es auch ein besonders schöner Konstruktionsgedanke gewesen, der eingehendere Besprechung gefunden hat.

Ich wäre meinen Fachkollegen sehr dankbar, wenn sie mich auf vorkommende Unklarheiten, Fehler oder fehlende Bauarten aufmerksam machen würden.

Für den erfahrenen Konstrukteur enthält das Konstruktionsbuch sicher viel Selbstverständliches. Das Buch ist aber auch und vielleicht sogar besonders für den Nachwuchs unserer Konstrukteure geschrieben. Es wurden darin jene Dichtungsarten behandelt, die für den Konstrukteur des allgemeinen Maschinenbaues in Frage kommen. Vielfach handelt es sich dabei um patentierte Konstruktionen; ein Anführen der betreffenden Patente war nicht möglich – auf die Tatsache wird jedoch ausdrücklich aufmerksam gemacht.

Die Einteilung in die verschiedenen Gruppen ist manchmal eine willkürliche, denn nicht immer sind die charakteristischen Eigenschaften nur einer Gruppe vorhanden. Nicht behandelt wurde das Gebiet der Kolbenringdichtung. Dies ist ein derart umfangreiches Sondergebiet, daß es im Rahmen des vorliegenden Buches nicht unterzubringen gewesen wäre. Die Umkehrung – der Zylinderring – wurde jedoch besprochen.

Auf eine auch auszugsweise Wiedergabe der einschlägigen Normblätter wurde verzichtet. Die Blätter sind leicht erhältlich, und außerdem soll das Buch in das Wesen der Dichtungen einführen und nicht einen Überblick über bereits abgeschlossene Ausführungen geben.

Es war nicht vermeidbar, daß Textstellen und Abbildungen aus dem vorerwähnten Werkstattbüchlein übernommen wurden; das ist nicht besonders vermerkt. Die andere benützte Literatur ist entweder am Beginn des betreffenden Abschnittes oder bei der betreffenden Textstelle und Abbildung angeführt.

Leoben, im Dezember 1957 **Karl Trutnovsky**

Inhaltsverzeichnis

1. Einführung 1
   1.1 Zweck der Dichtungen 1
   1.2 Arten der Dichtungen 1
   1.3 Eigenschaften der Dichtungen 1
   1.4 Auswahl der Dichtungen 3
   1.5 Benennungen 3
   1.6 Umrechnung der Maßsysteme 4
   Schrifttum zu Abschnitt 1 4

2. Werkstoffe 4
   2.1 Die für die Dichtungen wichtigen Werkstoffeigenschaften 4
       a) Festigkeitseigenschaften 4
       b) Reibungseigenschaften 6
       c) Chemische Widerstandsfähigkeit 6
       d) Undurchlässigkeit 7
       e) Wärmedehnung 7
       f) Temperaturbeständigkeit 7
       g) Bearbeitbarkeit 7
       h) Strahlverschleiß (Erosionsbeständigkeit) 7
       i) Wärmeleitfähigkeit 7
       j) Quellen und Schrumpfen 8
   2.2 Besprechung der Dichtungswerkstoffe 8
   Schrifttum zu Abschnitt 2 22

3. Berührungsdichtungen an ruhenden Maschinenteilen 25
   3.1 Wirkungsweise und Einflüsse auf das Dichtverhalten 25
       a) Grundlagen 25
       b) Einflüsse auf die Vorpreßkräfte 28
       c) Art der Aufbringung des Dichtdruckes 32
       d) Abdichten durch Fließen der Dichtung (Fließdichtung) 42
       e) Dynamische Beanspruchung statischer Dichtungen 43
       f) Abdichtung bei kleinen axialen Bewegungen 45
       g) Durchlässigkeit gegen das Betriebsmittel 47
       Schrifttum zu Abschnitt 3.1 49
   3.2 Übersicht über die Hauptbauarten 50
       Schrifttum zu Abschnitt 3.2 52
   3.3 Flachdichtungen 52
       3.3.1 Allgemeine Ausführungen 52
             a) Einfluß der Abmessungen der Dichtung 56
             b) Das Aufrechterhalten der Abdichtbedingungen 58
       3.3.2 Beschreibung von Flachdichtungen aus verschiedenen Werkstoffen 62
             a) Weichdichtungen 62
             b) Mehrstoffdichtungen 66
             c) Hartstoffdichtungen 69
             d) Aufgeschliffene Dichtflächen 70
       Schrifttum zu Abschnitt 3.3 72

Inhaltsverzeichnis

4. Dichtmittel 73
   4.1 Kunststoffdichtmittel 73
   4.2 Dichtkitte 74
   Schrifttum zu Abschnitt 4 75

5. Formdichtungen 75
   5.1 Allgemeine Ausführungen 75
   5.2 Profildichtungen mit vorwiegend elastischen Formänderungen der Dichtflächen 76
       5.2.1 Querschnitte und Werkstoffe 76
            a) Kreisquerschnitte 76
            b) Andere Querschnitte 76
       5.2.2 Theoretische Grundlagen 76
       5.2.3 Weichstoff-Formdichtungen 77
            5.2.3.1 Ausführungsformen 78
       5.2.4 Hartstoff-Formdichtungen 83
            5.2.4.1 Hartstoff-Formdichtungen mit vorwiegend elastischen Formänderungen 84
            5.2.4.2 Profildichtungen mit vorwiegend plastischen Formänderungen der Dichtflächen 90
   Schrifttum zu Abschnitt 5 92

6. Preßpassungen und Walzverbindungen 93
   6.1 Berechnungsgrundlagen der Preßpassungen 93
   6.2 Preßsitz-Dichtringe 95
   6.3 Das Ringfederelement als Dichtelement 96
   6.4 Walzverbindungen 97
   6.5 Walzschweißverbindungen 98
   Schrifttum zu Abschnitt 6 98

7. Schweißverbindungen (Dichtschweißungen) 98
   7.1 Allgemeine Ausführungen 98
   7.2 Membranschweißdichtung 99
   7.3 Schweißringdichtung 100
   7.4 Weitere Beispiele für Schweißverbindungen 100
   7.5 Berechnung der Dichtschweißungen 101
   Schrifttum zu Abschnitt 7 102

8. Stopfbüchsenartige Dichtungen (Muffendichtungen) 102
   8.1 Zusätzliche Anforderungen 102
       8.1.1 Nachgiebigkeit 102
       8.1.2 Lebensdauer 103
       8.1.3 Aufnahme von Längskräften (Rohrschub) 103
   8.2 Bauarten der Muffenverbindungen 103
       8.2.1 Elastische Muffenverbindungen 103
       8.2.2 Starre Muffenverbindungen 105
   Schrifttum zu Abschnitt 8 109

9. Hochdruckdichtungen 109
   9.1 Allgemeine Ausführungen 109
   9.2 Bauarten von Hochdruckdichtungen 110
       9.2.1 Flachdichtungen 110
       9.2.2 Axiale Dichtungen 111
       9.2.3 Radiale Dichtungen 112
       9.2.4 Selbsttätige Dichtungen mit radialen Dichtflächen 116
       9.2.5 Flachdichtung mit Anpressung durch den Betriebsdruck 116
       9.2.6. Hochdruckdichtungen mit Aufgabenteilung 116
       9.2.7 Spaltdichtungen 116
       9.2.8 Schmiegungsdichtungen 116
       9.2.9 Dichtungen für ultrahohe Drücke 117
   9.3 Schneidendichtungen 117

9.4 Anwendung von O-Ringen 117
  9.4.1 Elastomerringe 117
  9.4.2 Metall-O-Ringe 118
Schrifttum zu Abschnitt 9 118

10. Vakuumdichtungen und Dichtungen für niedere Temperaturen 120
  10.1 Vakuumdichtungen 120
    10.1.1 Stoffschlüssige Verbindungen 121
    10.1.2 Verbindungen mit gummielastischen Dichtelementen 121
    10.1.3 Verbindungen mit metallischen Dichtungen (hoch ausheizbare Verbindungen) 122
  10.2 Dichtungen für tiefe Temperaturen 124
    10.2.1. Mehrstoffdichtungen 124
    10.2.2 Metalldichtungen 126
  Schrifttum zu Abschnitt 10 126

11. Dichtungen von Rohrverschraubungen 127
  11.1 Rohrverschraubungen für Rohre ohne Gewinde an den Rohrenden ... 127
  11.2 Rohrverschraubungen für Rohre mit Gewinden an den Rohrenden ... 132
  11.3 Schlauchverschraubungen und Schlauchkupplungen 133
  Schrifttum zu Abschnitt 11 134

12. Zylinderkopfdichtungen 135
  12.1 Metall-Weichstoff-Dichtungen 135
  12.2 Metalldichtungen 136
  Schrifttum zu Abschnitt 12 137

13. Armaturendichtungen 138
  Schrifttum zu Abschnitt 13 140

14. Abdichtung von Befestigungsmitteln 140
  14.1 Schraubendichtungen 140
  14.2 Nietendichtungen 142
  Schrifttum zu Abschnitt 14 142

15. Dichtungen im Stahlwasserbau 142
  Schrifttum zu Abschnitt 15 144

16. Berechnung der ruhenden Berührungsdichtungen 144
  16.1 Nach DIN 2505 — Vornorm „Berechnung von Flanschverbindungen" .. 144
    a) Auf die Dichtung wirkende Kräfte (am Beispiel einer verschraubten Flanschverbindung besprochen) 144
  16.2 Weitere Berechnungsmethoden 152
  16.3 Berechnung im Nebenschluß liegender Dichtungen 156
  16.4 Kammrillendichtung 158
  16.5 Darstellung der Vorgänge im Verspannungsschaubild 159
  16.6 Berechnungsbeispiel 165
  16.7 Berechnung der Dichtung gegen Herausdrücken durch den Innendruck 167
  16.8 Theoretische Ermittlung der Lässigkeit 168
  Schrifttum zu Abschnitt 16 169

17. Stabiles und labiles Verhalten; Stabilitätsgrenze, Stabilitätsbreite 171
  Schrifttum zu Abschnitt 17 171

18. Prüfungen für Dichtungswerkstoffe und für Dichtverbindungen 171
  18.1 Prüfungen, welche der Gütesicherung der betreffenden Werkstoffe dienen . 171
  18.2 Prüfungen, die für die Beurteilung des Abdichtungsverhaltens des betreffenden Werkstoffes von Bedeutung sind 172
    18.2.1 Bestimmung des elastischen Verhaltens von Weichstoffen 172
    18.2.2 Druckstandfestigkeit (Temperatur- und Zeitstandfestigkeit, Kriechverhalten) 173

Inhaltsverzeichnis

    18.2.3 Gasdurchlässigkeit 173
    18.2.4 Maßhaltigkeit (Ausgangsdicke, Ursprungsdicke) 174
18.3 Prüfungen, die der unmittelbaren Beurteilung der Dichtungseignung der
     Werkstoffe dienen 174
    18.3.1 Innendruckprüfung 174
18.4 Prüfungen, die die Brauchbarkeit eines Werkstoffes für Dichtungszwecke
     unter wirklichkeitsnahen Bedingungen feststellen sollen 174
    18.4.1 Leckspaltmodell nach Lok 174
    18.4.2 Methode von Roth/Inbar 175
    18.4.3 Standardrille nach Boon/Lok 175
    18.4.4 Durchflußprüfung 176
18.5 Untersuchungen der Dichtverbindung (Beurteilung der konstruktiven Ein-
     bauverhältnisse) 176
18.6 Untersuchung des Verschleißverhaltens 176
18.7 Besondere Prüfungen 176
18.8 Diverse Arbeiten über Prüfungen und Prüfstände 176
18.9 Methoden der Lässigkeitsmessung (Übersicht) 176
    18.9.1 Qualitative Messung (durch Beobachtung) 177
    18.9.2 Quantitative Methoden 177
    18.9.3 Meßgrößen für die Undichtheit 178
Schrifttum zu Abschnitt 18 178

19. Konstruktive Gesichtspunkte 180
19.1 Der Einfluß der Dichtung auf die Längenabmessung der Verbindung 180
19.2 Das Vermeiden von Doppelpassungen 182
19.3 Weitere Hinweise für den Entwurf von Dichtverbindungen 183
     Schrifttum zu den Abschnitten 19.1—19.3 184
19.4 Flanschen 184
     Schrifttum zu Abschnitt 19.4 187

20. Montage und Betrieb von Dichtungen 188
    Schrifttum zu Abschnitt 20 189

21. Die Dichtung bewegter Maschinenteile 189
21.1 Berührungsdichtungen an bewegten Maschinenteilen (Stopfbüchsen) 190
    21.1.1 Allgemeine Grundlagen 190
         a) Die Wirkungsweise von Berührungsstopfbüchsen 190
         b) Die Undichtheitswege der Stopfbüchsenpackung 192
         c) Anforderungen an die bewegten Dichtflächen (Lauffläche, Gleit-
            fläche) der Stopfbüchsen 193
    21.1.2 Übersicht über die Bauarten 193
    21.1.3 Verformbare (verdichtbare) Packungen 194
         a) Weichpackungen 194
         b) Wirkungsweise der Weichpackungsstopfbüchsen 196
         c) Konstruktive Ausführung 200
         d) Metall-Weichstoffpackungen 208
    21.1.4 Formbeständige Packungen (Hartstoffringpackungen, Metallpackun-
           gen, Stopfbüchsen mit metallischer Liderung) 209
         a) Werkstoffe 210
         b) Anwendung und Vorteile 210
         c) Einteilung 210
         d) Beschreibung der Bauarten und deren Bauteile 210
         e) Zylinderringe (Büchsenringe) 222
    Schrifttum zu den Abschnitten 21.1—21.1.4 223
    21.1.5 Selbsttätige Stopfbüchsen (Hydraulik- und Pneumatikdichtungen) .. 225
         a) Rundringe u. ä. 225
         b) Manschettendichtungen 229
         c) Das Dichtverhalten von Hydraulikdichtungen 236
         d) Reibung 237
         e) Verschleiß 237
         f) Werkstoffe 239

g) Zusammenfassung 239
h) Kolbenringe als Hydraulikdichtungen 240
i) Diverse Bauarten 242
k) Druckabfall 244
Schrifttum zu Abschnitt 21.1.5 244
21.1.6 Axiale Gleitringdichtungen (Radialflächendichtungen, Schleifringdichtungen, Stirnflächendichtungen) 245
Schrifttum zu Abschnitt 21.1.6 260
21.1.7 Das betriebliche Verhalten von Stopfbüchsen 261
a) Reibung und Verschleiß 261
b) Schmierung 263
c) Wärmeabfuhr 265
d) Druckverlauf bei Hartstoffringpackungen 265
Schrifttum zu Abschnitt 21.1.7 271

22. Membrandichtungen 271

a) Metallbälge 271
b) Plattenmembrane (Flachmembrane) 275
c) Bälge und Membranen (Diaphragmen) aus nichtmetallischen Werkstoffen ... 275
d) Abdichtung von Drehbewegungen 278
Schrifttum zu Abschnitt 22 278

23. Stopfbüchsenlose Pumpen 280

Schrifttum zu Abschnitt 23 280

24. Trockenlaufdichtungen 282

24.1 Kunstkohlebasis 282
24.2 PTFE-Basis 284
24.3 Aufbau der Kolben und Stopfbüchsen 284
Schrifttum zu Abschnitt 24 287

25. Drehbare Verbindungen 288

25.1 Drehgelenke 290
25.2 Drehverbindungen 291
25.2.1 Einwegdrehverbindungen 291
25.2.2 Zweiwegdrehverbindungen 293
Schrifttum zu Abschnitt 25 294

26. Stopfbüchsen und Dichtungen für Kernkraftanlagen 294

Schrifttum zu Abschnitt 26 297

27. Bemerkungen zum Schrifttum über Dichtungen 298

27.1 Bücher über das Gesamtgebiet bzw. wesentliche Teilgebiete 298
27.1.1 Dissertationen 299
27.1.2 Monographien 299
27.2 Taschenbücher der Dichtungshersteller 299
27.3 Bücher, die Abschnitte über Dichtungen enthalten 299
27.4 Patentliteratur 299
27.5 Normen; Einteilung 300
27.6 Tagungsberichte; Forschungsberichte 300
27.7 Dokumentation 300
27.8 Übersichtsaufsätze 301

Sachverzeichnis 302

Firmenverzeichnis

 1* The Advanced Products Comp., North Haven, Conn., U.S.A.
 2* Neue Argus GmbH, Ettlingen
 3* Armstrong Industrial Division, Lancaster, Penn., U.S.A.
 4* BAL-Seal Engineering Comp., (Polypac BAL Ltd. Halesowen/Worc., U.K.)
 5* Feodor Burgmann jr., Asbest- und Packungswerk, Wolfratshausen/Obb.
 6* Busak & Luyken KG (O-Ring Vertriebsgesellschaft, Minnesota Rubber Comp.), Stuttgart
 7* A. W. Chesterton Co., Everett 49, Mass., U.S.A.
 8* Chiksan GmbH, Frankfurt a. M.
 9* Deublin Company, Northbrook, Ill., U.S.A.
10* Dilo-Gesellschaft Drexler & Co., Bobenhausen
11* N. V. Dorned, Amsterdam, Niederlande
13* Ermeto-Armaturen GmbH., Windelsbleiche-Bielefeld
12* E. Epple & Co., Chem. Fabrik, Stuttgart
14* Feldmühle AG, Werk Südplastik und Keramik, Plochingen/Neckar
15* Fey-Lamellenringe-Fabrik, Königsbrunn
16* Filton Ltd., Leamington SPA, U.K.
17* Georg Fischer AG, Schaffhausen, Schweiz
17a* Flexibox GmbH, Frankfurt/Main
18* Carl Freudenberg, Weinheim, Simrit-Werk, Werk Reichelsheim
19* Goetzewerke Friedrich Goetze AG, Burscheid b. Köln
20* Arthur Hecker, Asbest- und Gummiwerke KG, Weil/Schönbuch
21* Gustav Huhn AB, Berlin; Stockholm, Schweden
22* Carl Huth & Söhne, Dichtungs- und Kunststoffwerk, Bietigheim
23* Industriewerke Karlsruhe AG, Karlsruhe
24* Johns-Manville-Goetze, New Brunswick, N.J., U.S.A.
25* le joint français, Bezons (Val-d'Oise), Frankreich
26* Kempchen & Co. GmbH, Oberhausen (Rhld.)
26a* Klein, Schanzlin & Becker, Frankenthal/Pfalz
27* Rich. Klinger AG, Wien-Gumpoldskirchen, Österreich
28* Knorr-Bremse GmbH, München
29* Kontron GmbH, München
30* Kroll & Ziller, Düsseldorf
31* Kupfer-Asbest-Co., Gustav Bach, Dichtungsfabrik (KACO), Heilbronn/N.
32* Lechler ELRING Dichtungswerke KG., Stuttgart
33* Loctite Corp., Newington/Conn., U.S.A.
34* Christian Maier KG, Heidenheim
35* Mannesmann AG, Düsseldorf
36* Erich Martens, Wien, Österreich
37* Martin Merkel, Asbest- und Gummiwerke KG., Hamburg-Wilhelmsburg
38* Metallschlauch-Fabrik Pforzheim, vorm. Hch. Witzenmann GmbH, Pforzheim
39* Molykote KG, München
40* Omni-Technic GmbH, München

41* Pampus KG, Willich-Schiefbahn
42* Parker-Hannifin Corp., Cleveland/Ohio, U.S.A.
42a* PERSTA GmbH KG, Stahl-Armaturen, Belecke (Möhne)
43* Parker Seal Company (Rockwell Mechanical Packing Comp.) Inc., Los Angeles, U.S.A.
43a* Präzisions-Dichtungs-Fabrik Jäger KG (PRÄDIFA), Bissingen/Enz über Bietigheim/Württ.
44* Precision Rubber Products Corp., Dayton, Ohio, U.S.A.
45* Rasor & Kuhrmeier, Metallpackungen, Ludwigshafen/Rhein
46* Rathmann, W. G., Arenberg/Koblenz
47* Reinz-Dichtungs-GmbH, Neu-Ulm/Donau
48* Rheinische Röhrenwerke AG, Mühlheim (Ruhr)
48a* Ringfeder GmbH, Ürdingen
49* Schmitz & Schulte, Burscheid/Köln
50* Schneider + Co. GmbH, Dichtungen, Isomat-Isolierungen, Stuttgart
51* Sealol GmbH, Fischbach/Taunus
52* W. S. Shamban & Co., Culver-City, Calif., U.S.A.
53* Simmer Werk KG. Kufstein/Tirol
54* Hans Skodock, Hannover-Herrenhausen
55* STEFA GmbH, Frankfurt
56* Takeda Works Ltd., Tokyo, Japan
57* Tiroler Röhren- und Metallwerke AG, Solbad Hall/Tirol, Österreich
58* Hermann Voss, Armaturenfabrik, Wipperfürth
59* Wacker-Chemie GmbH, München
60* Jean Walterscheid KG, Werk Siegburg, Siegburg
61* Georg Walz KG, Rohrverbindungen, Heidenheim
62* Charles Weston & Co., Ltd., Salford, U.K.
63* Zikesch, C. H. GmbH, Düsseldorf/Kaiserswerth

1. Einführung

1.1 Zweck der Dichtungen

Dichtungen dienen vor allem dazu, Räume mit verschiedenem Druck gegeneinander abzuschließen. Sehr oft sind aber andere Gründe für die Anwendung von Dichtungen maßgeblich: Trennung verschiedener Betriebsstoffe oder unterschiedlicher Mediumszustände, Schutz vor dem Eindringen von Fremdkörpern (z. B. Staub) in bestimmte Räume (z. B. Lager) oder Abdichtung von Maschinen oder Maschinenelementen gegen Verluste an Schmiermitteln und dergleichen.

1.2 Arten der Dichtungen

Je nachdem, ob sich die abzudichtenden Maschinenteile in relativer Bewegung zueinander befinden oder nicht, unterscheidet man ruhende (statische) Dichtungen und bewegte (dynamische) Dichtungen (letztere sind nachstehend oft kurz als ,,Stopfbüchsen" bezeichnet).

Eine weitere Unterscheidung ergibt sich aus dem Umstand, ob die abzudichtenden Maschinenteile sich berühren bzw. sich zwischen ihnen ein nicht näher zu definierender Spielraum befindet, das sind die Berührungsdichtungen, oder ob die abzudichtenden Maschinenteile eine vorbestimmte Entfernung voneinander einnehmen: berührungsfreie Dichtungen.

1.3 Eigenschaften der Dichtungen

Je nach dem Zweck der Dichtung wird das Hauptgewicht bei der Beurteilung auf eine oder mehrere der folgenden Eigenschaften bzw. Verlustquellen zu legen sein, die vielfach voneinander abhängig sind.

Dichtheit. Dichtheit wird aus verschiedenen Gründen gefordert:

a) Zur Vermeidung von Stoffverlusten. Diese ergeben folgende Nachteile:
Wertverluste, die je nach dem Betriebsstoff und der Benutzungsdauer der betreffenden Dichtung zu beurteilen sind (Gefährlichkeit kleiner Undichtheiten!),
Zerstörung der Dichtung oder eines Maschinenteiles durch die erodierende und korrodierende Wirkung des durchtretenden Betriebsmittels,
Gefährdung der Umwelt bei giftigen Betriebsstoffen,
Verschmutzung, Feuergefährlichkeit und Belästigung der Umgebung.
b) Zur Verhinderung der Vermengung verschiedener Betriebsstoffe,
c) zur Verhütung eines erhöhten Verschleißes, wie er z. B. als Folge mangelhaften Abschlusses gegen Staub eintritt.

Möglichst vollkommene Dichtheit anzustreben wäre in vielen Fällen unwirtschaftlich. Es muß (mindestens größenordnungsmäßig) ein bestimmter, größter zulässiger Leckverlust festgelegt werden, um die wirtschaftlich optimale Lösung der Dichtungsaufgabe zu erreichen, sonst ergibt sich für die ,,unnötig dichte" Dichtverbindung ein zu großer Fertigungsaufwand, dadurch höhere Kosten, Verlängerung der Planungszeit und oft schlechtere Zusammenfügbarkeit.

Man wird [1][1] für sogenannte „Normaldichtungen" etwa eine Gasundichtheit in der Größenordnung von 10 bis 100 µg/sm, für Flüssigkeiten eine Undichtheit von 0,1 bis 1 mg/sm zulassen; bei Dichtungen an die sehr hohe Anforderungen gestellt werden (Hochvakuumtechnik, Reaktortechnik) wird mit Undichtheiten in der Größenordnung von etwa 10^{-3} bis 10^{-5} µg/sm gerechnet.

Betriebssicherheit. Je nach der Bedeutung der Dichtverbindung ist diese Forderung zu bewerten; sie steht oft an erster Stelle, denn durch Dichtungsfehler können große Schäden – besonders Betriebsunterbrechungen – hervorgerufen werden. Es wird hier zu unterscheiden sein, ob plötzliche völlige Zerstörung der Dichtverbindung eintreten kann oder bloß deren Undichtheit.

Lebensdauer. Zu ihrer Beurteilung kommen zwei Gesichtspunkte in Frage:
a) Die Haltbarkeit gegenüber Beanspruchungen durch den Betriebsstoff und (bei bewegten Dichtungen) durch den Betrieb; chemische Widerstandskraft, Verschleißfestigkeit und Temperaturbeständigkeit des Dichtungswerkstoffes sind hier maßgeblich,
b) Die Widerstandsfähigkeit gegen das wiederholte Lösen der Dichtverbindung. Diese hängt außer von gewissen äußeren Umständen (z.B. Kleben der Dichtung) vorwiegend von der Art der Formänderungen ab, welche die Dichtung beim Abdichtungsvorgang erleidet. Soll oftmaliges Wiederverwenden der Dichtung möglich sein, so sind vorwiegend elastische Formänderungen derselben anzustreben.

Lösbarkeit. Hier sind lösbare und unlösbare Dichtverbindungen zu unterscheiden sowie eine beschränkte Lösbarkeit, die meist das Zerstören eines Teiles der Dichtverbindung beim Lösen erfordert.

Unlösbare Verbindungen sind im allgemeinen vorzuziehen; durch sie dürfen jedoch notwendige Instandsetzungsarbeiten nicht verhindert werden. Der Konstrukteur muß die erforderliche Anzahl der lösbaren Verbindungen vorsehen. Bei voraussichtlich sehr seltener Zerlegung (z.B. dauernd verlegte Rohrleitungen) kann die unlösbare Verbindung auch auf die Gefahr schwieriger Instandsetzungsarbeiten hin vorzuziehen sein.

Hier einzuordnen wäre auch der Begriff der „beschränkten Wiederverwendbarkeit": mehrmalige Verwendung sollte keine Nacharbeit erfordern und die Undichtheit nicht erhöhen.

Leistungsverlust. Bei Stopfbüchsen treten zwei Arten von Leistungsverlusten auf:
a) Der Leistungsverlust durch den Verlust an Betriebsmittel,
b) der Leistungsverlust durch Reibung.

Wärmeleitzahl des Dichtungswerkstoffes. In vielen Fällen ist die gute oder schlechte Wärmeleitfähigkeit des Dichtungswerkstoffes von Bedeutung, je nachdem die Wärmeabfuhr von beiden Dichtflächen bzw. die Wärmeleitung von einer Dichtfläche durch die Dichtung zur anderen Dichtfläche erwünscht oder unerwünscht ist.

Einwirkung auf den Betriebsstoff. Der Betriebsstoff darf durch den Dichtungswerkstoff keine Veränderung erfahren, wie z.B. Herauslösen von Bestandteilen und dadurch Veränderungen in der Zusammensetzung, Farbe, Geschmack,

---
[1] Die in eckigen Klammern stehenden Ziffern verweisen auf das Schrifttumsverzeichnis am Ende des jeweiligen Abschnitts.

Geruch, Schmiereigenschaften usw.; Vakuumdichtungen sollen keine nennenswerten Dampfdruck besitzen.

Festigkeitseigenschaften und Gasundurchlässigkeit. Diese Eigenschaften sind für das Dichtverhalten von ausschlaggebender Bedeutung, wie die betreffenden Kapitel näher ausführen.

Universelle Anwendbarkeit. Zulässigkeit für große Druck-, Temperatur- und Medienbereiche sind weitere, anzustrebende Eigenschaften.

1.4 Auswahl der Dichtungen

Bei Besprechung der Werkstoffe und der Dichtungsarten werden Hinweise auf die Anwendung gegeben. Eine regelrechte Empfehlungsliste aufzustellen, erscheint mit Rücksicht auf die Vielfalt der Betriebsbedingungen einerseits und die Unzahl von verfügbaren Dichtungen andererseits nicht möglich. Empfehlungslisten sind aber in den Druckschriften der Dichtungshersteller enthalten, wie auch vielfach in der einschlägigen Fachliteratur.

1.5 Benennungen

Tabelle 1.1

Formelzeichen	Benennung	Einheiten
d_a	Äußerer Durchmesser der Dichtung	mm
d_i	Innerer Durchmesser der Dichtung	mm
d_D	Mittlerer Durchmesser der Dichtung	mm
b_D	Breite der Dichtung	mm
h_D	Dicke, Höhe der Dichtung	mm
A_D	Oberfläche der Dichtung	mm²
p	Innendruck des Betriebsmittels	kp/mm², atü
ϑ	Betriebstemperatur	°C
F_i	Innendruckkraft	kp
F_R	Rohrkraft	kp
F_A	Ringflächenkraft	kp
F_{S0}	Schraubenkraft im Einbauzustand	kp
F_{SB}	Schraubenkraft im Betriebszustand	kp
W	Flanschwiderstand	mm³
Z	Anzahl der Kämme bei kammprofilierter Dichtung	–
F_S	Schraubenkraft (Preßkraft)	kp
F_D	Auf die Dichtung wirkende Kraft (Dichtungskraft)	kp
p_D	Dichtpressung (auf die Flächeneinheit einer Flachdichtung bezogene Dichtkraft)	kp/mm²
$\bar{p}_D$	Auf den mittleren Umfang bezogene Dichtungskraft (für alle Arten von Dichtungen)	kp/mm
F_{DV} (F_{D0}^*)	Vorverformungskraft (Vorpreßkraft)	kp
F_{DB}	Betriebsdichtungskraft	kp
$F_{D\vartheta}$	Standkraft der Dichtung bei Betriebstemperatur	kp
F_{D3}	Auf die Dichtung wirkende Dichtkraft bei höherer Temperatur	kp
K_D	Formänderungswiderstand des Dichtungswerkstoffes	kp/mm²
$K_{D\vartheta}$	Standfestigkeit des Dichtungswerkstoffes bei Betriebstemperatur	kp/mm²

Tabelle 1.1 (Fortsetzung)

Formelzeichen	Benennung	Einheiten
V	Grenzlastfaktor	–
σ_B	Zugfestigkeit des Werkstoffes	kp/mm²
σ_{10}	Spannung bei 10%iger Stauchung	kp/mm²
k_0	Dichtungskennwert für Vorverformungskraft	mm
k_1	Dichtungskennwert für die Betriebsdichtungskraft	mm
k_2	Kennwert für die Standkraft der Dichtung	mm
S	Sicherheitsbeiwert	–
k_1'	Dimensionsloser Kennwert, bezogen auf die Breite der Dichtung	–
$E_D, D_{D\vartheta}$	Elastizitätsmodul der Dichtung	kp/mm²
E	Elastizitätsmodul von Flansch bzw. Schraube	kp/mm²
ε	Stauchung der Dichtung	%
m	Dichtungsfaktor	–
ϑ	Betriebstemperatur	°C
A	Beiwert zur Errechnung der Dichtungskraft	–
C_D	Federkennzahl der Dichtung	kp/mm
C_S	Federkennzahl der Schraube	kp/mm
ΔF	Elastische Durchbiegung eines Flansches	mm
ΔS	Elastische Längung der Schrauben	mm
V^*	Verformung	mm
s	Spalthöhe (Spaltweite)	mm

1.6 Umrechnung der Maßsysteme

(Siehe Tabelle 1.2, Seite 5)

Schrifttum zu Abschnitt 1

1. Lok, H. H.: Untersuchungen an Dichtungen für Apparateflanschen. Diss. TH Delft 1960.

2. Werkstoffe

2.1 Die für die Dichtungen wichtigen Werkstoffeigenschaften

a) Festigkeitseigenschaften

1. Zugfestigkeit σ_B. Die Zugfestigkeit des Dichtungswerkstoffes ist nur in seltenen Fällen von Bedeutung, z.B. bei der Berechnung einer Dichtung gegen Herausdrücken durch den Innendruck; aber auch hier kommt es nur bei einigen Hochdruckdichtungen vor, daß Verschiebungen, welche die Dichtung auf Zugfestigkeit beanspruchen, eintreten, ohne daß die Verbindung bereits vorher undicht wird.

2. Druckfestigkeit σ_{dB}. Die Druckfestigkeit spielt meist nur eine untergeordnete Rolle; sie kommt z.B. dann zur Geltung, wenn die höchste, durch eine Dichtverbindung hindurch leitbare Kraft zu ermitteln ist.

Ist die Leitung Schwingungen ausgesetzt, so ist für die Lebensdauer der Dichtung die Festigkeit bei schwellender Druckbeanspruchung σ_{dW} maßgeblich.

Tabelle 1.2. Umrechnung der Maßsysteme

Technisches Maßsystem (Grundeinheiten m, kp, s) und SI (Grundeinheiten m, kg, s)

Mit $g = 9{,}81$ m/s² statt $g_n = 9{,}80665$ m/s² ergeben sich folgende wichtigste Einheiten für Kraft, spez. Gewicht und Druck im TM und im MKS-System bzw. Umrechnungsfaktoren:

Größe	Techn. Maßsystem	MKS-System	Umrechnungsfaktoren	
			TM in MKS-System	MKS-System in TM
Kraft	kp (Grundeinheit) [p] = 1/1000 kp, [Mp] = 1000 kp	N (abgeleitete Einheit) 1 N = 1 kg m/s²	1 kp = 9,81 N	1 N = 0,102 kp
Spez. Gewicht	[p/cm³] kp/m³	N/m³	1 kp/m³ = 9,81 N/m³	1 N/m³ = 0,102 kp/m³
Druck	[kp/cm²] kp/m² 1 at = 1 kp/cm²	[N/cm²] N/m² 1 bar = 10⁵ N/m²	1 kp/cm² = 9,81 N/cm² 1 at = 0,981 bar	1 N/cm² = 0,102 kp/cm² 1 bar = 1,02 at

Drücke

	N/m²	bar	kp/m²	at (techn.) = kp/cm²	Torr = mm QS	m WS	lb/sq. in (psi)
1 N/m²	1	10^{-5}	$1{,}01972 \cdot 10^{-1}$	$1{,}01972 \cdot 10^{-5}$	$0{,}750062 \cdot 10^{-2}$	$1{,}01972 \cdot 10^{-4}$	$14{,}5038 \cdot 10^{-5}$
1 bar	10^5	1	$1{,}01972 \cdot 10^4$	1,01972	$0{,}750062 \cdot 10^3$	$1{,}01972 \cdot 10$	14,5038
1 kp/m²	9,80665	$9{,}80665 \cdot 10^{-5}$	1	10^{-4}	$0{,}735559 \cdot 10^{-1}$	10^{-3}	$14{,}2234 \cdot 10^{-4}$
1 at (techn.) = 1 kp/cm²	$9{,}80665 \cdot 10^4$	$9{,}80665 \cdot 10^{-1}$	10^4	1	$0{,}735559 \cdot 10^3$	10	14,2234
1 Torr = 1 mm QS	$1{,}333224 \cdot 10^2$	$1{,}333224 \cdot 10^{-3}$	$1{,}359510 \cdot 10$	$1{,}359510 \cdot 10^{-3}$	1	$1{,}359510 \cdot 10^{-2}$	$19{,}3368 \cdot 10^{-3}$
1 m WS	$9{,}80665 \cdot 10^3$	$9{,}80665 \cdot 10^{-2}$	10^3	10^{-1}	$0{,}735559 \cdot 10^2$	1	$14{,}2234 \cdot 10^{-1}$
1 lb/sq. in (psi)	$0{,}68948 \cdot 10^4$	$0{,}68948 \cdot 10^{-1}$	$0{,}70307 \cdot 10^3$	$0{,}70307 \cdot 10^{-1}$	$5{,}1715 \cdot 10$	0,70307	1

Gemäß der Funktion der Dichtung – Anpassung an die Ungleichmäßigkeiten der Dichtungsflächen – haben alle jene Werkstoffkennwerte besondere Bedeutung, welche sich auf die Formänderung beziehen. So ist der

3. Formänderungswiderstand K_D, kennzeichnend für den Widerstand gegen die Angleichung der Dichtflächen.

4. Spannung bei 10% bleibender Stauchung σ_{10} ($\approx$ Zugfestigkeit σ_B). Wird die Dichtung bei einer höheren Temperatur ϑ verwendet, so entscheidet über die Fähigkeit der Dichtung, auch dann noch die Druckkräfte aufzunehmen, die

5. Standkraft $F_{D\vartheta}$ der Dichtung bei der betreffenden Temperatur ϑ.

Soll die Kriechneigung während längerer Zeit verfolgt werden, so ist hierfür die

6. Zeitstandfestigkeit des Werkstoffes im Druckversuch $\sigma_{D\vartheta/10000}$ oder die Zeitkriechgrenze (z. B. $\sigma_{D/10000}$) maßgeblich.

7. Eine sehr wichtige Eigenschaft für die Beurteilung des elastischen Verhaltens der Dichtverbindung (Verspannungsschaubild) ist der **Elastizitätsmodul** E bzw. jener bei der Temperatur $\vartheta:E_\vartheta$.

Häufig wird das Verhalten von Weichstoffen (z. B. Kunstgummisorten) durch

8. die Angabe der **Härte** unterschieden (Brinellhärte, Shorehärte).

9. Bei den Werkstoffen für Berührungsdichtungen bewegter Maschinenteile (Stopfbüchsen) spielt die **Querdehnung** m eine große Rolle, da hier sehr häufig durch axiale Kräfte die radiale Anpressung erzeugt werden muß.

10. Für bewegte Berührungsdichtungen ist die **Reibverschleißfestigkeit** (Abriebfestigkeit) wichtig für die Beurteilung der Lebensdauer; für viele Dichtungen – besonders berührungsfreie Dichtungen – ist auch die Kenntnis von der Widerstandsfähigkeit des Werkstoffes gegen **Strahlverschleiß** nötig.

11. Für das Verhalten als Dichtung ist der **Rückfederungsverlust** (Relaxation) des Werkstoffes wichtig, ebenso

12. die **Zusammendrückbarkeit** (besonders bei Weichdichtungen).

b) Reibungseigenschaften

Für die Berührungsdichtungen bewegter Maschinenteile ist die Reibungszahl μ bzw. das Verhalten dieser Reibungszahl bei verschiedenen Gleitgeschwindigkeiten und Schmierungsverhältnissen von großer Bedeutung. Hierher gehört auch die Eigenschaft mancher Werkstoffe, einen schmierungsarmen bzw. schmierungslosen Betrieb oder zumindest einen solchen ohne Ölschmierung zu ermöglichen.

Auch für ruhende Dichtungen ist die Reibungszahl zwischen den Dichtflächen wichtig.

c) Chemische Widerstandsfähigkeit

Die außerordentliche Mannigfaltigkeit der Dichtungswerkstoffe hat eine ihrer Hauptursachen in der Forderung nach chemischer Beständigkeit. Durch die Entwicklung vieler neuer Kunststoffe ist heute praktisch für jeden Betriebsstoff ein korrosionsbeständiger Dichtungswerkstoff vorhanden; das gilt für alle Dichtungsarten. Aber auch die Umkehrung ist zu beachten: Korrosion der Welle (Stange, Spindel) durch den Dichtungswerkstoff bez. Korrosion von Dichtflächen s. [24]).

2.1 Die für die Dichtungen wichtigen Werkstoffeigenschaften

d) Undurchlässigkeit

Eine Dichtung bezeichnet man als durchlässig, wenn das Betriebsmittel durch Hohlräume (Poren) des Werkstoffgefüges dringt; oft sind Dichtungen nur für bestimmte Medien (Gase) durchlässig.

Es sind zwei verschiedene Arten von Porosität zu unterscheiden, je nachdem die Poren abgeschlossen oder miteinander verbunden sind. Im ersten Falle (Beispiel: Kork) sind sie kein Anlaß zu Undichtheit. Stehen sie aber untereinander in Verbindung, so muß der Dichtdruck so hoch bemessen sein, daß die Poren möglichst geschlossen werden und ein kapillarer Fluß vermieden wird, oder es müssen die Poren während der Herstellung teilweise mit Bindern oder Füllstoff aufgefüllt werden. Die Durchlässigkeit bezieht sich meist auf Porosität.

e) Wärmedehnung

Insbesondere für den Zusammenbau von Dichtverbindungen und für berührungsfreie Dichtungen ist die Kenntnis der Wärmedehnungszahl β_W für den Dichtungswerkstoff von Interesse. Für den Zusammenbau deshalb, weil bei höherer Temperatur sich die Passung zwischen den Dichtungselementen bei verschiedenen Ausdehnungszahlen derselben verändert, für berührungsfreie Dichtungen, weil die Spaltweite sowohl infolge von Temperaturunterschieden zwischen laufendem und stillstehendem Teil, als auch Unterschieden in den Ausdehnungszahlen im Betrieb nicht konstant bleibt.

f) Temperaturbeständigkeit

Jeder Werkstoff hat eine bestimmte obere Temperaturgrenze, bis zu der er angewendet werden darf. Wird diese überschritten, so findet entweder eine solche Verschlechterung der Festigkeitseigenschaften statt, daß die Dichtung unbenützbar wird oder es verändert sich der Werkstoff an sich (z.B. Glühverlust bei It-Dichtungen).

g) Bearbeitbarkeit

Da die Art der Oberfläche einen wesentlichen Einfluß auf das Verhalten mancher Dichtverbindungen hat, ist der zur Herstellung einer entsprechenden Oberflächengüte zu leistende Arbeitsaufwand bzw. die zu wählende Art der Bearbeitung wichtig.

h) Strahlverschleiß (Erosionsbeständigkeit)

Diese Werkstoffeigenschaft hat besondere Bedeutung bei jenen Dichtungen, wo hohe Strömungsgeschwindigkeiten betriebsmäßig auftreten, also z.B. bei Absperrorganen und berührungsfreien Dichtungen.

i) Wärmeleitfähigkeit

Für den Wärmetransport in einer verschraubten Flanschverbindung ist sowohl der Wärmefluß durch die Dichtung als auch die Schrauben maßgeblich; die Verbindung muß als Ganzes betrachtet werden. Je zusammendrückbarer der Werkstoff der Dichtung ist, desto niedriger liegt infolge seines Porenanteiles seine Wärmeleitfähigkeit.

Hohe Wärmeleitfähigkeit kann u.U. wichtig sein (z.B. bei den Kolbenringen von Verbrennungskraftmaschinen und Kompressoren; Gegensatz zu den Verhältnissen bei Kolbendampfmaschinen!).

j) Quellen und Schrumpfen

Manche Weichstoffdichtungen – besonders solche aus Kunststoffen – quellen durch Aufnahme des Betriebsmittels. Beim Entwurf der Dichtverbindung muß dies berücksichtigt werden. Das Quellen des Werkstoffes kann dazu ausgenützt werden, ein sonst stattfindendes Absinken der Dichtpressung im Betrieb auszugleichen.

Weitere Forderungen sind *Rißunempfindlichkeit* und (bei hohen Temperaturen) *Zunderbeständigkeit*.

2.2 Besprechung der Dichtungswerkstoffe
(siehe auch die Besprechung der Flachdichtungen!)

Nachstehend wird eine Übersicht über die wichtigsten Dichtungswerkstoffe gegeben. In dieser sind auch in neuerer Zeit aufgekommene Werkstoffe enthalten.

Die Fachliteratur über Dichtungswerkstoffe, besonders über Kunststoffe ist derart umfangreich geworden, daß eine einigermaßen vollständige Auswertung unmöglich ist; es wird daher besonders auf die angegebenen Aufsätze und wertvollen Firmendruckschriften hingewiesen. Eingehende Übersichten über nichtmetallische Werkstoffe enthalten z.B. [54, 72, 73, 80a]. Viele Spezialaufsätze beschäftigen sich mit der Beständigkeit der verschiedenen Werkstoffe gegen angreifende Medien (z.B. [2, 13, 14, 63]) und mit den Möglichkeiten, die Eigenschaften durch Änderung der Zusammensetzung zu beeinflussen.

1. Papier und Pappe. Für Dichtzwecke finden viele Arten von Papier Verwendung; oft unter Imprägnierung mit Gelatine, Öl, Harz und Kautschukmilch. Zur Abdichtung von Gasen ist Papier und Pappe ohne Tränkung auch bei hohen Anpreßdrücken wegen Durchlässigkeit schlecht geeignet. Tränkung mit Öl verbessert die Dichteigenschaften wesentlich [29]; Tränkung mit Firnis bringt die Papierfasern durch Verharzen des Firnisses zum Zusammenkleben, was die Dichtung unelastisch macht.

Je nach den auszugleichenden Unebenheiten wird dünnes Zeichenpapier bis zu dicker Pappe verwendet.

2. Leder [1a, 8, 19, 25]. Man unterscheidet Leder, welches durch Gerbung mit Eichenlohe oder mit Chromsalzen hergestellt wurde.

Leder ist auch im gegerbten Zustand noch porös; es muß zur Erreichung von Undurchlässigkeit mit Wachs, Harz oder flüssigem Kunststoff imprägniert werden.

Der Verschleißwiderstand ist angeblich auf der Fleisch- und Haarseite gleich.

Leder ist für Temperaturen von -40 bis $+105\,°C$ geeignet, je nach Gerbungsart. Es ist beständig gegen Mineralöl, Fette, Benzin, kohlensäure- und schwefelhaltige Flüssigkeiten.

Lederdichtungen sollen in Flanschen mit Rücksprung verwendet werden, damit ein Herausdrücken vermieden wird.

Leder kann lange gelagert werden.

Querschnitt der Dichtung [mm]	p_{DB}/p
10 × 3,1	1,3
20 × 3,1	0,75
30 × 3,0	0,3

Für Flachdichtungen aus Leder ergeben sich nach Raible [61] etwa nebenstehende Kennwerte (im konstanten Bereich, d. h. etwa ab $p = 25$ atü, ebener Flansch mit eingedrehten 2 bis 3 Rillen).

Leder weist hohen Verschleißwiderstand und niedrige Reibungszahl auf. Imprägnierungen erweitern den Anwendungsbereich.

Durch neuzeitliches Gerbverfahren kann eine „Veredelung des Leders" durchgeführt werden.

3. Vulkanfiber. Vulkanfiber ist in Hydrozellulose übergeführter Zellstoff, es ist stark hygroskopisch und in Wasser quellend; hart, biegsam und zäh; gut bearbeitbar.

Fiber wird dort angewendet, wo keine starke Zusammendrückung der Dichtung stattfinden soll. Zur besseren Anlage an den Dichtflächen wird die Fiberdichtung oft mit einer dünnen Kunstgummischicht überzogen (Zweistoffdichtung!).

Querschnitt der Dichtung [mm]	p_{DB}/p
10 × 2	0,7
20 × 2	0,75
30 × 2	0,83

Kennwerte nach Raible [61] für Flachdichtungen aus Fiber (etwa ab $p = 40$ atü) nebenstehend.

4. Hanf, Jute, Baumwolle, Nesselfasern (Pflanzenfasern). Viel gebrauchte Werkstoffe für die Herstellung von Weichpackungen, bez. der Werkstoffeigenschaften siehe [70].

5. Kork [25]. Kork besteht aus kleinen Zellen, die mit Luft gefüllt und durch ein natürliches Harz zusammengekittet sind. Verarbeitet wird gekörnter Kork mit einem Bindemittel (Protein oder Harz) unter Druck und Wärme (z. B. 70 Gew.-% Korkpulver, 30 Gew.-% Bindemittel).

Spez. Gewicht von Korkstein zwischen 220 und 480 kp/m³. Die Zugfestigkeit ist dem spez. Gewicht direkt, die Zusammendrückbarkeit umgekehrt proportional.

Kork läßt sich zusammendrücken, fließt aber nicht (kein seitliches Ausweichen!). Er zeigt gute Anpassung an die Dichtflächen.

Ausgangsformen für die Herstellung von Dichtungen sind Blöcke und Platten. Mindeststärke der Korkdichtungen etwa 1,8 mm.

Kork ist für Flüssigkeiten mit niedrigem Druck hinreichend undurchlässig, trocken ist Kork etwas gasdurchlässig.

Kork hat eine hohe Reibungszahl, was bei öligen Flanschen günstig ist.

Kork verträgt keine starken Säuren und Laugen.

Temperaturen über 70 °C führen zu plastischen Verformungen, der Kork federt und dichtet aber auch dann noch.

Al- und Mg-Legierungen, u. U. auch nichtrostende Stähle korrodieren bei Korkdichtungen.

Es besteht Anfälligkeit gegen Pilze, wenn nicht Phenolharz als Bindemittel verwendet wird.

Kork wird besonders bei Dichtflächen mit großen Verformungen angewendet, die z. B. durch weite Schraubenteilungen und Leichtbau (besonders im Kraftfahrzeugbau) auftreten, dann zwischen Glas, Keramik und verschiedenen Metallen.

Korkdichtungen werden auch mit Überzügen aus Neopren hergestellt, was sie ölfest macht.

Richtwerte für die zweckmäßige Zusammendrückung von Korkdichtungen tieferstehend.

	Zusammendrückung in %	Belastung in kp/cm²
Kork, weich	40 bis 60	7
Kork, hart	20 bis 40	14

Kork weist eine niedrige Wärmeleitzahl auf.

Kork hat vorzügliche Rückfederungseigenschaften (geringe Relaxation, hohe Rekuperation).

6. Asbest (siehe auch DIN 3752, 52910, 52911, 52912, 60650) [21, 55]. Asbest ist das für viele Zwecke gängigste Dichtungsmaterial; allerdings meist nur als Bestandteil von Mehrstoffdichtungen [2], da Asbest als Mineral schlechte Dichteigenschaften hat. Die natürliche Asbestfaser hat auch nur wenig Festigkeit. Liegt der Arbeitsbereich bei niedriger Temperatur, so wird Leinengewebe zugesetzt; es ergibt sich dadurch ein anschmiegsames Material. Bei höheren Temperaturen wird es durch Kupfergespinste ersetzt. Oberhalb 500°C läßt die Festigkeit rasch nach, weil das bis zu 14% enthaltene Kristallwasser ausgetrieben wird. Bei 750°C tritt Zerfall ein.

Dichtungsasbest wird in gewebten oder gepreßten Platten geliefert. Die Fasern lassen sich mit einem Bindemittel gut vulkanisieren. Der Anteil an reinem Asbest beträgt meist etwa 65 bis 70%. Die Restteile sind Zusatz- oder Bindemittel, insbesondere Gummi (vgl. It-Stoffe). Asbest allein wird als Dichtung selten verwendet.

In heißem Wasser aufgeschwemmter Asbest paßt sich den Unebenheiten der Dichtflächen besser an; in Asbestdichtungen eingesaugtes Wasser lockert das Gefüge stark auf.

Werden als Grundstoff kurze, billige Fasern verwendet, so kann sich das Gefüge der Dichtung nach kurzer Zeit bereits unter geringer Beanspruchung auflösen.

Die Lieferung erfolgt als Platten, weiter auch in Sonderformen. Neben den einfachen Platten sind für schwierigere Dichtungsprobleme (z.B. genarbte oder verworfene Flächen) Sonderformen am Markt (Dichtungen aus Asbest und hitzebeständigem Gummizement).

Bei hohen Flächenpressungen werden Asbestgewebe verwendet, die mit Teflondispersion getränkt sind (daraus auch Formdichtungen). Auch Umflechtung oder Umwendelung von Ringen aus reinem Asbest mit Teflonbändern und Verschweißung derselben; weiter Sinterung der Außenseiten von teflongetränkten Asbestgeweben (Erhaltung eines elastischen Kernes).

7. Asbest-Neoprene. Diese kombinierte Dichtung vereinigt die Eigenschaften von Asbest und Neopren. Sie wird hergestellt, indem die Asbestdichtungsplatte mit Neoprenezement bestrichen wird. Dadurch erhöht sich die Resistenz der Dichtung gegen das Durchdringen von Gasen und Flüssigkeiten. Eine hohe Zusammendrückbarkeit bleibt erhalten und ergibt geringe Dichtdrücke.

Die Dichtung wird als Ersatz für präpariertes Papier, Kork und ähnliche Weichstoffe verwendet. Vorteile sind die Maßhaltigkeit und hohe Temperaturbeständigkeit.

2.2 Besprechung der Dichtungswerkstoffe

Eine zweite Type von Asbest-Neoprendichtungen wird durch fabrikationsmäßiges Vorpressen der Asbest-Neoprendichtung hergestellt; diese Dichtung wird dann für hohe Flächenpressungen verwendet und besitzt große Widerstandsfestigkeit gegen heiße Öle. Die mineralische Basis verleiht der Dichtung Widerstandsfähigkeit gegen hohe Temperaturen und Sauerstoffeinwirkung.

Asbest kann grundsätzlich mit Naturgummi und jeder Art von Kunstgummi kombiniert werden.

8. **Gummi** [21, 30, 44, 75, 78]. Die verschiedenen Gummiarten werden nach ihren mechanischen Grundeigenschaften, das sind Weichheit, elastisches Verhalten, Zerreißfestigkeit und Bruchdehnung unterschieden. Weiter sind folgende Eigenschaften wichtig: Alterungsbeständigkeit, Zermürbung, Verhalten bei tiefen und hohen Temperaturen, Wichte, Abriebfestigkeit, Gas- und Wasserdampfdurchlässigkeit, Ozonbeständigkeit, Schrumpfen, Quellverhalten, Neigung zum Kleben, elektrische Eigenschaften.

Über das für den Gummi besonders charakteristische Verhalten unter Druckbeanspruchung gibt Bild 2.1 Aufschluß.

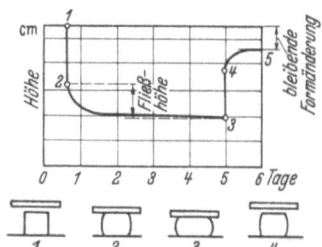
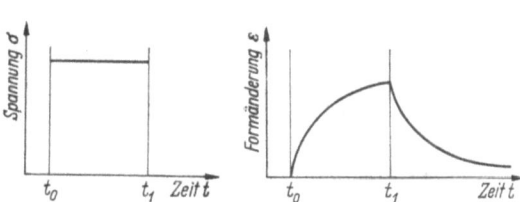

Bild 2.1. Belastungsverhalten von Gummi unter Druckbeanspruchung [78].

Bild 2.2. Spannung und Formänderung bei Entropieelastizität [67].

Gummi – und sehr viele Weichdichtungswerkstoffe – weist eine sog. „Entropieelastizität" auf (Gegensatz zur „Energieelastizität"); bei Formänderungen erfordert die Orientierung der Moleküle eine gewisse Zeit und erfolgt nicht gleichzeitig mit der Spannung; ebenso erfolgt die Rückbildung der Formänderung nach Aufhören der Spannungseinwirkung nicht sofort, sondern erst allmählich (Bild 2.2).

Folgende Gummisorten werden für Dichtungszwecke verwendet:

a) Naturgummi. Hohe Temperaturen führen beim Naturgummi zu einem Verfall sämtlicher mechanischer Eigenschaften.

b) Gummielastische Werkstoffe (Kunstgummiarten, Elastomere) [3, 7, 9, 10, 16, 33, 40, 46, 50, 67, 85, 85a]. Unter den Begriff „Kunstgummi" fallen die synthetisch hergestellten gummiartigen Werkstoffe, die sich durch ihr chemisches und mechanisches Verhalten vom Naturgummi sehr stark unterscheiden.

Elastomere können definiert werden als Polymerwerkstoffe, die bei Raumtemperatur und darüber hinaus in einem weiten Bereich auftretender Gebrauchstemperaturen gummielastisch sind, d.h. sie gestatten hohe elastische Verformungen bei Aufwendung relativ geringer Kräfte.

Die folgenden Eigenschaftsvergleiche beziehen sich auf Naturgummi.

Buna S. Kunstgummi auf der Basis Butadien-Styrol mit Eigenschaften, die dem Naturgummi im allgemeinen ähnlich sind. Geringere Empfindlichkeit gegen Kohlenwasserstoffverbindungen, bessere Alterungseigenschaften bei hohen Temperaturen, keine Mineralölbeständigkeit.

Perbunan (Buna N). Kunstgummi auf der Basis Butadien-Acrylnitril. Schlechtere Elastizität, mineralölbeständig, größere Unempfindlichkeit gegen höhere Temperaturen (von $-25\,°C$ bis etwa $+90\,°C$) und Kohlenwasserstoffverbindungen. Gute Abriebfestigkeit, hohe Alterungs- und Lichtbeständigkeit.

Neoprene (Chloroprene). Kunstgummi auf der Basis Chlor-Butadien. Geringere Empfindlichkeit gegen Mineralöl, gute Beständigkeit gegen fast alle Kältemittel, schlechtere Abriebfestigkeit.

Thioplaste. Durch Polykondensation hergestellte Werkstoffe mit kautschukartigen Eigenschaften. Hohe Quellbeständigkeit gegen Kraftstoffe (Dieselöl), widerstandsfähig gegen viele Teerölprodukte (Benzol), gute Alterungs- und Ozonbeständigkeit, gute Gasundurchlässigkeit, geringe mechanische Festigkeit und Dehnung, geringe Beständigkeit gegen Hitze, heiße Öle und Fette, Säuren und Laugen.

Silikone (Polysiloxane aus Silizium, Sauerstoff und organischen Gruppen). Silikon wird in Form von Ölen, Fetten, Harzen und Gummi geliefert. Es wird besonders als Silikonkautschuk für Spezialdichtungen verwendet [74]. Silikonzusätze ergeben gute Oxydations- und Witterungsbeständigkeit. Silikone werden durch Hydrolyse zerstört.

Die hohe Elastizität macht Gummi zu dem am meisten verwendeten Werkstoff für Weichdichtungen. Tabelle 2.1 gibt über einige Eigenschaften verschiedener Gummisorten Aufschluß; zwischen den Sorten bestehen sehr große Unterschiede. Die Shorehärten liegen im Bereich von 25 bis 95.

Gummi ist praktisch nicht zusammendrückbar; es muß ihm daher stets Gelegenheit zur Formänderung gegeben werden. Er paßt sich (bei üblichen Härtegraden) schon bei relativ kleinen Dichtpressungen den Unebenheiten der Dichtflächen an (günstige Kennwerte). Infolge der hohen Dehnbarkeit kann man Gummidichtungen auch über vorspringende Ränder ziehen, in Nuten einbringen und ähnliches. Bei Gummidichtungen besteht infolge der geringen Druckfestigkeit die Gefahr des Zerquetschens bei übermäßigem Anziehen der Schrauben, bei dicken Dichtungen auch die Gefahr des Herausdrückens durch den Innendruck, besonders wenn die Dichtflächen ölig sind.

Bei Flachdichtungen mit der Shore-Härte 60 sollen die Flächenpressungen zwischen 35 und 70 kp/cm² liegen, bei weicheren niedriger, bei härteren höher; die Zusammendrückung soll nicht mehr als 25% betragen.

Manche Eigenschaften des Naturgummis sind stark temperaturabhängig. Bei bestimmter, jeder Gummisorte eigener Temperatur (Einfriertemperatur) wird der Gummi hart und spröde.

Gegen die Gefahr des seitlichen Herausdrückens sind Dichtflächen mit Vor- und Rücksprung anzuwenden, wobei aber auf die Ausweichmöglichkeit des Gummis zu achten ist; ebene Dichtflächen sind mit Rillen zu versehen (diese dürfen aber wegen der Gefahr einer Zerstörung der Dichtung nicht zu eng nebeneinander angebracht sein).

Kerbwirkungen durch scharfe Ecken und Kanten sind zu vermeiden, auch ist bei der Montage von Gummidichtungen sehr darauf zu achten, daß diese nicht durch Überstreifen über scharfe Kanten (Bohrungen!) beschädigt werden.

Gummi wird mit verschiedenen Füllstoffen sowie Einlagen (Textilgewebe, Metall) verwendet, womit die Eigenschaften der Dichtung weiter verändert werden können. Die Einlagen dienen zur Festigkeitserhöhung, d.h. zum Vermeiden übermäßiger Formänderungen (Wegquetschen).

Gummi findet für alle Arten von Dichtungen Verwendung (Flachdichtungen, Formdichtungen, selbsttätige Dichtungen). Infolge seiner hohen Elastizität kann

Tabelle 2.1. Eigenschaften handelsüblicher Gummisorten [21]

Eigenschaft	Naturgummi	Buna S	Perbunan	Neopren	Butyl	Thiokol	Silikongummi	Polyacrylate
Spez. Gewicht [p/cm³]	0,92	0,94	0,98	1,23	0,92	1,34	0,98	1,1
Zugfestigkeit [kp/mm²]								
rein. Gummi	2,11	0,28	0,42	2,46	2,11	0,21	0,14 bis 0,32	–
schwarz verstärkt	3,16	2,11	2,46	2,46	2,11	1,05	–	1,75
max. Dehnung %	700	500	600	600	700	400	300	500
Beständig gegen Altern[1]								
Ozon	4	5	5	1	1	1	1	2
Oxydation	3 bis 5	3 bis 5	3 bis 5	1 bis 3	1 bis 3	1 bis 3	1	2
Wärme	3 bis 4	3 bis 4	3	2	3	5	1	1
Beständig gegen plastische Druckverformung	3	3	2	3 bis 4	3 bis 4	5	1	4 bis 5
Beständig gegen Öl								
Niedr. Anilin	5	5	1 bis 3	4	5	1	5	1
Hoh. Anilin	5	5	1 bis 3	3	5	1	3	1
Beständig gegen Benzin-								
Aromaten	5	5	5 bis 3	5	5	1	5	1
Nichtaromaten	5	5	4 bis 1	3	5	1	5	1
Säurebeständig verdünnt (10%)	3	3	3	3	1	4	4	4
konzentr. (außer Salpeter- und Schwefelsäure)	3 bis 4	3 bis 4	3	4	1	4	4	4
Laugenbeständig verdünnt (10%)	3	3	3	3	3	5	4	5
konzentriert	4	4	4	3	3	5	5	5
Kältebeständig	4	4	4	3	1	3	3	3
Gasundurchlässig	4	4	4	3	1	3	3	3
Gegen Wasser beständig	3	2	2	4	3	4	4	5

[1] 1 ausgezeichnet, 2 sehr gut, 3 gut, 4 annehmbar, 5 schlecht.

er auch bei bewegten Berührungsdichtungen bei nicht zu hohen Gleitgeschwindigkeiten sehr erfolgreich benützt werden.

Für die Anwendung bei bewegten Dichtungen ist zu beachten, daß Gummi auch mit Wasserschmierung arbeitet.

Das Anwendungsgebiet von Gummi beschränkt sich auf mäßige Temperaturen; als Formdichtung oder selbsttätige Dichtung wird er für sehr hohe Drücke benutzt.

Auch Elastomere werden beschichtet (z.B. Silberbeschichtung von Silikongummi) und plattiert (z.B. Silikonschwamm mit geschlossenen Poren, Monel-, Al- oder Zinnplattiert).

Die Wechselwirkung zwischen Elastomeren und modernen Schmierstoffen, die vielfach sehr komplexe, heterogene Mischungen von Kohlenwasserstoffen und Zusätzen sind, wurde untersucht [47], ebenso von flüssigen Raketentreibstoffen [14] und hydraulischen Flüssigkeiten [27].

9. Silikon-Kautschuk [85, 56]. Silikon-Kautschuk ist ein elastisches Material, das im Temperaturbereich von $-90\,°C$ bis $+250\,°C$ eingesetzt werden kann; es verändert in diesem Bereich seine mechanischen Eigenschaften nur wenig. Silikon-Kautschuk zeichnet sich durch hervorragende Wetter-, Ozon- und Lichtbeständigkeit aus; er weist gute Ölbeständigkeit auf und ist physiologisch inert.

Durch seine eigenartige Molekülstruktur kann der Silikon-Kautschuk gewisse Ölmengen ohne wesentliche Volumvergrößerung (Quellung) aufnehmen.

Nachteilig ist – außer der schwierigen Verarbeitung – die große Kerbempfindlichkeit.

Bei der Silikon-Kautschuk-Erzeugung werden 25 bis 60% Füllstoffe verwendet, wobei zwischen aktiven und inaktiven Füllstoffen unterschieden wird.

Zugfestigkeit   40 bis 80 kp/cm^2,
Bruchdehnung   90 bis 800%,
Kerbzähigkeit   5 bis 20 cmkp/cm^2.

Silikon-Kautschuk wird in allen, für die Herstellung von Dichtungen in Betracht kommenden Formen erzeugt.

10. Kork-Kautschuk-Kompositionen [25]. Diese verbinden die natürliche Zusammendrückbarkeit von Kork mit den Dichteigenschaften von synthetischem Gummi; sie bilden hochelastische Dichtungswerkstoffe. Durch Variieren des Anteiles von Kork und Kautschuk und der Korngröße des Korkes können jeweils gewünschte Eigenschaften erreicht werden. Sie zeichnen sich durch hohe Rückfederung und hohen Widerstand gegen Ermüdung aus. Wenn Kork-Gummi-Dichtungen nicht sehr dünn sind, lassen sie Gase und Flüssigkeiten nicht durch. Zum Abdichten sind sehr geringe Pressungen nötig, da ein sehr leichtes Fließen in die Unebenheiten erfolgt. Kork-Gummi-Dichtungen kleben nach einiger Zeit an den Flanschen fest und dichten gut. Bei Verwendung bestimmter Kunstgummisorten sind Temperaturen bis 150°C zulässig.

Richtwerte für die zweckmäßige Zusammendrückung von Kork-Gummi-Dichtungen nebenstehend (s. a. „Flachdichtungen").

Sorte	Zusammendrückung in %	Belastung in kp/cm^2
Kork und Gummi, weich	25 bis 40	12
Kork und Gummi, hart	15 bis 25	28

11. Gummi-Asbest (It-Stoffe) [DIN 3754, Blatt 1 und 2]. Ein für Flachdichtungen sehr viel verwendeter Werkstoff. Diese Mehrstoffdichtung setzt sich aus einem thermisch widerstandsfähigen Skelett, das ist Asbest (der aber schlecht dichtet), und einem sehr gut abdichtenden Stoff – Kautschuk (Elastomere) und Bindemitteln – zusammen.

Die einzelnen Bestandteile und ihre Anteile bestimmen die Eigenschaften. Der Asbest soll rein und langfaserig sein. (Organische Faserstoffe sind schädlich.) Der durchschnittliche Asbestgehalt beträgt 60 bis 90%, der Kautschukgehalt 8 bis 12%.

Die bei der Herstellung von It-Platten als Bindemittel zur Verwendung kommenden Elastomere bestimmen in einem hohen Grad die chemische Beständigkeit und Druck-Hitze-Standfestigkeit des Erzeugnisses. Es finden verschiedene Elastomere (neben Naturkautschuk) Verwendung. Der Herstellungsvorgang hat einen wesentlichen Einfluß auf die Güte, ebenso die Qualität des verwendeten Asbestes.

Für die Anwendung ist die Druckstandfestigkeit von besonderer Bedeutung, denn jede It-Dichtung setzt sich bei Wärme- und Druckeinwirkung, was einen Abfall an Dichtpressung bewirkt (siehe „Wirkungsweise"). Durch Material, das nicht genügend druckstandfest ist, tritt durch das Warmsetzen der Dichtung ein Spannungsverlust ein, der über 80% betragen kann; Nachziehen führt dann u. U. zur völligen Zerstörung der Dichtung! Die Bestimmung der Druckstandfestigkeit (Abschnitt 18.2.2) ist daher sehr wichtig! (Ausführlich über die Prüfung von It-Stoffen siehe z. B. [17, 35].)

Die Dichtung soll nicht geklebt (doubliert) sein. Als Verwendungsgrenzen von It-Werkstoffen wird ein Temperaturbereich von $-200\,°C$ bis $+500\,°C$ genannt. Feste Grenzen können nicht gegeben werden. Jedenfalls werden It-Dichtungen bis zu hohen Drücken und Temperaturen eingebaut.

Empfohlen werden It-Dichtungen vornehmlich für gesättigten und überhitzten Wasserdampf, Luft, Gase, alkalische Lösungen, Petroleumderivate; es gibt verschiedene Spezialqualitäten (siehe die Listen der Hersteller).

Die große Verbreitung der It-Dichtungen ist auch in der günstigen Bezugsmöglichkeit (Platten oder gestanzte Dichtungsringe) begründet.

Weiteres über It-Dichtungen siehe unter Flanschdichtungen.

12. Kunststoffe (Kunstharze) [70, 77]. Hier ist es besonders die Gruppe der nichthärtbaren Kunststoffe (Thermoplaste), welche eine Reihe von wichtigen Dichtungswerkstoffen liefert. Diese Werkstoffe erreichen in der Wärme einen formbaren Zustand und werden durch anschließende Abkühlung in der Form fest; der Vorgang ist umkehrbar.

Aus den nichthärtbaren Kunststoffen werden Halbzeuge oder Fertigteile durch Pressen oder Spritzen hergestellt; die Fertigteile werden entweder spangebend oder warmformend bearbeitet.

Die Wichte von nichthärtenden Kunststoffen liegt meist zwischen 1,0 bis 1,4 p/cm^3.

Festigkeitseigenschaften: Als wesentlicher Kennwert gilt die Biegefestigkeit; diese beträgt für Thermoplaste etwa 900 bis 1200 kp/cm^2. Bezüglich Härte siehe DIN 53452 bis 53457. Die Biegewechselfestigkeit beträgt etwa 15 bis 20% der Biegefestigkeit. Bei den Thermoplasten liegt die Dauerstandfestigkeit tief; es findet Kriechen bereits bei Raumtemperatur statt. Die Dauerstandfestigkeit sinkt bei einigen Thermoplasten schon nach einem Jahr auf 20% der Kurzzeit-Zugfestigkeit.

Eine Proportionalität zwischen Dehnung und Spannung besteht nicht. Man führt eine sog. scheinbare Elastizitätsgrenze ein, die man meist bei einer Zugbelastung entsprechend 0,2% bleibender Dehnung annimmt. Der Elastizitätsmodul liegt im allgemeinen unter 400 kp/mm^2 und ist – wie sämtliche Eigenschaften der Kunststoffe – stark temperaturabhängig; er sinkt mit steigender Temperatur stark ab [39]. Die Formbeständigkeit in der Wärme begrenzt den Temperaturbereich, in dem man Kunststoffe als Konstruktionswerkstoffe einsetzen kann, nach oben.

Bei der Verwendung zur Abdichtung bewegter Maschinenteile kann auch von der Möglichkeit einer Oberflächenhärtung Gebrauch gemacht werden, wodurch eine große Verschleißfestigkeit erreicht wird. Für Formdichtungen kommen auch Verbundbauarten in Frage, wobei der Kunststoff durch Metalleinlagen versteift wird.

Die Wärmedehnungszahl beträgt bei einigen Thermoplasten den 10fachen Wert von Stahl. Kunststoffteile sollen sich daher ungehindert ausdehnen können. Bei Forderungen an die Maßgenauigkeit muß der Temperatureinfluß berücksichtigt werden.

Mit sinkender Temperatur versproden die meisten Kunststoffe. Es fällt gleichzeitig der Ausdehnungskoeffizient und erreicht bei Kunststoffen ohne Füllstoffe eine untere Grenze von $\alpha = 5 \cdot 10^{-5}$ grd^{-1}.

Die Wärmeleitfähigkeit ist wesentlich niedriger als bei Metallen, sie erreicht etwa 1/200 jener von Bronze.

Die Festigkeit der Kunststoffe ist sehr temperaturabhängig. Die Maßhaltigkeit wird durch die Schwindung (0,5 bis 2%) und durch den Feuchtigkeitsgehalt beeinflußt; letzterer bewirkt Maßänderungen durch Quellung und Schrumpfung.

Bei kleinen spezifischen Pressungen ist bei gleitender Reibung nur sehr geringe Ölschmierung oder Wasserschmierung nötig; wohl aber muß für ausreichende Kühlmittelzufuhr, besonders bei höheren Flächenpressungen gesorgt werden. Vielfach weisen die Thermoplaste so gute Gleiteigenschaften auf, daß sie mit entsprechenden Gegenflächen ohne Schmierung oder nur mit Wasserschmierung zusammenarbeiten können; dies gilt besonders für jene, die Graphit oder Kohle als Komponenten enthalten [43, 81].

In Betracht kommen vorwiegend folgende Thermoplaste [37]: Polyäthylen, Polyvinylchlorid, Polyamide und Fluorpolymerisate [79].

a) Polyäthylen (Hochdruck-). Herstellung bei Drücken über 1000 atü; Wichte 0,92 p/cm³. Es ist ein zäher Kunststoff, das mechanische Verhalten ist mit weichem Blei vergleichbar. Polyäthylen bleibt bis zu tiefen Temperaturen geschmeidig und biegsam. Es ist gegen Säuren und Laugen sehr widerstandsfähig, geruchlos, geschmacklos, und ungiftig.

b) Polyvinylchlorid. Ist ein viel verwendeter thermoplastischer Kunststoff. Weiches PVC wird durch Plastifizieren mit hochsiedenden Estern erhalten. Wichte 1,4 p/cm³. PVC ist sehr säurebeständig, benzin- und ölfest. Verwendungstemperatur bis 60°C, gut schweißbar, Wärmeleitzahl etwa 0,5 kcal/mhgrd. Gute mechanische Eigenschaften, gute Abriebfestigkeit und Alterungsbeständigkeit.

c) Polyamide [1, 36]. Zeichnen sich durch große Zähigkeit und Festigkeit aus. Die Superpolyamide (Nylon, Perlon) haben besonders gute Gleiteigenschaften, geringe Feuchtigkeitsaufnahme (hohe Naßfestigkeit); sie sind widerstandsfähig u.a. gegen Alkohol, Benzin und Benzol.

d) Fluorpolymerisate. Polytetrafluoräthylen PTFE (Teflon) [4, 28, 43, 48, 49, 53, 59, 60, 80], Polytrifluorchloräthylen (Hostaflon). Als besondere Vorteile dieser Gattung wird angeführt: sehr gute Beständigkeit gegen viele chemische Stoffe, wie Chloride, Ketone, Ester. Sie absorbieren kein Wasser und sind auch gegen Säuren und Laugen widerstandsfähig. Sie besitzen hohe Temperaturbeständigkeit (Teflon bis 260°C, kurzzeitig bis 300°C, Hostaflon bis 150°C, Versprödung tritt erst unterhalb −180°C ein); geringes Haftvermögen gegen andere Stoffe und daher gute Gleiteigenschaften (Reibungsverminderung in Fällen, wo Öl nicht verwendet werden kann; Haft- und Gleitreibung nahezu gleich; PTFE besitzt den niedrigsten Reibungswert aller bekannten Feststoffe), widerstandsfähig gegen elektrische Überschläge (sie schmelzen und verdampfen bei solchen ohne zu verkohlen und dadurch einen leitenden Pfad zu bilden)!

2.2 Besprechung der Dichtungswerkstoffe

Als technische Nachteile sind anzuführen: relativ große Härte und geringe Elastizität (keine Rückbildung von Formänderungen); geringe Standfestigkeit; hohe Wärmeausdehnungszahl; schwierige Verarbeitung.

Reines PTFE hat hohe Kriechneigung; die Dichtung muß daher durch Kammern am Wegfließen gehindert werden. Die Deformation kommt nach einer gewissen Zeit zum Stillstand. Zu Dichtzwecken werden fast ausschließlich Mischungen mit anderen Stoffen verwendet.

Oberhalb 350 °C findet Zersetzung unter Bildung giftiger Dämpfe statt.

Vollständig aus Teflon hergestellte Ringe werden nur in Spezialfällen angewendet (bis 2000 at). Entsprechend der geringen Reibungszahl ist die Dichtung in Feder und Nut einzuschließen.

Meistens werden diese Werkstoffe nur zur Armierung von Ringen aus Asbest, It-Stoffen, Textilien, Gummi, Silikonen und Metallen verwendet; die Art der Einlage hängt dabei von den Dichtungsverhältnissen ab (z. B. weiche Einlagen für keramische Flanschenwerkstoffe). Das Auftragen des Teflons erfolgt durch Aufschmelzen von entsprechend dünnen Schichten (von je 0,025 mm Stärke) oder durch Armierung mit PTFE-Band, die sehr sorgfältig durchzuführen ist. Beschädigung der Umhüllung führt zur Zerstörung des Kernes. Es handelt sich also um eine Trennung der Funktionen: die Einlage dient zur Herstellung der richtigen Dichtpressung, das PTFE weist die erforderliche Chemikalienbeständigkeit auf. Für Gewindeabdichtungen wird ebenfalls PTFE-Band verwendet.

Für bewegte Abdichtungen werden z. B. Weichpackungen aus geflochtenen Asbestschnüren, getränkt mit PTFE-Dispersionen benützt; auch Mischungen von PTFE-Pulver und Graphit. Bei Knetpackungen aus PTFE ist die schlechte Wärmeleitung zu beachten; dies kann verbessert werden durch Beimischung von Graphit, Asbest oder anderen Füllstoffen. Die Stopfbüchse erhält zweckmäßig 2 bis 3 mm starke Kammerungsringe aus PTFE.

Für die Verwendung in bewegten Dichtungen sind natürlich vor allem die vorzüglichen Gleiteigenschaften maßgebend; es findet auch kein Auswaschen des PTFE aus der Packung statt, daher keine Volumverminderung und kein Austrocknen der Packung. Wegen des sehr geringen Abriebes keine Verunreinigung des Mediums. PTFE dient auch als Werkstoff für Faltenbälge bei Gleitringdichtungen für Chemiepumpen und Schutzdichtungen [18*, 20* u.a.][1].

Schaumpolyuretandichtungen weisen Dämpfungseigenschaften auf [29a]. Die Verträglichkeit von Polymeren mit hydraulischen Flüssigkeiten wurde eingehend untersucht [83].

Wichtig ist u. U. die Gasdurchlässigkeit von Kunststoffen. Im Gegensatz z. B. von Metallen die - von ganz kleinen Schichtdicken abgesehen - für Gase praktisch undurchlässig sind, gibt es kaum einen Kunststoff, der nicht eine merkliche und meßbare Gasdurchlässigkeit aufweist [12]. Die Gasdurchlässigkeit ist stark temperaturabhängig (s. a. Vakuumdichtungen).

Die Gebrauchseigenschaften von Dichtelementen aus Kunststoffen können durch Füllstoffe [84] verbessert werden (z. B. Verstärkung von Epoxidharzen mit Glasfasern [66], Beschichtung von Glasfasergewebe mit Fluorkautschuk).

13. Weichgraphit [52]. Weichgraphit ohne Bindemittel ist bis 800 °C verwendbar. Er ist beständig gegen die meisten Säuren und Laugen, sehr wenig hygroskopisch (keine Aufnahme von Kondensat bei Verwendung gegen Dampf), daher kein Quellen unter der Einwirkung von Feuchtigkeit.

---

[1] Die in eckigen Klammern stehenden, jeweils mit einem Sternchen versehenen Ziffern verweisen auf das Firmenverzeichnis vor Kapitel 1.

Kein Festklemmen bei Temperaturschwankungen (Wärmeausdehnungszahl nur 1/5 jener von Stahl). Keine Nachgiebigkeit gegen Verlagerung von Wellen oder Stangen, daher im allgemeinen nur für geringe Bewegungen geeignet (z. B. Stopfbüchsen von Armaturen).

Wo Gewinde in den abzudichtenden Teilen vorhanden sind, füllt der Weichgraphit die Gewindegänge aus und dichtet sie ab.

Das Spiel zwischen den abzudichtenden Teilen darf nicht groß sein, sonst lösen sich Teilchen aus den Weichgraphitringen (evtl. Abdeckung eines großen Spieles durch Klingeritscheiben oder Asbestschnur).

Von Bedeutung ist auch die Kombination Stahl/Graphit bzw. Kunstkohle-Panzerkohleringe; sie besteht aus einem Kunstkohleinnenring, welchem ein Stahlring aufgeschrumpft ist [21*]. Durch die Vorspannung, welcher der Kunstkohlering unterliegt, wird beabsichtigt, ihn den verschiedenen Wärmedehnungen des äußeren Stahlringes folgen zu lassen und damit die infolge der verschiedenen Wärmeausdehnungszahlen von Stahl (z. B. der abzudichtenden Spindel) und der Graphitpackung bestehende Schwierigkeit zu beseitigen.

In neuester Zeit wird Graphit auch in der Form von Graphitfaserstoff verwendet [18]. Die Graphitfäden werden aus Kunststoffasern erzeugt und bestehen zu 99% aus reinem Graphit. Sie sind unempfindlich gegen Temperatursprünge, besitzen eine natürliche Schmierfähigkeit und eine hohe Wärmeleitfähigkeit. Sie sind in oxydischer Atmosphäre anwendbar bis etwa 325°C, in Dampf bis 600°C, in neutraler Atmosphäre noch höher.

Sie finden Anwendung zur Herstellung von Packungen für Stopfbüchsen (die geflochtenen Schnüre aus Graphitfasern werden verstärkt durch Glasfäden und Teflon-Dispersion).

14. Kunstkohle und Elektro-Graphit [6, 23, 31, 34, 57, 58, 62, 64, 68, 69, 71, 82]. Kunstkohle hatte lange Zeit eine besondere Bedeutung als einziger, praktisch schmierungslos arbeitender Werkstoff; in neuester Zeit dient auch Teflon dem gleichen Zweck [42] (s. „schmierungsloser Betrieb"). Als Werkstoff für Gleitringdichtungen wird Kunstkohle nun neuerlich viel angewendet. Die Unterschiede in den physikalischen Eigenschaften von Kohle und Graphit sind in ihren verschiedenen Kristallstrukturen begründet [45].

Der Kohlegehalt liegt meist zwischen 80 und fast 100%. Der Rest besteht aus Verunreinigungen, Zuschlagstoffen sowie aus Bindemitteln. Nur ein Teil des Kohlenstoffes wird bei der Herstellung in Graphit übergeführt; der Graphitgehalt beeinflußt den Verschleiß von Kohledichtungen [76].

Kunstkohle hat als Dichtungswerkstoff folgende Vorzüge: Eignung für extrem hohe und niedrige Temperaturen. In Gegenwart von Luftsauerstoff beträgt die Grenztemperatur etwa 400°C, bei Abwesenheit desselben bis 1000°C.

Große chemische Beständigkeit. Kunstkohle ist gegen alle Chemikalien beständig, mit Ausnahme von Flußsäure und hochkonzentrierten oxydierenden Säuren.

Eignung für Dichtungsstellen, die mit fettlösenden Chemikalien in Berührung kommen.

Niedrige Reibungszahl bei vollständig schmierungslosem Betrieb (Selbstschmierung. Die Fähigkeit der Selbstschmierung beruht auf der Absorption von Gasen und Dämpfen im Gitterwerke des Kristallaufbaues. Bei vollkommen trockener Luft rascher Verschleiß!).

Kunstkohle ist geschmack- und geruchlos.

2.2 Besprechung der Dichtungswerkstoffe

Tabelle 2.2. Chemische und thermische Beständigkeit verschiedener Kunstkohlequalitäten

	Ungetränkt	Getränkt mit			
		Kunstharz	Weißmetall	Bleibronze	Zinnbronze
Temperaturbeständigkeit [°C] oxydierend	400	180	200	500	500
Temperaturbeständigkeit [°C] reduzierend	1000	180	200	800	800
Medium					
Azetylen	+	+	+	+	+
Ammoniak	+	+	+	0	0
Argon	+	+	+	+	+
Äthylen	+	+	+	+	+
Chlor	+	+	0	0	0
Freon, Frigen	+	+	+	+	+
Helium	+	+	+	+	+
Kohlenmonoxid	+	+	+	+	+
Kohlendioxid	+	+	+	+	+
Luft	+	+	+	+	+
Sauerstoff	+	+	+	+	+
Stickstoff	+	+	+	+	+
Schwefeldioxid	+	+	0	0	0
Wasserstoff	+	+	+	+	+

\+ beständig, 0 bedingt beständig

Die technischen und physikalischen Eigenschaften der für Dichtungszwecke in Betracht kommenden Sorten variieren in sehr weiten Grenzen, wie nachstehende Übersicht zeigt:

Spez. Gewicht [p/cm^3]	Druckfestigkeit [kp/cm^2]	Biegefestigkeit [kp/cm^2]	Wärmeausdehnungszahl [1/grd]
1,4/2,8	300/3000	100/1000	1,0/9,0 × 10^{-6}

Zugfestigkeit [kp/cm^2]	Reibungszahl auf Stahl	Härte [Shore]	E-Modul [kp/cm^2]	Saugfähigkeit für Wasser in Vakuum [%]
100/500	0,08/0,17	bis 100	50/250 × 10^3	0,7/22,5

Die Kunstkohle hat keine Fließgrenze und verhält sich nicht nach dem Hookeschen Gesetz.

Ein Nachteil der Kunstkohleprodukte ist in gewissen Fällen ihre Porosität, die durch den Fabrikationsgang bedingt ist. Die Porosität kann aber durch verschiedene Imprägnierverfahren beseitigt werden. Die Porosität beträgt bei Kunstkohle und Elektrographit zwischen 10 und 25%. Es sind dabei verschiedene Arten von Porosität bzw. Poren zu unterscheiden: Lunker, Aufblähungen und Strangpreßrisse (keine eigentlichen Poren), Makroporen (in erster Linie durch die Feinheit des Kornmaterials bedingt), in der Größenordnung von etwa 10 μm und Mikroporen (zum Teil bereits im Rohstoff vorhanden), in der Größenordnung <10 μm; dazu kommen noch Lücken innerhalb der Kristallstruktur.

Verminderung der Porosität durch Verwendung von Kunstharzen an Stelle von Teer- und Pechbindemitteln, durch Füllen der fertigen Kunstkohlekörper, a) mit Kunstharzen (Duroplasten), b) mit Metallen (z. B. Blei), c) mit MoS_2. Letzterer Vorgang ergibt eine Verbesserung durch Kombination der Eigenschaften des Metalles mit jenen der Kunstkohle (Erhöhung von Wärmeleitfähigkeit und Festigkeit, Zusammenschmelzen zur Vereinigung von Einzelteilen möglich); die Einsatztemperatur ist dann durch den Schmelzpunkt des verwendeten Metalles bestimmt.

Tabelle 2.3. Physikalische Eigenschaften einiger metallimprägnierter Kohlewerkstoffe (nach [82])

	Hartbrandkohle			Elektrographit		
	Hartblei	Pb-Bronze	Silber	Hartblei	Pb-Bronze	Silber
Raumgewicht [p/cm³]	2,6	2,4	2,2	2,6	2,5	2,5
Poren in %	0	0	0	0	0	0
Biegefestigkeit [kp/cm²]	650	750	450	450	550	450
Druckfestigkeit [kp/cm²]	2200	2500	800	800	900	750
Härte nach Shore	85	85	45	45	45	50
Linearer Ausdehnungskoeffizient [1/°C]	4×10^{-6}	4×10^{-6}	3×10^{-6}	3×10^{-6}	3×10^{-6}	3×10^{-6}
Elastizitätsmodul [kp/cm²]	130000	150000	130000	100000	130000	115000

Die Bearbeitung der Kunstkohleteile erfolgt durch spangebende Formung.

An die Härte der zusammenarbeitenden Gegendichtfläche werden keine besonderen Anforderungen gestellt.

Die Wärmeausdehnungszahl liegt wesentlich unter jener von Stahl; beim Entwurf von Dichtungselementen muß dieser Verschiedenheit Rechnung getragen werden. Durch Sonderausführungen, wie in Metallkammern eingeschrumpfte Kohlesegmente (siehe Weichgraphit) oder metallhaltige Kohlewerkstoffe, kann diese Verschiedenheit der Ausdehnungszahl unschädlich gemacht oder ausgeglichen werden.

Die Reibungszahl ist im allgemeinen sehr günstig. Eine meßbare Abnützung von Stahlgegenflächen tritt kaum ein. Die Kohle bildet auf der Gegenfläche einen sog. Graphitspiegel. Reibungszahl und Verschleiß sind von der Art der Gegenfläche und deren Bearbeitungsqualität abhängig [34], weiter sehr stark vom Einlaufzustand (durch das Einlaufen sinkt die Reibungszahl auf etwa 1/10 des ursprünglichen Wertes ab).

Fast jede Flüssigkeit spielt bei Kohle die Rolle eines Schmiermittels.

Kunstkohle hat gute Wärmeleitfähigkeit [26] (bis $\lambda = 150$ kcal/mhgrd).

Achtung auf das Verrosten der Gegenflächen (falls kein Graphitspiegel vorhanden!).

Kunstkohle ist ein Hauptbestandteil mancher unter Firmenbezeichnungen angebotenen, schmierungslos arbeitenden Packungswerkstoffe.

15. Hartstoffe. Wo den Weichdichtungen Grenzen gesetzt sind (besonders bez. Druck und Temperatur) treten die Metalle in Erscheinung. Die Metalldichtung überwindet von vornherein einige Schwierigkeiten: Durchlässigkeit, Kaltfluß, Entgasen (Vakuum!). Infolge des hohen E-Moduls entstehen aber bei den Hartstoffen andere Probleme.

Weißmetall-Legierungen. Schmelzpunkt 190 bis 240°C. (Verwendbar aber oft für viel höhere Temperaturen des Betriebsmittels!)

Blei (Weichblei) [32]. Verwendung für Flachdichtungen und Muffendichtungen. Weichbleidichtungen verhalten sich ähnlich wie nichtmetallische Weichdichtungen.

Aluminium. So wie Blei ist auch Aluminium infolge seiner geringen Festigkeit auf die Verwendung bei relativ geringen Drücken beschränkt. Es bildet ein Schutzoxid, das sich nur beim Angriff starker Säuren und Laugen ablöst.

Weichkupfer. Darf nicht zwischen Eisenflanschen verwendet werden, sobald die Gefahr einer Elektrolyse besteht.

Weißmetall, Blei, Aluminium und Kupfer sind für hohe Drücke und Temperaturen nicht anwendbar. Für die Temperatur ist aber stets jene der Dichtfläche maßgeblich, nicht die des Betriebsmittels. Zum Beispiel nimmt die Kolbenstange meist nur eine mittlere Temperatur an (kurzzeitiges Auftreten der Höchsttemperatur). Unterbringung der Stopfbüchse an einer verhältnismäßig kühlen Stelle mit guter Wärmeabfuhr ergibt niedrigere Temperaturen der Dichtflächen.

Bleibronze [51]. Zur Herstellung von Dichtringen in Metallstopfbüchsen häufig verwendet; auch für Ringe in Gleitring-Stopfbüchsen.

Stahl. Verwendung bis zu den höchsten Drücken und Temperaturen. Vorwiegend als Weicheisen und als legierte Stähle benützt (z.B. V 2 A-Stahl, Chromstähle; als Beispiel Remanit 1740 V: 0,9% C, 18,0% Cr, 1,0% Mo (einschl. V); Verwendung auch oberflächengehärtet, dadurch geringer Strahlverschleiß).

Stellite. Kobalt-Chrom-Wolfram-Legierungen. Beispiel für den Aufbau von Celsit V: 1,2, C, 28 Cr, 65 Co, 4 W. Stellite werden für höchstbeanspruchte Dichtflächen verwendet (bis 600°C) [15]. Die Auftragung erfolgt autogen. Eine sogenannte Panzerung der Dichtflächen von Höchstdruckschiebern zeigt Bild 2.3. Die Bearbeitung nach dem Auftragen erfolgt nur durch Schleifen.

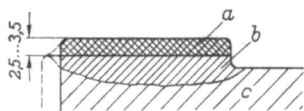

Bild 2.3. Aufbau der Panzerung bei Höchstdruckschiebern [15]. *a* Stellit (autogene Auftragung in 2 Lagen), Feinschleifen, dann Läppen; *b* Austenit (in mehreren Lagen), überdreht; *c* Grundwerkstoff (vorzugsweise 13 CrMO 44).

Monelmetall. Unter günstigen Bedingungen bis 800°C verwendbar. Bei Berührung mit schwefeligen Gasen wird sein Gefüge bei 260°C brüchig.

Gußeisen (Grauguß). Als Werkstoff für formbeständige Packungen (Dichtringe) bei hohen Temperaturen viel verwendet. Selbstschmierende Eigenschaften infolge des Graphitgehaltes. Gußeisen ergibt bei richtigem Betrieb glatte, harte Oberflächen und kleine Abnützung.

Silber und Gold. Bis 650°C verwendbar. Große Beständigkeit.

Platin. Bis 1300°C verwendbar. Platin wird dort benutzt, wo kein anderes Metall genügend korrosionsbeständig ist. Die Edelmetalle werden meist als Formdichtungen (Drähte), für Beschichtungen und Plattierungen eingesetzt.

16. Sintermetalle [41, 86]. Sintermetalle werden für Lagerzwecke auf verschiedener Basis hergestellt, wie z. B. Kupfer-Zinn und Eisen, wobei Graphitzusätze (1 bis 10%) die Reibungseigenschaften verbessern. Die Sintermetalle haben ein großes Porenvolumen (15 bis 30%); durch Tränkung mit Öl ergibt sich ein selbstschmierender Werkstoff. Das im Metall vorhandene Öl verbreitet sich über die ganze Berührungsfläche; Schmiernuten sind nicht nötig. Durch die Temperaturerhöhung im Betrieb tritt Öl auf die Gleitfläche und wird beim Abkühlen wieder aufgesaugt, wobei ein dünner Ölfilm auf der Gleitfläche zurückbleibt.

Zur Verwendung bei gleitender Reibung enthalten Sintermetalle häufig Blei als Legierungselement (Sinter-Bleibronze), was reibungsvermindernd wirkt.

Für geringe Gleitgeschwindigkeiten und unterbrochene Bewegungen werden auch sog. hochverdichtete Sinterlager (Kupfer-Graphit, Eisen-Graphit, mit geringen Legierungszusätzen) empfohlen. Bei Verwendung solcher Lager überzieht sich der gleitende Teil (Welle) mit einem dünnen, zusammenhängenden Graphitfilm, der wie ein Ölfilm zur Schmierung genügt.

Der Schmierölverbrauch ist außerordentlich gering. Die ölgetränkten Sintermetallwerkstoffe haben ausgezeichnete Notlaufeigenschaften. Die richtige Wahl des Tränköles ist wichtig. Unter Umständen erfolgt auch Graphitschmierung (für Dauerbetriebstemperaturen bis 250°C).

Die Wärmeausdehnungszahl von Sintermetallen liegt etwa in den Grenzen $10{,}0$ bis $19{,}0 \cdot 10^{-6}$.

Die Anwendung wird besonders dort empfehlenswert sein, wo die Schmierung schwierig ist (hin- und hergehende Bewegung, umlaufende Bewegung mit kleiner Gleitgeschwindigkeit), wo Schwierigkeiten durch den Ort des Einbaues vorhanden sind (kein Platz für Schmierstoffreserve u. ä.) oder die Notwendigkeit eines fast schmierungslosen Betriebes besteht. (Sauberkeit des Betriebes!)

Nachteile: geringe Festigkeit, bei Gleitgeschwindigkeiten über 5 m/s nur bedingt brauchbar, nicht brauchbar für hohe Umfangsgeschwindigkeiten.

Massive Sinterlager mit hohen Graphitgehalten sind besonders für hohe Temperaturen geeignet (bis 200°C). Die Schmierung erfolgt dann nur durch den eingepreßten Graphit.

Die Angaben gelten sinngemäß auch für Sintermetalle als Dichtungswerkstoffe.

17. Keramische Werkstoffe. Diese Werkstoffe werden dort eingesetzt, wo es auf besonders hohe thermische Beständigkeit und hohe Verschleißfestigkeit ankommt. (Oxydkeramische Werkstoffe siehe [20] und „Gleitringdichtungen", Herstellung von Metalloxyden siehe [22].)

18. Filze. Die Bezeichnung „Filze" ist eigentlich ein Sammelbegriff für alle Stoffe, die eine ähnliche Struktur aufweisen wie der „Wollfilz"; sie bestehen heute aus verschiedenen Werkstoffen [38, 65, 12a].

Über modernste Werkstoffe (auch für bewegte Dichtungen) siehe [18a].

Schrifttum zu Abschnitt 2

1. Alicke, G.: Berührungsdichtungen aus Polyamid (Erfahrungen aus der Praxis). Konstruktion 24 (1972) 211–219.
1a. Anonym: Leather as a packing material. Mechanical World 138 (1958) 164–167.
2. —: Selection of gasket materials. Engineering Materials and Design 3 (1960) 31–40.
3. —: Plastic/Elastomers-Reference issue. Machine Design (1971) Nr. 4.
4. —: PTFE und FEP. Ihre Technologie und Anwendung im chemischen Apparatebau. Techn. Rundschau 43 (1966) 25–26.
5. Armleder, K.: Nahtlose metallische Federkörper. VDI-Z. 79 (1935) 1175–1176.

6. Atkins, B. R., u.a.: New carbon materials for mechanical applications. Scientific Lubrication 13 (1961) 13, 15, 17, 19.
7. Babek, M.: Das tschechoslowakische System zur Klassifizierung und Bezeichnung von Elastomeren. 3. DT Dresden, 1967, S. 222–230.
8. Balfe, M. P., u.a.: Leather as a sealing medium. 2. DT BHRA, 1964, S. 57–67.
9. Barthel, H.: Die Druckbelastbarkeit von Dichtungen aus Elastomeren. 3. DT Dresden, 1967, S. 287–295.
10. Barthel, W.: Entwicklung von wartungsfreiem Lagermaterial auf der Basis von Polytetrafluoräthylen. Plaste u. Kautschuk 15 (1968) 427–431.
11. Beacham, T. E.: Rotary and oscillating seals. The Engineer 187 (1949) 228/229.
12. Becker, K.: Die Gasdurchlässigkeit von Kunststoffen. VDI-Z. 110 (1968) 271–274.
12a. Becker, W. E.: Designing with felt. Machine Design 41 (1969) 113–125.
13. Beerbower, D. A., Pattison, Staffin, G. D.: Voraussage der Verträglichkeit von elastomeren Dichtungswerkstoffen mit Flüssigkeiten. ASLE Transactions 6 (1963) 80/81; s.a. Schmiertechnik 12 (1965) 39.
14. Bellanca, C. L., Sayler, I. O.: Effect of liquid rocket fuels and oxidisers on elastomeric O-ring seals. Rubber Chem. and Techn. 39 (1966) 1215–1221.
15. Betken, F.: Panzerung der Armaturen für Hochtemperaturdampf. Eltwirtsch. 53 (1954) 656–661.
16. Blow, C. M.: Elastomers for seals. Review Paper, published as a part of "A review and bibliographie of fluid seals" durch BHRA, 1972.
17. Boon, E. F., Lok, H. H.: Kriechrelaxation von It-Dichtungen. TH Delft 1960, S. 37.
18. Carpenter, R. E., u.a.: New graphite-filament packing has long life, nera-zero leakage. Power 111 (1967) 80–82.
18a. Dietze, H.-J., Höppner, H.-J., Rotter, A., Neugebauer, G.: Tendenzen der Dichtungstechnik und prognostische Probleme der Informationsgewinnung. 4. DT Dresden 1970, S. 15–42.
19. Dorr, G. N.: Packings for hydraulic equipment. Machinery 80 (1952) 236–239; s.a. Konstruktion 5 (1953) 167/168.
20. Droscha, H.: Oxydkeramische Gegenlaufringe in axialen Gleitringdichtungen (Betriebsverhalten und Konstruktion). Maschinenmarkt 72 (1966) 1720–1724.
21. Elonka, St.: Gaskets. Power 98 (1954) 105–124; s.a. Konstruktion 7 (1955) 238–241.
22. Faulkner, C. R., u.a.: Joining of oxides to metals through intermetallic compounds. Planseeberichte für Pulvermetallurgie 12 (1964) Nr.2, S.111–118.
23. Findeisen, B.: Die neuere Entwicklung der Graphitwerkstoffe. Die Technik (1968) 392–399.
24. Fischer, Ch., Zitter, H.: Korrosion an Dichtflächen von Flanschverbindungen. Werkstoffe und Korrosion 11 (1960) 17–22.
25. Frazier, E. C.: Non-metallic gaskets. Machine Design 26 (1954) 157–188; s.a. Konstruktion 7 (1955) 241–244.
26. Fritz, W.: Das Verhalten der Wärme- und Temperaturleitfähigkeit von Kohle. VDI-Z. 88 (1944) 109/110.
27. Galpern, H. N.: Aircraft gasket compounds. Rubber Age 90 (1962) 621–626.
28. Gillespie, L. H., u.a.: New design data for FEP ... TFE ...: Strength and deformation. Machine Design 32 (1960) 126–137.
29. Globig, W.: Untersuchung von Dichtungsmaterial für Flanschverbindungen an Druckluftrohrleitungen unter Berücksichtigung des Einflusses der Durchbiegung und des Anpreßdruckes. Glückauf 87 (1951) Nr.49/50.
29a. Gorelov, V. A., Dykin, V. I.: Dämpfungseigenschaften von Schaumpolyurethan-Dichtungen. Izvestija vyssich ucebnych zavedenij, masinostroenie. Hochschulnachrichten Maschinenbau, Moskva, 1969, Nr.1, S. 41–46.
30. Gropp, W. H.: Gummi als Material für Dichtungen. Kautschuk und Gummi-Kunststoffe 23 (1970) 163–165.
31. Halliwell, H., u.a.: An application of self-lubricated composite materials. Lubrication Engineering 23 (1967) 278–287.
32. Hofmann, W., v. Malotki, H.: Beispiele für das Verhalten von Blei im praktischen Einsatz. Metall 13 (1959) 747–749.
33. Horvath, G. E.: TFE fluorocarbons for gaskets and packings. Machine Design 36 (1964) 166–172.
34. Hotovy, P.: Luftkompressoren mit selbstschmierenden Dichtungsringen (tschechisch). Strojnicky Obzor 23 (1943) 6–12, 29–30.
35. Hundertmark, E.: Kenngrößen zur Charakterisierung des Dichtungswerkstoffes „It". IfL-Mitteilungen 7 (1968) 417–422; s.a. 3. DT Dresden, 1967, S.15–27.

36. Jakobi, H. R.: Polyamide, Eigenschaften, Verarbeitung und Anwendungen. VDI-Z. 96 (1954) 1197–1206.
37. —: Maschinenelemente aus thermoplastischen Kunststoffen. VDI-Z. 98 (1956) 514–525.
38. King, W. C.: Selecting and specifying felt. Machine Design 28 (1956) 91–95.
39. Knappe, W.: Thermische Eigenschaften von Kunststoffen. VDI-Z. 111 (1969) 746–752.
40. Knipp, U.: Vulkollan als Konstruktionswerkstoff für den Maschinenbau. VDI-Z. 101 (1959) 350–356.
41. Kühnel, R.: Werkstoffe für Gleitlager, 2. Aufl., Berlin, Göttingen, Heidelberg: Springer 1952.
42. Lancaster, J. K.: Composite self-lubricating bearing materials. Proc. Instn. mechan. Engr. (London) Part 1, 182 (1967/68) 33–54.
43. Landgraf, E.: Über Dichtungen aus Polytetrafluoräthylen. Plaste und Kautschuk 15 (1968) 494–496.
44. Lein, J.: Mechanische Untersuchungen an Dichtungsringen für rotierende Wellen. Diss. TH Karlsruhe 1952.
45. Lindsey, M. H.: Mechanical seals: Carbons key role. Chemical Engng. (1967) Nr. Febr. 27, S. 160–166.
46. Malcolmson, E. W.: A guide to selection of elastomers for sealing. Machine Design 36 (1964) 196, 198, 200, 203.
47. Manteuffel, A. A.: Einfluß von Schmierstoffen auf das Dichtungsmaterial. Schmiertechnik und Tribologie 15 (1968) 120–122, 125–128.
48. Merkel, E.: Fortschritte in der Verarbeitung von Polytetrafluoräthylen. Chemie-Ingenieur-Technik 31 (1959) 649–651.
49. —: Geflochtene Packungen, Gewebepackungen und Dichtungen aus Polytetrafluoräthylen für die chemische Industrie. 2. DT Dresden, 1964, S.174–196.
50. Möller, H.: Dichtelemente aus Kunststoff. technica 18 (1969) 1015–1018.
51. Montgomery, R. S.: Friction and wear of some bronzes under lubricated reciprocating sliding. Wear 15 (1970) 373–387.
52. Morse, A. D.: Amorphous carbon matches design challenge. The Engineer 229 (1969) 66–67.
53. Murray, J. J., Scanlan, E. P.: Degradation of high temperature lubricants and metals by fluorelastomers. ASLE Transactions 4 (1961) 220–226.
54. Nebesky, W.: Dichtungen nach Bauart und Stoff. Gummi und Asbest 10 (1957) 284–289, 450–454, 560, 562, 564, 696–698; Gummi und Asbest 11 (1958) 136–140, 192, 358–362, 429–432, 633–639, 706–713; Gummi und Asbest 12 (1959) 397–398.
55. Ohlerich, W.: Struktur und Aufbereitung von Asbest. 2. DT Dresden, 1964, S.7–25.
56. Painter, W. G.: Dynamic characteristics of silicone rubber. Trans. ASME 76 (1954) 1131–1135; s.a. Konstruktion (1956) 31–32.
57. Paxton, R. R., Shobert, W. R.: Testing high speed seal carbons. ASLE Transactions 5 (1962) 308–314.
58. Paxton, R. R., u.a.: Testing carbon for seals and bearings. Lubrication Engineering 17 (1961) 27–33.
59. Pfleiderer, G., Buchberger, H.: PTFE in der chemischen Industrie. Gummi-Asbest-Kunststoffe 21 (1968) 1356, 1358–1359, 1362.
60. Pfleiderer, G.: Techn. Rundschau (1969) Nr. 53, S. 7, 9; (1970) Nr. 3, S. 9–10.
61. Raible, F. A.: Das Verhalten von Dichtungen. Diss. TH Stuttgart 1936; s.a. Raible, A.: Neue Versuche an Dichtungen. VDI-Z. 83 (1939) 931.
62. Ramadanoff, D., Sherlock, J. J.: Mechanical carbon-graphite: a unique material for rubbing surface applications. ASLE Paper 61 AM 1B-2 (1961) Nr. 4, 7.
63. Ried, G.: Übersicht über Werkstoffe für Absperrorgane, die bei angreifenden Medien zu empfehlen sind. Werkstoffe und Korrosion 15 (1964) 468–483.
64. Riemer, H.: Gleitlager aus Sintermetall und Kunstkohle. Konstruktion 6 (1954) 223–229.
65. Riley, M. W.: Here are some reasons for using treated felts. Materials and Methods 44 (1956) 90–93.
66. Saechtling, H. J.: Glasfaserverstärkte Kunststoffe und Fluorkunststoffe für Rohre und Rohrleitungszubehör der Chemieindustrie. VDI-Z. 112 (1970) 599–602.
67. Schmitz, E., Hubeny, H.: Kunststoffe und ihre technische Verwendung. (Einführung in Technologie und Anwendung der hochpolymeren Werkstoffe.) Österreichische Ingenieurzeitschrift 12 (1969) 418–423.
68. Schubert, J. C.: Design and application of carbon-graphit bearings. Machine Design 26 (1954) 129–135; s.a. Konstruktion 7 (1955) 443–444.

69. Schulz, M.: Aufbau, Wirkung und Betriebseignung einer Knetpackung. Energie 8 (1956) Nr. 9.
70. Siehe Hütte, 28. Aufl., Bd. II A, S. 1260–1262.
71. Směrák, V.: Luft- und Kolbenkompressoren ohne Zylinderschmierung. Škoda-Mitt. 2 (1940) 33–39.
72. Smoley, E. M., u.a.: Nonmetallic gaskets: gasket materials and forms. Machine Design 36 (1964) 82–89.
73. Smoley, E. M.: Gasket materials and forms. Machine Design 41 (1969) 67–73.
74. Stahl, R. E.: Verwendung von Silikonkautschuk in der Technik. technica (1969) 2363–2367.
75. Stephens, J. A.: Properties of rubber seal materials. Compressed Air and Hydraulics 26 (1961) 234–237; 1. DT BHRA, 1961, F. 1, 10 pp.
76. Swikert, M. A., Johnson, R. L.: Wear of carbon-type seal materials with varied graphite content. ASLE Transactions 1 (1958) 115–120.
77. Taprogge, R.: Konstruieren mit Kunststoffen, Düsseldorf: VDI-Verlag 1971.
78. VDI-Richtlinien: Gestaltung und Anwendung von Gummiteilen, 5. Aufl., Düsseldorf: VDI-Verlag 1955.
79. Veit, G.: Die Anwendung von TFE-Fluor-Kunststoff in der Dichtungstechnik, 2. DT Dresden, 1964, S. 332–373.
80. —: Eigenschaften und Verarbeitungstechnik von Polytetrafluoräthylen. 2. DT Dresden, 1964, S. 311–331.
80a. Vieweg, R., Müller, A.: Kunststoff-Handbuch, München: Hanser 1966.
81. Vogel, K.: Erfahrungen mit Trockenlaufkompressoren in Säurebetrieben. Chemie-Ingenieur-Technik 28 (1956) 260–262.
82. Voigt, R. R.: Imprägnierte Kunstkohle als Baustoff der Maschinenindustrie. Chemiker-Zeitung 82 (1958) 733–736.
83. Webster, E. A., u.a.: How to determine compatibility of seals and fluids. SAE Journal 67 (1959) 41–43.
84. Wesnigk, E.: Verbesserung der Gebrauchseigenschaften von Dichtelementen aus Polytetrafluoräthylen durch den Einsatz von Füllstoffen. Plaste und Kautschuk 15 (1968) 894–897.
85. Wick, M., Dietz, W.: Eigenschaften von Silikonkautschuk, Kunststoffe 44 (1954) 127–131.
85a. — —: Verarbeitung und Anwendung von Siliconkautschuk. Kunststoffe 44 (1954) 500–504.
86. Wiemer, H.: Gleitlager aus Sintermetall und Kunstkohle. Konstruktion 6 (1954) 223–229.

3. Berührungsdichtungen an ruhenden Maschinenteilen

3.1 Wirkungsweise und Einflüsse auf das Dichtverhalten

a) Grundlagen [2, 4, 11, 13, 16, 18, 22, 24, 29]

Bild 3.1 stellt die Charakteristik einer Berührungsdichtung dar; es zeigt die typische Beziehung zwischen der mittleren Dichtpressung und dem Innendruck des Mediums, gegen den Dichtheit erreicht wird. Das Wort „dicht" ist hier ein

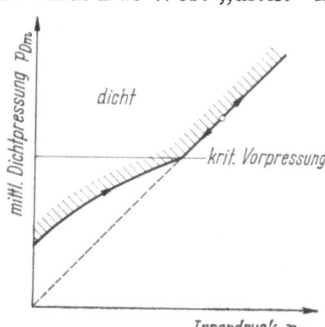

Bild 3.1. Zusammenhang zwischen mittlerer Dichtpressung und Innendruck bei Erreichen der Dichtheit.

3. Berührungsdichtungen an ruhenden Maschinenteilen

relativer Begriff und bedeutet eine Lässigkeit, die unter einem gewissen Betrag liegt, der von der Methode der Undichtheitsbestimmung abhängt. Hat die mittlere Dichtpressung den Wert der kritischen Vorpressung erreicht, so sind die Dichtflächen einander weitgehend angepaßt und der weitere Dichtvorgang verläuft optimal.
Bild 3.2a zeigt die Dichtflächen vor, Bild 3.2b nach dem Aufbringen des Dichtdruckes.

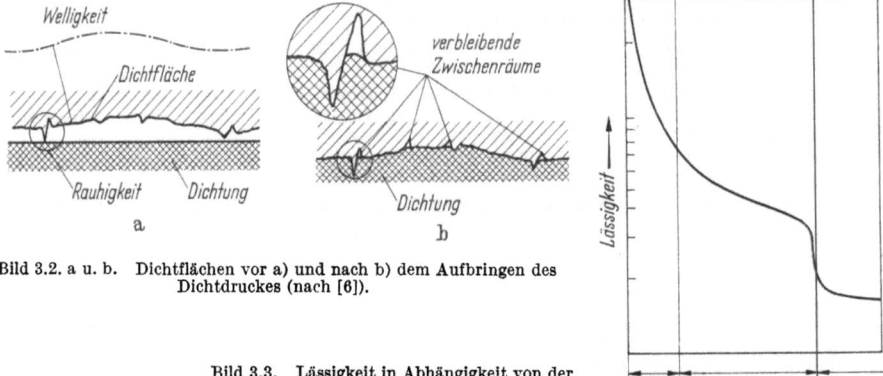

Bild 3.2. a u. b. Dichtflächen vor a) und nach b) dem Aufbringen des Dichtdruckes (nach [6]).

Bild 3.3. Lässigkeit in Abhängigkeit von der Dichtpressung (nach [28a]).

Der Vorgang der Anpassung verläuft etwa in folgenden Stufen (Bild 3.3):
1. Stufe: „Grobanpassung"
   Plastische Verformung der vorherrschenden Rauhigkeitsspitzen, elastische Formänderung des Spaltes, große Verminderung der Lässigkeit bei Erhöhung der Dichtpressung.
2. Stufe: „Feinanpassung"
   Ineinanderübergehen der sich berührenden Rauhigkeiten durch Fließen und Beginn des Fließens der Grundmasse der Dichtung; Ausgleich von Welligkeiten, weiterer Rückgang der Lässigkeit.
3. Stufe: „Verbleiben von Restquerschnitten"
   Fließen der Grundmasse und weitgehendes (aber nicht vollständiges)Verschließen aller Undichtheitsquerschnitte. Rückgang der Lässigkeit auf einen sehr kleinen Betrag (Restundichtheit), der sich auch bei weiterer Erhöhung der Dichtkraft kaum viel ändert. (Versuche haben gezeigt, daß auch bei Dichtpressungen in der Höhe der Fließgrenze noch keine vollständige Dichtheit zu erreichen ist; das Rauhigkeitsprofil der härteren Dichtfläche bleibt weitgehend erhalten und es findet kein restloses Ausfüllen der Lücken statt).
   Das elastisch-plastische Verhalten sämtlicher Dichtungswerkstoffe verhindert nämlich ein vollständiges, spaltloses Anliegen der Dichtung an ihrer Gegenfläche, also bleiben, auch ohne eventuelle Porosität, kleinste Kanäle, deren Durchlässigkeit aber der gewählten Meßmethode entgeht. Nur ideal plastische Stoffe füllen die Unebenheiten der Dichtflächen vollständig aus.
   Mit modernsten Meßmethoden sind Lässigkeiten bis etwa $4 \cdot 10^{-8}$ atm·cm³/s feststellbar. Gasströme unter 10^{-6} sind Molekularströmungen, im Bereich von 10^{-6} bis 10^{-3} herrscht eine Mischung von molekularer und laminarer Strömung, darüber laminare Strömung.

3.1 Wirkungsweise und Einflüsse auf das Dichtverhalten

Vollständige Dichtheit ist nach dem heutigen Stand des Wissens nur bei der Strömung nicht kompressibler Medien möglich, und zwar infolge der Wirkung zwischenmolekularer Kräfte [23][1]. Diese bewirken eine Meniskusbildung, die von den benetzenden oder nichtbenetzenden Verhältnissen bestimmt wird. Für das Kriterium „benetzend" oder „nichtbenetzend" ist nicht allein die Flüssigkeit, sondern die Stoffpaarung Flüssigkeit/Wand entscheidend. Bild 3.4a zeigt die Verhältnisse, wenn die Flüssigkeit die Dichtfläche benetzt. Der Randwinkel δ liegt dann zwischen 0 und $\pi/2$. Steht die Flüssigkeit unter Druck, so muß der Meniskus konvex sein, was der Fall ist, wenn der Grenzpunkt im Bereich der Austrittskante liegt. Diese ist bei starker Vergrößerung immer in ihrer wahren Gestalt, also abgerundet aufscheinend. Benetzende Flüssigkeiten füllen einen Dichtspalt konstanter Weite ganz aus und der ertragbare Systemdruck ist in hohem Maße außer von der Spaltweite auch vom Randwinkel abhängig. Tatsächlich werden die Verhältnisse wie auf Bild 3.4b liegen: Im zerklüfteten Spalt wird der Meniskus irgendwo hängenbleiben und den Spalt abschließen; die Verankerung des Meniskus erfolgt bei benetzenden Verhältnissen durch die Adhäsionskräfte zwischen Dichtwand und Dichtflüssigkeit; dynamische Einflüsse können den Meniskus bis an das Spaltende verlagern.

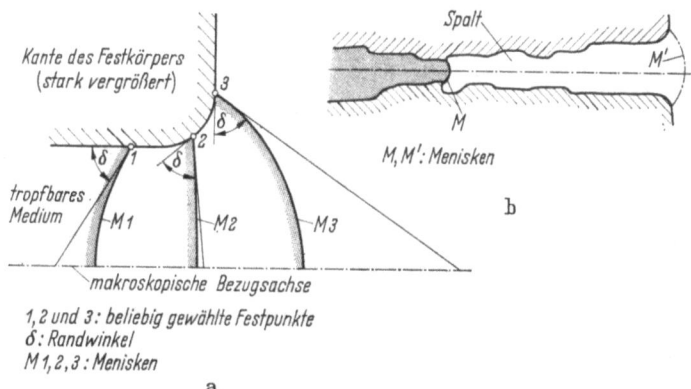

Bild 3.4. a) Form der Menisken in Abhängigkeit von den Festpunkten (Randwinkel konstant) [23]; b) Meniskusbildung in wirklichen Spalten [23].

Wie die Abdichtungsverhältnisse letzten Endes bei kompressiblen Medien liegen, erscheint noch nicht genügend geklärt. Jedenfalls sind die Leckquerschnitte, die den Rauhigkeiten der Oberfläche zuzuordnen sind, noch sehr groß gegenüber z.B. einem Stickstoffmolekül (Durchmesser $\sim 3{,}8 \cdot 10^{-4}$ µm).

Es ist also praktisch nicht möglich (und wäre auch vollkommen unwirtschaftlich), durch Bearbeitung der Dichtflächen allein und druckloses Aufeinanderlegen eine genügende Näherung derselben zu ermöglichen, sondern es müssen die Dichtflächen durch gegenseitiges Anpressen und dadurch bewirkte Formänderung ihrer Unebenheiten einander auf sehr kleine Entfernungen genähert werden. Man bezeichnet den Vorgang des gegenseitigen Anpassens als Vorpressen oder Vorverformen. Das Vorpressen bewirkt also solche elastische und plastische Verformungen der beiden Dichtflächen, daß der verbleibende Undichtheitsquerschnitt den gestellten Anforderungen entspricht.

---

[1] Siehe auch [40].

28   3. Berührungsdichtungen an ruhenden Maschinenteilen

b) Einflüsse auf die Vorpreßkräfte

Die nötigen spezifischen Vorpreßkräfte für optimale Anpassung werden von folgenden Faktoren abhängig sein, wobei hier vorwiegend an Hartdichtungen gedacht ist; Weichdichtungen werden besonders bei der Besprechung der Hauptdichtungsarten behandelt.

1. Vom Formänderungswiderstand des Werkstoffes bei der Einbautemperatur,
2. von der Art der Formänderungen,
3. von der Oberflächengüte der Dichtflächen,
4. von den Abmessungen der Dichtflächen,
5. von der Zeitdauer der Vorpressung,
6. vom abzudichtenden Medium.

Zu 1: Einfluß des Formänderungswiderstandes

Das Angleichen der Dichtflächen erfolgt bei hohen Drücken im allgemeinen durch Fließen des Werkstoffes. Die Werkstoffe des Maschinenbaues (z. B. Stahl) erfordern infolge des hohen Formänderungswiderstandes (hohe Fließgrenze, Kaltverfestigung) sehr bedeutende Vorpreßkräfte. Durch Einschaltung eines eigenen Elementes aus einem Werkstoff mit kleinerem Formänderungswiderstand – der Dichtung – die notwendigen Dichtkräfte zu vermindern, ist eine der wichtigsten Möglichkeiten bei der Lösung von Dichtungsaufgaben.

Beschichtungen und Plattierungen mit leicht plastisch deformierbaren Werkstoffen haben den gleichen Zweck. Diese sollten nur so dick sein, als dies unbedingt nötig ist, damit im Betrieb keine unnötigen Kriechverformungen auftreten.

Vorteil von weichen Beschichtungen

Wird das tragende Festigkeitselement zur eigentlichen Dichtung mit einer weichen Beschichtung aus Metall oder Plastik versehen, so tritt unter der Dichtpressung eine verhältnismäßig große plastische Formänderung der Dichtflächen (= weiche Beschichtung) auf; dadurch ergibt sich der Vorteil einer großen Differenz zwischen der Belastung zur Einleitung der Abdichtung und der Belastung bei welcher Undichtheit beginnt (die Dichtpressung zur Erreichung einer gewünschten Dichtheit, kann sich zur Dichtpressung, die gerade zur Aufrechterhaltung dieser Undichtheit genügt, z.B. wie 10:1 verhalten!); ist einmal die weiche Beschichtung zum Fließen gebracht und haben sich die Dichtflächen angepaßt, so besteht die Dichtheit so lange fort, so lange die Dichtflächen miteinander in Kontakt stehen. Wenn sich eine derartige Flanschverbindung auch unter dem Innendruck entlastet (und damit die Vorpressung der Dichtung abnimmt), bleibt die Anpassung der Dichtflächen und damit die Dichtheit doch erhalten (das erlaubt auch die Verwendung von Werkstoffen, die bei den Betriebstemperaturen bereits wesentliche Festigkeitseinbußen erleiden), auch der mit der Zeit eintretende Abbau der Dichtpressung wirkt sich infolge der starken plastischen Formänderung der Beschichtung nicht aus (diese ist durch die Fließspannung des Beschichtungsmaterials festgelegt).

Sehr ähnlich wie Beschichtungen wirken Dichtfolien.

Zu 2: Einfluß der Art der Formänderung

α) Formänderungen durch Druck- oder Schubspannungen

Meist wird der Anpressungsvorgang als reiner Druckvorgang angesehen. Es zeigt sich aber, daß die Formänderung der Dichtung bei harten Werkstoffen häufig auch Schub- und Scherbeanspruchungen in den Dichtflächen hervorruft, und daß die Anpassung der Dichtflächen durch Scherung und Schub im allgemeinen günstiger ist als eine Stauchung; es findet ein Einebnen der Rauhigkeiten statt (s. a. den Abschnitt Berechnung).

Bild 3.5 bringt Beispiele für die Beanspruchungsarten von Metalldichtungen; a) zeigt den normalen Fall der Flachdichtung der (hauptsächlich) Druckbeanspruchung bringt, während b) und c) Scherbeanspruchungen bewirken. d), e) und f) sind Beispiele für Scherbeanspruchungen von Formdichtungen. Bei Scherbeanspruchung besteht die Gefahr des Abscherens des weicheren Werkstoffes. Scherbeanspruchungen erfordern wie gesagt, theoretisch weniger Kraft als Druckverbindungen. Die zulässige Formänderung ist aber [28] kleiner als beim Quetschen. Nach einer gewissen Formänderung wird jede scherbeanspruchte Dichtung eine Druckdichtung, so daß bei großen erforderlichen Formänderungen der Vorteil von Scherdichtungen gegenüber Druckdichtungen bedeutungslos ist.

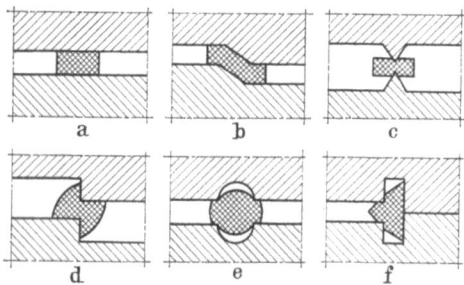

Bild 3.5 a–f. Beanspruchungsarten von Metalldichtungen [24].
a) Flachdichtung mit Druckbeanspruchung; b) Flachdichtung mit Scherbeanspruchung; c) Flachdichtung mit örtlich stark erhöhter Dichtpressung (Prinzip der Schneidendichtung); d) O-Ring mit Scherbeanspruchung (Schneiden); e) O-Ring mit Scherbeanspruchung (Ausnehmungen); f) Formdichtung mit Scherbeanspruchung.

β) Elastische oder plastische Formänderungen [8a]

Bei vollkommen elastischen Dichtungswerkstoffen kann die Dichtpressung durch das (innere) Rückstellbestreben des deformierten Werkstoffes erfolgen; bei vollplastischen Dichtstoffen muß die Dichtpressung durch eine dauernd wirkende äußere Mindestkraft aufgebracht werden, wobei die Dichtung so eingeschlossen sein muß, daß ein Entweichen unmöglich ist.

Die technischen Werkstoffe sind jedoch weder ideal elastisch noch ideal plastisch, sie besitzen die Eigenschaft der Relaxation (zeitlicher Abbau der Rückstellkraft bei vorgegebener Deformation) und der Retardation (verzögerte Einstellung der endgültigen Deformation bei gegebener Belastung). Siehe Abschnitt 3.3.1.

Zu 3: Einfluß der Oberflächenbeschaffenheit

Fünf Parameter beschreiben die Oberfläche einer Dichtfläche: Rauhigkeit, Ebenheit, Welligkeit, Bearbeitungsart und Unregelmäßigkeiten.

Um einen für die Abdichtung entsprechend engen Dichtspalt herzustellen, müssen die Dichtflächen einander möglichst vollkommen angeglichen werden. Dies gilt sowohl für die Makrogestalt als auch für die Mikrogestalt. Die Mikrogestalt (Rauhigkeit) ist in hohem Maße von der Art der Bearbeitung der Dichtungsflächen abhängig. Die Bearbeitung durch Drehen ergibt eine charakteristische Spiralnutung der Dichtfläche; das Schleifen führt zum Ausbrechen von Metallteilchen, welche Löcher in der Oberfläche zurücklassen. Das Läppen ist als Feinstbearbeitung besser: es führt anscheinend zu einer teilweisen Ausfüllung der Löcher durch plastische Formänderung der umgebenden Teile.

3. Berührungsdichtungen an ruhenden Maschinenteilen

Die Makrogestalt (Welligkeit, Unebenheit) kann ebenfalls durch die Bearbeitung verursacht sein (Schwingungen des Werkzeuges usw.), aber auch durch ungleichmäßige Belastung der Dichtflächen oder durch Temperaturunterschiede. Bild 3.6 zeigt schematisch Welligkeiten mit überlagerten Rauhigkeiten.

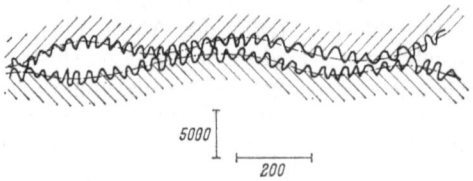

Bild 3.6. Welligkeiten mit überlagerten Rauhigkeiten [19].

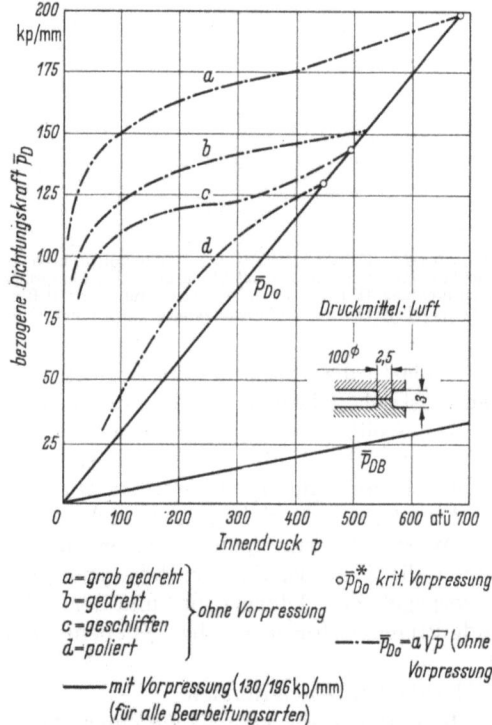

Bild 3.7. Innendruckergebnisse von Dichtleisten aus St. 70 als Funktion der Bearbeitung der Oberflächen [37].

Das Dichtverhalten unterscheidet sich bedeutend je nach der Art der Bearbeitung der Dichtflächen (Bild 3.7). Nach Einwirkung einer entsprechenden Vorpressung (Vorverformung P_{DV}) ist dies nicht mehr der Fall, wohl aber ist die Größe dieser Vorpressung von der Oberflächengüte abhängig. Je besser die Oberfläche bearbeitet ist, desto kleiner ist die nötige Vorverformungskraft.

Wie sehr die Art der Bearbeitung und keineswegs die mittlere Rauhtiefe maßgeblich sind, geht auch aus Angaben von Dusenberry [7] hervor (Tabelle 3.1).

3.1 Wirkungsweise und Einflüsse auf das Dichtverhalten

Tabelle 3.1. Einfluß der Oberflächenfeingestalt auf das Dichtverhalten

Mittenrauhwert R_a [μm]	Bearbeitungsart der Dichtflächen	Kontakt-Druckverhältnis[1] (Dichtpressung/Fließspannung)
0,1	willkürlich	1,96
1,0	radial	2,75
2,5	kreisförmig	1,46
7,5	kreisförmig	1,96

[1] Wert der erforderlich ist, um eine bestimmte, kleinste Undichtheit zu erreichen.

Soll der Einfluß der Oberflächenbeschaffenheit (Bearbeitung der Dichtflächen) auf die Dichtwirkung ausgeschaltet werden, so muß die Dichtpressung größer als die Fließspannung des weicheren Werkstoffes der Dichtfläche sein (meist etwa das 2,75fache). Bei besonders feiner Bearbeitung und keinen meßbaren, sich in radialer Richtung erstreckenden Rauhigkeiten, ist wiederholtes Abdichten mit Dichtpressungen auch unterhalb der Fließgrenze möglich; zu beachten ist, daß es sich dabei um die mittlere Dichtpressung (Dichtdruck bezogen auf die scheinbare Berührungsfläche) handelt, wobei örtlich auch dann plastische Formänderungen (Überschreitungen der Fließgrenze) eintreten [25].

Bei einer neuerlichen Herstellung der Dichtverbindung (Wiederverwendung der Dichtung) kann normalerweise nicht damit gerechnet werden, daß die gegenseitige Lage der Dichtelemente und die Oberflächenbeschaffenheit unverändert bleiben; auch tritt beim Fließen der Rauhigkeiten eine Verfestigung des Werkstoffes ein, so daß eine höhere Dichtpressung erforderlich wird.

Zu 4: Einfluß der Abmessungen

Auf diesen Einfluß wird bei der Besprechung der Flachdichtungen näher eingegangen werden (siehe S. 56).

Zu 5: Einfluß der Zeitdauer des Vorpressens

Bleibt die Vorpressung durch längere Zeit aufrecht, ohne daß also der Innendruck aufgegeben wird, so tritt eine merkbare bis starke Erhöhung des Abblasedruckes wie auch der Einsickerdrücke ein. Erklärt wird dies durch die kriechende Verformung der Dichtflächen, ein Vorgang, der naturgemäß wesentlich zeitbedingt ist.

Je nach der Höhe der Vorpressung ist der Einfluß verschieden. Lehmann [16] fand ihn besonders stark bei einer Vorpressung von etwa 2500 kp/cm² (Bild 3.8).

Bei geringerer und größerer Vorpressung war der Einfluß kleiner. Als Erklärung wird angegeben: Bei geringerer Vorpressung erfolgt entweder kein Kriechen oder nur ein geringfügiges; bei sehr hoher Vorpressung sind die Dichtflächen schon so vollkommen einander angeglichen, daß durch eine kriechende Verformung keine wesentliche Verbesserung mehr eintritt (Folge der Verfestigung des Werkstoffes).

Lok [19] bringt Ergebnisse von Versuchen über den Zeiteinfluß auf die Verformung des Dichtspaltes einer Reinaluminiumdichtung; hier stieg der Zeiteinfluß mit der Dichtpressung (Bild 3.8a). Der Zeiteinfluß wurde nur bei gasförmigen Druckmitteln festgestellt.

Bei It-Werkstoffen (mit Buna) wurde ein Abfall des innerhalb 10 Sekunden erreichten Anfangsdruckes nach 24 Stunden um 30% festgestellt [8]; es wird daher Druckprobe und Nachziehen der Flanschverbindungen nach 24 Stunden empfohlen. Nach dreimaligem Nachziehen tritt praktisch keine Entspannung mehr ein.

3. Berührungsdichtungen an ruhenden Maschinenteilen

Zu 6: Einfluß des abzudichtenden Mediums

Es besteht, wie schon ausgeführt wurde, ein grundsätzlicher Unterschied in der Möglichkeit gasförmige und flüssige Medien abzudichten. Hier sei auf DIN 2505 verwiesen, die bei sonst gleichen Bedingungen für das Abdichten von kompressiblen Medien höhere Vorpreßkräfte angibt, als für nichtkompressible. Dieser Unterschied ist wegen der verschiedenen Größe der Molekularkräfte bei Gasen und Flüssigkeiten zu erwarten (siehe S. 27).

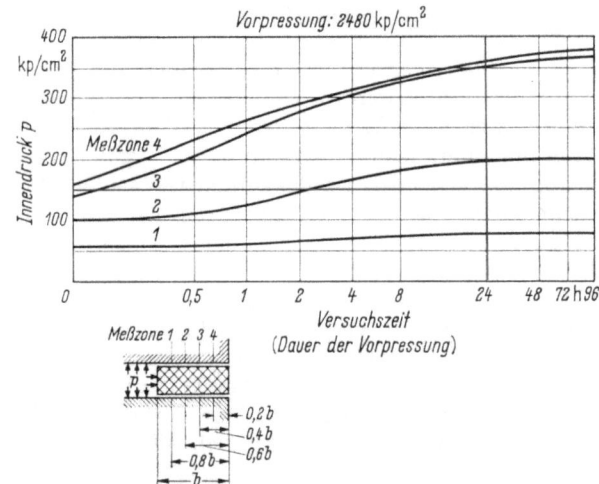

Bild 3.8. Erhöhung des Abblasedruckes (Druck in Meßzone *4*) als Funktion der Dauer der Vorpressung [38].

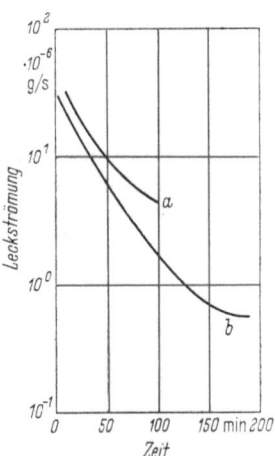

Bild 3.8a. Einfluß der Zeit auf die Verformung des Dichtspaltes (nach [19]); Reinaluminium 75 × 55 × 3 mm, Brinellhärte 21 kp/mm²; Stickstoff 10 atü.
a: $p_D = 4$ kp/mm²;
b: $p_D = 5$ kp/mm².

c) Art der Aufbringung des Dichtdruckes

Die zur Anpressung der Dichtflächen nötigen Kräfte können etwa in folgende Gruppen eingeteilt werden:

1. Äußere Kräfte (Dichtung im Hauptschluß liegend),
2. innere Kräfte (Betriebsdruck; Dichtung im Nebenschluß),
3. innere und äußere Kräfte (gleichzeitig wirkend),
4. die Eigenelastizität der Dichtung,
5. äußere Kräfte (Dichtung aber im Nebenschluß liegend),
6. Preßpassungen,
7. Dichtungen mit geometrischer Beweglichkeit,
8. das Eigengewicht der Dichtungsteile,
9. Wärmedehnungsunterschiede oder Quellen der Dichtung.

Erwähnt seien auch jene Fälle, wo der Betriebsstoff selbst die Abdichtung übernimmt. Das tritt z. B. bei der Einführung von Stoffmengen in ein Vakuum ein. Bild 3.9 stellt das Schema der Einführung eines zu entlüftenden Tones in eine Vakuumschneckenpresse dar. Wichtig ist in solchen Fällen, daß auch im Falle eines Betriebsstillstandes das Dichtpolster nicht verloren geht, da sonst ein Zusammenbruch des Vakuums erfolgt.

3.1 Wirkungsweise und Einflüsse auf das Dichtverhalten

Zu 1: Anpassung durch äußere Kräfte

Hier erfolgt die Anpassung durch die Verbindungskraft (meist Schraubenkraft) und damit unter Durchleitung sämtlicher Rohrkräfte durch die Dichtung; die Dichtung liegt im Hauptschluß (Bild 3.10a), daher hohe Beanspruchung auf Druck im Montagezustand, Entlastung durch den Betriebsdruck.

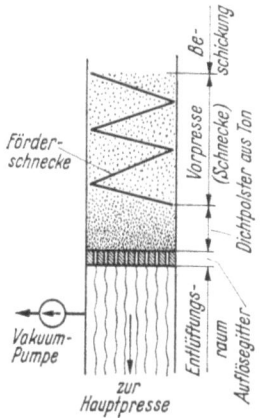

Bild 3.9. Schema der Abdichtung einer Vakuumstrangpresse durch den Betriebsstoff (Ton).

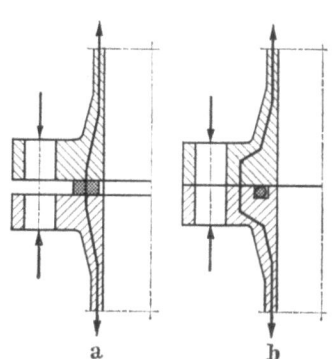

Bild 3.10. a) Dichtung im Hauptschluß; b) Dichtung im Nebenschluß (vereinfachte Darstellungen).

Beim Anziehen der Schrauben (auch mit Momentenschlüssel) ergibt sich keine eindeutige Kraft, weil die Reibung eine beträchtliche Streuung verursacht [9]. Folgender Vorgang wird empfohlen: den unteren Grenzwert des Anzugmomentes feststellen und dafür sorgen, daß auch der mögliche obere Grenzwert von der Verbindung ohne Schaden ertragen wird. Bei wichtigen Verbindungen daher reibungsloses Anziehen der Schrauben (hydraulisch, thermisch)!

Die Berührungsdichtung mit Erzeugung des Dichtdruckes durch äußere Kräfte ist dadurch gekennzeichnet, daß bei gleichbleibender Vorpreßkraft aber steigendem Betriebsdruck die verbleibende Restdichtkraft einer ständigen Veränderung unterliegt; die wahren Verhältnisse sind keineswegs einfach (siehe [14]). Die Dichtung im Hauptschluß ist im drucklosen Zustand hoch belastet und neigt daher zum Kriechen und damit Entspannen. Entspannen bewirkt eine Verminderung der verbleibenden Dichtkraft. Bei allen solchen Dichtungen (ruhenden und bewegten) muß daher Sorge getragen werden, daß die Dichtpressung infolge der Veränderung der Dichtverbindung im Betriebe nicht unter einen gewissen Mindestwert sinkt.

Im Hauptschluß liegende Dichtungen werden mit zunehmendem Druck immer schwieriger; übersteigt die Pressung die Druckfestigkeit, dann tritt Fließen des Grundmaterials der Dichtung ein; sie ergeben schwerere Verbindungen als Dichtungen im Nebenschluß, da bei diesen zu den Rohrkräften nur die klein zu haltende Initialpressung hinzukommt.

Konstruktruktive Maßnahmen, die eine Steigerung der Dichtpressung ohne Erhöhung der Dichtkraft bewirken:

α) Der Übergang von der Flächendichtung (Flachdichtung) zur Formdichtung (Liniendichtung) (s. S. 75)

34   3. Berührungsdichtungen an ruhenden Maschinenteilen

Zwei Gruppen unterscheiden sich hier, je nachdem vorwiegend plastische oder elastische Formänderungen auftreten. (Beispiele: Spießkantring, Bild 3.11 und Schmiegungsdichtung, Bild 3.12.)

β) Die Anwendung besonders gestalteter Dichtflächen
Beispiel: konische Flächen und dadurch außerordentliche Steigerung der Anpressung – weit über die Fließgrenze – durch einen Differentialwinkel zwischen den Dichtflächen (s. a. S. 38).

γ) Konzentration der Anpreßkräfte auf bestimmte Stellen der Dichtung; nach dem Fließen an der Hauptdichtstelle Anlage auf der ganzen Fläche und damit Vermeidung zu hoher örtlicher Pressungen (nichtfließender, gleichbleibender Dauerzustand); Bild 3.13.

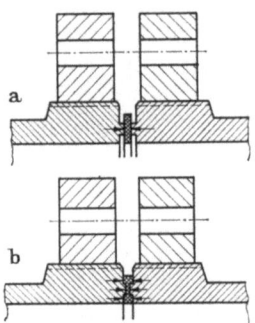

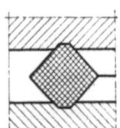 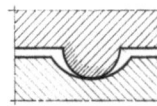

Bild 3.11 u. 3.12. Formdichtungen:
3.11. Spießkantring; 3.12. Schmiegungsdichtung.

Bild 3.13a u. b. Flachdichtung mit Konzentration des Anpreßdruckes. a) Vor; b) nach dem Einbau.

Zu 2: Anpassung durch innere Kräfte (Dichtungen mit Selbstdichtungscharakteristik)

Hohe Vorpressung der Dichtung und damit deren Beanspruchung auf Standfestigkeit bei gleichzeitiger Abnahme des Dichtdruckes durch die Wirkung des Betriebsdruckes können vermieden werden durch die Anwendung druckbeaufschlagter (selbsttätiger) Dichtungen. Das sind solche Dichtungen, bei welchen der Druck des Betriebsmittels den Hauptanteil am notwendigen Dichtungsdruck liefert; es vergrößert sich daher bei zunehmendem Betriebsdruck im allgemeinen die Dichtpressung.

Zur Einleitung der dichtenden Wirkung des Betriebsdruckes ist stets eine Initialpressung (Vorpressung) notwendig. Ungenügende Vorpressung kann zum vollständigen Versagen der Dichtung oder zu Undichtheiten während des Druckaufbaues führen.

Die Dichtung liegt im Nebenschluß (Bild 3.10b). Es erfolgt keine Durchleitung der Verbindungskräfte.

Im Idealfall, dem Vollprofile aus Elastomeren nahekommen, kann die Dichtungskraft vernachlässigt werden. Es muß nur die konstruktiv sicherzustellende Vorverformung ausreichen, um die Anpressung an die Gegenfläche zu erzielen. Es müssen ferner die Schrauben so stark vorgespannt werden, daß sich hinter der Dichtung kein Spalt bildet, in den diese hineingepreßt und allmählich zerstört wird. Wird für die Dichtung kein hochelastischer Werkstoff verwendet, so muß angestrebt werden, die im Nebenschluß wesentlich höhere Federung durch eine elastische Form der Dichtung zu erreichen. Beispiele hierfür sind Metall-O-Ringe mit Hohlquerschnitt, sowie Profile, bei denen die Biegebeanspruchung ausgenützt wird [7]. Die Reaktionskraft ist in diesen Profilen

3.1 Wirkungsweise und Einflüsse auf das Dichtverhalten

um so kleiner, je elastischer sie sind. Die vielfach nur kleinen Dichtflächen müssen daher gut bearbeitet sein. Ein leicht verformbarer Zwischenstoff erleichtert das Abdichten wesentlich.

Es lassen sich mehrere Arten der Einwirkung des Betriebsdruckes unterscheiden.

α) *Selbsttätige Dichtungen* (selbstdichtende Verbindungen, Druckdichtungen, Preßdichtungen).

Bei diesen Dichtungen findet eine Überlagerung von Vorpressung und Betriebsdruck statt. Die Vorspannung wird dabei entweder durch ein Übermaß des Dichtelementes oder entsprechende Beweglichkeit der Begrenzungsfläche des Dichtraumes (z.B. Flansch mit begrenztem Anzug) erzeugt.

Grundlagen der Selbstdichtung (Druckdichtung) [1, 15]. Da das Prinzip der Selbstdichtung heute sehr viel angewendet wird, sei vom allgemeinen Fall ausgegangen. Bild 3.14a zeigt das mit Übermaß versehene Dichtelement vor dem Einbau in die abzudichtende Verbindung. Nach dem Einbau stellt sich infolge des (leichten) Preßsitzes eine Vorspannung F_{DV} ein (Bild b). Infolge dieser Initialpressung sind die Zugänge zum Undichtheitsweg (als kleiner Spalt angedeutet) verschlossen, zumindest solange der Flüssigkeitsdruck p kleiner ist als p_{DV}.

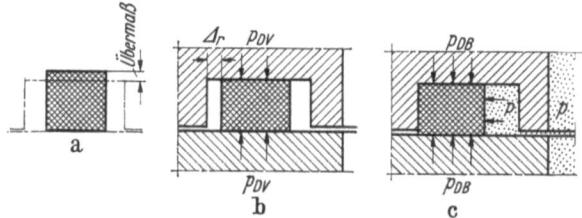

Bild 3.14a–c. Wirkungsweise der Selbstdichtung (nach [1]).
a) Dichtelement vor dem Einbau; b) Dichtelement eingebaut, ohne Betriebsdruck; c) Betriebszustand.

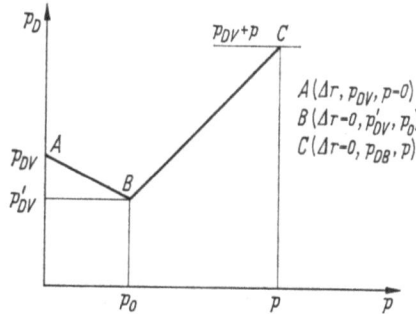

Bild 3.15. Verlauf des Dichtdruckes beim Dichtvorgang (nach [1]).

Ist der Dichtring mit einem radialen Spiel Δr montiert, so ergibt sich der Dichtvorgang (bei geschmierter Dichtung) wie folgt. Der mit der Vorspannung p_{DV} eingebaute Dichtring (Punkt A, Bild 3.15) verkleinert seine Kontaktspannung infolge der radialen Dehnung durch den aufgebrachten Innendruck, bis er zum Anliegen an die Wandung kommt (B); ist die nun vorhandene Vorpressung $p'_{DV} > p_{DV\,min}$, d.h. größer als die Mindestdichtkraft, so tritt hierbei keine Undichtheit auf. Der Zustand der Selbstdichtung ist also in B erreicht, die Dichtpressung steigt mit dem Betriebsdruck weiter auf C an.

Die hier an einem Beispiel beschriebene Automatik des Vorganges ist abhängig von $\Delta r: 0 < \Delta r < 0$ ($\Delta r < 0$ heißt, der Dichtring liegt bereits mit Vorspannung an), von der Reibungszahl zwischen Dichtung und Flansch (ohne Schmierung tritt eine sprunghafte Bewegung des Dichtringes ein, wenn der wirkende Betriebsdruck die Reibungskraft überwiegt), von p_{DV} bzw. der initialen Zusammendrückung ε, vom Formfaktor der Dichtung, vor allem ist sie an die elastischen Eigenschaften des Werkstoffes gebunden, die gekennzeichnet sind durch den E-Modul und die Poissonsche Konstante m.

Besteht das Dichtelement aus einem elastischen Material (z. B. Gummi) und wirkt wie gezeigt ein Flüssigkeitsdruck p, so stellt sich dieser auch auf der Rückseite ein, und an der oberen und unteren Dichtfläche wirkt die Summe der Pressung $p_{DV} + p$. Wie groß immer der Betriebsdruck wird, es überschreitet ihn stets die Dichtpressung um die Vorspannung p_{DV}, so daß vollkommen automatische Abdichtung eintritt (praktisch ist eine Grenze vorhanden: wenn der Betriebsdruck den Dichtring durch den Dichtspalt herausdrückt) (s. a. ,,Formdichtung''!).

Diese Automatik ist an bestimmte Werkstoffeigenschaften des Dichtelementes – Zusammendrückbarkeit, Elastizität und Fähigkeit zur Aufnahme von Spannungen – gebunden, wie Morrison [20] in einer Festigkeitsbetrachtung bewies, die nachstehend wiedergegeben wird.

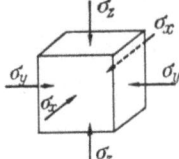

Bild 3.16. Elementarwürfel aus elastischem Material.

Bild 3.16 stellt einen Elementarwürfel aus elastischem Material dar, der den Druckspannungen σ_x, σ_y und σ_z ausgesetzt ist. Dann sind die Dehnungen in den drei Achsrichtungen (E = Elastizitätsmodul, m = Poissonsche Zahl)

$$\varepsilon_x = \frac{\sigma_x}{E} - \frac{m}{E}(\sigma_y + \sigma_z), \tag{3.1}$$

$$\varepsilon_y = \frac{\sigma_y}{E} - \frac{m}{E}(\sigma_z + \sigma_x), \tag{3.2}$$

$$\varepsilon_z = \frac{\sigma_z}{E} - \frac{m}{E}(\sigma_x + \sigma_y). \tag{3.3}$$

Stellt der Würfel das Dichtelement dar, so sind vier Flächen an einer Dehnung verhindert (durch Einschließen in die Begrenzung des Dichtraumes) und an ihnen treten Flächenpressungen (Druckspannungen) auf, wenn auf die beiden anderen (freien) Flächen Kräfte (durch den Betriebsdruck oder durch eine Brille) ausgeübt werden.

Ist die Druckspannung auf die beiden freien Flächen σ_x, dann kann die Spannung σ_y und σ_z ermittelt werden, indem z. B. in der Gl. (3.2) $\sigma_y = 0$ gesetzt wird und $\sigma_y = \sigma_z$. Man erhält dann

$$\sigma_y = \sigma_z = \sigma_x \frac{m}{1-m}. \tag{3.4}$$

Man sieht daraus, daß die seitliche Anpressung der Dichtung nur von der Querdehnungszahl des Dichtungswerkstoffes und der axialen Kraft abhängig ist.

3.1 Wirkungsweise und Einflüsse auf das Dichtverhalten

Wird ein ursprünglich unbelasteter Würfel von der Seitenlänge L durch differentielle Drücke $d\sigma_x = d\sigma_y = d\sigma_z$ belastet, so vermindert sich sein Volumen um dV. Beim ursprünglichen Volumen $V = L^3$ ist

$$dV = 3L^2 dL = 3L^3 \frac{dL}{L} = 3V \frac{dL}{L}$$

und daraus

$$\frac{dV}{V} = 3 \frac{dL}{L}. \tag{3.5}$$

Stellt man die Gl. (3.1) bis (3.3) für $d\sigma_x = d\sigma_y = d\sigma_z$ auf, so ist – weil $\varepsilon_x = \varepsilon_y = \varepsilon_z = \frac{dL}{L}$

$$\frac{dL}{L} = \frac{d\sigma_x}{E}(1 - 2\nu). \tag{3.6}$$

Aus den Gleichungen (3.5) und (3.6) erhält man

$$\frac{d\sigma_x}{dV/V} = \frac{E}{3(1 - 2m)}. \tag{3.7}$$

Die Gl. (3.7) stellt die Zusammendrückbarkeit als Funktion der elastischen Eigenschaften E und m des Werkstoffes dar. Sie ist für Gummi ungefähr gleich wie für Wasser. Setzt man den Wert dafür sowie für E ein, so erhält man für Weichgummi ein $m \approx 0{,}5$. Dieses in Gl. (3.4) eingesetzt ergibt $\sigma_x = \sigma_y = \sigma_z$, also Druckfortleitung wie in Flüssigkeiten, wie aus der Erfahrung bereits bekannt ist.

Im Gegensatz zu Flüssigkeiten kann Gummi aber Hauptspannungsdifferenzen aufnehmen. Angenommen, das Dichtelement (Bild 3.16) bestehe aus Gummi und sei mit Preßsitz in den Dichtraum eingebracht, so ist z.B. $\sigma_{x0} = 0$ während σ_{y0} und σ_{z0} Werte haben, welche den Formänderungen des Würfels in der y- und z-Richtung entsprechen, die dieser durch den Preßsitz erleidet. Tritt dann durch den aufkommenden Betriebsdruck eine Spannung auf, so überlagert sich ein hydrostatisches Spannungssystem dem bestehenden Spannungssystem und die resultierenden Spannungen in der y- und z-Richtung werden

$$\sigma_y = \sigma_{y0} + \sigma_x, \quad \sigma_z = \sigma_{z0} + \sigma_x.$$

Das tritt aber nur ein – wie Gl. (3.4) zeigt – wenn m etwa gleich 0,5 ist! Dichtungswerkstoffe, die sehr stark zusammendrückbar sind und die daher eine von diesem Wert sehr abweichende Poissonsche Zahl haben, wie beispielsweise Kork ($m \approx 0$), Leder, graphitierter Asbest, sind daher für Druckdichtungen nicht brauchbar, denn der Flüssigkeitsdruck kann die Dichtpressung übersteigen, was natürlich zu Undichtheit führt.

Als kennzeichnendes Beispiel für eine solche Druckdichtung stellt Bild 3.17 die Abdichtung der Durchführung eines Kabels dar, die einem Prüfdruck von 370 at widerstanden hat.

Für Formdichtungen gegen hohen Druck und bei Verwendung von Elastomeren gelten folgende Richtlinien: weiche oder mittelharte Gummisorten, Spalt zwischen vorgepreßter Dichtung und Nutwand (Δr) soll ein Minimum sein, Formfaktor klein, Berührungsfläche beim Zusammenbau schmieren; Grenze für das Prinzip der Selbstdichtung ist durch die Einfrier- bzw. Erweichungstemperatur des Gummis bestimmt.

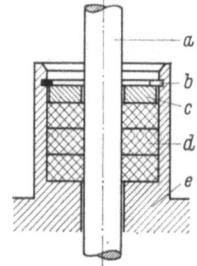 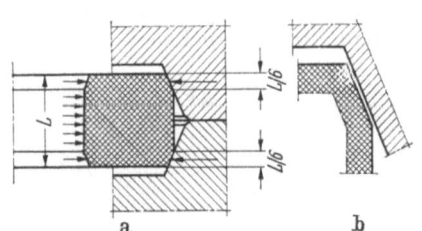

Bild 3.17. Abdichtung einer Kabeldurchführung mit Preßdichtung [20]. *a* Kabel; *b* Haltering; *c* Beilagscheibe (Metall); *d* Packung (Gummiringe); *e* Gehäuse.

Bild 3.18a u. b. Druckverstärkte Radialdichtung, a) ohne; b) mit eingebauten O-Ringen.

β) Dichtungen mit Druckverstärkung durch entsprechende Dichtungsgeometrie

aa) Nichtunterstützte Flächen. Durch den Unterschied zwischen Druckfläche und Dichtfläche wird die Dichtpressung erhöht (Bild 3.18a).

Während üblicherweise die Hauptdichtung auch die Vorpressung und damit die Einleitung des Dichtvorganges übernimmt (Beispiel: O-Ring), kann bei metallischen Dichtringen, wo die Einleitung der Vorpressung eine recht sorgfältige Herstellung erfordert, durch den Einbau von O-Ringen zur Initialdruckeinleitung eine Funktionstrennung bewirkt werden (Bild 3.18b).

bb) Konusdichtungen. Die Anpressung des Dichtringes wird oft durch eine kegelige Ausbildung derselben und/oder der Druckflächen unterstützt.

Bei der Kegelringdichtung (Bild 3.19) wird der Gefäßdeckel *a* durch den Innendruck an den Keil-Dichtungsring *b* gepreßt. Die eine Komponente dieser Kraft wirkt radial auf den Mantel des Gefäßes und stellt die Dichtpressung her; die andere, axial gerichtete, wird durch den mehrteiligen Haltering *c* aufgenommen und durch einen Versatz wieder auf das Gefäß übertragen. Die Mutter *d* dient zur Herstellung einer (geringen) Vorspannung und zum Lösen des Verschlusses.

Das Detailbild (Bild 3.20) zeigt, daß bei einer solchen Ausführung durch den angewendeten, kleinen Differentialwinkel zwischen den beiden Dichtflächen sehr hohe Flächenpressungen bewirkt werden können, wobei die Anpassung noch durch eine Plattierung mit Weichstoffen verbessert wird.

Bei der Aufbringung des Dichtungsdruckes durch die inneren Kräfte ist also durch geeignete Mittel die richtige Einleitung der Wirkung des Innendruckes sicherzustellen und die Dichtungsform so aufrecht zu erhalten, daß der Betriebsdruck ständig im Dichtungssinn einwirken kann. Der Kraftschluß zwischen den Dichtflächen darf niemals aufhören.

Diese Dichtungsart hat den Nachteil, daß eine Veränderung des Dichtungsdruckes (Einstellbarkeit) im Betrieb kaum möglich ist.

Selbsttätige Dichtungen finden sowohl als ruhende als auch bewegte Berührungsdichtungen viel Verwendung. Handelt es sich um höhere Drücke, so wird stets die Überlegung anzustellen sein, ob das Dichtungselement unter der vollen Einwirkung des Betriebsdruckes stehen soll, oder ob es dessen Einwirkung mehr oder weniger entzogen (entlastet) sein soll.

Bei schwankendem Druck ändert sich entsprechend die Dichtpressung und damit – bei bewegten Dichtungen – auch die Reibungskraft, was im allgemeinen günstig ist. Bei stationären Dichtungen können die dadurch hervorgerufenen Relativbewegungen unangenehme Nebenwirkungen haben (s. S. 43).

3.1 Wirkungsweise und Einflüsse auf das Dichtverhalten

Zu 3: Anpressung durch innere und äußere Kräfte

Bei fast sämtlichen Dichtungen findet ein Zusammenwirken von inneren und äußeren Kräften statt, ohne daß eine genaue Trennung möglich ist.

Eine interessante Dichtungsform, die wohl in diese Gruppe einzureihen ist, sind druckbeaufschlagte Metalldichtungen (sogenannte federnde Metalldichtungen [13]) die eine ziemlich hohe – über den Begriff der Initialpressung hinausgehende – Vorverformung erfahren, die aber durch die Formgebung (Biegebeanspruchung) trotzdem nur relativ kleine Kräfte erfordert.

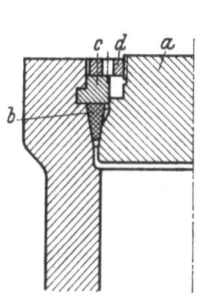
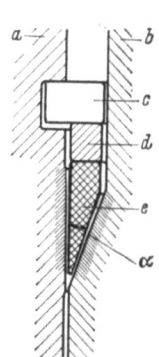
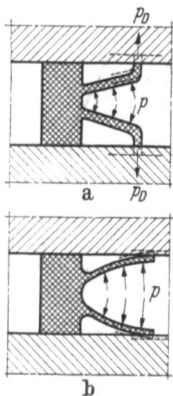

Bild 3.19. Kegelringdichtung. *a* Gefäßdeckel; *b* Keildichtring; *c* Haltering; *d* Mutter.

Bild 3.20. Ventildeckeldichtung (Detail, amerikanische Ausführung). *a* Ventilgehäuse; *b* Ventildeckel; *c* Haltering (mehrteilig); *d* Zwischenring; *e* Dichtring (Weicheisen, Dichtflächen elektroplattiert mit Bleilegierung); $\alpha = 24°$ (deformiert unter der Belastung auf 25°).

Bild 3.21a u. b. Druckbeaufschlagte Dichtungen (Dichtflächen beschichtet). a) Dichtfläche vom Druck unabhängig; b) Dichtflächen vom Druck abhängig.

Man kann dabei unterscheiden in

druckbeaufschlagte Dichtungen mit definierter, vom Druck unabhängiger Dichtfläche (Bild 3.21 a), und

druckbeaufschlagte Dichtungen mit druckveränderlicher Dichtfläche (Bild 3.21 b).

Beide Ausführungen haben einen Distanzring, der vor Überlastung beim Einbau sichert, aber die richtige Vorspannung zuläßt.

Die Druckverstärkung wird vor allem bei Hartdichtungen angewendet, für die das Prinzip der Addition der Drücke (Initialdruck + Betriebsdruck) infolge des Werkstoffes nicht gilt.

Als Werkstoffe werden härtbare Werkstoffe auf Nickelbasis, nichtrostende Stähle und austenitische Stähle verwendet, häufig mit Beschichtung oder unter Zwischenschaltung leicht verformbarer Werkstoffe (s. S. 88).

Die federnden Dichtungen sind im Betrieb einer dauernden Formänderung ausgesetzt und erleiden daher einen Spannungsabbau in Abhängigkeit von der Zeit; der Kontaktdruck nimmt also langsam ab. Das ergibt aber praktisch kaum besondere Nachteile, denn die Vorverformung ist viel größer als es nur zur Einleitung des Selbstdichtungsvorganges erforderlich sein würde, so daß ein größerer Rückgang nichts ausmacht. Dazu kommt, daß der Temperaturanstieg, der den Verlust an Vorspannung (Relaxation) bewirkt, normalerweise eine Reduktion der Fließgrenze des Beschichtungsmaterials bewirkt, wodurch sich wieder die Anpressung der Dichtflächen verbessert.

Federnde Dichtungen werden sich besonders bei dynamischer Beanspruchung bewähren (s. S. 43); sie sind oftmals verwendbar.

Zu 4: Anpressung vorwiegend durch die Eigenelastizität der Dichtung

Hier wird durch die Verformung der Dichtung beim Zusammenbau der Dichtverbindung bereits die vollständige Dichtpressung erzielt. Dies geschieht durch eine Zusammendrückung der Dichtung (Beispiel: Korkdichtung, Bild 3.22). Es eignen sich nur Werkstoffe mit geringem zeitlichen Abbau der Dichtspannung. Der Zusammenhang zwischen Verformung, Kraft und Rückfederung muß bekannt sein; denn von der Rückfederung der Dichtung hängt die Betriebsdichtkraft ab.

Die Dichtung liegt im Nebenschluß und es ist daher hohe Schraubenvorspannung ohne Gefahr einer Zerstörung der Dichtung möglich. Eine Wirkung des Betriebsdruckes ist zwar vorhanden aber kaum genau definierbar.

Zu 5: Anpressung durch äußere Kräfte; die Dichtung liegt aber im Nebenschluß

Es handelt sich hierbei meist um Hochdruckdichtungen. Bei diesen Dichtungen muß nicht – im Gegensatz zu Gruppe 1 – die gesamte Vorspannungskraft der Verbindung durch die Dichtung durchgeleitet werden (wobei nach Aufgabe des Innendruckes nur mehr der verbleibende Vorspannungsrest für die Dichtung benützt wird).

Es ist u. U. vorteilhaft und ohne Aufgabe des Prinzips der Herstellung der Dichtkraft durch eine äußere Kraft möglich, die Festigkeitsaufgabe (z.B. Aufnahme der Deckelkraft) und die Dichtungsaufgabe zu trennen. Erstere kann beispielsweise entweder durch eine entsprechende Schraubenverbindung (Bild 3.23) oder durch einen Bajonettverschluß (Bild 3.24) erfüllt werden, die letztere durch eine Flachdichtung mit Anpressen durch besondere Schrauben (Bild 3.23) oder mittels Spaltstopfbüchse (Bild 3.24).

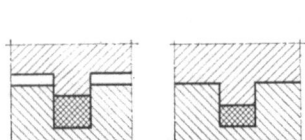

Bild 3.22. Dichtung mit Anpressung vorwiegend durch die Eigenelastizität.

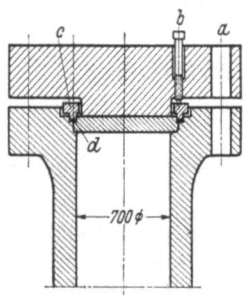

Bild 3.23. Hochdruckgefäßverschluß der Flanschbauart (300 atü, 250°). *a* Deckelschrauben; *b* Anpreßschrauben für den Dichtring; *c* Dichtring; *d* Flachdichtung [32].

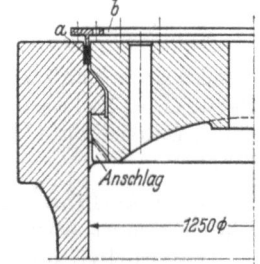

Bild 3.24. Hochdruckgefäß-Bajonettverschluß mit Stopfbüchsendichtung (50 atü). *a* Stopfbüchsenpackung; *b* Brille [32].

In beiden Fällen ist aber der Dichtvorgang recht verschieden. Im ersten legt sich ein Dichtring über einen Spalt, während im zweiten eine Art von verformbarer Packung in einer stopfbüchsenartigen Dichtung angewendet wird – schon sehr ähnlich den Packungsstopfbüchsen bewegter Maschinenteile.

Zu 6: Anpressen durch Preßpassungen

Es handelt sich hier um die Dichtheit infolge der Fugendrücke in Quer- und Längspreßpassungen, wie z.B. um Querpreßpassungen durch Einwalzen und

3.1 Wirkungsweise und Einflüsse auf das Dichtverhalten 41

Einschrumpfen und durch konische Verbindungen (Ringfeder) sowie um Längspreßpassungen durch Einpressen (siehe das Kapitel „Preßpassungen und Walzverbindungen").

Zu 7: Metalldichtungen mit geometrischer Beweglichkeit (konisch spannende Metallringdichtung)

Diese interessante Bauart (Bild 3.25) [39] nützt Spreizwirkungen beim Anziehen der Verbindung aus und erzielt hohe örtliche Dichtpressung. Sie ergibt gleichzeitig den Vorteil von Schneidendichtungen, und benötigt ebenfalls keine Dichtflächen höchster Bearbeitungsgüte; die unterstützende Wirkung des Betriebsdruckes ist hier gut feststellbar. Eine wiederholte Verwendbarkeit ist möglich, da nur im Bereich der Ecken plastische Formänderungen auftreten. Durch „Endanschläge" kann die geometrische Beweglichkeit begrenzt werden, so daß auch die Durchleitung größerer Kräfte durch die Verbindung möglich ist, ohne die Dichtung zu überlasten.

Auch das folgende Beispiel (Bild 3.26) gehört im Prinzip hierher. Hier wird eine Dichtung in Tellerfederform verwendet. Beim Anziehen der Klammerverschraubung wird die Dichtung flachgedrückt und verspreizt sich stark in den Ecken. Die nur kleinen Veränderungen der radialen Abmessungen müssen genügen, um das Einbauspiel und die Abmessungstoleranzen zu überwinden und die nötigen Formänderungen am inneren und äußeren Umfang der Dichtung zu bewirken. Die dichtenden Ecken der Flanschen sollen nicht beschädigt werden. Zur Herstellung der Dichtverbindung sind nur geringe axiale Kräfte nötig. Keine Beschädigung durch zu starkes Anziehen; kein Einfluß des Betriebsdruckes; Wiederverwendung möglich.

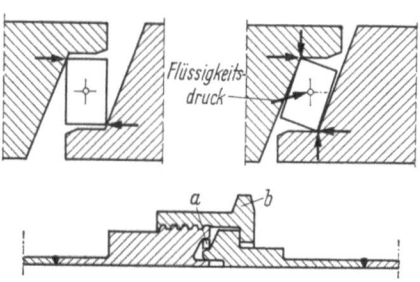
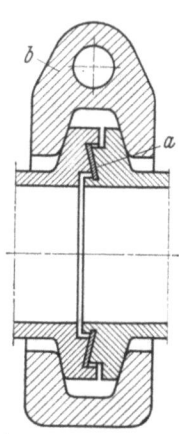

Bild 3.25. Konisch spannende Metallringdichtung; links unverspannt, rechts verspannt. *a* Dichtring; *b* Überwurfmutter [39].

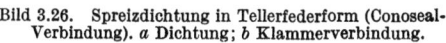
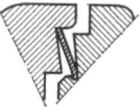

Bild 3.26. Spreizdichtung in Tellerfederform (Conoseal-Verbindung). *a* Dichtung; *b* Klammerverbindung.

Zu 8: Dichtdruck durch das Eigengewicht der Dichtungsteile

Die äußere Kraft zur Herstellung des Dichtungsdruckes kann auch in der Form des Eigengewichtes der Dichtungsteile erfolgen (Bild 3.27); eine Lagesicherung und geringe Anpressung ist durch die eingezeichneten Asbestschnüre gegeben.

42 3. Berührungsdichtungen an ruhenden Maschinenteilen

Zu 9: Dichtdruck durch Wärmedehnungsunterschiede oder durch Quellen der Dichtung

Wärmeausdehnungsunterschiede werden besonders bei Dichtverbindungen für tiefe Temperaturen benützt (siehe Abschnitt 10.2). Besonders bei manchen Kunststoffen zeigt sich unter der Einwirkung des Betriebsmittels ein starkes Quellen der Dichtung, das dazu ausgenutzt werden kann, um eine eingetretene Verminderung der Dichtkraft auszugleichen.

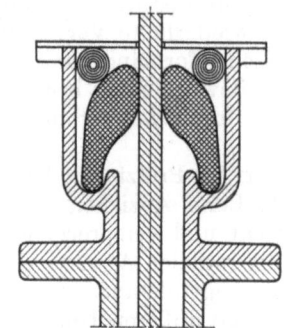
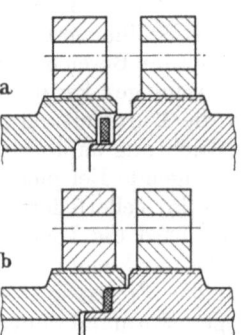

Bild 3.27. Abdichtung einer Rauchgasschieberplatte; Herstellung des Dichtungsdruckes durch das Eigengewicht der Dichtungsteile [33].

Bild 3.28a u. b. Fließende Dichtung. a) Vor; b) nach dem Einbau [34].

d) Abdichten durch Fließen der Dichtung (Fließdichtung)

Die grundlegende Betrachtung hat gezeigt, daß im allgemeinen zum nötigen Angleichen der Dichtflächen ein örtliches Überschreiten der Fließspannung σ_f zumindest des weicheren der beteiligten Dichtungswerkstoffe nötig ist. Das dadurch bedingte Fließen beschränkt sich aber normalerweise auf die Oberflächenrauhigkeiten, eventuell auch noch auf die unmittelbar folgende Materialschichte; der Kern der Dichtung wird nicht über die Fließgrenze verformt.

Wird aber die Dichtung an Teilen oder als Ganzes über die Fließgrenze beansprucht, so tritt ein Fließen von Teilen oder der ganzen Dichtung auf.

Das teilweise Fließen wird (s. S. 34) bei jenen Dichtungen genutzt, wo eine Konzentration der Anpreßkräfte auf Teile der Dichtung stattfindet.

Wird die Dichtung als Ganzes über die Fließgrenze des Werkstoffes hinaus belastet, so führt dies zur sogenannten „fließenden Dichtung".

Die fließende Dichtung stellt in folgerichtiger Weiterentwicklung eine Lösung der Abdichtungsfrage für höchste Drücke dar (Bild 3.28). Die dabei verwendete Dichtung aus weichem Metall (Al, Cu, bei entsprechend niedriger Temperatur auch Gummi) ist vollkommen in einem Dichtraum eingeschlossen; es besteht nunmehr kein unmittelbarer Zusammenhang zwischen Dichtungswerkstoff und Betriebsdruck, da ein Zerquetschen dieser Dichtung nicht mehr möglich ist. Die Dichtung wirkt gewissermaßen als dichtende Flüssigkeitsfüllung des Dichtraumes und sperrt so sämtliche Undichtheitswege. (Genaues Passen der entsprechenden Flächen ist nötig.)

Die Schraubenkräfte, welche die Längskräfte aufnehmen, genügen im allgemeinen vollständig zur Verformung der Dichtung, so daß sich kleinere Flanschen bzw. Schraubenabmessungen ergeben als bei den Vorstufen dieser Lösung.

3.1 Wirkungsweise und Einflüsse auf das Dichtverhalten

e) Dynamische Beanspruchung statischer Dichtungen

Ist eine an sich statisch beanspruchte Dichtung zyklischen Bewegungen (meist Flanschbewegungen) ausgesetzt, so ist dies bei der Auslegung der Dichtung zu beachten. Der Belastungswechsel kann sich gleichmäßig über die ganze Dichtung erstrecken (Druck- oder Temperaturschwankungen, im Extremfall zwischen Ruhe- und Betriebsbedingungen) oder ungleichmäßig sein (Biegemomente).

Der Belastungswechsel führt zu entsprechenden Be- und Entlastungen der Dichtung und damit auch deren Formänderungen (Bild 3.29). Zu beachten ist, daß bei nichtlinearer Kennlinie des Dichtungswerkstoffes auch die Vorspannung einen wesentlichen Einfluß auf die Schwingungsamplituden hat [47*] (Bild 3.30). Weichstoffe haben eine progressive Kennlinie, so daß die Schwingungsamplituden mit zunehmendem Schraubenanzug (Nachziehen!) abnehmen; für das Schwingungsverhalten ist der Neigungswinkel der Tangente an die Dichtungskennlinie im jeweiligen Punkt der Schraubenvorspannung maßgeblich.

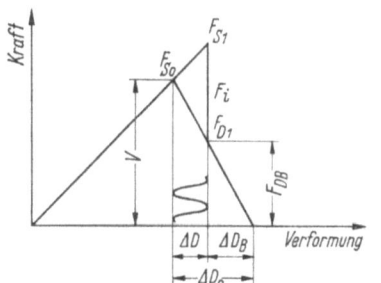

Bild 3.29. Formänderungen der Dichtung durch Belastungswechsel (Verspannungsschaubild).

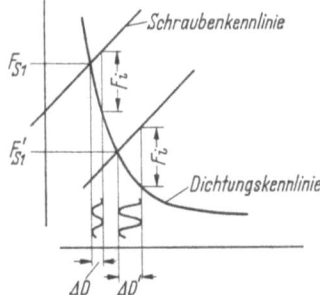

Bild 3.30. Änderung der Schwingungsamplitude bei progressiver Dichtungskennlinie.

Flachdichtungen

a) Hartdichtungen

Bei diesen kommt es zu kleinen, radialen Relativbewegungen, die zu Verschleiß (Passungsrost) führen können. Ein Überschreiten der dynamischen Kriechfestigkeit kann unzulässige Verformungen bewirken.

b) Weichdichtungen

Weichdichtungen werden infolge der großen Reibung in den Dichtflächen keine Radialbewegungen aufweisen, wohl aber kann u. U. eine Zerrüttung des Gefüges der Dichtung eintreten, was eine Verminderung der Druckfestigkeit und Gasdichtheit herbeiführt.

Formdichtungen erleiden durch dynamische Beanspruchung starke Formänderungen, verbunden mit Relativbewegungen der Dichtflächen zueinander. Dadurch tritt die Gefahr von Verreibungen (Fressen) auf, der durch Beschichtung (Plattierung) der Dichtung begegnet werden kann.

Günstig ist es die Dichtung so zu entwerfen, daß trotz pulsierender Drücke keine Relativbewegungen der Dichtflächen eintreten, sondern die Spannungen durch elastische Formänderungen aufgenommen werden; es kommen besonders Federdichtungen in Betracht (Bild 3.31). Empfehlenswert ist es, durch eine Vordichtung und durch die Volumwirkung einer Dichtkammer, die

Druckschwankungen von der Hauptdichtung nach Möglichkeit fernzuhalten; als Vordichtung wird sich besonders eine berührungsfreie Dichtung empfehlen (Bild 3.32).

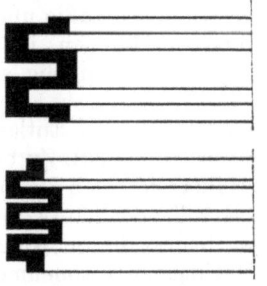

Bild 3.31. Federnde Dichtungen für dynamische Beanspruchungen, hohe Drücke und hohe Temperaturen (Donaldson Comp. Inc., San Fernando).

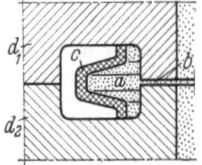

Bild 3.32. Federnde Dichtung c mit Kammer a und Vordichtung (enger Spalt) b; d_1, d_2 Flanschen.

Außer der Größe der Schwankung hat auch deren Frequenz einen Einfluß.

Maßnahmen zur Aufrechterhaltung der Dichtpressung – auch bei pulsierenden Betriebsdrücken – sind im Kapitel 9 (S. 109) besprochen.

Eine Dichtungsbauart, die in letzter Zeit besonders viele Entwicklungsarbeiten aufweist und die grundsätzlich zu den dynamisch beanspruchten statischen Dichtungen zu zählen ist, ist die Zylinderkopfdichtung; auf sie wird in einem eigenen Abschnitt näher eingegangen werden (S. 135).

Der Einfluß von Biegemomenten und Druckstößen ist in den beiden folgenden Beispielen geprüft worden.

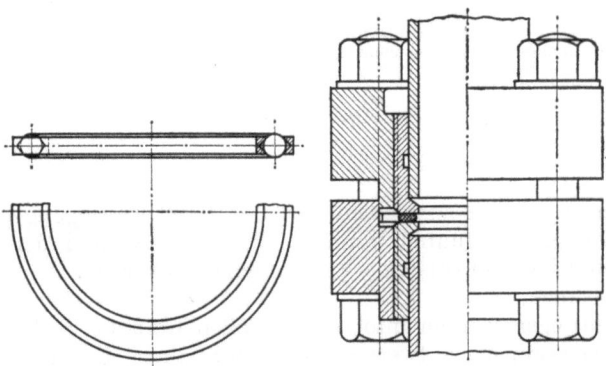

Bild 3.32a. Schwingungsfeste Verbindung einer Drucköllleitung [35].

Untersuchungen an den Flanschendichtungen von Druckluftleitungen [10] unter verschiedenen Biegungsmomenten ergaben den zu erwartenden Einfluß von Öl- und Fetttränkung auf das Dichtverhalten von Pappe (Flachdichtungen); am vorteilhaftesten erwies sich eine Gummidichtung mit Stahleinlage, woraus man schließen kann, daß für solche Fälle die Dichtung neben hoher Elastizität (die trotz hoher einseitiger Entlastung noch immer genügenden Dichtdruck gewährleistet) auch genügende Festigkeit aufweisen muß, um die Spannungsspitzen aufnehmen zu können. Empfohlen wird eine durchhanglose Aufhängung bzw. Lagerung der Leitung, um Biegemomente überhaupt zu vermeiden.

3.1 Wirkungsweise und Einflüsse auf das Dichtverhalten

An Drucköllleitungen wurden die Verbindungen auf Schwingungsfestigkeit untersucht und außerdem Druckstößen von 77 bis 175 at ausgesetzt [3]. Auf Grund der Versuchsergebnisse wurde eine Rohrverbindung entwickelt (Bild 3.32a), die bei Drücken bis 246 at auch nach $5 \cdot 10^6$ Lastspielen noch keine Undichtheit zeigte. Bei Stoßversuchen wurde der Druck von 5,6 at auf 350 at in 0,05 s gesteigert; die Verbindung war nach 200 Lastspielen noch dicht. Die Dichtung besteht aus einem O-Ring aus synthetischem Gummi, der zwischen zwei Metallflachringen liegt; diese haben spitzkerbige Ausschnitte von solcher Größe, daß der Gummiring sie beim Flachdrücken gerade ausfüllt.

f) Abdichtung bei kleinen axialen Bewegungen

Wohl zu unterscheiden von den dynamisch beanspruchten statischen Dichtungen sind solche Dichtungen, die kleine axiale Bewegungen erlauben müssen. Der bekannteste Fall dürfte der Ausgleich von Axialdehnungen von Rohrleitungen sein. Hierfür stehen außer den Mitteln der „natürlichen Kompensation" durch die Weichheit des Rohrsystems, Lyrabögen u.dgl. sowohl dichtungslose Dehnungsausgleicher (sogenannte Wellrohrkompensatoren) als auch Stopfbüchsendehner zur Verfügung (siehe z.B. [31]); für diese Bild 3.33 als Beispiel.

In der Zusammenstellung Bild 3.34 [3a] wird ein kleiner Ausschnitt aus der Vielfalt der hierher gehörenden Ausführungen gezeigt, die die überhaupt möglichen Bereiche von Druck und Temperatur überdecken müssen.

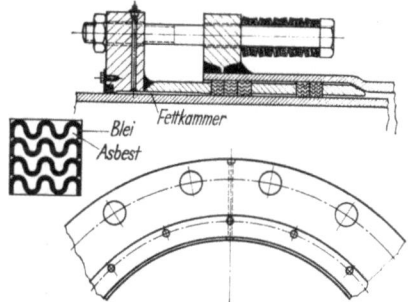

Bild 3.33. Stopfbüchsendehner (System Ruhrgas) [31].

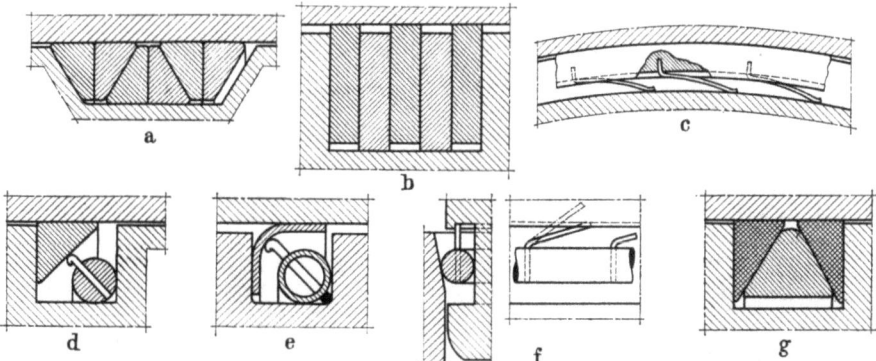

Bild 3.34a–g. Abdichtungen für kleine, axiale Bewegungen (Beschreibung im Text) [3a].

a) zeigt das Prinzip vieler Ausführungen: konischer Ring mit (meist) 30° Flankenwinkel, zwei verschiedene Werkstoffe, um gegenseitiges Verreiben zu verhindern; geschlitzte Ausführungen mit Ringschloß.

b) Anordnung aus abwechselnd nach innen und außen federnden Ringen; Ringe meist sehr dünn (meist etwa 1/32''); Werkstoff meist gehärteter und angelassener Stahl; gewöhnlich 5 Ringe (auch mehr).

c) Vielteilige Dichtringe; Anlage nicht durch die Eigenelastizität, sondern durch Federn bewirkt; besonders für sehr große Durchmesser; kleine Ringstärke, etwa $d/60$ (und daher auch kleine Nutabmessung); verschiedene Werkstoffe für Ring und Feder anwendbar (z.B. bis 400°C Aluminium-Legierungen für den Ring und warmfeste Werkstoffe für die Federn).

d) Ausführung mit eigenem Federträger (aus gut bohrbarem Stahl), Dichtring aus wärmebeständigem, gehärtetem Stahl mit wenig Freßneigung.

e) Ähnlich wie d) aber mit Ringträger aus weichem oder nichtrostendem Stahlrohr und Dichtring von L-Querschnitt. Ausgleich der Federwirkung durch radiale Beweglichkeit des Federträgers. Solche „Multisegmentringe" können für Abdichtungsaufgaben von sehr großem Durchmesser (erwähnt wird 10 m!) sehr brauchbar sein. Sie dämpfen auch Schwingungen und wirken einem Verreiben entgegen.

f) Ring mit rundem Querschnitt, leicht aus gehärtetem Stahldraht herstellbar; Anlage an konischer Spaltbegrenzung, dadurch selbstdichtend; trotzdem Lagesicherung durch Federn empfehlenswert, besonders bei niedrigen oder intermittierenden Drücken; auf die richtige Spaltweite an der Stoßstelle (Schlitz) des Ringes ist zu achten.

g) Plastik-Stahl-Kombination. Der Kunststoffring (meist PTFE) bildet die Dichtflächen, seine mangelnde Federung wird durch die Stahlfeder ersetzt; häufig auch Rechteckquerschnitt für den (nichtgeschlitzten) Kunststoffring, der mit Stahlfeder hinterlegt ist.

Außer den bereits genannten Werkstoffen, kommen auch viele andere in Betracht, wie Nickel-Monel-Legierungen, besonders für hoch wärmebeanspruchte Fälle, Stellite, vor allem nichtrostende Stähle, auch Wolframstähle (Verwendung bis etwa 500°C). Auch Leichtmetallringe sind in Verwendung (teilweise anodisiert). Stets ist die Werkstoffpaarung sorgfältig in bezug auf das Zusammenarbeiten und hinsichtlich der Korrosion auszuwählen.

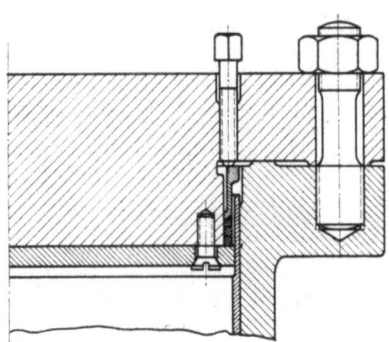

Bild 3.34 h. Gefäßverschluß mit Weichpackung für Auskleidungen mit hoher Wärmedehnung [19a].

Ein Beispiel für die grundsätzlich gleiche Aufgabe – aus der Verfahrenstechnik – zeigt Bild 3.34 h.

3.1 Wirkungsweise und Einflüsse auf das Dichtverhalten 47

Als weiteres Beispiel für die Abdichtung kleiner Bewegungen ist auf Bild 3.35 die Ausführung einer Hochdruck-Heißdampf-Rohrdurchführung dargestellt. Durch die Anwendung der sogenannten „Knorpel-Ringe" (s. S. 95) ist sowohl eine axiale als auch radiale Beweglichkeit gegeben.

Diese bewegliche Abdichtung gehört zu den Preßdichtungen, wie auch die Rohrkupplung (Bild 3.36), mit zwei konzentrischen Dichtungsringen.

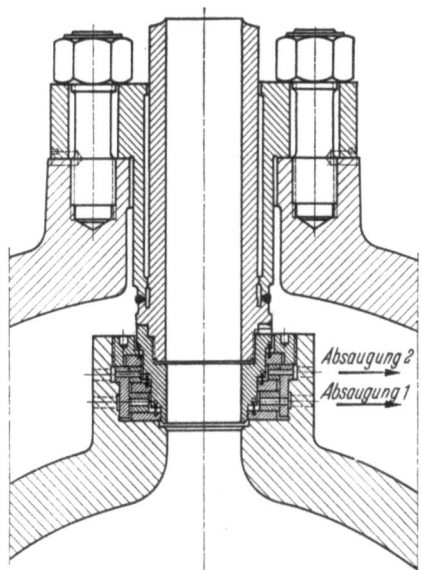
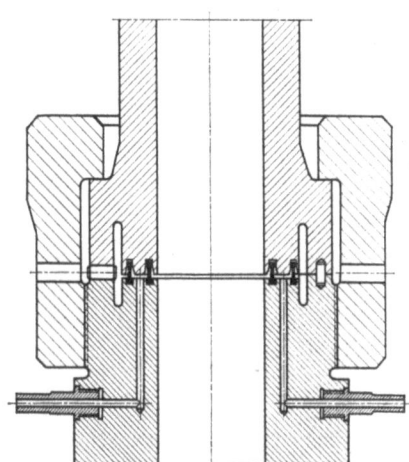

Bild 3.35. Frischdampfrohrdurchführung im Hochdruckteil einer Turbine [17].

Bild 3.36. Rohrkupplung [36].

Eine interessante Preßdichtung von universaler Beweglichkeit zeigt Bild 3.37. Auch die Kolbenring-Schneidendichtung (Bild 3.38) dient dem gleichen Zweck.

Handelt es sich um niedrige Temperaturen aber hohe Drücke und kleine Bewegungen, so können auch Elastomerrundringe als Dichtelemente dienen. Da kleine, dauernde Bewegungen auf Elastomerringe zermürbend wirken, werden vorteilhaft Gleitringe (z. B. aus Teflon) unterlegt.

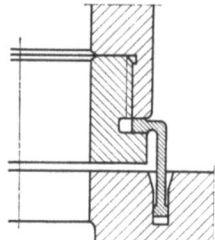

Bild 3.37. Universal bewegliche Preßdichtung (nach [36]).

g) Durchlässigkeit gegen das Betriebsmittel (s. a. Flachdichtungen) [12]

Eine Dichtung bezeichnet man als durchlässig, wenn das Betriebsmittel durch Hohlräume (Poren) der Dichtung dringt.

Besondere Bedeutung hat die Durchlässigkeit bei Vakuumdichtungen.

Gasdurchlässigkeit kommt unter normalen Verhältnissen nur bei Weichdichtungen in Betracht. Sie ist eine der Ursachen dafür, daß Weichdichtungen (z.B. It-Dichtungen) bei der Abdichtung gegen Luft eine höhere Vorpressung erfordern als bei der Abdichtung gegen Wasser. Die inneren Kanäle müssen durch eine genügend hohe Vorpressung erst soweit geschlossen werden, daß sie auch für Gase praktisch nicht mehr passierbar sind.

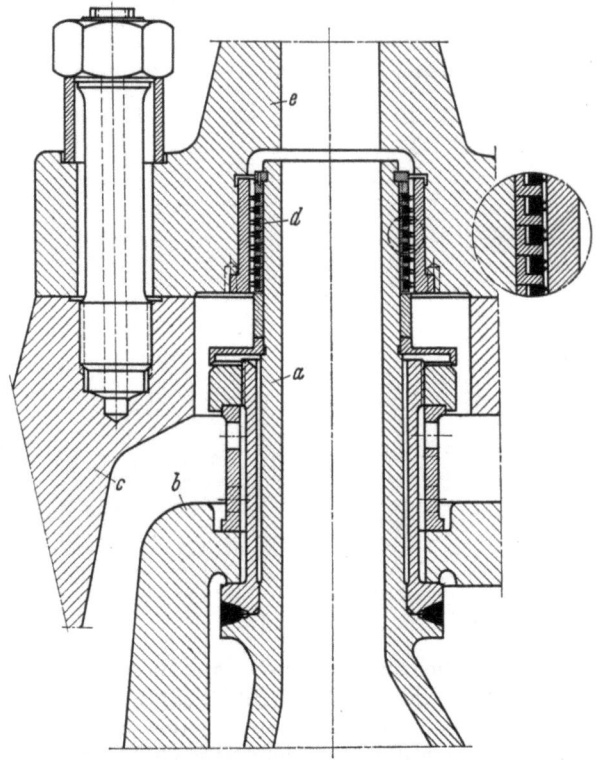

Bild 3.38. Dampfdurchführung mit Kolbenringabdichtung bis maximal 545 °C.
a Rohreinsatz; b Innengehäuse; c Außengehäuse; d Kolbenringe; e Rohrleitung [36].

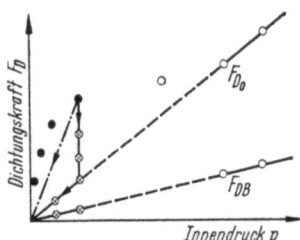

Bild 3.39. Verhalten einer It-Dichtung unterhalb der kritischen Vorpressung [12].

Nach der Verdichtung des Gefüges zeigen solche Dichtungen fast optimale Dichtwirkung; es genügen dann relativ niedrige Pressungen zum Abdichten.

Das kennzeichnende Verhalten von It-Dichtungen (und voraussichtlich auch anderer Weichdichtungen) geht aus Bild 3.39 hervor: bei einer Belastung unterhalb der kritischen Vorpressung kann die Dichtungskraft herabgemindert werden, ohne daß Undichtheit eintritt; man erreicht so die Ursprungsgerade F_{D_0}.

Bei weiterem Rückgang fällt der ertragbare Innendruck entsprechend dem optimalen Dichtverhalten ab (der gleiche Vorgang bei einer metallischen Dichtung würde die strichpunktierte Linie ergeben!).

It-Dichtungen können also – nach entsprechender Vorpressung – gasdicht sein; unter Umständen ist diese erforderliche Vorpressung allerdings unwirtschaftlich hoch.

Als wesentlich für niedrige Gasdurchlässigkeit der It-Dichtungen wird eine hohe Homogenität des Werkstoffes und eine kurze Faser betrachtet; Drahtgewebe und lange Fasern vergrößern die Gefahr der Gasdurchlässigkeit, da sie anscheinend die Entstehung von Undichtheitswegen begünstigen.

Ist die abzudichtende, tropfbare Flüssigkeit zäh und der Druck gering, so findet eine Sättigung des Porenraumes mit der abzudichtenden Flüssigkeit statt und es tritt damit Dichthalten ein.

Um die Durchlässigkeit zu verhindern, kann die Dichtung mit dichtenden Überzügen versehen werden, z.B. durch Tauchen der Dichtung oder durch Tränkung.

Höhere Temperaturen vergrößern im allgemeinen die Gasdurchlässigkeit bedeutend.

Schrifttum zu Abschnitt 3.1

1. Bartenev, G. M., Koljadina, N. G.: Untersuchung der Funktion der Selbstdichtung von elastischen Dichtungen. 3. DT Dresden, 1967, S. 418–430.
2. Boon, E. F.: Grundsätzliches über Flanschen- und Wellendichtungen. Dechema-Monographien, 1952.
3. Cooke, B.: Pipe joints for hydraulic power transmission. Engineering 171 (1951) 413–416; s. a. Konstruktion 3 (1951) 286.
3a. Cross, R. C.: The design of static seals for various purposes. The design and function of static seals. Conf. Inst. Mech. Engrs. 10. 12. (1970) S. 138–149.
4. Czernik, D. E., u.a.: The relationship of a gasket's Physical properties to the sealing phenomenon. SAE Transactions 74 (1966) Paper No. 650431, S. 350–364.
5. Diefenbach, G.: Kritische Betrachtung der Berechnung von Dichtverbindungen. Sonderdruck aus der Zeitschrift „Industrie-Anzeiger" Nr. VII, Juli 1962.
6. Dols, H. J., v. d. Hoogen, B.: A new approach predicting tightness of large-diameter flanges. Technische Hochschule Delft, Abtlg. f. Werkzeugbaukunde (lezing III CHISA CONGRESS, sept. 1969).
7. Dusenberry, G.: Resilient metal seals. Machine Design (1971) S. 54–60.
8. Farnam, R. G.: Ermüdung eingespannter Dichtungen. India Rubber World (1951) 679–682; s. a. Chemie-Ingenieur-Technik 25 (1953) 157.
8a. Gäbel, W.: Empfehlungen zur schrittweisen Standardisierung auf dem Gebiet der Dichtungen. 2. IDT Dresden, 1964, S. 277–310.
9. Gläser, H.: Ein Beitrag zum Problem der Abdichtung von Mittel- und Hochdruckbehältern mittels metallischer Formdichtungen und balliger Kontaktflächen. Chemie-Technik 19 (1967) 751–756.
10. Globig, W.: Untersuchung von Dichtungsmaterial für Flanschverbindungen an Druckluftrohrleitungen unter Berücksichtigung des Einflusses der Durchbiegung und des Anpreßdruckes. Glückauf 87 (1951) Nr. 49–50.
11. Krägeloh, E.: Untersuchung von Hart- und Weichdichtungen. Diss. TH Stuttgart 1954.
12. —: Gasdurchlässigkeit von Dichtungen auf Asbestbasis. Gummi und Asbest-Plastische Massen (1955) Nr. 4.
13. Krägeloh, E.: Was ist dicht? 3. DT Dresden, 1967, S. 28–40.
14. —: Anforderungen an Dichtungen. Konstruktion 20 (1968) 206–212.
15. Kühnpast, R.: Das System der selbsthelfenden Lösungen in der maschinenbaulichen Konstruktion. Diss. TH Darmstadt 1968.
16. Lehmann, B.: Untersuchungen über das Verhalten metallischer Flachdichtungen im Druckbereich bis 1200 at. Diss. an der Fak. Allgemeine Ingenieur-Wissenschaften der Technischen Universität Berlin-Charlottenburg, Juni 1953.
17. Leitner, A.: Moderne westdeutsche Groß-Dampfturbinen. Konstruktion 10 (1958) 173–181; 244–249.

18. Leyer, A.: Maschinenkonstruktionslehre, Nr. 4, Spezielle Gestaltungslehre. 2. Teil, Basel: Birkhäuser Verlag 1968.
19. Lok, H. H.: Untersuchungen an Dichtungen für Apparateflansche. Diss. TH Delft 1960.
20. Morrison, J. B.: O-rings and interference seals for static applications. Machine Design 29 (1957) 91–94.
21. Pierre, J.: Les joints metalloplastiques en technique de vide. Le Vide, 15 (1960) 381.
22. Raible, F. A.: Das Verhalten von Dichtungen. Diss. TH Stuttgart 1936; s.a. Raible, A.: Neue Versuche an Dichtungen. VDI-Z. 83 (1939) 931.
23. Rajakowics, G.: Beitrag zur Kenntnis der Wirkungsweise von Berührungsdichtungen. Diss. Montanistische Hochschule Leoben 1970.
24. Rathbun, F. O.: Metal-to-metal and metal gasketed seals. SAE Transactions 74 (1966) Paper No. 650312, S.196–210; Machine Design 37 (1965) 158–169; s.a. Konstruktion 18 (1966) 285.
25. Rathbun, F. O., White, R. S.: Superfinished surfaces as a means for sealing. "Conference on Design of Leak-Tight Fluid Connectors — 1965. Georg C. Marshall Space Flight Center, Propulsion Division".
26. Roth, A.: Nomographie design of vacuum gasket seals. Vacuum 16 (1966) Nr.113.
28. —: Vacuum sealing techniques, Oxford: Pergamon Press 1966.
28a. —, Inbar, A.: A new method of expressing and measuring the sealing ability of gasket materials. Journ. of materials 2 (1967) 567–580.
29. Rothbart, H. A.: Mechanical Design and Systems Handbook, Abschn. 24/1 bis 24/38, New York: McGraw-Hill 1964.
30. Schwaigerer, S.: Die Berechnung der Flanschverbindungen im Behälter- und Rohrleitungsbau. VDI-Z. 96 (1954) 7–12.
31. —: Rohrleitungen. Berlin, Heidelberg, New York: Springer 1967.
32. Maier, A. F.: Die Beherrschung von hohen Drücken bei Gefäßen und Verschlüssen, unter Hervorhebung der Schraube als häufigstem Verschlußteil. Techn. Mitt. Krupp 5 (1937) 197–214.
33. Weingärtner, W.: Verminderung der Stillstandsverluste von Dampfkesselanlagen durch Zugsperren. BWK 5 (1953) 9–11.
34. Meyer, R.: Gasketing of flanged connections for ultra-high-pressure service. Machine Design 28 (1956) 109–112; s.a. Konstruktion 9 (1957) 334.
35. Lihl, F.: Schmiereigenschaften und technische Anwendung von Graphit und Molybdändisulfid. Berg- und hüttenm. Monatshefte d. Mont. Hochschule Leoben 102 (1947) 149–154.
36. Schröder, K.: Große Dampfkraftwerke, Bd. III, Berlin, Heidelberg, New York: Springer 1968.
37. Siebel, E., Krägeloh, E.: Untersuchungen an Dichtungen für Rohrleitungen. Konstruktion 7 (1955) 123–137; 187–196.
38. Lehmann, B.: Untersuchungen über das Verhalten metallischer Flachdichtungen im Druckbereich bis 1200 at. Diss. an der Fak. Allgemeine Ingenieur-Wissenschaften der Technischen Universität Berlin-Charlottenburg, Juni 1953.
39. Anonym: Seals for extreme pressures rely on distortion of metal. Product Engng. 40 (1969) 102–104; s.a. Konstruktion 23 (1971) 69–70.
40. Jagger, E. T., Wallace, D.: Further experiments on the sealing mechanisme of a synthetic rubber lip type seal operating on a rotating shaft. Proceedings 187 (1973) 361–367.

3.2 Übersicht über die Hauptbauarten

Vor der ausführlichen Besprechung der Wirkungsweise der einzelnen Bauarten soll Bild 3.40a und b [1] eine Zusammenstellung der wichtigsten Arten geben. Dies ist vielleicht zweckmäßig, um die Übersicht über das sehr komplexe Gebiet nicht zu verlieren.

Die Wirkungsweise der dargestellten Dichtungen wird im betreffenden Kapitel besprochen, das eine noch wesentlich ausführlichere Gliederung als die schematische Darstellung enthält.

Die Dichtungen an ruhenden Maschinenteilen sind entweder lösbar oder unlösbar (bzw. beschränkt lösbar); dazwischen liegen die Stoffschlußverbindungen in Form von Dichtmassen. Die Schweißverbindungen mit Durchleitung der Rohrkräfte (Rohrschweißverbindungen) werden meist nicht als Dichtverbin-

3.2. Übersicht über die Hauptbauarten

dungen aufgefaßt, sondern nur als Verbindung schlechthin, da die Funktion des Dichtens in keiner Weise von jener des Verbindens getrennt ist. Bei den Schweißverbindungen ohne Durchleitung von Verbindungskräften sind die Schweißnähte reine Dichtnähte (beschränkte Lösbarkeit durch Entfernen der Schweißraupe): Dichtung im Nebenschluß.

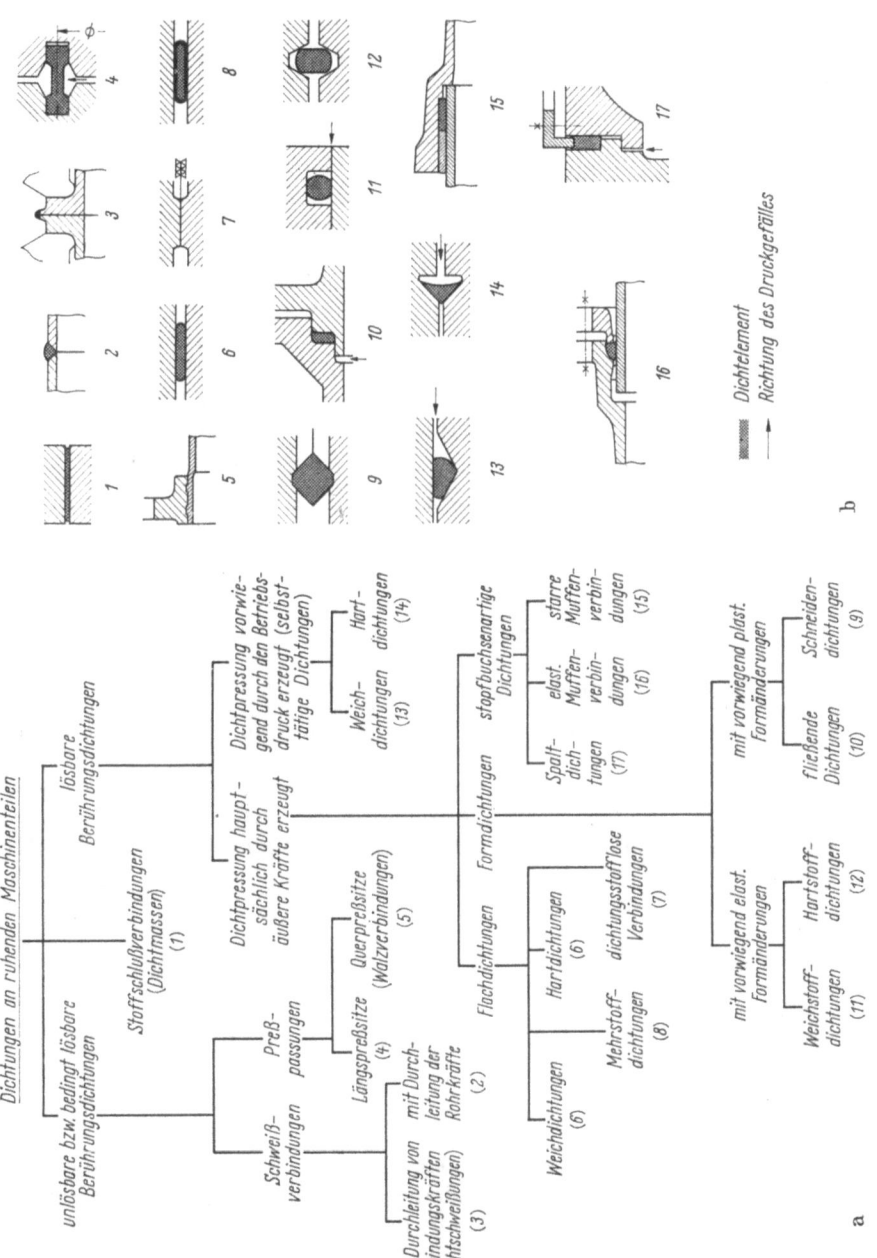

Bild 3.40a u. b. Dichtungen an ruhenden Maschinenteilen. a) System; b) schematische Darstellung der Dichtungen 1 bis 17.

Die Preßsitzverbindung dichtet infolge der hohen Flächenpressung; sie kommt sowohl als Querpreßsitz (z. B. eingewalztes Rohr) als auch Längspreßsitz (z. B. sogenannte Knorpelringe, Ringfeder) vor und ist in den beiden letzten Fällen als lösbare Dichtung anzusprechen.

Auch das Kriterium einer bestimmten Dichtpressung ist bei den letztgenannten Ausführungen bereits vorhanden; es tritt aber besonders klar in den eigentlichen „lösbaren Berührungsdichtungen" hervor. Wie verschieden eine richtige Dichtpressung herbeigeführt werden kann, ist im Abschnitt „Wirkungsweise" aufgezeigt. Hier sollen nur zwei Hauptgruppen unterschieden werden, je nachdem die Dichtpressung hauptsächlich durch äußere Kräfte oder vorwiegend durch den Betriebsdruck erzeugt wird. Die Unterscheidung in Weich- und Hartdichtungen ist eigentlich nur eine formale. Sind vorwiegend äußere Kräfte für die Abdichtung wirkend, so ist die Form des Dichtelementes maßgebend (Flachdichtungen und Formdichtungen). Die weitere Unterteilung der Flachdichtungen ist eine Werkstofffrage, was man eigentlich auch von den Formdichtungen sagen kann; Extreme beider Arten sind die dichtungslose Verbindung (auf geschliffene Dichtflächen) bzw. die fließende Dichtung, bei welcher eine weit über das sonstige Maß hinausgehende plastische Formänderung eintritt. Die stopfbüchsenartigen Dichtungen sind schon dem Wesen nach Übergangsbauarten zu den Dichtungen an bewegten Maschinenteilen und haben auch teilweise schon Funktionen in dieser Richtung (z. B. Dehnungsausgleicher).

Schrifttum zu Abschnitt 3.2

1. Trutnovsky, K.: Einteilung der Dichtungen, Versuch einer Übersicht. Konstruktion 20 (1968) 201–206.

3.3 Flachdichtungen

3.3.1 Allgemeine Ausführungen [1a, 15, 19, 24, 25, 28, 30, 32, 34, 35]

Die Flachdichtung ist auch heute noch die wichtigste Dichtung. Es werden daher die Verhältnisse hier ausführlich besprochen, wobei vieles auch für die folgenden Dichtungsbauarten sinngemäß Geltung hat, manches eine teilweise Wiederholung aus vorangegangenen Abschnitten ist. Gedacht ist im folgenden vorwiegend an die Abdichtung einer Flanschverbindung mittels Weichstoffen.

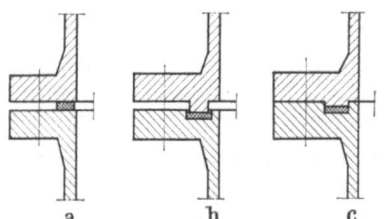

Bild 3.41 a–c. Einbauarten von Flachdichtungen.
a) Freiliegend; b) eingeschlossen, im Hauptschluß;
c) eingeschlossen, im Nebenschluß.

Einbauarten der Flachdichtungen. Das Verhalten von Flachdichtungswerkstoffen ist sehr verschieden, je nachdem sie freiliegend (Bild 3.41a) oder in Nuten eingeschlossen verwendet werden; im letzteren Fall muß noch zwischen einer Anordnung im Hauptschluß (Bild 3.41b) oder im Nebenschluß (Bild 3.41c) unterschieden werden (siehe auch Wirkungsweise S. 33).

3.3 Flachdichtungen

I. Bei Einschluß in einer Nut und Nebenschluß (Fall c) sollen folgende Forderungen erfüllt sein:

1. Unmittelbarer Kontakt (Metall auf Metall) der Flanschflächen (dauerndes Aufrechterhalten).
2. Genügende Dichtpressung durch die Zusammendrückung der Dichtung beim Zusammenbau (keine Möglichkeit des Nachziehens).

Hinsichtlich der Erfüllung der Forderung 2 bestehen grundsätzliche Unterschiede zwischen den Weichstoffen, je nach ihrer Zusammendrückbarkeit: unzusammendrückbare, wie Gummi, sind hier nur bedingt brauchbar (genügender Spielraum in der Nut muß die Formänderung zulassen, Seitenfluß) (Bild 3.42a).

Grundsätzlich anders verhält sich Kork (Bild 3.42b), der vollkommen zusammendrückbar (verdichtbar) ist: er ergibt dann z.B. bei einer Zusammendrückung von 50% – frei oder eingeschlossen – eine Dichtpressung von etwa 20 kp/cm² (kein Seitenfluß).

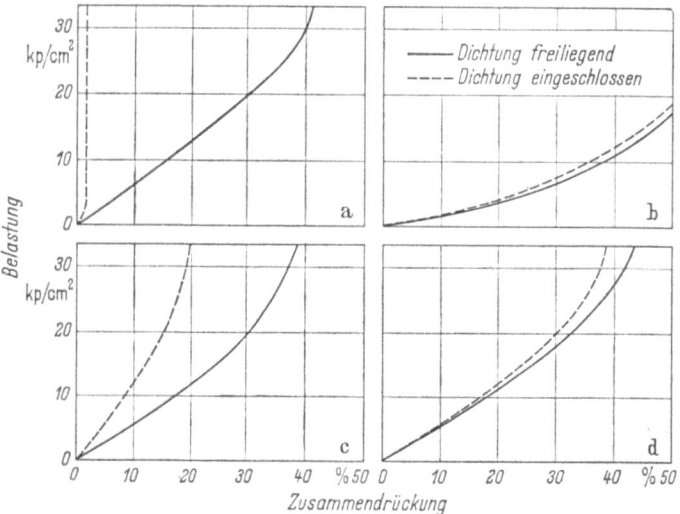

Bild 3.42a–d. Zusammenhang zwischen Zusammendrückung und Belastung bei verschiedenen Weichstoffen (Armstrong Gasket Design Manuel) für freiliegende (vollausgezogen) und vollständig eingeschlossene (strichliert) Dichtungen.
a) Gummi; b) Kork; c) Kork/Gummi mit hohem Gummianteil; d) Kork/Gummi mit hohem Korkanteil.

Häufig werden daher die Abdichtungseigenschaften von Gummi mit der Eigenschaft der Zusammendrückbarkeit von Kork vereinigt, wobei die Eigenschaften je nach den Anteilen sich ändern (Bild 3.42c und d). Die Dichtung ist weitgehend unabhängig von den Verbindungskräften (genaue Darstellung der Verhältnisse siehe [11]). Die dauernde Dichtwirkung ist bei diesem Einbau von der Relaxation (Rückfederungsverlust) der Dichtungswerkstoffe abhängig, da kein Nachziehen der Dichtung möglich ist. Entsprechender Spielraum der Dichtung in der Nut ist vorzusehen.

II. Beim Einbau in einer Nut nach Bild 3.41b ergeben sich sehr wesentliche Unterschiede gegen einen Einbau nach Bild 3.41c. Besitzt die Feder Spiel gegen die Nut, so ist auch die Verwendung nicht oder wenig zusammendrückbarer Weichstoffe möglich, da sie in den Spalt ausweichen können; weiter besteht hier Nachziehmöglichkeit, so daß die Dichtpressung nachträglich verändert werden kann. Die Dichtung steht unter dem vollen Einfluß der Verbindungskräfte; sie ist aber vor dem Herausdrücken durch den Innendruck weitgehend geschützt, ebenso gegen Zerquetschen durch zu hohen Dichtdruck.

III. Dichtung freiliegend (Bild 3.41a). In der Wirkungsweise dem vorstehenden Fall sehr ähnlich, jedoch ohne Schutz gegen zu hohen Innendruck und zu hohe Dichtkraft. Bei den Ausführungen über die Flachdichtungen wird es sich meistens um diesen allgemeinsten Fall handeln.

Die Undichtheitswege einer Flachdichtung sind (Bild 3.43): *1* radiale Wege infolge mangelnder Anpassung der Dichtflächen, *2* Undichtheitsweg infolge Durchlässigkeit des Werkstoffes.

Was den Weg *2* betrifft, so kommt er meist nur für Weichstoffe in Betracht (eine Ausnahme bilden Dichtungen für Hochvakuum). Die Weichstoffe weisen große Unterschiede auf, je nach der Art ihrer Porosität: Asbest/Gummi-Werkstoffe sind meist so porös, daß sie bedeutende Druckkräfte verlangen, um den Undichtheitsweg durch die Poren zu verschließen; Kork/Gummi-Werkstoffe sind nicht porös und die aufgewendete Dichtpressung dient allein zum Anpressen an die Dichtflächen.

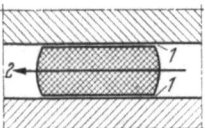

Bild 3.43. Undichtheitswege einer Flachdichtung.
1 Zwischen den Dichtflächen; *2* durch die Dichtung.

Die wichtigsten Größen für die Gestaltung der Verbindung sind: die Dichtkraft zum Vorverformen F_{DV} (bzw. F'_{DV} im unterkritischen Gebiet, das besonders für Weichdichtungen wichtig ist) und die Betriebsdichtkraft F_{DB} (bzw. F'_{DB}); ihre Bestimmung wird im Abschnitt „Berechnung" (S. 144) erläutert.

Es handelt sich aber nicht nur um die Herstellung der Abdichtung, sondern auch um das verläßliche Aufrechterhalten der Dichtung. Es wird daher im folgenden sowohl auf wichtige Werkstoffeigenschaften (besonders von Weichdichtungen) näher eingegangen werden, wie auch auf Faktoren, die das Herstellen und Aufrechterhalten der Abdichtung beeinflussen und die in den Berechnungsrichtlinien nicht zum Ausdruck kommen.

Der Vorgang des Undichtwerdens [6, 14, 15]. Es ist nicht unwichtig, sich zuerst eine Vorstellung über das Undichtwerden einer Flachdichtung zu machen.

Der Einsickervorgang beginnt bei einem bestimmten, von der Vorpressung abhängigen Innendruck, und zwar dringt das Medium mit steigendem Innendruck fast gleichmäßig durch die vorhandenen Leckkanäle vor (Bild 3.44). Die Eindringtiefe bleibt vorerst unter der halben Dichtungsbreite, was anzeigt, daß dort ein Dichtdruckmaximum vorhanden ist (Bild 3.45); infolge der Rauhigkeit und Welligkeit der Dichtflächen findet das Einsickern nicht rein konzentrisch statt. Bei weiterem Steigen des Mediumdruckes wird die Druckschwelle („das Hochdruckband") überwunden und das Medium dringt infolge der Abnahme des Dichtdruckes weiter vor. Es finden Ausstülpungen statt, wobei – je nach der vereinbarten Größe des zulässigen Leckstromes – dieser Zustand als dicht oder undicht gilt. Die Ausstülpungen finden besonders an Stellen mit Welligkeiten statt. Wird die Dichtpressung nicht erhöht, steigt aber der Innendruck, so wird die Leckströmung stärker, bleibt aber u. U. noch in der Größenordnung des Leckkriteriums (keine Änderung der Gestalt der Strömungsquerschnitte).

3.3 Flachdichtungen

Zur Kontaktpressung sei noch bemerkt, daß diese um so gleichmäßiger ist, je geringer die Reibung zwischen den Dichtflächen ist. Hohe Reibung ergibt hohen Maximalwert in der Mitte und daher einen niedrigen m-Wert (s. S. 153), bedingt aber rauhe Oberflächen. Das bedeutet meist große Leckkanäle und Unebenheiten, die wiederum hohe Dichtdrücke verlangen.

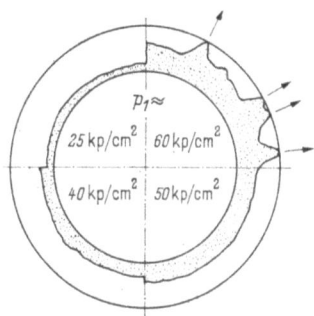

Bild 3.44. Einsickervorgang [14] bei einer It-Dichtung.

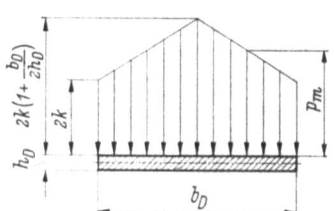

Bild 3.45. Spannungsverteilung über die Breite einer Flachdichtung [15] unter der Annahme konstanter Reibung von perfekt rauhen Oberflächen.

Bei einer gewissen Rauhigkeit wird es in bezug auf das Dichtvermögen einen Optimalwert geben.

Liegt eine Störung vor (z. B. Beschädigung der Dichtflächen, Fremdkörper, nicht gleichmäßige Vorspannung der Schrauben, gegenseitige Schiefstellung der Dichtflächen), wird der Weg des kleinsten Widerstandes gegangen und es unterbleibt die konzentrische Ausbreitung.

Auch das Druckmittel hat – bis zur kritischen Vorpressung – einen Einfluß. Gemäß dem geschilderten Vorgang hat der Verlauf der Dichtpressung über der Dichtungsbreite einen wesentlichen Einfluß auf den Undichtheitsvorgang. Hohe Vorpressung der Dichtung vergleichmäßigt das Einsickern.

Grundsätzlich besteht nun die Aufgabe des Abdichtens darin, die Anpassung der beiden Dichtflächen in Form eines in sich geschlossenen Bandes (nicht definierter Breite) herzustellen (Bild 3.46).

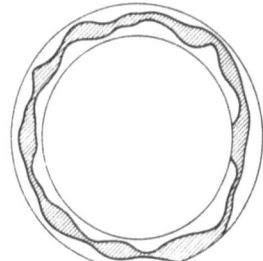

Bild 3.46. In sich geschlossenes Band über die Dichtungsoberfläche [15]; dichte Verbindung.

Beim Anpassen der Flachdichtung handelt es sich um ebenes Fließen eines plastischen Körpers zwischen Druckflächen, wobei bei rauhen Oberflächen (Weichdichtungen) kein Schlupf zwischen den Flächen auftritt („perfekt rauhe Oberfläche": Reibungskraft $\geqq$ Fließschubspannung).

56   3. Berührungsdichtungen an ruhenden Maschinenteilen

Die bei Hartdichtungen (Metalldichtungen) beim Fließen auftretende Verfestigung hat in der Nähe der Dichtungsoberfläche ihren Höchstwert, was ungünstig ist, weil dort ein leichtes und gutes Fließen wegen der Anpassung der Unregelmäßigkeiten der Dichtungsflächen und der Ausfüllung der Rauhigkeitstäler erwünscht wäre [15]. (Aluminium und Weichkupfer zeigen [11] bei einer 5- bis 10%igen Stauchung eine 10- bis 20%ige Steigerung der Stauchkraft infolge Verfestigung.)

Der maximal zulässige Dichtungsdruck ist durch das Fließen in der Breitenrichtung begrenzt (Gefahr des Zerquetschens der Dichtung). Breite, dünne Dichtungen sind daher vorteilhaft. Das Fließen in der Breitenrichtung kann durch Einschließen der Dichtung (Feder und Nut) eingeschränkt werden. Glattwandig konzentrische „Dichtheitsrillen" (Tiefe > als 5 bis 10× maximale Rauhigkeit, das ist etwa 0,1 bis 0,2 mm) sind (nach [15]) sehr günstig, ebenso das Anfüllen dieser Rillen mit Sperrmitteln.

Die Dichtpressung kann (bei Hartdichtungen) durch Verkleinerung der Reibungszahl μ_0, d.h. Feinstbearbeitung, Einfetten der Dichtflächen und die obenerwähnte Aufteilung der Dichtungsbreite durch Umfangsnuten herabgesetzt werden [7].

Im folgenden werden noch einige Gesichtspunkte gebracht, soweit dies nicht schon allgemeingültig im Abschnitt „Wirkungsweise" erfolgte.

a) Einfluß der Abmessungen der Dichtung

1. Dichtungsbreite (Bild 3.47). Bei breiten Dichtringen wird die zum Angleichen der Auflageflächen erforderliche Dichtkraft wesentlich größer als bei schmalen Dichtringen. Die notwendige Dichtpressung ist aber bei breiten Ringen kleiner, da die Wahrscheinlichkeit der Entstehung einer geschlossenen, abdichtenden Umfangslinie, bei der kein Druckmittel austreten kann, bei den breiten Ringen größer ist.

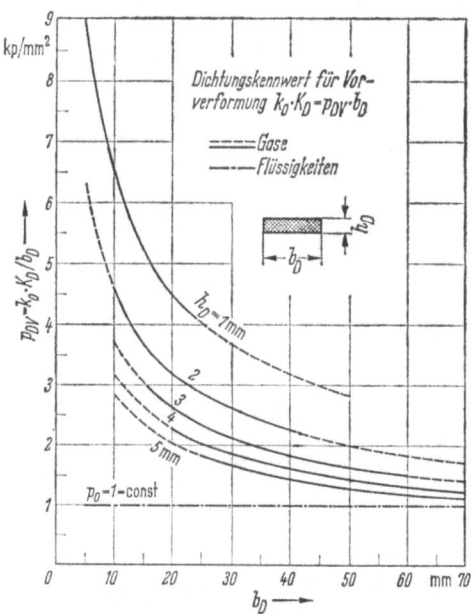

Bild 3.47. Einfluß der Dichtungsbreite und Dichtungsstärke auf den Wert der Vorverformung (für It-Dichtungen) ($k_0 K_D$-Werte) [32a].

Bei Hartdichtungen weist der Betriebskennwert k_1 (s. S. 148) bei größeren Durchmessern eine starke Steigerung auf. Als Begründung wird angeführt, daß sich bei großen Ringen fast stets Bearbeitungsfehler einstellen und dadurch die Notwendigkeit von übermäßig großen und unwirtschaftlichen Verformungen als Ausgleich besteht.

2. Dichtungsstärke. Die notwendige Dicke (Stärke, Höhe) der Dichtung ist von der Rauhigkeit der Dichtflächen abhängig; je glatter diese sind, desto dünner kann die Dichtung sein. Bei Weichdichtungen wird in den meisten Fällen mit einer 1 mm starken Dichtung auszukommen sein. Die dünne Dichtung bringt erhöhte Druckstandfestigkeit. Oberflächenrauhigkeiten werden kaum jemals eine stärkere Dichtung verlangen, es kann dies aber bei Oberflächenunebenheiten der Fall sein.

Weitere Vorteile der dünnen Dichtung sind: geringeres Setzen (weniger Vorspannungsverlust), kleinere Zusammendrückbarkeit (weniger Gefahr des Verziehens der Verbindung), größere Sicherheit gegen das Herausdrücken, geringerer Wärmeflußwiderstand, kleinere absolute Längentoleranz der Verbindung.

Dicke Weichdichtungen ergeben seitliches Ausweichen der Dichtung und dadurch eine Verschlechterung des Kennwertes. Bei dicken Dichtungen besteht erhöhte Gefahr, daß diese durch den Betriebsdruck herausgepreßt werden; daher sind solche durch entsprechende Ausführung der Flansche einzuschließen.

Den Einfluß der Dichtungsstärke auf die Vorpressung für It-Dichtungen zeigt ebenfalls Bild 3.47.

Die notwendige Dicke der Dichtung kann wie folgt geschätzt werden [22]. Die nachstehende Ermittlung ist ein Versuch, die Dichtungsstärke aus der Bedingung zu bestimmen, daß die Dichtung imstande ist, den Ausgleich der Oberflächenunebenheiten zu gewährleisten.

Als Maß für die Größe der Oberflächenunebenheit wird für geschlichtete Dichtungsflächen im Rohrleitungsbau angenommen:

Richtwert für $d = 200$ mm $\qquad \Delta a = 0{,}05$ mm,

Richtwert für größere Durchmesser $\qquad \Delta a = 0{,}05 \sqrt{\dfrac{d_D}{200}}$ mm.

Damit auch bei ungleichmäßigem Anziehen der Schrauben die Gewähr gegeben ist, daß alle Unebenheiten voll ausgeglichen werden, sollte die absolute Verformung einer Dichtungsseite $\Delta h_D/2$ je nach der Breite der Berührungsfläche den 1,5- bis 2fachen Wert von Δa haben.

Brauchbare Werte ergeben sich

bei Flachdichtungen mit $\qquad \Delta h_D = 1{,}5 \cdot 2 \cdot \Delta a = 3\Delta a$,

bei Profildichtungen mit $\qquad \Delta h_D = 2{,}5 \cdot 2 \cdot \Delta a = 5\Delta a$.

Die Dicke h_D bei Flachdichtungen sollte etwa 5- bis 10mal so groß gewählt werden als die absolute Verformung Δh_D, so daß sich die bezogene Stauchung $\varepsilon = \Delta h_D/h_D$ zwischen 20 und 10% bewegt.

(Eine rechnungsmäßige Ermittlung der Vorpreßkraft und Betriebsdichtungskraft ist darauf aufbauend und auf Grund von Festigkeitswerten der Dichtungswerkstoffe von Schwaigerer/Kobitsch [22] abgeleitet worden.)

Einen Einblick in den Einfluß der Abmessungen gibt weiter Bild 3.48 durch die Abhängigkeit der Mindestdichtpressung vom Verhältnis Dichtungsbreite/Dichtungsstärke. Es gilt zahlenmäßig für eine Kork/Gummi-Dichtung (bei anderen Weichstoffen ist der Kurvencharakter der gleiche); es soll das Verhältnis $b/h > 2$ sein, sonst steigt die notwendige Dichtpressung sehr stark an (wichtig für Bolzenaussparungen: Bolzenlöcher nicht zu nahe dem Innenrand der Dichtung!).

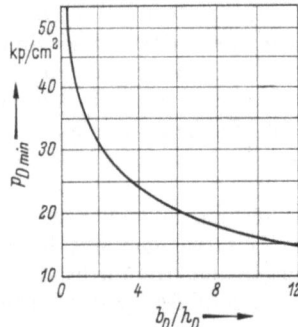

Bild 3.48. Einfluß des Breiten/Dicken-Verhältnisses einer Flachdichtung (Kork/Gummi) auf die kleinste Dichtpressung (nach [26]).

3. Einfluß des Formfaktors. Für die Verformung mancher Abdichtungswerkstoffe (z. B. Gummi) ist auch der Formfaktor wichtig. Die Verformung nimmt nämlich bei diesen Werkstoffen mit dem Verhältnis der Haftflächen zu den freien Flächen ab (es tritt durch die Auflageflächen eine starke Behinderung der Verformung ein); dieses Verhältnis wird als Formfaktor bezeichnet.

Der Formfaktor ist also

$$f = \frac{\text{gedrückte Fläche}}{\text{Wandfläche}} = \frac{\text{belastete Oberfläche}}{\text{freie Oberfläche}}.$$

Die Verformung beträgt bei $f = 3$ bis 10 (für Dichtungen möglich) etwa 30 bis 10% jener Werte, die sich bei Formfaktoren $f = 0,5$ bis $0,1$ ergeben.

b) Das Aufrechterhalten der Abdichtbedingungen

Dichtheit setzt das Aufrechterhalten der Abdichtbedingungen voraus. Das spätere Auftreten von Undichtheiten zeigt, daß die Abdichtverhältnisse sich verändert haben. Hier ist in erster Linie die *Abnahme der Dichtkraft* zu nennen.

1. Spannungsabbau und Kriechen. Alle Dichtungen zeigen in mannigfaltigen Abstufungen ein Absinken der aufgebrachten Spannung in Abhängigkeit von der Zeit. Die Reduzierung der Spannung einer Flachdichtung ist in Wirklichkeit ein Zusammenwirken zweier wichtiger Größen: Spannungsabbau und Kriechen (Bild 3.49).

Definition der beiden Begriffe:

α) Das Kriechen ist eine zeitlich verzögerte Einstellung der entgültigen Deformation einer Dichtung, die gleichbleibender Spannung ausgesetzt ist ($\sigma = $ konst., $d\varepsilon/dt$, Bild 3.49a); meist wird das so ausgedrückt: Kriechen ist eine plastische Formänderung von Werkstoffen unter Spannung während langer Zeiträume (besonders bei hohen Temperaturen).
β) Der Spannungsabbau ist eine Verminderung der Spannung in einer Dichtung, die unter konstanter Dehnung gehalten wird ($\varepsilon = $ konst., $d\sigma/dt$, Bild 3.49b)
γ) Kriechentspannung ist Gleichzeitigkeit von Spannungsabbau und Kriechen der Dichtung ($d\sigma/dt$, $d\varepsilon/dt$, Bild 3.49c).

Die Art der Abhängigkeit dieser Dichtwerkstoffeigenschaften von der Zeit wird von den elastischen und viskosen Eigenschaften bestimmt; die nichtmetallischen Dichtungswerkstoffe werden daher auch als viskoelastische Stoffe bezeichnet. An Flachdichtungen können alle drei veränderlichen Eigenschaften auftreten: Bild 3.50.

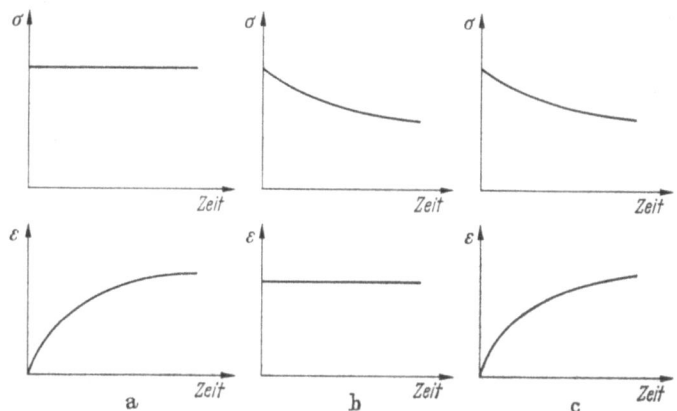

Bild 3.49 a–c. Dichtungseigenschaften. a) Kriechen; b) Entspannen; c) Kriechentspannung. Obere Diagramme: Einfluß dieser Eigenschaften auf die Spannung in der Dichtung (σ). Untere Diagramme: Einfluß auf die Zusammendrückung (ε).

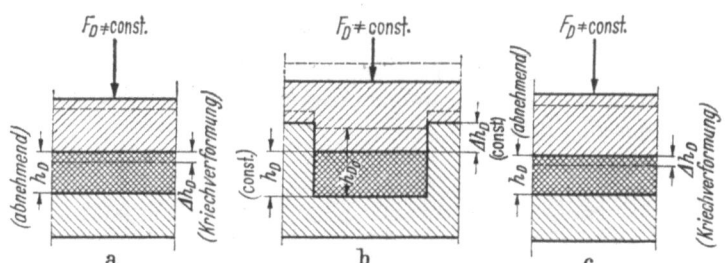

Bild 3.50 a–c. Auswirkung der Dichtungseigenschaften auf die Dichtung.
a) Abnahme der Dichtungsstärke (Kriechverformung) unter der konstanten Dichtkraft; b) Abnahme der Dichtkraft infolge Entspannung des Dichtungswerkstoffes (Δh_D beim Zusammenbau aufgebracht); c) Abnahme der Dichtungsstärke und der Dichtkraft infolge Kriechentspannung. F_D wird kleiner infolge Spannungsverlust der Schraubenverbindung durch Dickenverminderung der Dichtung.

Die drei schematisch dargestellten Flachdichtungen sind gekennzeichnet durch (Bild 3.50)

a) Dehnschraube oder elastisches Zwischenglied, kein Dichtkraftabfall, $F_D \sim$ konstant; Dichtungsstärke h_D durch Kriechverformung abnehmend (je nach Werkstoff).

b) Starrschraube, Flansche unmittelbar aufeinanderliegend; Dichtkraftabbau durch Entspannen (F_D = abnehmend); Dichtungsstärke h_D konstant (Einbauverformung Δh_D).

c) Dichtkraftabfall, je nach der Art der spannenden Teile der Verbindung ($F_D \neq$ konst., abnehmend); Dichtungsstärke h_D abnehmend je nach Kriechneigung des Dichtungswerkstoffes.

Die angeführten Dichtungseigenschaften sind wesentlich von Temperatur abhängig.

60 3. Berührungsdichtungen an ruhenden Maschinenteilen

Für den Entwurf und das Aufrechterhalten der Abdichtung sollte das Kriechverhalten des Dichtungswerkstoffes für den Anwendungsbereich bezüglich Spannungen, Dehnungen, Temperaturen und Standzeiten bekannt sein.

2. Mittel gegen das Kriechen der Dichtung (nach [18, 24–29]). Maximale Bolzenspannung von Dehnschrauben (bis zur Fließgrenze und damit hohe anfängliche Bolzenverlängerungen). Es zeigt sich, daß bei hoher Vorpressung die Kriechverformung nur mehr sehr gering ist, während sie bei kleinen Drücken proportional der Dichtpressung steigt; der Betriebszustand soll in das nichtlineare Gebiet fallen.

Einschaltung und maximale Vorspannung elastischer Elemente, falls keine Dehnschrauben verwendet werden (damit wird die Bolzenspannung angenähert konstant gehalten) [27, 21a].

Die Vorspannung ist so hoch zu wählen, daß sich die Entlastung durch den Betriebsdruck nicht mehr auswirkt.

Die Dichtungsstärke soll so klein gewählt werden als dies aus Abdichtungsgründen zulässig ist.

Verwendung von Dichtungswerkstoffen hoher Fließgrenze (kleiner Kriechformänderungen), um einen großen elastischen Bereich zu erhalten.

Die Betriebstemperatur soll möglichst niedrig gehalten werden (Abnahme der Fließgrenze mit Ansteigen der Temperatur).

Der Einbau der Dichtung soll so gewählt werden, daß möglichst kleines Kriechen eintritt (große Formzahlen für jene Dichtungen, deren Kriecheigenschaften Formzahleinflüsse zeigen).

Dichtungswerkstoffe mit guten spannungshaltenden Eigenschaften (kleine Relaxation, also gute Rückfederungseigenschaften).

Möglichst gleichmäßige Dichtpressung über die ganze Dichtfläche.

Eine Übersicht über die Zusammenpressung verschiedener Werkstoffe für Weichdichtungen gibt Bild 3.51.

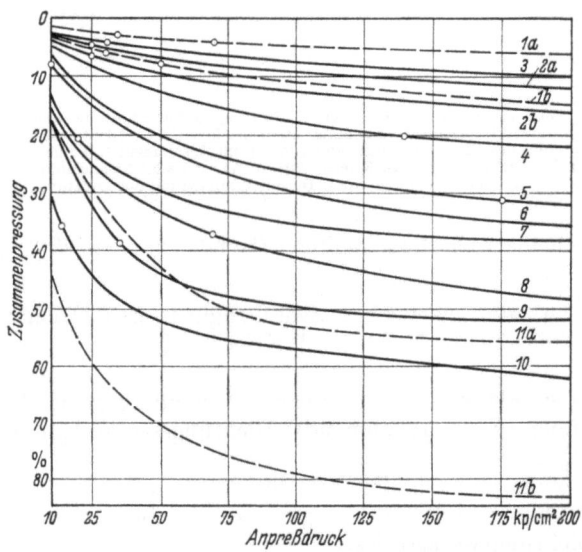

Bild 3.51. Anpreßdruck und Zusammendrückung verschiedener Werkstoffe für Weichstoffdichtungen [31]. *1a–1b* Asbest-Kautschuk, allgemein; *2a–2b* Asbest-Metallgewebe; *3* Asbest-Kautschuk, Sonderqualität; *4* Asbest-Accopac; *5* Zellulose-Accopac; *6* Asbest-Kork-Kautschuk; *7* Pflanzenfaserstoff; *8* Zellulose-Kork-Accopac; *9* Gummi-Kork; *10* Schwammgummi-Kork; *11a–11b* Kork, allgemein.

3.3 Flachdichtungen

3. Weitere Ursachen für die Abnahme der Dichtkraft. Außer dem Kriechen und dem Spannungsabbau des Dichtungswerkstoffes gibt es noch weitere Ursachen für die Abnahme der Dichtkraft:

Formänderungen der Bauteile (z.B. infolge Wärmedehnungen, Flanschbewegungen); als Beispiel für den Ausgleich von Wärmedehnungen wird die Konstruktion eines Absperrventiles für hohe Temperaturen gezeigt (Bild 3.52), bei welchem eine unerwünschte Änderung des Dichtdruckes infolge von Temperaturschwankungen bzw. Wärmedehnungsdifferenzen zwischen Spindel und Aufsatz durch Einschaltung von Tellerfedern bei der Lagerung der Spindel unterbleibt. Allgemeine Ursachen für den Vorspannungsverlust in Spannungsverbindungen (z.B. Fallen des Anzugsmomentes der Schrauben bei Schraubenverbindungen),

Mangelhafte Rückfederung des Dichtungswerkstoffes,
Schwingungen, denen die Verbindung ausgesetzt ist [36],
Temperaturänderungen (Temperaturdifferenz infolge verschiedener Wärmeleitung der Bauteile oder zeitlicher Temperaturverschiedenheiten),
Differenz der thermischen Ausdehnungskoeffizienten von Dichtung und Flansche,
Einwirkung des abzudichtenden Mediums,
Plastische Formänderungen der Dichtung infolge hoher Drücke und nachfolgender Drucksenkung.

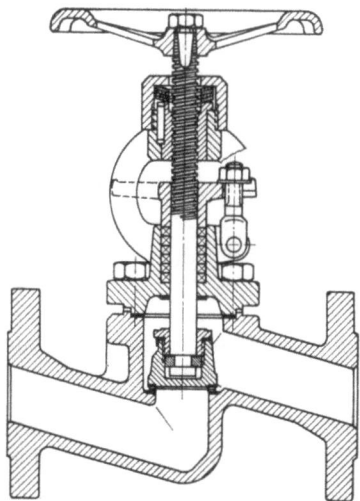

Bild 3.52. Absperrventil für hohe Temperaturen mit Tellerfedern zur angenäherten Konstanthaltung des Dichtdruckes [42*].

4. Verteilung der Dichtkraft [5b, 17]. Sehr wichtig ist eine gleichmäßige Verteilung der Dichtkräfte über die ganze Dichtfläche, also über Breite und Umfang. Das ist im allgemeinen nur angenähert erreichbar. Die beim Anziehen der Schrauben entstehende Verformung der Dichtverbindung führt zu weiterer ungleicher Druckverteilung und zu Undichtheit, wenn die Dichtpressung stellenweise unter den zulässigen Wert absinkt [2].

Es treten bei der Flanschverbindung Verformungen vor allem durch Verbiegen und Verkanten auf. Die Folgen sind zu geringes oder zu starkes Zusammendrücken der Dichtung. Besonders wichtig ist die ungleiche Dichtpressung zwischen den Schrauben; als Abhilfemaßnahme dagegen bzw. gegen zu geringe Dichtpressung wird empfohlen:

Verkleinerung der Schraubenteilung (eine sehr wirksame Maßnahme),
Vergrößerung der Stärke (Steifheit) der Flanschen z. B. Sicken, Randwulst (ebenfalls sehr wirksam),
Erhöhung des E-Moduls des Flanschwerkstoffes,
Beilagscheiben unter dem Schraubenkopf,
Erhöhung der Schraubenkraft (erhöht zwar das Verbiegen der Flanschen, erhöht aber auch die Dichtpressung im kritischen Punkt in der Mitte des Bolzenabstandes),
Verwendung eines Dichtungswerkstoffes mit niedrigem p_{DB},
Verkleinerung der Dichtfläche (z. B. durch Aussparung von Flächen),
Vergrößerung der Dichtungsstärke oder der Zusammendrückbarkeit der Dichtung.

Es ist wichtig, schon bei der Montage richtig vorzugehen, um eine möglichst gleichmäßige Dichtpressung zu erreichen:

Schrauben in der richtigen Reihenfolge anziehen,
Schraubenbolzen bis etwa $0{,}7\,\sigma_f$ anziehen (besonders Dehnschrauben),
Dichtung bis zu jenem Punkt der Zusammendrückungskurve belasten, wo der E-Modul schon sehr hoch ist,
alle Schrauben gleichmäßig anziehen,
dünne Dichtungen behalten die Vorspannung besser,
kein Schmiermittel an den Dichtflächen (besonders ein dicker Ölfilm führt zu Vorspannungsverlusten).

5. Einfluß der Relaxation. Auch das Verhalten der Dichtungswerkstoffe bezüglich Relaxation ist – wie bereits gesagt – für die Dichtverbindung von Bedeutung.

Man versteht unter Relaxation den zeitlichen Abbau an Rückstellkraft (Rückfederung) der bei vorgegebener Deformation eintritt; ideal elastische Werkstoffe haben keine Relaxation, ideal plastische besitzen keine Rückfederung [1 b].

Die Dichtungswerkstoffe haben sehr verschiedene Relaxation. Die natürliche Rückfederung kann durch konstruktive Veränderungen sehr verstärkt werden: Zweistoffdichtungen, besonders in Form der Zylinderkopfdichtungen (s. S. 135).

Dichtungen, welche so eingebaut sind, daß kein Nachziehen möglich ist, erfordern naturgemäß Werkstoffe mit besonders kleiner Relaxation.

3.3.2 Beschreibung von Flachdichtungen aus verschiedenen Werkstoffen

a) Weichdichtungen [13, 26, 29]

Als Werkstoffe werden praktisch sämtliche im Abschnitt „Dichtungswerkstoffe" genannten Weichstoffe benutzt; hier werden aber nur einige besprochen. Davon ist Gummi ein typischer Vertreter von mehr oder weniger elastischen Werkstoffen für Flachdichtungen für niedrige Betriebstemperaturen, aber der Notwendigkeit großer Anpassungsfähigkeit an die Dichtflächen; die It-Stoffe sind Vertreter von Weichdichtungen, die für höhere Betriebstemperaturen, aber nur für geringere Ansprüche an die Formänderungsfähigkeit brauchbar sind.

Die Ergebnisse dieser Betrachtung können auch für weitere Weichstoffe bezüglich ihres Verhaltens bei Flachdichtungen Aufschlüsse geben.

1. Gummi-Flachdichtungen [8, 33]. Die Gummisorte (Weichheit) ist nach der Beschaffenheit der Dichtflächen zu wählen. Der Verformungsweg des Gummis und damit auch der Querschnitt der Dichtung muß um so größer sein, je schlechter die Beschaffenheit der Dichtflächen ist.

Nach dem Ausgleich der Unebenheit der Dichtflächen – wofür eine bestimmte Zusammendrückung (bei Flachgummi 5% bis höchstens 20%) nicht überschritten werden soll – müssen dem weiteren Ausweichen des Weichstoffes Grenzen gesetzt werden, falls nicht solche Kräfte durch die Dichtverbindung geleitet werden, die verglichen mit der Druckfestigkeit des Dichtungswerkstoffes nur gering sind. Je knapper diese Grenzen die erforderlichen Formänderungen einschließen, desto besser ist die Ausnützung des Dichtungswerkstoffes (siehe „Formfaktor").

Die Dichtungskennwerte für Gummiflachdichtungen sind sehr günstige (s. Dichtungskennwerte, S. 146).

Besonders empfohlen zur Abdichtung keramischer Flansche.

2. It-Dichtungen (s. a. S. 14); DIN 3754. Diese Dichtungen gehören zu den gebräuchlichsten Dichtungsweichstoffen von relativ hoher Härte. Sie bestehen im wesentlichen aus Asbest, anorganischen Füllstoffen und Elastomeren als Bindemittel. Nach DIN 3754 werden It-Platten nach ihrer mittleren Zugfestigkeit unterschieden (kreuzdubliert, 200, 300 und 400 kp/cm^2) sowie nach ihrer Eignung zum Abdichten von Säuren (ItS), von Ölen (ItÖ) und für erhöhte chemische Beständigkeit (ItC); in den Normen sind weiter vorgeschrieben die Grenzen für die Dichte (1,8 bis 2 g/cm^3), für den höchsten Glühverlust und die Druckstandfestigkeit. Undoublierte It-Dichtungen (die vorwiegend verwendet werden) und längsdoublierte It-Platten haben von den kreuzdoublierten beträchtlich abweichende Festigkeitswerte. Kreuzdoublierte Platten sind nicht beständig gegen Lösungsmittel.

Für die Güte einer It-Platte zu Abdichtzwecken wird meist die Druckhitzebeständigkeit als maßgeblich angesehen (DIN 52913), die oben angeführten Kennwerte haben hierfür nur geringe Bedeutung (s. „Prüfung"). Genormte Prüfungen für Kompressibilität und Rückfederung, für die Dichtheit gegen Flüssigkeiten und Gase sowie für chemische Beständigkeit werden vom Fachnormenausschuß „Materialprüfung" herausgegeben werden.

Außer diesen genormten Qualitäten gibt es noch nicht genormte Sonderqualitäten. It-Platten werden auch graphitiert geliefert. Durch das Graphitieren wird ein Festbrennen der Dichtung vermieden; zum Graphitieren wird entweder eine Wasser/Graphit-Emulsion oder ein Graphit-Silikonölgemisch verwendet.

Die Normen enthalten Plattenabmessungen und Toleranzen sowie Empfehlungen bezüglich p_D/p_i und Hinweise für die Anwendung und den Einbau.

Gummi-Asbest-Dichtungen wurden vielen eingehenden Versuchen unterzogen. Für flüssige Druckmittel ist die kritische Vorpressung niedrig, die It-Dichtung ist hier der Metalldichtung überlegen; das Verhalten ist bei verschiedenen Sorten von It-Dichtungen ziemlich gleich.

Recht verschieden verhalten sich die It-Dichtungen bei der Abdichtung von Gasen. Dabei zeigen nicht nur Dichtringe verschiedener Herkunft große Unterschiede, sondern verschiedenes Verhalten tritt auch bei Ringen gleicher Qualität auf.

Ein wesentlicher Unterschied gegen Metalldichtungen besteht in der Höhe der kritischen Vorpressung bei Luft gegenüber jener bei Wasser; bei Metalldichtungen liegt der erste Wert nur um etwa 20% höher als der zweite, während

It-Dichtungen bei Luft eine dreifache und noch höhere Vorpressung als bei Wasser erfordern. Die Ursache liegt in der Gasdurchlässigkeit des It-Werkstoffes (vgl. [12]).

Dichtflächen mit konzentrischen Rillen ergeben kleinere Kennwerte als feinbearbeitete Oberflächen, da die Rillung ungleichmäßige Verteilung der Anpreßkräfte ergibt und damit auch örtlich entsprechend stark gepreßte Zonen.

Bild 3.47 gibt die Kennwerte $k_0 K_D$ von It-Dichtungen in Abhängigkeit von der Breite und Höhe der Dichtungen.

Versuche mit It-Dichtungen an Vorschweißflanschen [9] ergaben, daß die auf die Dichtungsbreite bezogenen Kennwerte k'_1 unabhängig von der Oberflächenbeschaffenheit, von der Breite und vom Durchmesser der Dichtung sind.

Das Verhalten von It-Dichtungen auf Grund des Innendruckversuches zeigt Bild 3.53, das sich im Wesen nicht von der gleichen Darstellung bei Metalldichtungen unterscheidet. Naturgemäß ist hier – infolge des niedrigen Druckbereiches der Weichdichtungen – das unterkritische Gebiet von besonderer Bedeutung.

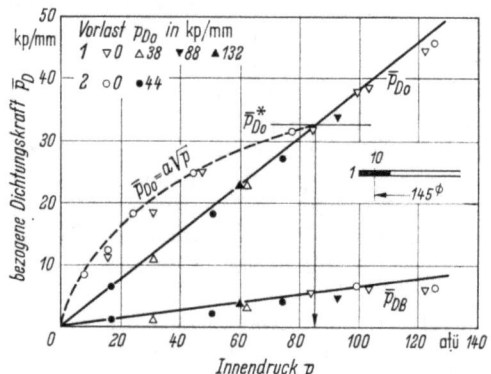

Bild 3.53. Ergebnis von Innendruckversuchen mit Stickstoff; als Dichtungswerkstoff Gummi-Asbest (It) [12a].

Wichtig für die Beurteilung einer It-Flachdichtung, die höheren Temperaturen ausgesetzt wird, ist das Kriechen des Werkstoffes, das besonders beim ersten Anheizen auftritt. Folge davon ist eine Entspannung der Flanschverbindung, deren Ausmaß vom elastischen Verhalten der Verbindung abhängt. Bild 3.54 zeigt die Entspannungslinien von Weichdichtungen (It-Dichtungen); zu beachten ist das schlechtere Abschneiden von doublierten Ringen. Der Kurvenverlauf hängt von der Ausgangslast, Temperatur, Federung und Anheizgeschwindigkeit ab; die hohe Temperatur bewirkt eine Veraschung der weichen Füllstoffe und weitere Veränderungen des Werkstoffes.

Drahteinlagen erhöhen die Druckstandfestigkeit, sie verbessern die Wärmeleitzahl der Dichtung und deren Rückfederung; die Gasdurchlässigkeit wird durch sie erhöht.

Hohe Dauerstandfestigkeitswerte sind leichter mit dünnen als mit dicken Dichtungen zu erreichen.

Bis zur Plattendicke von 3 mm haben quergeklebte Platten Nachteile im Vergleich zu nicht doublierten Dichtungen; dickere Platten als 3 mm sind am besten aus verschiedenen Schichten aufzubauen, doch ist die Klebschicht meist gegen höhere Temperaturen nicht haltbar und begrenzt die Dauerstandfestigkeit.

3.3 Flachdichtungen

Einige Richtlinien, die bei der Gestaltung von Dichtverbindungen mit Flachdichtungen – im besonderen aus Weichstoffen – zu beachten sind, sind in Bild 3.55 wiedergegeben. Weiter ist diesbezüglich zu bemerken: Scharfe Ecken führen bei der Herstellung und beim Einbau leicht zum Einreißen der Dichtung; es sind daher genügend große Abrundungen (mindestens $r = 1{,}5$ mm) vorzusehen. Löcher für Bolzen und Schrauben sollten etwa um 10 bis 15% größer gewählt werden als die zugehörigen Bolzen der Schrauben.

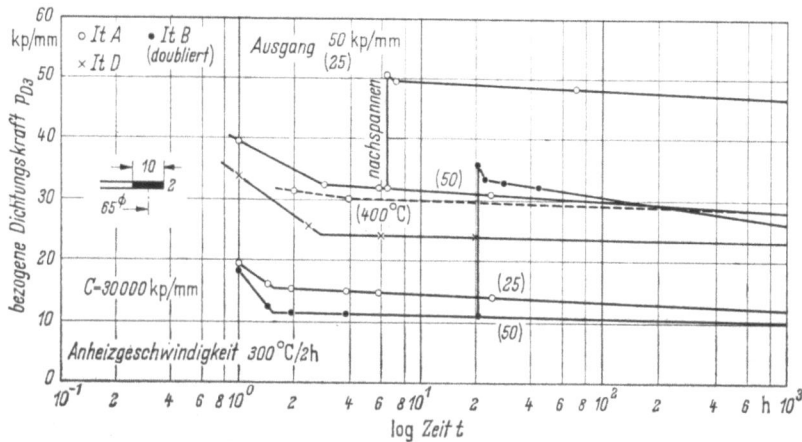

Bild 3.54. Entspannungslinien von Weichdichtungen bei Temperaturen von 300° bzw. 400°C (---) [23].

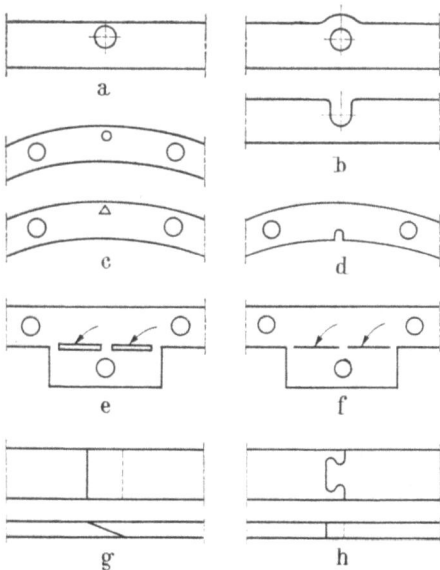

Bild 3.55 a–h. Gestaltungsgrundsätze für Flachdichtungen aus Weichstoffen [5a].
a) Löcher nahe dem Rand verursachen Risse beim Ausschneiden und Zusammenbau; b) besser sind Ohren oder Einschnitte; c) kleine oder unrunde Löcher erfordern Handarbeit; d) Löcher unter 2,5 mm Durchmesser werden durch Einschnitte vermieden; e) teure Schlitze; f) billigere Schlitze; g) bei großen geteilten Dichtungen ist das Zuschärfen und Leimen teuer und gibt oft keinen glatten Übergang, sondern einen Ansatz; h) günstiger ist die gestanzte Schwalbenschwanzverbindung.

Die Bilder 3.56 und 3.57 zeigen eingebaute Flachdichtungen aus Gummi mit glatten Dichtflächen und solche mit Dichtflächen mit erhöhten Ringen.

Letztere Ausführung stellt schon einen Übergang zu den Formdichtungen dar; sie dient dazu, um örtlich die Dichtpressung zu erhöhen, was zur Verminderung der Gesamtdichtkraft führt. Rillen in den Dichtflächen wirken – wie bereits gesagt – im selben Sinn.

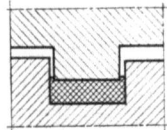

Bild 3.56. Eingebaute Flachdichtung aus Gummi mit glatten Dichtflächen [33].

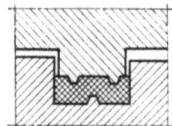

Bild 3.57. Eingebaute Flachdichtung aus Gummi mit erhöhten Ringen [33].

3. Flachdichtungen aus diversen Weichstoffen. Im folgenden sind noch einige Beispiele aus Weichstoffdichtungen kurz angeführt.

a) Asbestflachdichtungen [3] *(Asbestpappe; Bindemittel).* Vorwiegend gegen heiße Gase (bis 350°C) bei niedrigen Drücken eingesetzt.

b) Asbestfaserfilze. Aus Asbestaufschwemmungen hergestellt; Imprägnierung mit Elastomeren und Plasten. Hohe Kompressibilität, hohe Temperaturbeständigkeit ($\sim$400°C) und Biegsamkeit. Chemische Widerstandsfähigkeit.

c) Thermoplastische Flachdichtungen. Die Anwendung ist durch die zulässige Temperatur dieser Kunststoffe begrenzt; geringe Anpassungsfähigkeit (hohe Anpreßkräfte). Verwendung meist als Gemischanteil von Dichtungswerkstoffen. Meist starkes Kriechen (Kaltfluß) und damit Absinken des Dichtungsdruckes; Nachziehmöglichkeit vorsehen; Verbesserung durch Füllstoffe möglich [1].

b) Mehrstoffdichtungen

Zweck der Mehrstoffdichtungen (wie auch der Mehrstoffpackungen) ist, spezielle Eigenschaften besonders zur Geltung zu bringen, wie beispielsweise:

Erhöhung der Festigkeit und Haltbarkeit (Häufiges Lösen) – durch Einbau eines Skelettes aus Hartstoffen, Anwendung entsprechender Füllstoffe oder Umhüllungen;

Erweiterung der chemischen Beständigkeit – durch Umhüllung des eigentlichen Dichtungswerkstoffes mit einem chemisch beständigen Material;

Erzielung geringerer Reibung – durch Imprägnierung mit reibungsvermindernden Stoffen, durch Auftragung einer reibungsvermindernden Werkstoffschicht auf den Dichtflächen;

Speicherung von Schmierstoffen – durch Tränkung mit Schmierstoffen oder Schmierstoffüllung in Hohlräumen;

Erzielung von Gasdichtheit – Tränkung mit Sperrstoffen, Einbau von gasdichten Sperrscheiben.

Man kann in die außerordentliche Mannigfaltigkeit dieser Gruppe von Dichtungen eine bessere Übersicht bringen, wenn man unterscheidet zwischen Mehrstoffdichtungen, die den Weichdichtungen sehr ähnlich sind (und auch oft als solche bezeichnet werden), und jenen Mehrstoffdichtungen, welche durch die Kombination von Weichstoff und Metall entstehen.

1. Mehrstoffdichtungen in der Art von Weichdichtungen. Als Beispiele für diese Gruppe, bei welcher ein Zusatzstoff eine verbessernde Wirkung im Sinne der obigen Übersicht ausübt, wären anzuführen:

Ummantelte Weichdichtungen. Die Ummantelung besteht häufig aus chemisch widerstandsfesten Kunststoffen (z.B. Teflon), der Kern aus elastischen Weichstoffen (Gummi, Elastomere, Asbest u.a.).

Weichdichtungen, mit Einlagen von Draht, Metallfolien oder Metallfedern; Weichstoffgewebe mit Einlagerung von Graphit, Talkum, Fett u.dgl.; Imprägnierung (Tränkung) der Weichstoffgewebe mit Öl, Molykote, Teflondispersion u. ähnl.; Metallkerne in Weichstoffen.

Das Bild 3.58 zeigt eine Mehrstoffdichtung, bei welcher der Eisenkern die Schließkräfte aufnimmt, die elastische Asbestgewebeeinlage die Abdichtung und die darüber befindliche Kunststoffhülle den chemischen Schutz übernimmt.

Es ist jedoch sehr darauf zu achten, daß der Verbesserung einer Eigenschaft (z.B. Haltbarkeit) nicht schwerwiegende Nachteile entgegenstehen, wie Hart- und Unelastischwerden durch zu starkdrähtiges Gewebe, schlechte Bindung von Netz- und Füllstoff, ungleiche Wärmedehnung der Stoffe, Bildung von Undichtheitswegen längs der Drähte, Trennung des Weichstoffes vom Gewebe.

Als wichtigste Dichtungen dieser Gruppe wären eigentlich die It-Dichtungen anzusehen, doch wurden diese unter die „Weichdichtungen" eingereiht, da sie stets als solche in der Fachliteratur behandelt werden.

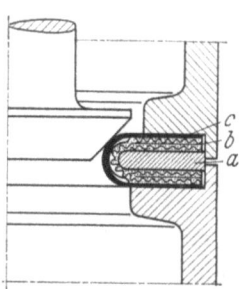

Bild 3.58. Mehrstoffdichtung für ein emailliertes Gehäuse mit Porzellankegel [16].
a Eisenkern; b Asbestgewebeauflage; c Teflon- oder Hostaflonpanzer.

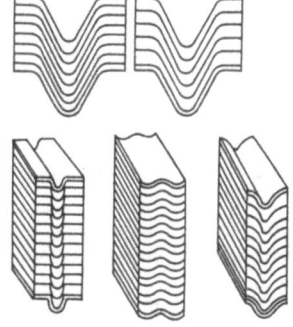

Bild 3.59. Zweistoff-Metallspiralbänder [5].

2. Metallische Mehrstoffdichtungen [20]. Diese besitzen ein Metallskelett, dessen Zwischenräume mit Polstermassen gefüllt sind. Das Metallskelett übernimmt dabei vorwiegend die Festigkeitsaufgaben, während die Füllung besonders zur Abdichtung dient; steifer und nachgiebiger Dichtungsanteil ergänzen sich so zweckmäßig.

Spiral-Asbest-Dichtung (Bild 3.59) [5]. Diese Dichtungen sind aus profilierten Bändern (meist aus nichtrostendem Stahl) mit eingelegten Asbeststreifen stramm gewickelt und durch Punktschweißung innen und außen geheftet. Die Knickform des Metallbandes soll in der Wirkung einer vorgespannten Feder gleichkommen, also die durch Druck- und Temperaturänderungen in der Dichtverbindung eintretenden Längenänderungen kompensieren. Das dichtungsmäßige Verhalten ist nicht einfach [23]. Die Verwendung wird für Flanschen mit Nut und Feder empfohlen. Diese Dichtungen werden zweckmäßig nur dann angewendet, wenn kritische Vorpressung erfolgen kann.

68   3. Berührungsdichtungen an ruhenden Maschinenteilen

Wellringe mit Weichstoffauflage (Bild 3.60). Bei diesen werden elastische Einlagen (Asbest, Glaswolle, Teflon, Silikongummi u. a.) beiderseits in die Metallwellen eingeklebt. Der Metallrahmen schützt den Weichstoff gegen das Herausdrücken. Meist werden die Metallwellen ebenfalls zum Anliegen kommen. Die Abdichtung erfolgt dann in der Hauptsache durch den Weichstoff und teilweise durch die Metallflächen. Das Wellblech verleiht den Dichtungen auch die für die Handhabung nötige Festigkeit.

Diese Dichtungen werden besonders für schlechtbearbeitete Dichtflächen von großem Durchmesser verwendet; sie werden für beliebige Dichtflächenformen (außer Kreisring auch Rechteck, Unterteilung der Dichtflächen usw.) hergestellt. Wenn nötig, wird die eigentliche Dichtung durch eine Einfassung vor dem Betriebsstoff geschützt.

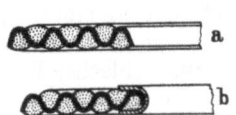

Bild 3.60 a u. b. Wellringe mit Weichstoffauflage: a) Ohne Metalleinfassung; b) mit Metalleinfassung.

Bild 3.61 a–c. Weichstoffringe mit Metalleinfassung: a) Innere Einfassung; b) äußere Einfassung; c) innere und äußere Einfassung.

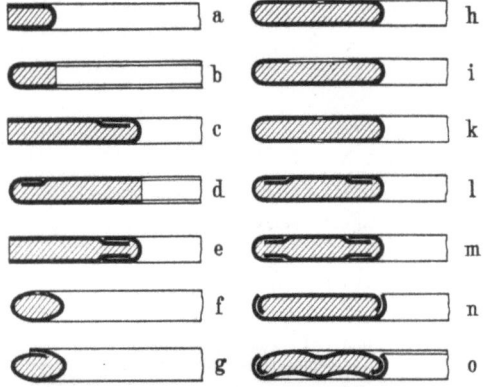

Bild 3.62 a–o. Metallummantelte Weichstoffringe: a) Außen offen (einteilig); b) innen offen (einteilig); c) außen offen (zweiteilig); d) innen offen (zweiteilig); e) außen offen (dreiteilig); f) mit ovalem Querschnitt und offenem Stoß; g) mit ovalem Querschnitt und überlapptem Stoß; h) mit offenem Stoß (einteilig); i) einseitig (einteilig); k) mit offenem Stoß (zweiteilig); l) zweiteilig; m) vierteilig; n) zweiteilig; o) gewellt (zweiteilig).

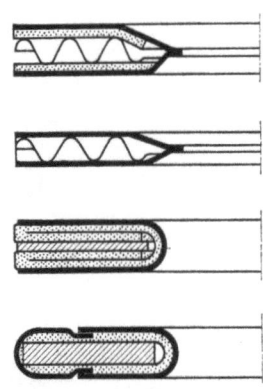

Bild 3.63. Teflonhüllen mit Stahl-, Asbest- und Gummifüllungen [5].

Weichstoffringe mit Metalleinfassung (Bild 3.61) bzw. Metallummantelung (Bild 3.62). Die Dichtung erfolgt teilweise durch den Weichstoff, falls dieser nicht ganz eingeschlossen ist. Bei den vollummantelten Dichtringen sorgt die weiche Füllmasse für eine gleichmäßige Anpressung der Dichtflächen (Metallflächen).

Die Metallhüllen können innendichtend, außen offen oder umgekehrt ausgeführt sein oder sie besitzen innere und äußere Einfassung.

Außer Metalleinfassungen werden in sehr ähnlicher Weise auch Hüllen aus chemisch sehr widerstandsfähigen Stoffen verwendet. Bild 3.63 zeigt Teflonhüllen, verwendet für verschiedene Stahl-, Asbest- und Gummifüllungen.

3.3 Flachdichtungen

Versuche mit Dichtungen dieser Gruppe zeigen ein starkes Streuen der Versuchswerte. Diese Bauarten stellen eben einen sehr unhomogenen Körper dar; die Verformbarkeit ist an den verschiedenen Stellen sehr ungleich. Die Dichtungen weisen meist eine ziemlich hohe Kennzahl auf. Ihr Hauptvorteil liegt in der durch sie erreichten Haltbarkeit hochbeanspruchter Dichtungen bei verwickelten Dichtflächen oder stark angreifenden Betriebsstoffen.

c) Hartstoffdichtungen [4, 6, 7, 10, 21]

Flachdichtungen aus Hartstoffen, meist Metallen, müssen einerseits eine hohe Elastizitätszahl haben, um die hohen Vorpreßkräfte auszuhalten, andererseits aber einen nicht allzu hohen Formänderungswiderstand, um die Unebenheiten der Dichtflächen durch plastische Verformung ausgleichen zu können.

Das kennzeichnende Dichtverhalten aller Flachdichtungen aus Hartstoffen ist für alle Werkstoffe gleich; Bild 3.64 zeigt als Beispiel das Ergebnis von Innendruckversuchen mit Reinaluminiumdichtringen. Im unterkritischen Gebiet, vor vollkommener Angleichung der Dichtflächen (also ohne Vorlast) ergibt sich – wie bei allen Werkstoffen – eine starke Streuung der Versuchspunkte. In diesem Gebiet werden aber Hartdichtungen viel seltener angewendet als Weichdichtungen.

Es werden folgende Anwendungsgrenzen für einige Metallwerkstoffe empfohlen (Lehmann [14]):

für Luft:

bis 250 at	Al 99
von 300 bis 900 at	Cu 99
bei noch höheren Drücken	Dural, St

für Wasser (oder Luft mit Sperrfilm):

bis 400 at	Al 99

Bei noch höheren Drücken sind die Werkstoffe fast gleich günstig, es bestehen keine wesentlichen Unterschiede. Bezüglich zahlenmäßiger Angaben für die Kennwerte siehe den Abschnitt Berechnung der Berührungsdichtungen.

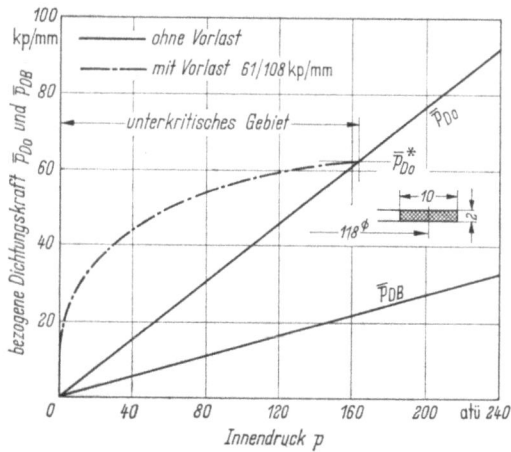

Bild 3.64. Innendruckergebnisse mit Flachringen aus Reinaluminium [23].

d) *Aufgeschliffene Dichtflächen* (Bild 3.65)

Sogenannte aufgeschliffene Dichtflächen (tuschierte Dichtungen, Schliffdichtungen, Dichtleisten) sind Paßflächen an Maschinenteilen, bei welchen das Abdichten ohne Verwendung einer eigenen Dichtung erfolgt.

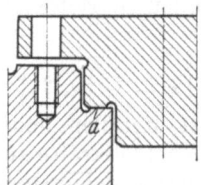

Bild 3.65. Zylinderdeckel mit aufgeschliffener Dichtfläche (*a*).

Die Vorteile dieser Dichtungsart sind etwa: leichte und beliebig oftmalige Lösbarkeit, sehr genaues Einhalten der Maße der Dichtverbindung (die Zusammendrückung der Teile kann meist vernachlässigt oder notfalls berechnet werden), Vermeiden des Schiefziehens, u. U. Beweglichkeit der Dichtverbindung, keine Verunreinigung des Betriebsmittels durch Teile der Dichtung, keine Gefahr einer plötzlichen Zerstörung.

Nachteile sind: da es sich bei den Dichtflächen um Werkstoffe mit hoher Formänderungsfestigkeit handelt, sind zur Erzielung der für die Abdichtung nötigen plastischen Formänderungen sehr beträchtliche Kräfte nötig. Um diese in Grenzen zu halten, müssen die Dichtflächen eine sorgfältige Bearbeitung erfahren (feingedreht, dann geschliffen und von Hand tuschiert, eingeschliffen, geläppt oder diamantpoliert).

Durch Verlassen der ebenen Form können günstigere Verhältnisse geschaffen werden (vgl. Formdichtungen).

Die kritische Vorpressung liegt für St. 60 etwa bei der zweifachen Quetschgrenze $\sigma_{dF} = 3200$ kp/cm², also sehr hoch, so daß entweder (bei größeren Flächen) mit nichtoptimaler Dichtwirkung gerechnet werden muß oder die Dichtflächen auf ein Kleinstmaß zu beschränken sind, wenn die Abdichtung nicht durch einen Sperrfilm (Beschichtung, Plattierung) erleichtert wird.

Einflüsse auf das Dichtverhalten von dichtungslosen Verbindungen

1. Oberflächenbeschaffenheit. Wie Bild 3.7, S. 30 zeigt, besteht – solange die kritische Vorpreßkraft nicht erreicht wird – ein wesentlicher Unterschied im Verhalten von verschieden bearbeiteten Oberflächen. Die geläppte Oberfläche nähert sich schon sehr dem optimalen Dichtungsverhalten (Ursprungsgerade). Auch die unterkritischen Betriebsdichtpressungen zeigen eine außerordentliche Höhe.

Es liegen also – wie zu erwarten war – bei den aufgeschliffenen Dichtflächen grundsätzlich dieselben Verhältnisse vor, wie sie bei Hartdichtungen vorhanden sind, nur mit dem Unterschied, daß hier infolge des hohen Verformungswiderstandes der Dichtflächenwerkstoffe der Fall sehr extrem ist.

2. Einfluß des Druckmittels. Der Einfluß des Druckmittels entspricht durchaus dem grundsätzlichen Verhalten aller Berührungsdichtungen: viel besseres Abdichten gegen tropfbare Flüssigkeiten als gegen Gase.

3. Einfluß der Dichtungsbreite. Unterzieht man die Dichtflächen einer genügend hohen Vorpressung, so liegen die Betriebsdichtpressungen p_{DB} sämtlicher Leisten auf einer gemeinsamen Geraden, die durch $k_1' = p_{DB}/b = 1{,}5$ gegeben ist (Bild 3.66).

3.3 Flachdichtungen

Alle Untersuchungen dieser Dichtungsform zeigen also, daß vollkommen trockene, dichtungslose Flächen normalerweise sehr großer Dichtkräfte bedürfen; sie sind daher im allgemeinen nur bei hohen Innendrücken wirtschaftlich. Das unterkritische Gebiet ist sehr ausgedehnt und die Dichtheit ist dementsprechend unsicher. Optimale Dichtwirkung erfordert hohe kritische Vorpressung, was in der Durchführung (Schraubenkräfte!) meist auf erhebliche Schwierigkeiten stoßen wird.

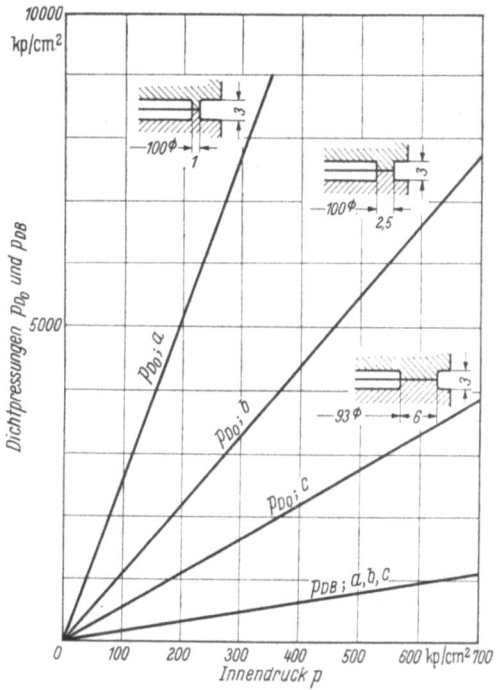

Bild 3.66. Einfluß der Dichtungsbreite auf das Dichtverhalten flacher Dichtungsleisten; Druckmittel Luft, Oberfläche fein gedreht, Vorpressung 6000 kp/cm² {22a].

In neuester Zeit finden aber Metall/Metall-Dichtungen für Sonderzwecke (z. B. Raumfahrt) vielfach Verwendung. Die Dichtflächen werden einer oft sehr aufwendigen Bearbeitung unterzogen, die für das Verhalten entscheidend ist. Über feinst bearbeitete Oberflächen (ohne eigene Dichtung) berichtet [18a]; es wird eine „Dichtfähigkeit" der Oberfläche erreicht, die auch bei Dichtpressungen kleiner als σ_f sogenannte Nullundichtheit ergibt. Weitestgehende Freiheit von Oberflächenrauhigkeiten, wie sie sich z. B. durch Diamantpolieren ergibt, genügt noch nicht (dies würde noch immer ein $p_D > \sigma_f$ bedingen), sondern es muß auch noch eine extreme Oberflächenebenheit vorhanden sein. Es treten dann fast nur elastische Formänderungen auf und damit ist auch eine beliebig oftmalige Benutzung gewährleistet. Die Werkstoffe selbst spielen eine untergeordnete Rolle (bewährt hat sich z. B. die Kombination rostfreier Stahl/silberplattierter Stahl).

Eine vollkommene Änderung der Verhältnisse tritt ein, wenn man von der völligen Trockenheit der Dichtflächen – die bisher vorausgesetzt worden ist – abgeht und einen Hilfsdichtstoff anwendet, wie z. B. Öl, Graphit, Graphitwasser, Graphit-Ölpaste, Zwischenlage einer Asbestschnur (die auf etwa 1/10 mm zusammengepreßt wird); gerade infolge der an sich guten Beschaffenheit der Oberfläche sind hier solche Mittel sehr wirksam (vgl. den Abschnitt „Einfluß der Oberflächenbeschaffenheit").

Diese Dichtungsart kommt besonders bei den geteilten Gehäusen von Dampfturbinen, bei den Zylinderdeckeln von Kolbenmaschinen u. ähnl. vor; sie stellt aber auch grundsätzlich die Abdichtungsform fast sämtlicher Armaturen dar.

Schrifttum zu Abschnitt 3.3

1. Alicke, G.: Berührungsdichtungen aus Polyamid; Erfahrungen aus der Praxis, Konstruktion 24 (1972) 211—219.
1a. Bäumler, H., Stecher, F.: Baugrundsätze für ruhende Flachdichtungen hinsichtlich notwendiger Anpreßkräfte, Dichtheit und Verzug der angrenzenden Teile. 2. DT Dresden, 1964, S. 37–46.
1b. Beelich, K. H.: Kriech- und relaxationsgerecht. Konstruktion 25 (1973) 415—421.
2. Cook, D., Guerreri, B. G.: Deflection in gasketed joints. Machine Design 40 (1968) 149—150.
3. Donald, M. B., Salomon, J. M.: Behaviour of compressed asbestosfibre gaskets in narrow-faces, bolted, flanged joints. Proceedings of the Institution of Mechanical Engineers 171 (1957) 829–833.
4. Dunkle, H. H.: Metallic gaskets-general types. Machine Design 41 (1969) 76–82.
5. Elonka, St.: Gaskets. Power 98 (1954) 105–124; s.a. Konstruktion 7 (1955) Nr. 6, S. 238–241.
5a. Frazier, E. C.: Non-metallic gaskets. Machine Design 26 (1954) 157–188; s.a. Konstruktion 7 (1955) 241–244.
5b. Fernlund, J.: Druckverteilung zwischen Dichtflächen an verschraubten Flanschen. Konstruktion 22 (1970) 218–224.
6. Gläser, H.: Eine Methode zur näherungsweisen Berechnung der Dichtungskennwerte für Metalldichtungen der Hochdrucktechnik an Hand mechanischer Ersatzmodelle. Habil.-Schrift, TH Karl-Marx-Stadt, 1969.
7. —: Näherungsweise Berechnung der Dichtungskennwerte für metallische Dichtungen der Hochdrucktechnik. Maschinenbautechnik 20 (1971) 405–411.
8. Gut, H.: Fluchtlinientafeln für Preßkräfte und Abmessungen an Gummidichtungen. Plastverarbeiter 20 (1969) 418–420.
9. Haenle, S.: Beiträge zum Festigkeitsverhalten von Vorschweißflanschen und zur Ermittlung der Dichtkräfte für einige Flachdichtungen auf Asbestbasis. Forschg. Ing. Wes. 23 (1957) 113–134.
10. Kollmann, K.: Problems of the application of metal seals at very high pressures. 5. DT BHRA, 1971, Sess. C, S. 53–67.
11. Krägeloh, E.: Anforderungen an Dichtungen. Konstruktion 20 (1968) 206–212.
12. —: Gasdurchlässigkeit von Dichtungen auf Asbestbasis. Gummi und Asbest-Plastische Massen (1955) Nr. 4.
12a. —: Die wesentlichsten Prüfmethoden für It-Dichtungen. Bericht über die Dichtungstagung in Delft. Gummi und Asbest-Plastische Massen (1955), Nr. 11.
13. Landgraf, E.: Über Dichtungen aus Polytetrafluoräthylen. Plaste und Kautschuk 15 (1968) 4994–4996.
14. Lehmann, B.: Untersuchungen über das Verhalten metallischer Flachdichtungen im Druckbereich bis 1200 at. Diss. an der Fak. Allgemeine Ingenieur-Wissenschaften der Technischen Universität Berlin-Charlottenburg, Juni 1953.
15. Lok, H. H.: Untersuchungen an Dichtungen für Apparateflansche. Diss. TH Delft 1960.
16. Merkel, E.: Fluorhaltige Äthylen-Polymerisate als Werkstoffe für Dichtungselemente. Chemie-Ingenieur-Technik 27 (1955) 279–283.
17. Nolt, I. G., Smoley, E. M.: Gasket loads in flanged joints. Machine Design 33 (1961) 128–134.
18. Rathbun, F. O.: Metal-to-metal and metal-gasketed seals. Machine Design 37 (1965) 158–169.
18a. Rathbun, F. O. jr, White, R. S.: Superfinished surfaces as a means for sealing. Proc. of the conference on the design of leak-tight fluid connectors. George C. Marshall Space Flight center, Huntsville, 1965, N 66–31420. S. 145–154.
19. Reiche, R. H.: Flachdichtungen schadensicher ausbilden. Maschinenmarkt 75 (1969) 839–842.

20. Schmidt, K. H., Hammerschnidt, G.: Untersuchungen an Metall-Weichstoffdichtungen. Konstruktion 6 (1954) 156–159.
21. Schneider, R. W.: Flat face flanges with metal-to-metal contact beyond the bolt circle. Journ. of Engineering for Power. Trans. A. S. M. E. Series A 90 (1968) 82–88.
21a. Schremmer, G.: How to keep bolted joints tight. Machine Design 44 (1972) 140–145.
22. Schwaigerer, S., Kobitsch, R.: Die Berechnung von Dichtungen und Flanschen. Die Technik 2 (1947) 425–430, 489–493.
22a. —, Seufert, W.: Untersuchungen über das Dichtvermögen von Dichtungsleisten. BWK 3 (1951) 144–148.
23. Siebel, E., Krägeloh, E.: Untersuchungen an Dichtungen für Rohrleitungen. Konstruktion 7 (1955) 123–137; 187–196.
24. Smoley, E. M.: Flange pressures in gasketed joints. Machine Design 30 (1958) 133–137.
25. —: Design criteria for sealing gasketed joints. Machine Design 35 (1963) 174–177.
26. —: u.a.: Non metallic gaskets: Joint and gasket design. Machine Design 36 (1964) 75–81.
27. —: Counteracting gasket creep with conical-spring washers. Machine Design 37 (1965) 142–145.
28. —: Sealing with gaskets. Machine Design 38 (1966) 171–187.
29. —: Flat-face gasketed joints. Assembly and Fastener. Engineering 6 (1963) 50–53.
30. Teucher, S.: Berührungsdichtungen an ruhenden Flächen. Konstruktion 20 (1968) 226–228.
31. —: Betriebssichere Flachdichtungen. Konstruktion 15 (1963) 368–371.
32. —: Die Abdichtung ruhender Bauteile (Teil I). Maschinenmarkt 70 (1964) 27–30. Teil II und Schluß. Maschinenmarkt 71 (1964) 33–34.
32a. Tochtermann, W., Bodenstein, F.: Konstruktionselemente des Maschinenbaues, 8. Aufl., Berlin, Heidelberg, New York: Springer 1968.
33. VDI-Richtlinien: Gestaltung und Anwendung von Gummiteilen, 4. Aufl., Düsseldorf: VDI-Verlag 1955.
34. Venis, C. G.: Flenspakkingen (Flanschdichtungen). Polytech. Tijdschr., Uitg. A 16 (1961) 846a–851a.
35. Whalen, J. J.: How to select the right gasket material. Product Engineering 31 (1960) 52–56.
36. Zampararo, O. J.: Design recommendations for huping bolted joints tight under sever vibration conditions. Machine Design 33 (1961) 163–166.

4. Dichtmittel

4.1 Kunststoffdichtmittel

Die Kunststoffdichtstoffe werden hier nur als Dichtstoffe, nicht aber als Verbindungsmittel (Kleber) besprochen, haben aber vielfach beide Eigenschaften.

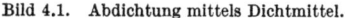

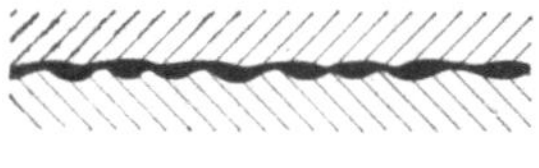

Bild 4.1. Abdichtung mittels Dichtmittel.

Dichtmittel bedürfen wie Dichtschweißungen keiner Anpreßkraft. Sie bilden gewissermaßen eine zwischen den Dichtflächen selbst hergestellte Flachdichtung kleinstmöglicher Stärke (Bild 4.1). Das bisher durch die Dichtkitte bestimmte Anwendungsgebiet hat durch die Verwendung von Kunststoffen (Dichtstoffen) eine bedeutende Erweiterung erfahren.

Eine Einteilung der Dichtmittel ist infolge der großen Mannigfaltigkeit schwierig. Man kann etwa unterscheiden in:

1. Härtende Typen, die nach dem Aushärten Verbindungen ergeben, die a) starr, b) nachgiebig (geschmeidig) sind;
2. nicht aushärtende Typen;
3. Bänder.

Diese Kunststoffdichtstoffe (Sealants) dichten durch Ausfüllen der Undichtheitsquerschnitte (Unebenheiten und Rauhigkeiten der Dichtflächen) durch den flüssig eingebrachten Dichtstoff. Vor der Anwendung muß daher die Dichtmasse eine Matrixzusammensetzung haben, die genügend flüssig ist, um in die Spalten und Fugen einzudringen, die abgedichtet werden müssen. Nach der Anwendung muß der Dichtstoff (möglichst bei normaler Temperatur) zu einer elastomeren Masse aushärten, die eine gute Haftfähigkeit zur Dichtfläche besitzt. Das Abdichtungsvermögen der Dichtstoffe ist gekennzeichnet durch die Benetzungsfähigkeit bzw. durch die Fähigkeit mit den Dichtflächen Grenzflächenverbindungen einzugehen. Es besteht hier die Möglichkeit praktisch vollständiger Dichtheit. Solche Verbindungen weisen eine „beschränkte Lösbarkeit" auf, die von der Stärke der Bindung des Dichtstoffes an die Dichtflächen abhängt. Die vorhersagbare Scherfestigkeit solcher Stoffe beträgt etwa 110 bis 240 kp/cm^2 und eine Zugfestigkeit von etwa 140 kp/cm^2. Mit Dichtstoffen ist auch das Abdichten hoher Drücke möglich. Trotzdem werden sie bisher für weniger schwere Bedingungen bez. Druck und Temperatur angewendet, als die üblichen Dichtungen. Alle Dichtstoffe bewirken einen Zusammenhalt der Dichtflächen und erhöhen dadurch die Festigkeit der Verbindung (auch Dauerfestigkeitsversuche ergaben keine Undichtheiten).

Die Dichtflächen sind vor Aufbringung der Dichtstoffe manchmal zu grundieren; z.B. ergibt ein vorheriges Besprühen mit Teflonlösung eine begrenzte Zugkraft mit der die Teile zusammengehalten werden. Getrennte Flanschen können nach geringer Nacharbeit wieder verwendet werden. Die meisten Dichtstoffe haben eine große chemische Beständigkeit.

Nachteilig für die Verwendung ist ein bei manchen Dichtstoffen bei niedrigen Temperaturen eintretendes Verhärten sowie ein Kriechen unter Belastung. Verlangt wird, daß der Dichtstoff den Beanspruchungen widersteht (Spannungen, Temperaturschwankungen), ohne sich von den Dichtflächen zu lösen oder Risse zu bekommen.

4.2 Dichtkitte

Auch die Dichtkitte müssen ähnlichen Bedingungen entsprechen wie sie vorstehend von Dichtstoffen verlangt wurden.

Am häufigsten werden Mangankitte verwendet; die blei- und giftfreien Mangan-Flächenkitte verhindern die Rostbildung, sie greifen Metalle nicht an. Das Grundmaterial wird häufig mit Zusätzen versehen, welche den Kitt dauernd elastisch erhalten. Sondererzeugnisse für bestimmte Zwecke sind im Handel.

Dichtkitte werden vor allem bei provisorischen Abdichtungen verwendet sowie bei unebenen Dichtflächen und dort, wo voraussichtlich kein Lösen der Verbindung mehr stattfindet (Kesselkitte), bei der Abdichtung von Rissen u.dgl. Sie werden entweder zusammen mit Zwischenlagen (Wellblechringe, Drahtnetze, Hanf- und Asbestfäden) oder ohne solche angewendet. Zwischenlagen erhöhen die Festigkeit der Kittdichtung.

In neuester Zeit wird Silikon-Kautschuk als Knetmasse und Paste erzeugt, die als Dichtkitte verwendbar sind; nach einigen Stunden nimmt dieses Material gummielastische Eigenschaften an.

Zum Abdichten von Gehäuseteilen haben sich auch Kunststofflacke bewährt (bis 80 °C), die mit dem Pinsel auf die Dichtflächen gestrichen werden und erhärten.

Schrifttum zu Abschnitt 4

1. Anonym: Plastics as locking sealants. Engineering 204 (1967) Nr. 5282, S. 76.
2. Berger, H.: Moderne "sealants". Gummi-Asbest-Kunststoffe 19 (1966) 1044–1046.
3. Bryant, R. W., Dukes, W. A.: Some sealing materials for threaded joints. 1. DT BHRA 3, S. 12.
4. Damusis, A.: Sealants, New York: Reinhold 1967.
5. Endlich, W.: Die Anwendung neuartiger flüssiger Kunststoffe zum Sichern, Befestigen und Dichten von Maschinenteilen. Maschinenmarkt 71 (1965) 66–70.
6. Goodsell, D. L.: Sealing. Engineering Materials and Design 10 (1967) 688–692.
7. Krieble, R. H.: Anaerobic Adhesives. Machine Design 40 (1968) 161–166.
8. Kuhn-Weiss, F.: Mikroverkapselung. Konstruktion-Elemente-Methoden (1971) Nr. 4, S. 141–143.
9. Lucke, H.: Dichtungsmassen – Dichtungsprobleme. Adhäsion (1970)Nr. 10, S. 364–366.
10. Mandlin, M.: Gaskets by the gallon. Machine Design (1972) Nr. 1, S. 104–108.
11. Smith, E.: Liquids for sealing. Design News 23 (1968) 32–39.
12. Stahl, R. E.: Silicon-Klebe- und Dichtungsmassen – Neue Konstruktionswerkstoffe –. Konstruktion-Elemente-Methoden (1970) Nr. 2, S. 28, 33–36.
13. Stein, H. L.: Sealants. Machine Design 41 (1969) 85–94.
14. Wittemann, R. G.: Anaerobics – A new approach to gaskets. Mechanical Engineering 91 (1969) 26–29.

5. Formdichtungen

5.1 Allgemeine Ausführungen

Während bei den Flachdichtungen der Dichtdruck auf eine in ihren Maßen festliegende Fläche wirkt, konzentriert er sich bei den Formdichtungen auf relativ kleine, nicht genau definierbare Flächen, die vielfach sogar erst aus reinen Linienberührungen entstehen. Die Dichtfläche ist also belastungsabhängig. Eine Einteilung dieser Gruppe ergibt sich durch die Trennung in Formdichtungen mit vorwiegend elastischen oder vorwiegend plastischen Formänderungen. Das Wort „vorwiegend" zeigt schon das Ineinandergreifen der beiden Gruppen an.

Ist mehrmaliges oder sogar häufiges Lösen der Verbindung erforderlich wird man nach Möglichkeit Formdichtungen wählen, die hauptsächlich elastische Formänderungen aufweisen.

Ihrer Wirkungsweise nach gehören die Formdichtungen häufig zur Gruppe der selbsttätigen Dichtungen (Druckdichtungen), d. h. die Dichtpressung wird vorwiegend durch den Betriebsdruck erzeugt. Nur zur Einleitung der Wirkung des Betriebsdruckes ist eine äußere Kraft (Vorpressung) nötig. Weichstoff-Formdichtungen eignen sich infolge ihrer großen Verformung besonders gut als Druckdichtungen, für höchste Drücke sind aber auch selbsttätige Hartstoff-Formdichtungen im Gebrauch.

5.2 Profildichtungen mit vorwiegend elastischen Formänderungen der Dichtflächen

5.2.1 Querschnitte und Werkstoffe

a) Kreisquerschnitte

Als Querschnitte werden verwendet: Kreis oder Kreisring zwischen ebenen oder Zylinderflächen, Kreissektor auf Ebene, Kreissektor auf Kreissektor, ballige Fläche auf Ebene, ballige Fläche auf balliger Fläche, Linse auf Ebene, Linse auf Konus.

b) Andere Querschnitte [7]

Außer dem Kreisquerschnitt werden noch verschiedene andere Querschnitte von elastomeren Ringen verwendet. Auf diese wird später und im Kapitel über „Hydraulik- und Pneumatik-Dichtungen" näher eingegangen werden, weil ihre Vorteile besonders bei den bewegten Dichtungen zur Geltung kommen.

5.2.2 Theoretische Grundlagen

Die theoretische Ermittlung der bei den Formdichtungen mit ausschließlich elastischen Formänderungen auftretenden Druckkräfte und Formänderungen erfolgt mittels der Hertzschen Gleichungen [4, 5, 16], da es sich um das Aneinanderdrücken zweier Körper mit gewölbten Oberflächen handelt. Im Nachstehenden wird nur kurz auf die Ergebnisse eingegangen.

Die Voraussetzungen für die Lösungen von Hertz treffen im vorliegenden Fall zu: die Abmessungen der Druckfläche sind sehr klein im Vergleich zu den Abmessungen beider Körper, ein Überschreiten der Proportionalitätsgrenze wird meist vermieden (wegen der unbeschränkten Wiederverwendbarkeit der Dichtungselemente, die nur bei Vorliegen rein elastischer Formänderungen gewährleistet ist).

Je nachdem die Dichtflächen aus einer ebenen Fläche und einer Profilleiste oder aus zwei Profilleisten bestehen, wird einer der beiden nachstehenden Grundfälle sinngemäß anzuwenden sein.

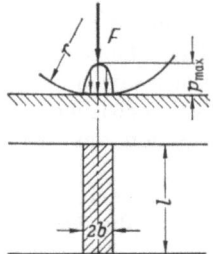

Bild 5.1. Flächenpressung zwischen Walze und ebener Platte.

a) Walze und ebene Platte (Bild 5.1). Infolge der Druckkraft F entsteht eine rechteckige Druckfläche von der Breite $2b$ und der Länge l (Walzenlänge). Die Druckverteilung über die Breite erfolgt nach einer Ellipse. Die größte Pressung ist

$$p_{max} = \frac{2F}{\pi b l},$$

wobei
$$b = \sqrt{\frac{8Fr(1-m^2)}{\pi El}} \qquad m = \text{Querzahl.}$$

Damit wird
$$p_{\max} = \sqrt{\frac{FE}{2\pi lr(1-m^2)}}.$$

Mit
$$m = 3/10$$
wird
$$b = 1{,}52\sqrt{\frac{Fr}{El}}$$
und
$$p_{\max} = 0{,}42\sqrt{\frac{FE}{lr}}.$$

Ist der Elastizitätsmodul E für beide Körper verschieden (E_1 und E_2), so ist in den Gleichungen zu setzen
$$1/E = 1/2\,(1/E_1 + 1/E_2) = 2\,\frac{E_1 E_2}{E_1 + E_2}.$$

b) Zwei Walzen mit parallelen Achsen. Als Druckfläche wird wie bei a) ein Rechteck erhalten, dessen Breite $2b$ und dessen Länge l beträgt. Die Walzenradien sind r_1 und r_2.

Dieser Fall kann auf Fall a) zurückgeführt werden, indem man in den Gleichungen einsetzt:
$$1/r = 1/r_1 \pm 1/r_2.$$

Dabei gilt das $+$-Zeichen für zwei konvexe Berührungsflächen, das $-$-Zeichen für eine konvexe und eine konkave Dichtfläche.

Es wird dann
$$b = 1{,}52\sqrt{\frac{Fr_1 r_2}{lE(r_2 \pm r_1)}}$$
und
$$p_{\max} = 0{,}42\sqrt{\frac{F}{l}E\frac{r_2 \pm r_1}{r_1 r_2}}.$$

5.2.3 Weichstoff-Formdichtungen

Für diese ist folgendes zu beachten:

α) Die Verformung des Querschnittes beim Einbau (Vorspannung) muß um so größer sein, je größer die auszugleichenden Unebenheiten der Dichtflächen sind.

β) Um als Formdichtung wirken zu können, muß dem Dichtungswerkstoff eine genügende Ausweichmöglichkeit gegeben werden, die aber nicht unbegrenzt sein darf (Bild 5.2).

γ) Überbeanspruchungen des Weichstoffes durch unnötig große Formänderung der Dichtung sind durch Begrenzung des Anzuges zu verhindern (Bild 5.3).

δ) Durch Weichstoff-Formdichtungen dürfen keine größeren Kräfte fortgeleitet werden.

5.2.3.1 Ausführungsformen (s. a. Hydraulik- und Pneumatikdichtungen)

1. Rundringe (O-Ringe) [2, 8, 9, 12]. Die O-Ring-Dichtung wird im nachfolgenden besonders ausführlich behandelt, da sie sehr viel verwendet wird und ihre Grundlagen eingehend untersucht wurden.

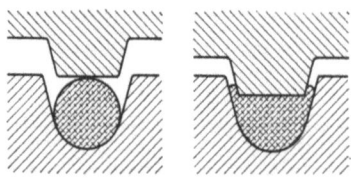 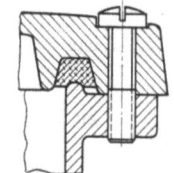

Bild 5.2a u. b. Nicht völlig eingebaute Profildichtung aus Rundgummi: a) Vor dem Anziehen; b) nach dem Anziehen [19].

Bild 5.3. Gummidichtung mit begrenztem Anzug [19].

Die Ringe werden nahtlos hergestellt, die Toleranzen bez. Durchmesser und Querschnitt können sehr eng gehalten werden. Listenmäßig sind die Ringe praktisch in jeder Größe lieferbar. Sie werden bis zu sehr hohen Drücken eingesetzt.

Die O-Ringe gehören meist zu den selbsttätigen Dichtungen (Druckdichtungen). Als äußere Dichtkraft tritt dann nur die zur Einleitung der selbsttätigen Abdichtung nötige geringe Vorpreßkraft auf, die für die Bemessung der Flanschverbindung meist zu vernachlässigen ist.

Die Ringe werden vorwiegend aus synthetischen Gummisorten hergestellt; dabei sind die Werkstoffmischungen und Zusätze dem jeweiligen Verwendungszweck angepaßt. Angestrebt wird: Korrosionsfestigkeit gegen den Betriebsstoff, dauernde Aufrechterhaltung der Elastizität, geringe Quellung, kein Kleben, hohe Abriebfestigkeit und hohe Temperaturbeständigkeit. Als derzeitige Temperaturgrenzen können etwa $-90\,°C$ bis $+200\,°C$ (Silikonringe bis $300\,°C$) angegeben werden.

Für den Einbau von Rundgummiringen ist – wie bei allen Gummidichtungen – zu beachten, daß Gummi wohl elastisch, aber nicht zusammendrückbar ist. Es muß also genügend Raum für die nötige Formänderung vorhanden sein; beispielsweise muß das Nutvolumen bei gegenseitiger Berührung der Flanschen größer als das Ringvolumen sein. Andernfalls findet ein Durchleiten der Schraubenkräfte durch die Dichtung statt.

Eingeschränkte Bewegungsfreiheit der Dichtung (auf der Anlagenseite der Dichtung sollte die Bewegungsfreiheit auf ein Minimum reduziert sein) führt zu kleinerem Verschleiß und zu kleineren Hohlräumen. Im allgemeinen wird man sich an die von den Herstellerfirmen angegebenen Nutabmessungen halten.

Die zur Erzielung der Vorpressung notwendige Zusammenpressung (Stauchung $\Delta d/d$) beim Einbau beträgt bei der Abdichtung ruhender Maschinenteile etwa 5 bis 10% der Ringstärke.

Die gemessene Berührungsdruckverteilung (Vorpressung) beim Betriebsdruck Null entspricht sehr gut der Hertzschen Verteilung (Bild 5.4).

Der maximale Berührungsdruck steigt degressiv mit der Vorspannung an; großen Einfluß hat die Gummihärte (Bild 5.5). Die Temperatur übt im Bereich von 25 bis $100\,°C$ keinen nennenswerten Einfluß auf das elastische Verhalten der Dichtung aus.

Wie das Bild 5.6 zeigt, gilt auch hier das Additionsgesetz für Druckdichtungen:

$$F_{\max} = C_1 p_{0\max} + p_i \qquad C_1\ (0{,}75\ \text{bis}\ 1{,}0)$$

kann etwa gleich 1 gesetzt werden; $p_0 =$ Vorpressung.

5.2 Profildichtungen mit vorwiegend elastischen Formänderungen der Dichtflächen 79

Bild 5.7 zeigt die Verformungen der Rundringe in Rechtecknuten bei verschiedenen Betriebsdrücken.

Als Dichtungsdruckgrenze kann bei gummielastischen Werkstoffen und Rechtecknuten mit sehr kleinen Abrundungsradien etwa der Elastizitätsmodul gesetzt werden, also für 70° Shore A etwa 40 kp/cm², für 80° Shore A etwa 90 kp/cm². Bei Hochdruckdichtungen ist also den härteren Ringen der Vorzug zu geben. Werden die Abrundungsradien an der Nutkante groß gewählt, dann kann der Dichtdruck bis 5× so groß zugelassen werden! (Für die Größe der Abrundung wird ein Verhältnis $r_2/d = 0{,}15$ bis $0{,}25$ empfohlen.) Bei Verwendung von Teflon-Stützringen an der Anlageseite der Dichtung, wird das Einwandern von Gummi in den abzudichtenden Spalt verhindert; die Grenze der Anwendung

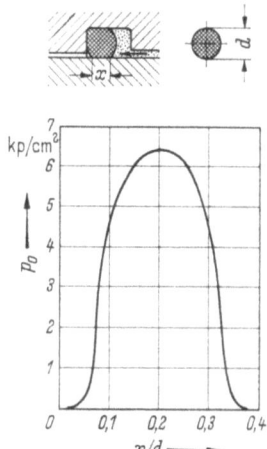

Bild 5.4. Berührungsdruckverteilung in der Abdichtfläche eines O-Ringes von 70° Shore bei 5,7% Vorpressung (nach [20]).

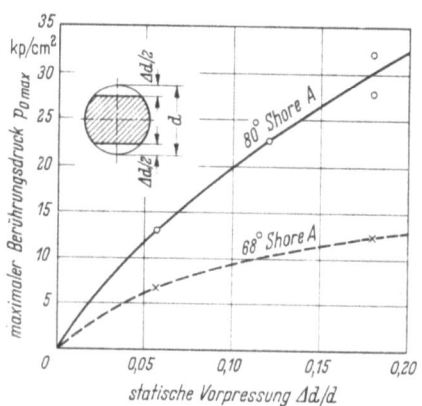

Bild 5.5. Maximaler Berührungsdruck von O-Ringen beim Dichtdruck Null in Abhängigkeit von der Vorpressung und der Gummihärte (nach [20]).

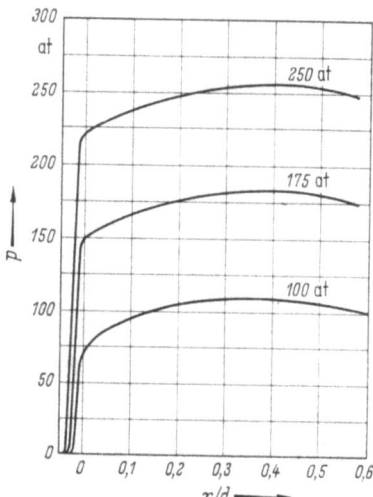

Bild 5.6. Berührungsdruckverteilung eines O-Ringes von 70° Shore A. Vorpressung 5,7% Rechtecknut, Stützscheibe (nach [20]).

ist dadurch gegeben, daß bei hohem Druck schließlich Teflon in den Spalt gedrückt wird. Bei richtiger Dimensionierung des Teflon-Stützringes können ohne Beschädigung Drücke von 250 bis 300 kp/cm² sicher beherrscht werden. Der zulässige Druck nimmt mit der Temperatur ab.

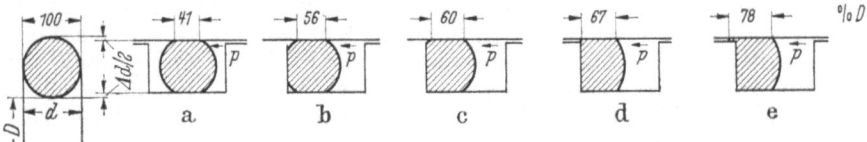

Bild 5.7 a—e. Verformungen von Rundringen in Rechtecknuten bei verschiedenen Betriebsdrücken [21].

Betriebsdrücke (kp/cm²)

Gummi-Härte	a	b	c	d	e
60° Shore	0	17,5	35,0	70,0	(140)
75° Shore	0	35,0	66,5	(130)	(265)
90° Shore	0	77,0	(160)	(310)	(630)

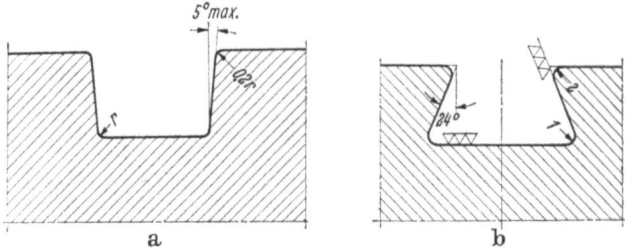

Bild 5.8a u. b. Von der Rechteckform abweichende Nutformen: a) trapezförmige Nut; b) schwalbenschwanzförmige Nut.

Die Stützringe (Back-Ringe) werden aus Montagegründen entweder als Spiralringe ausgeführt oder als geschlitzte Stützscheiben (siehe „Hydraulikdichtungen").

Auch bei sehr schnellen Druckänderungen ist die radiale Anpreßkraft nicht von der statischen Druckänderung verschieden; es treten bei Entlastungen keine Undichtheiten auf. Durch die Druckschwellbelastung ermüdet aber der Werkstoff.

Die Lebensdauer statischer O-Ring-Dichtungen [20] ist von der Zahl und Größe der Lastwechsel und von der abzudichtenden Spaltweite abhängig. Wesentliche Faktoren sind der maximale Druck, der Einfluß des abzudichtenden Mediums, die Gummihärte, die natürliche Alterung, das Spiel zwischen den abzudichtenden Elementen; letzteres ist grundsätzlich so klein als möglich zu halten.

Der Einbau des O-Ringes. Vielfach werden Nutformen empfohlen, die erhebliche Mehrkosten verursachen ohne Vorteile zu bringen; z.B. zeigt (Bild 5.8a) die trapezförmige Nut (Flankenwinkel 5°) keine wesentliche Verbesserung gegenüber 0°, abgesehen von einer leichteren Herstellung; die schwalbenschwanzförmige Nut (Bild 5.8b) ist für Sonderfälle, wenn der Ring in der Nut festgehalten werden soll. Eine leicht konische (ansteigende) Gestaltung des Nutgrundes hat nur bei sehr geringen Drücken einen Sinn.

5.2 Profildichtungen mit vorwiegend elastischen Formänderungen der Dichtflächen 81

Bei sachgemäßem Einbau und bei richtiger Werkstoffwahl kann der O-Ring für Drücke bis zu über 1000 kp/cm^2 eingesetzt werden. Die Werkstoffhärte ist dem Druck entsprechend abzustufen: bis 150 kp/cm^2 70 Shore A, über 150 kp/cm^2 85 Shore A.

In Werksnormen sind für statisch eingesetzte O-Ringe etwa folgende (eingetragene) Maße genormt [18*] bzw. Passungen empfohlen:

Einbau statisch beanspruchter O-Ringe

a) Einbau in geschlossener Rechteck-Nut (axiale Vorverformung) Überdruck von innen (Bild 5.9):
Ring-Außendurchmesser gleich oder etwas größer als der Nut-Außendurchmesser (vermeidet Bewegung des Ringes in der Nut bei schwellendem Druck und damit Verschleiß).
Überdruck von außen:
Ring-Innendurchmesser soll dem Nut-Innendurchmesser entsprechen oder etwas kleiner sein.
b) Einbau in offener Rechteck-Nut (axiale Vorverformung) (Bild 5.10). Anwendung für ständig nach außen wirkendem Überdruck. Ring-Außendurchmesser gleich oder etwas größer als der Nut-Außendurchmesser. $b_{minimum}$ etwa $1{,}3 \cdot d$.
c) Einbau in Rechteck-Nut (radiale Vorverformung) (Bild 5.11). Aufnahme-Nut kann im Innen- oder Außenteil angebracht werden (Bearbeitung und Montagemöglichkeit entscheidet).
d) Einbau in Dreieck-Nut (Bild 5.12). Genaue Herstellung schwierig; Einbau in Rechteck-Nut ist vorzuziehen.

Bezüglich der Schrauben an Flanschverbindungen mit O-Ring-Dichtungen wird auf [10] verwiesen.

Flanschen für Rundgummidichtungen sind in DIN 2514, der Ring selbst in DIN 2693 genormt; diese Flanschen besitzen konische Nutform (Bild 5.13). Maße für Druckrohrleitungen von Wasserturbinen s. [17]; Ausführung auch mit Notdichtkammer.

Für kleine Relativbewegungen zwischen O-Ring und Dichtfläche, wie sie z. B. bei den Sekundärdichtungen von Gleitringdichtungen auftreten, sind zwischengeschaltete Gleitringe aus Teflon-Gemischen vorteilhaft (siehe O-Ring bei bewegten Dichtungen).

Das Einsetzen der O-Ringe muß ohne Beschädigung derselben möglich sein.

Bei der Abdichtung von Deckeln u.dgl. ist zu beachten, ob nur für Innendruck oder für Innendruck und Vakuum abgedichtet werden soll.

Einige Beispiele für den Einbau von Rundgummiringen im Hauptschluß.

Die Bilder (5.14 u. 5.15) zeigen eine eingebaute Profildichtung mit begrenzter Ausweichmöglichkeit des Gummis, die geringere Ansprüche an die Ebenheit der Dichtfläche stellt als eine Flachdichtung. Infolge des größeren Verformungsweges ist die Anpreßkraft beim Anziehen anfangs geringer und es können größere Unebenheiten ausgeglichen werden. Durch Anwendung einer nicht scharf begrenzten Ausweichmöglichkeit können noch größere Unebenheiten abgedichtet werden.

Wenn das Ausweichen des Gummis nach Ausgleich der Unebenheiten nicht begrenzt ist, dann wird mit dem gleichen Gummivolumen nicht der gleiche Dichtungseffekt erzielt.

82 5. Formdichtungen

Bei freiliegenden Profildichtungen (Bild 5.16 u. 5.17) ist das Ausweichen nur durch die Reibung des Gummis an den Dichtflächen begrenzt. Solche Dichtungen erfordern mehr Gummi als eingebaute Dichtungen, auch sind sie nur bei geringen Drücken brauchbar (Dichtringlage sichern!).

Um den Verformungswiderstand noch weiter herabzusetzen, werden die O-Ringe auch mit kreisringförmigem Querschnitt verwendet (vgl. Vakuumdichtungen).

Weichstoffrundringe werden auch mit Stützringen aus Metall (Kupfer, Leichtmetall, Weicheisen) versehen (Bild 5.18). Während sonst der Gummiring

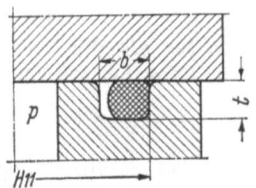

Bild 5.9. O-Ring-Einbau in geschlossener Rechtecknut.

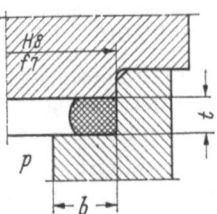

Bild 5.10. O-Ring-Einbau in offener Rechtecknut.

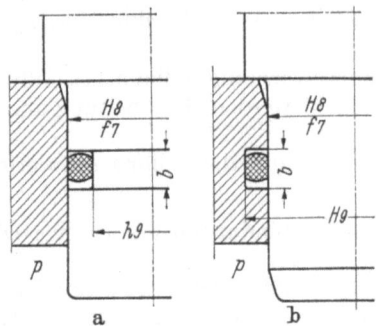

Bild 5.11 a u. b. O-Ring-Einbau im Innenteil (a) oder Außenteil (b).

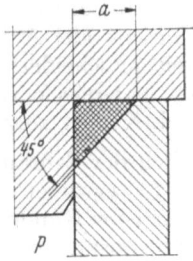

Bild 5.12. O-Ring-Einbau im Dreiecknut.

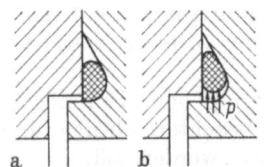

Bild 5.13 a u. b. Rundgummidichtung in genormtem Flansch. a) Vorverformt; b) durch Innendruck angepreßt.

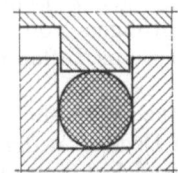

Bild 5.14. Eingebaute Profildichtung (Rundgummi) vor dem Anziehen [19].

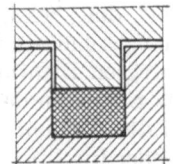

Bild 5.15. Eingebaute Profildichtung (Rundgummi) nach dem Anziehen [19].

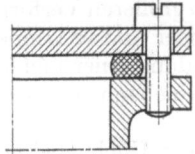

Bild 5.16. Freiliegende Profildichtung (Rundgummi) [19].

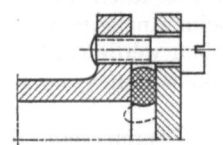

Bild 5.17. Freiliegende Profildichtung.

Bild 5.18. Gummiring mit Metallstützring.

5.2 Profildichtungen mit vorwiegend elastischen Formänderungen der Dichtflächen 83

– zwischen Flanschen liegend – durch den Innendruck im Sinne des Herausdrückens beansprucht wird, übernimmt nun der auf der dem Druck abgewandten Seite liegende Stützring den Innendruck, der ihm vom hochelastischen Gummiring weitergegeben wird. Die Aufnahme des Innendruckes (der gleichwohl eine zusätzliche Anpressung infolge der Querdehnung des Werkstoffes bewirkt) und die eigentliche Abdichtung werden hier getrennt.

Eine andere Bauart, bei der ebenfalls ein Stützring (aus Feststoff) den Innendruck aufnimmt und eine Formdichtung (Lippendichtung aus Elastomer, auswechselbar) die Abdichtung besorgt zeigt Bild 5.19a, 5.19b.

Hier sind sinngemäß auch die zahlreichen Fälle anzuführen, wo die eigentliche Dichtung zwar keine Formdichtung ist, aber die Gegenfläche so gestaltet ist, daß das kennzeichnende Verhalten von Formdichtungen eintritt. Bild 5.20 gibt ein Beispiel dafür und ist gleichzeitig eines für die Notwendigkeit der Lagensicherung des Dichtringes.

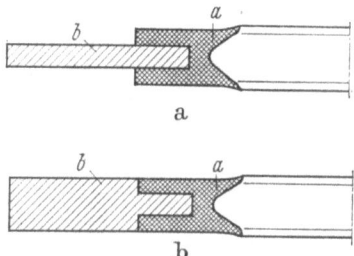 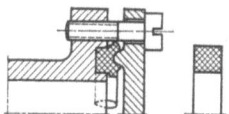

Bild 5.19a u. b. Lippendichtung. a) Mit Stützring; b) *A* für kleine Drücke; *B* für höhere Drücke (Dichtung im Nebenschluß) [26*].

Bild 5.20. Ausbildung der Gegenfläche als Profil, Beispiel für die Sicherung des Dichtungsringes gegen Verlagerung; Ring wird in eingedrehter Nut gehalten. Profil am Deckel vermindert die notwendige Dichtkraft.

2. Ringe mit anderen Querschnitten. Formdichtungen (im allgemeinen aus Kunstgummi) werden auch zur Abdichtung sehr ausgedehnter Dichtflächen benutzt [3], besonders wenn diese sich vorwiegend in Ruhe befinden oder nur wenig bewegt werden: Türen, Fenster, Deckel usw. Die verwendeten profilierten Langstücke (Streifen) und Schläuche werden im Spritzverfahren hergestellt und haben praktisch unbegrenzte Längen. Das Profil kann allen Erfordernissen angepaßt werden. Für einfache Querschnitte (Rundring, Kreisring, Quadrat, Rechteck) sind bei den Lieferfirmen die Spritzdüsen meist in bestimmten Größenabstufungen vorhanden.

Bezüglich der Anwendung zur Abdichtung bewegter Maschinenteile s. den Abschnitt „Hydraulik- und Pneumatik-Dichtungen".

5.2.4 Hartstoff-Formdichtungen

Dichtungen aus Werkstoffen von hoher Formänderungsfestigkeit werden besonders viel als Formdichtungen ausgeführt. Durch die Konzentration der Dichtkraft auf sehr kleine Flächen werden keine hohen Vorpreßkräfte benötigt. Während die Weichstoff-Formdichtungen überwiegend als selbsttätige Dichtungen wirksam sind (und dann im Nebenschluß liegen) ist dies bei den Hartstoff-Dichtungen aus Gründen der Formänderungsfestigkeit nur bei den Hochdruckdichtungen teilweise der Fall (s. S. 109); die meisten Hartstoff-Formdichtungen liegen im Hauptschluß, weisen aber in einzelnen Ausführungen trotzdem definierte Wirkungen des Betriebsdruckes auf (z. B. Balglinse, Hohlring mit Bohrung).

Liegt im unbelasteten Zustand eine Linienberührung vor – dies ist bei den Formdichtungen mit vorwiegend elastischen Formänderungen der Fall – so wird diese in eine Dichtfläche verwandelt, die aus Sicherheit gegen Undichtwerden infolge Korrosion nicht zu schmal sein darf, oder es muß eine Auflage in mehreren Berührungsflächen erfolgen.

Ist im unbelasteten Zustand eine sehr schmale Dichtfläche vorhanden (Schneidendichtungen) – dies ist bei den Formdichtungen mit vorwiegend plastischen Formänderungen gegeben – so wird sich eine gewisse Verbreiterung oder/und Eindringen in die Gegenfläche (u. U. in mehreren Berührungslinien) ergeben.

5.2.4.1 Hartstoff-Formdichtungen mit vorwiegend elastischen Formänderungen

Ein Vorteil dieser Formdichtungen ist die Möglichkeit wiederholter Verwendung der Dichtungen, da sie keine wesentlichen plastischen Formänderungen erleiden. Auch hier bestehen grundsätzliche Unterschiede in der Art der Wirkung des Dichtdruckes, je nachdem Schub- oder Druckkräfte überwiegen. Man kann weiter zwischen einflankiger und mehrflankiger Berührung der Dichtflächen unterscheiden. Im folgenden werden verschiedene Ausführungsformen dargestellt. (Weitere siehe „Hochdruckdichtungen".)

Ausführungsformen

1. Konusflanschverbindung. (Spitzkegelige Ringfläche mit balliger Gegendichtfläche Bild 5.21.)

Bei diesen Dichtungen treten u. U. Materialüberbeanspruchungen auf, die zum Ausplatzen oder Festfressen der Dichtflächen führen können. Diese Dichtungsart hat sich aber für Höchstdrücke vielfach bewährt.

2. Linse (Bild 5.22), (Linsendichtungen DIN 2696). Zum Unterschied von der Konusflanschverbindung ist hier der Kegelwinkel der kegeligen Dichtflächen, an welchen die Anlage der Linse stattfindet, ein stumpfer Winkel. Es

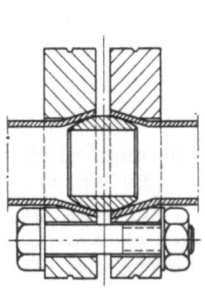

Bild 5.21. Konusflanschverbindung.

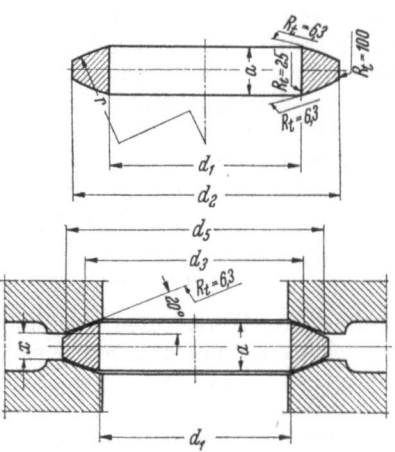

Bild 5.22. Dichtlinse und Linsendichtung. Angaben nach DIN 2696 Entwurf 1970.

5.2 Profildichtungen mit vorwiegend elastischen Formänderungen der Dichtflächen

gibt eine Reihe von Abwandlungen der einfachen Linsenbauart (Linse mit äußerem Verstärkungsrand, Halblinse, Halslinse). Eine besonders interessante Bauart ist die Spreizlinse (Balglinse), bei welcher der Betriebsdruck einen wesentlichen Einfluß auf die Abdichtung hat [15].

Ein Vorteil der Linsendichtung ist, daß Ungenauigkeiten in der gegenseitigen Lage der Rohrenden ausgeglichen werden können; die dabei auftretende Schräglage der Flanschen zueinander ist aber für die Schraubenverbindung nachteilig und zu beachten.

Die Werkstoffe werden im allgemeinen nach der Betriebstemperatur gewählt; es sollten die außer den elastischen Verformungen noch auftretenden plastischen Verformungen sich möglichst auf die Linse beschränken.

3. Ballige Dichtleisten. Diese Dichtverbindung besteht aus einer ballig gedrehten Leiste (Doppelleiste), die auf einer plangedrehten Gegenfläche aufliegt; kennzeichnend ist der Rundungshalbmesser (Ballungshalbmesser).

Bild 5.23 zeigt Leckkurven für Dichtungsringe mit einem mittleren Durchmesser von 100 mm und einer Höhe von 9 mm für verschiedene Werkstoffe und Ballungsradien. Hier zeigt sich sehr deutlich die Abhängigkeit der Dichtpressung vom Ballungsradius und die geringe Abhängigkeit vom Werkstoff.

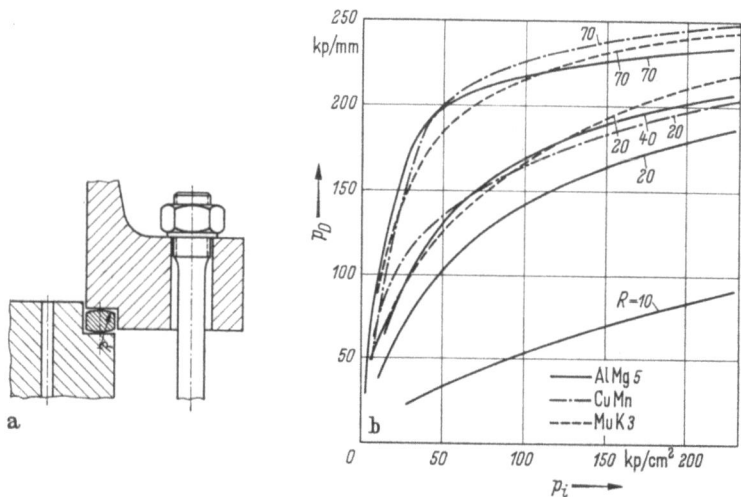

Bild 5.23. a) Ovaldichtung für einen Wärmeübertrager; b) Leckkurven balliger Kontaktflächen für verschiedene Werkstoffe und Ballungsradien in Abhängigkeit von Dichtpressung und Innendruck (Druckmittel: Luft) [7a].

4. Ringe mit Kreisquerschnitt, Linsenringe, ovale Ringe. Bild 5.24 zeigt das Dichtverhalten von Kreisringen aus Kupfer, Bild 5.25 das Dichtverhalten von Linsenringen aus Remanit. Beide Profile verhalten sich grundsätzlich gleich; bei beiden sind die Kennwerte k_0 und k_i bei kleinerem Radius besser.

5. Metallhohlringe [1, 6]. Diese besitzen meist Kreisringquerschnitt; man kann drei Haupttypen unterscheiden:

a) den geschlossenen O-Ring (Betriebsdrücke von etwa 6 bis 25 at), Bild 5.26a,
b) den gelochten O-Ring, bei welchem der Betriebsdruck durch inneren Überdruck im Ring wirkt: selbsttätiger Ring (Anwendung bis zu den höchsten Drücken), Bild 5.26b,

5. Formdichtungen

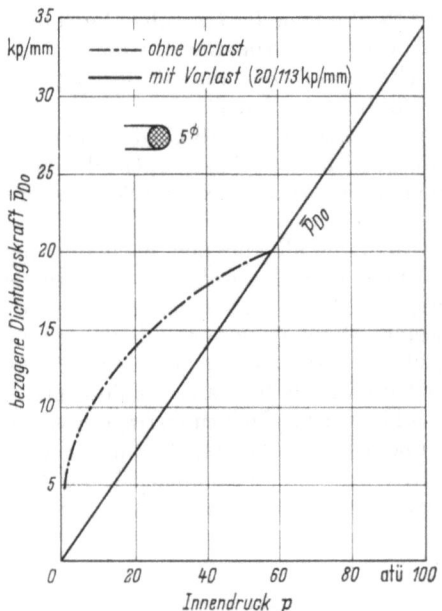

Bild 5.24. Dichtverhalten von **Kreisringen** aus **Kupfer** [11].

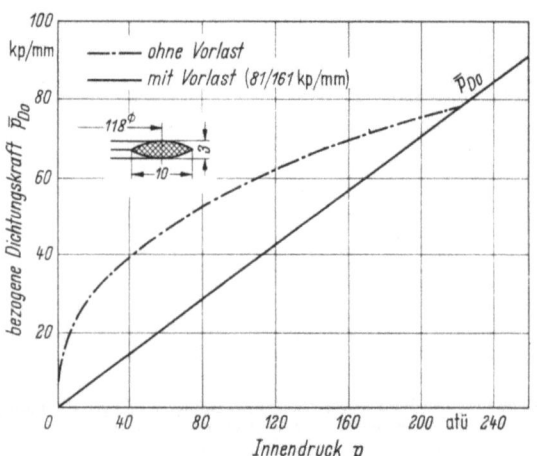

Bild 5.25. Dichtverhalten von **Linsenringen** aus **Remanit** [11].

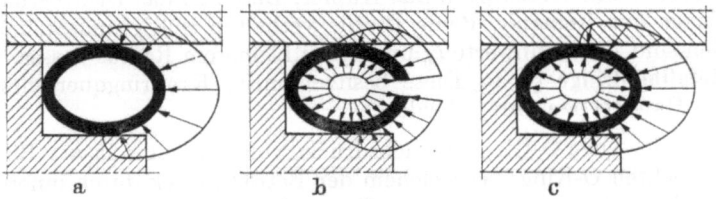

Bild 5.26 a–c. Hohlringtypen (Metall) **mit Darstellung der** Wirkung des Innen- und Außendruckes [6].
a) Geschlossener O-Ring; **b) gelochter O-Ring;** c) druckgasgefüllter O-Ring.

5.2 Profildichtungen mit vorwiegend elastischen Formänderungen der Dichtflächen

c) den druckgasgefüllten O-Ring; bei diesem vergrößert sich der anfängliche Gasdruck (etwa 40 at) sehr stark bei hohen Temperaturen. Die Druckgasfüllung verhindert den Zusammenbruch des Ringes infolge hohen Außendruckes (Bild 5.26c).

Plattierungen, Beschichtungen und Ummantelungen verbessern die Abdichtung besonders bei der Abdichtung von Gasen.

Metallhohlringe sind von den tiefsten Temperaturen bis etwa 540°C einsetzbar.

Die Oberflächenfeingestalt des Ringes und der Flanschen müssen gut aufeinander abgestimmt sein.

Die Deformation des Ringes geht weit über seine Elastizitätsgrenze hinaus; die Rückfederung und daher die Anpreßkraft ist gering, so daß die Nut entsprechend genau sein muß. Der selbstdichtende Ring vermeidet diese Schwierigkeit. Die Initialpressung kann durch die Wahl des Ringdurchmessers, der Wandstärke und des Werkstoffes vorausbestimmt werden.

Für Metall-O-Ringe sind engere Toleranzen als bei Flachdichtungen anzuwenden.

Anlage an Rückhalteschulter (radiale Abstützung in der Nut) nötig, besonders bei wechselndem Druck.

Tabelle für Nutabmessungen siehe [6].

Hohlringe weisen nach starken Deformationen auf jeder Ringseite zwei Abdichtungsstellen auf, wie Bild 5.27 des eingebauten O-Hohlringes zeigt.

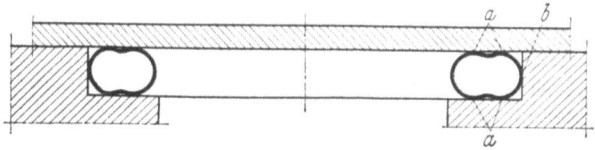

Bild 5.27. Metall-O-Ring in eingebautem Zustand. *a* Dichtungsstellen; *b* radiale Abstützung.

6. Formdichtungen mit besonderer Einwirkung des Betriebsdruckes. Schon beim gelochten Metallhohlring war die Wirkung des Betriebsdruckes eindeutig gegeben. Dichtungen, bei denen der Betriebsdruck (bei hoher Eigenelastizität) den Hauptteil am Dichtdruck hat, sind z. B. die sogenannten V-Ringe und Balg-Dichtungen.

Diese Metallformdichtungen werden an Stelle von Elastomer-Formdichtungen verwendet, wenn besondere Gründe hierfür vorliegen wie: sehr hohe bzw. sehr niedrige Temperaturen, Vakuum (Gasdichtheit), Reaktoranlagen (Strahlungssicherheit). Sie ersetzen andererseits Metallflachdichtungen dort, wo nur sehr kleine zusätzliche Schraubenkräfte für die Dichtung zulässig sind, denn sie benötigen infolge ihrer Formgeometrie und der kleinen Abdichtflächen nur sehr kleine Vorpressungen.

Vor zu großer Formänderung durch übermäßige Vorspannung sind sie zu schützen. Entweder durch einen Distanzring der Dichtung (Form a) oder durch eine entsprechende Nuttiefe (Form b), Bild 5.28.

Infolge der Federwirkung der Dichtung bleibt die Abdichtung auch erhalten, wenn die Flanschflächen sich etwas voneinander entfernen; dieser Umstand ist für dynamische Beanspruchungen der Verbindung wichtig. Um die Abdichtverhältnisse zu verbessern, kann an den Dichtstellen des Federringes auch noch eine Weichmetallfolie unterlegt werden (z. B. Al 0,1 mm), die bei Wiederherstellung der Flanschverbindung erneuert wird (Bild 5.29).

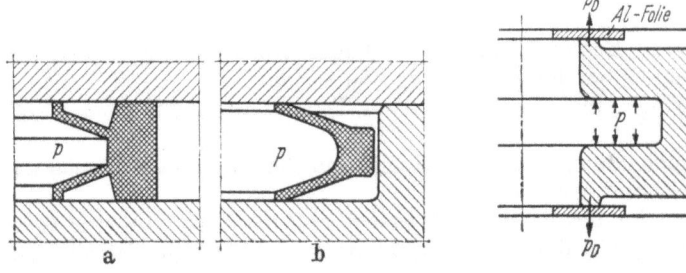

Bild 5.28a u. b.   V-Ring-Dichtungen. Form a) mit Distanzring; Form b) Anordnung in Nut.

Bild 5.29.   Al-Foliendichtung mit Federring.

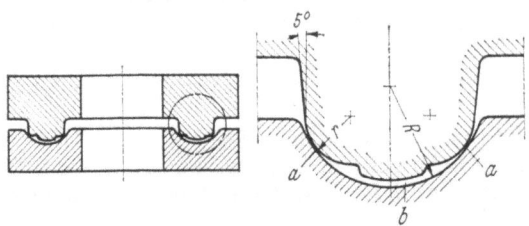

Bild 5.30.   Profil einer Schmiegungsdichtung (DILO-Profil). *a* Dichtflächen; *b* Sicherheitsfläche gegen Überlastung.

7. Schmiegungsdichtungen. Hier handelt es sich durchweg um Formdichtungen mit zwei- oder mehrflankiger Berührung.

Die Abdichtung erfolgt durch das Aufeinanderpressen räumlich gekrümmter Flächen, deren Krümmungsmaß an den Berührungsstellen wenig voneinander verschieden ist (Schmiegungsdichtung). Bild 5.30 bringt als Beispiel das Dilo-Profil. Ballige Flächen einer Feder legen sich gegen die Krümmung einer flachen Nut (Kugelpfanne); die Krümmungen von Feder und Nut sind gleichsinnig. Die ballige Formgebung bringt außer der Selbstregelung der Berührungspressung noch eine Selbstzentrierung der Dichtflächen. Auch bei diesen Dichtungen ist eine Mindestvorpressung erforderlich, um eine Angleichung der Dichtflächen durch örtliche Überschreitung der Fließgrenze des Werkstoffes herbeizuführen. Mit den aufeinander abgestimmten Krümmungsradien wird aber eine so große Gestaltfestigkeit erzielt, daß hohe Pressungen ertragen werden ohne zerstörende bleibende Verformung der Dichtleisten. Es ist daher beliebig oftmalige Wiederverwendung ohne Nacharbeit möglich.

Die balligen Profile werden manchmal durch versenkte Anordnung vor Beschädigungen geschützt. Um eine Beschädigung der Dichtflächen (plastische Formänderung) durch übermäßiges Anziehen zu vermeiden, ist eine Sicherheitsfläche vorgesehen, die normalerweise nicht zur Auflage kommt.

Wie Bild 5.31 zeigt, wurden mit diesen Formdichtungen bei kleinen und mittleren Durchmessern niedrige Kennwerte erreicht. Auch bei kleinen Innendrücken (unterkritischer Bereich) ergeben sich sehr günstige Kennwerte. Gegen Wechselbeanspruchungen besteht hohe Sicherheit. Der Werkstoff wird nach den Betriebsbedingungen gewählt. Voraussetzung sind parallele Flanschen. Bei großen Durchmessern wird die Herstellung schwierig.

5.2 Profildichtungen mit vorwiegend elastischen Formänderungen der Dichtflächen 89

Ein weiteres Beispiel ist der Hazet-Dichtfederring (TGL 13 234); auch diese Ganzmetalldichtung erfordert nur geringe Anpreßkräfte. Bild 5.32c zeigt einen eingebauten doppelseitigen Dichtfederring, Bild 5.32a das Ringprofil, Bild 5.32b das Nutprofil der Standardausführung für Rohr- und Schlauchverschraubungen bis 2000 kp/cm² und 550°C.

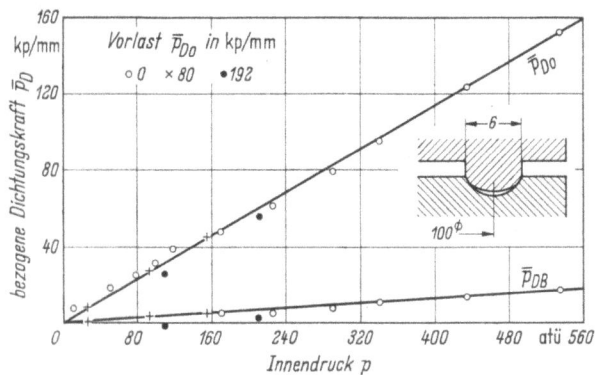

Bild 5.31. Innendruckergebnisse mit Profilleisten („Schmiegungsdichtung") aus St. 60; Druckmittel: Gas [15].

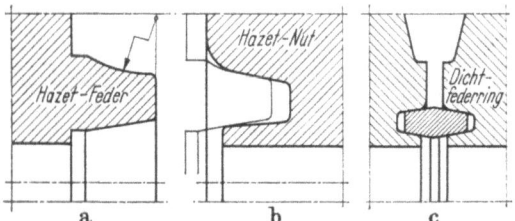

Bild 5.32a–c. Hazet-Dichtfederring (TGL 13234). a) Hazet-Feder; b) Hazet-Nut; c) eingebaute Dichtung.

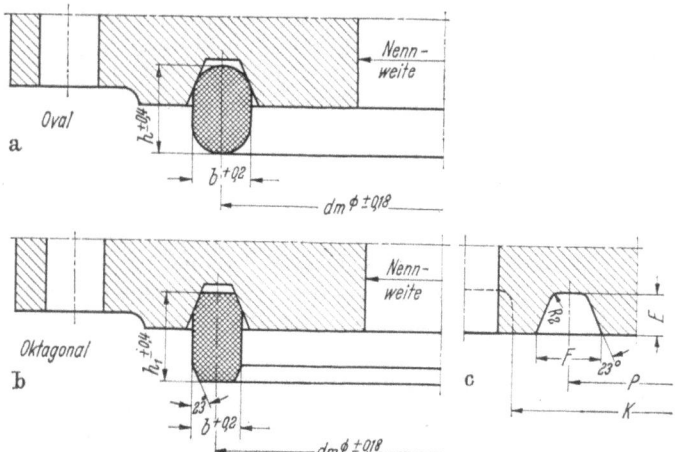

Bild 5.33a–c. Ring-Joint-Dichtungen. Type R. a) Ovaler Ring; b) oktagonaler Ring; c) Nutform (für beide Ringtypen). Abmessungen nach ASA B 16.20 bzw. API Std. 6 A (die eingetragenen Maße sind Normmaße).

Bild 5.33a stellt das Profil einer zweiflankigen Schmiegungsdichtung dar, die z. B. viel für Hochdruckferngasleitungen verwendet wird (vgl. Ölfeld-Schieberdichtringe nach DIN 9509); für die gleichen Zwecke werden auch sogenannte Oktagonalringe verwendet (Bild 5.33b); die Nutausführung zeigt Bild 5.33c (eingetragene Maße sind genormt).

8. Wellblechringe. Ein Beispiel für mehrflankige Berührung der Dichtflächen sind die Wellblechringe (Bild 5.34). Diese sind zur Abdichtung sehr gut bearbeiteter Flanschen bestimmt; sie werden für höhere Drücke mehrwandig ausgeführt. Die Ränder sind aus Festigkeitsgründen verstärkt.

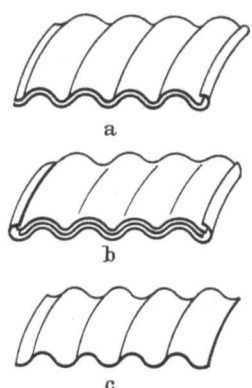
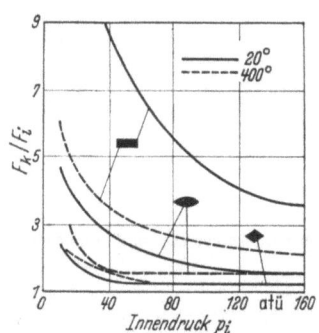

Bild 5.34a—c. Wellblechringe.
a) Mit einfacher; b) mit doppelter; c) mit dreifacher Wandung.

Bild 5.35. Einfluß von Form und Temperatur auf die Kennzahl von Weicheisendichtungen (nach Raible).

5.2.4.2 Profildichtungen mit vorwiegend plastischen Formänderungen der Dichtflächen

Hier sind die kantigen Profile einzureihen: Spießkant, Rillenringe, Schneidenringe.

Trotz der hohen Festigkeit des Dichtungswerkstoffes tritt bei den scharfen Dichtungskanten dieser Bauarten Fließen des Werkstoffes und damit genaue Angleichung der Dichtflächen schon bei relativ geringen Dichtkräften ein. In Bild 5.35 ist die Abhängigkeit der Dichtungskennzahl von der Form der Dichtringe dargestellt; naturgemäß ist bei dem an sich schon leicht verformbaren Spießkantquerschnitt der Einfluß der Temperatur gering.

Ausführungsformen

1. Spießkant- und Rillenprofile. Die Form dieser Dichtungen ist durch den Kammwinkel gekennzeichnet. Die Kennwerte werden um so günstiger, je spitzer die Kämme sind. Ein kennzeichnendes Beispiel für das Verhalten einer Formdichtung mit Schneidenauflage – dargestellt an einem Spießkantring – zeigt Bild 5.36. Beachtenswert ist der geringe Streubereich der nicht vorgeformten Dichtung.

2. Rillendichtungen (Kammprofilierte Dichtungen, DIN 2697). Die Grundform der Rillendichtungen ist der Spießkantquerschnitt. Rillendichtungen sind Metallringe mit mehreren konzentrischen Kämmen. Werkstoffe sind: Weicheisen oder legierter Stahl, bei Korrosionsgefahr (und niedrigen Temperaturen) Leichtmetalle, Kupfer, Blei.

5.2 Profildichtungen mit vorwiegend elastischen Formänderungen der Dichtflächen 91

Je nach der Härte der beiden Dichtflächen (Rillenring und Flanschenflächen) treten die Verformungen in der weicheren der beiden Dichtflächen oder in beiden auf; zweckmäßig soll die Hauptverformung in der Dichtung erfolgen.

Schon bei geringer Belastung erfolgt dann ein Fließen der Kammspitzen und dadurch eine bedeutende örtliche Verfestigung des Dichtungswerkstoffes. Die Größe des Kontaktdruckes ist nur wenig von der Belastung abhängig, da bei einer Steigerung der Belastung ein Fließen des noch nicht verfestigten unterliegenden Materials auftritt. Auch die dichtende Wirkung ist daher von der Belastung nahezu unabhängig.

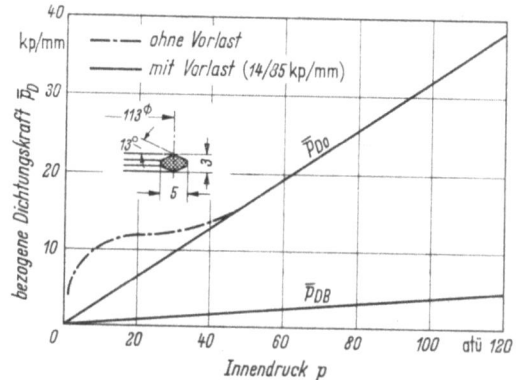

Bild 5.36. Dichtverhalten von Spießkantringen aus Weicheisen (Armco); Druckmittel: Gas [15].

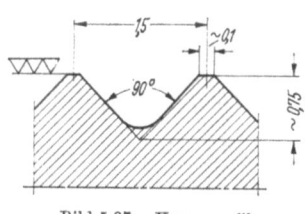

Bild 5.37. Kammprofil.

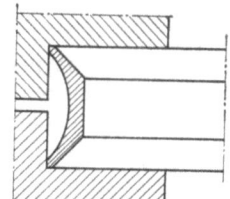

Bild 5.38. Dichtung mit metallischem Ring [14].

Die Flanschverbindung mit Rillendichtung setzt sehr saubere Dichtflächen voraus. Die Bearbeitung soll nur konzentrisch zur Flanschenachse erfolgen, um querverlaufende Bearbeitungsriefen zu vermeiden. Die Ausführung der Kämme der Dichtung muß sehr sorgfältig sein (Bild 5.37 und Normblatt!).

Die Abdichtung kann durch Beilegen von Weichmetallfolien oder dünnen It-Platten erleichtert werden.

Die Rillendichtungen werden in einigen Ausführungsformen hergestellt [18], die sich besonders durch die Art der Zentrierung unterscheiden.

Mit steigender Kammzahl z wachsen die Kennwerte k_0 und k_1 nur mit der Wurzel aus z, da auch hier wie bei den breiten Flachringen die Wahrscheinlichkeit der Abdichtung wächst; kleinerer Rillenabstand ergibt günstigere Werte (s. a. Berechnung einer Kammrillendichtung, S. 158).

Bemerkungen über Anwendungen der Formdichtungen

Die Formdichtung findet ein reiches Anwendungsgebiet in der Hochdrucktechnik (vgl. Hochdruckdichtungen); dort ist aber die Wirkungsweise vielfach so, daß bei der Montage nur eine verhältnismäßig kleine Formänderung erfolgt, die gerade als Initialdichtung genügt; im weiteren Verlauf der Drucksteigerung arbeitet dann die Dichtung als selbsttätige Dichtung.

Andererseits werden Hochdruckdeckeldichtungen auch so ausgeführt [14] (Bild 5.38), daß die Dichtpressung, die sich bei fugenlosem Aufliegen des Deckels ergibt ($s = 0$), infolge der sehr kleinen Dichtfläche bereits das Mehrfache (6 bis 6,5fache) des Betriebsdruckes beträgt; sie überschreitet dann meist schon die Streckgrenze des Dichtungswerkstoffes (nichtrostender Stahl). Damit der Ring nicht zu sehr in Gehäuse und Deckel einschneidet, soll für die Dichtkraft F_D je Einheit des Umfanges der folgende Wert gelten:

$(6 \cdots 6{,}5\ pb \leqq F_D \leqq 3\sigma_s b;$ $\sigma_s =$ Streckgrenze des Deckel- bzw. Gehäusewerkstoffes.

Die zulässigen Zusammendrückungen liegen im Bereich von 0,1 bis 0,2 mm, setzen also sehr genaue Ausführungen voraus. Durch den Betriebsdruck nimmt die Dichtkraft F_D weiter zu. (Die oben zitierte Arbeit enthält auch die Berechnung des Ringes.)

Metallische Formdichtungen zeichnen sich durch große mechanische Festigkeit und gute Wärmeleitung aus.

Treten sehr hohe Verformungen auf, so wird bei allen Formdichtungen die Dichtpressung ungünstiger. Die tragenden Flächen werden immer größer und bei gleichen Flächenpressungen die nötigen Kräfte entsprechend höher. Die Dichtung entfernt sich immer mehr von der Liniendichtung und wird zur Flachdichtung.

Weitere Beispiele für Formdichtungen sind im Abschnitt über Hochdruckdichtungen und Rohrverschraubungen enthalten.

Profildichtungen mit plastischen Formänderungen erfordern vielfach eine Wiederherstellung der ursprünglichen Dichtflächenform nach dem Lösen vor der Wiederverwendung; der plastisch verformte Dichtring wird dann meist erneuert.

Schrifttum zu Abschnitt 5

1. Andrews, J. N.: Hohle Dichtungsringe aus Metall. Product Engineering 33 (1962) 47–57.
2. Becker, R.: O-Ringe als Abdichtungen in hydraulischen und pneumatischen Anlagen. Ölhydraulik und Pneumatik 3 (1959) 1–3.
3. Beckim, R. W.: Design details and rubber compounds for large-area low-pressure closure seals. Machine Design 28 (1956) 97–100.
4. ten Bosch, M.: Berechnung der Maschinenelemente, 3. Aufl., Berlin, Göttingen, Heidelberg: Springer 1953.
5. Duane, H. C.: Hertzian contact-stress deformation coefficients. Transactions ASME, Journ. of appl. Mech. 36 (1969) 296–303.
6. Gastineau, R. L., u. a.: Metallische O-Ringe zur Abdichtung ruhender Maschinenteile. (O-Ring-Types.) Machine Design 41 (1969) 82–84.
7. Gilette, H. G., Everett, M. H.: Squeeze types. Machine Design 41 (1969) 47–53.
7a. Gläser, H.: Ein Beitrag zum Problem der Abdichtung von Mittel- und Hochdruckbehältern mittels metallischer Formdichtungen und balliger Kontaktflächen. Chem. Techn. 19 (1967) 751–756.
8. Rorelik, B. M., u. a.: Untersuchungen an Gummidichtringen mit rundem Querschnitt. Vorträge der 3. IDT Dresden, 1967, S. 265–277.

9. Heising, W.: Der O-Ring, ein raumsparendes Dichtelement. Ölhydraulik und Pneumatik (1959) 7, S. 233–236.
10. Hübner, F. W.: Berechnung von Schrauben an Flanschverbindungen mit O-Ring-Dichtung nach AD-Merkblatt B 7. Techn. Überwach. 11 (1970) 253–255.
11. Krägeloh, E.: Untersuchung von Hart- und Weichdichtungen. Diss. TH Stuttgart 1954.
12. Morrison, J. B.: O-rings and interference seals for static applications. Machine Design 29 (1957) 91–94.
13. Raible, F. A.: Das Verhalten von Dichtungen. Diss. TH Stuttgart 1936; s. a. Raible, A.: Neue Versuche an Dichtungen. VDI-Z. 83 (1939) 931.
14. Rudis, M. A.: Strength and rigidity of seal rings. Russian Engng. Journ. (1961) 28–31; aus Vestnik Mashinostroenija 41 (1961) 30–33; s. a. Konstruktion 15 (1963) 379–380.
15. Siebel, E., Krägeloh, E.: Untersuchungen an Dichtungen für Rohrleitungen. Konstruktion 7 (1955) 123–137; 187–196.
16. Siehe Hütte, 28. Aufl., Bd. II A, S. 1260–1262.
17. Stradtmann, F. H.: Stahlrohrhandbuch, 5. Aufl., Essen: Vulkan-Verlag.
18. Trutnovsky, K.: Berührungsdichtungen an ruhenden Maschinenteilen. VDI-Z. 84 (1940) 277–282.
19. VDI-Richtlinien: Gestaltung und Anwendung von Gummiteilen, 4. Aufl., Düsseldorf: VDI-Verlag 1955.
20. Wendt, G.: Untersuchungen an gummielastischen Berührungsdichtungen. Diss. TU Braunschweig 1968.
21. White, C. M., Denny, D. F.: The sealing mechanism of flexible packings. Ministry of supply scientific and technical Memorandum Nr. 3/47, (1947) Jan.

6. Preßpassungen und Walzverbindungen
[6, 7, 11]

Über die Dichtheit von Preßpassungen liegt noch sehr wenig Material vor. Es ist dies im Wesen dieser Abdichtung begründet: durch das Zusammenwirken von Passungsübermaßen und Oberflächenrauhigkeiten entstehen schwierig zu überblickende Verhältnisse.

Die Pressungsverteilung über die Fugenlänge ist keineswegs immer gleichbleibend; dies ist nur dann der Fall, wenn sich Außen- und Innenteil der Verbindung genau decken. Ragt z. B. das Innenteil aus der Verbindung heraus, so ergeben sich an den Verbindungsenden Spannungsspitzen, und zwar sowohl bei Längs- als auch bei Querpreßpassungen [1].

6.1 Berechnungsgrundlagen der Preßpassungen

Die beiden Formen der Preßpassungen sind: Längspreßsitze (Eindrücken; Beispiel: eingepreßte Büchse) und Querpreßsitze (Aufschrumpfen, Einwalzen; Beispiel: eingewalztes Rohr).

Jedenfalls wird man aus dem Fugendruck (der spezifischen Pressung der beiden Preßteile) auf das Dichtverhalten der Preßpassung schließen können. Für die Berechnung des Preßsitzes ist nötig:

1. Bestimmung des wirksamen Passungsübermaßes Δ, damit ein bestimmter Fugendruck p erzielt wird.

$$\Delta = \left[\frac{dp}{E_e}\left(\frac{1+c_e^2}{1-c_e^2} + m_e\right) + \frac{dp}{E_i}\left(\frac{1+c_i^2}{1-c_i^2} - m_i\right)\right] \cdot 1000.$$

6. Preßpassungen und Walzverbindungen

Darin ist

Δ = wirksames Passungsübermaß vor dem Fügen (1/1 000 mm);

$\Delta = \Delta_N$ (nominelles Passungsübermaß) $- H$ (Oberflächenglättung);

$H = 2(G_W + G_B)$; G_W = Wellenglättung, G_B = Bohrungsglättung.

d = Paßfugendurchmesser nach dem Fügen (mm);

p = Paßfugendruck (kp/mm²);

E_e bzw. E_i = Elastizitätszahl des Außen- bzw. Innenringwerkstoffes (kp/mm²);

$c_e = \dfrac{d}{d_e}$ = Durchmesserverhältnis des Außenringes;

$c_i = \dfrac{d_i}{d}$ = Durchmesserverhältnis des Innenringes;

m_e bzw. m_i = Querzahl.

Richtwerte für H:

Oberfläche	H (in 1/1 000 mm)
poliert	etwa 2
feingeschliffen	etwa 5
feingedreht	etwa 10

2. Bestimmung jenes maximalen Fugendruckes p, der bei elastischen Formänderungen zulässig ist:

$$p = \frac{\Delta}{d} \cdot \frac{1}{\dfrac{1}{E_e}\left(\dfrac{1+c_e^2}{1-c_e^2} + m_e\right) + \dfrac{1}{E_i}\left(\dfrac{1+c_i^2}{1-c_i^2} - m_i\right) \cdot 1000}.$$

Bezüglich der Abdichtung liegt bei der eingepreßten Büchse (z. B. Schieberbüchse) der Fall eines zweiwandigen Druckgefäßes vor, wobei die Berührungsflächen der beiden Zylinder (Mantel und Hülse) gleichzeitig Dichtflächen sind. Der Innendruck hat auf den Fugendruck der mit einem bestimmten Preßsitz zusammengefügten Teile naturgemäß einen Einfluß. Man überblickt diesen am besten durch eine Betrachtung der beiden Grenzfälle, wobei man sich die Gesamtwandstärke wie folgt aufgeteilt denkt:

α) Wandstärke des Außenteiles groß gegen jene des Innenteiles. In diesem Fall kann der Fugendruck durch das Übermaß gering sein, da er proportional dem Innendruck zunimmt. Eine weitere Erhöhung tritt ein durch Verwendung eines Werkstoffes mit niedriger Elastizitätszahl für den Innenteil (z. B. GG) und großem E für den Außenteil (z. B. St, Stg); ebenso können verschiedene Wärmeausdehnungszahlen ausgenutzt werden (z. B. für den Innenteil Al, Br, für den Außenteil St, Stg). Eine Verstärkung des Fugendruckes tritt auch infolge des radialen Temperaturabfalles und durch den Temperatursprung in der Fuge ein, β) Wandstärke des Außenteiles klein gegen jene des Innenteiles. In diesem Falle müßte der Fugendruck sehr viel größer als bei α) sein, weil er durch den Innendruck nur unbedeutend erhöht wird.

Festigkeitsmäßig unterscheiden sich beide Grenzfälle sehr stark: während im Grenzfall α) die tangentialen Spannungen im Innen- und Außenteil, die durch Übermaß und Betriebsdruck entstehen, beherrschbar sind, treten im Grenzfall β) sehr große tangentiale Zugspannungen im Außenteil auf, die durch das große Übermaß verursacht werden, das mit Rücksicht auf den für die Abdichtung benötigten Fugendruck angewendet werden muß; zusätzliche Zugspannungen durch den Betriebsdruck wird der Außenteil nur mehr schwer aufnehmen können.

Beide Preßsitzarten verändern sich besonders hinsichtlich des Übermaß-Verlustes bei der Herstellung der Verbindung, denn naturgemäß wird beim Längspreßsitz ein Übermaßverlust (beim Eindrücken) durch Glättung der Drehriefen eintreten. Wie die Versuche aber ergaben, verhalten sich diesbezüglich die Werkstoffe recht verschieden: bei der Paarung GG/GG waren die Drehriefen – trotz Dichtheit – noch vorhanden, im Gegensatz zu St/St.

Wie zu erwarten war, zeigten Versuche ein besseres Abdichten der Querpreßpassungen als der Längspreßpassungen; der Unterschied ist jedenfalls durch die erwähnten Formänderungen der Dichtflächen bei der Herstellung der Verbindung verursacht.

Die bei den Versuchen selbst festgestellte leichtere Abdichtbarkeit (kleineres Übermaß) von Dampf – diesem folgen Heißwasser und schließlich Kaltwasser – ist wohl im zusätzlichen Fugendruck durch das Temperaturgefälle begründet.

Solche Preßsitzpassungen werden am einfachsten hergestellt, indem der Außenteil (Zylinder) ohne Toleranzangabe gebohrt wird und der Büchsendurchmesser nach dem Maß der erhaltenen Zylinderbohrung und der gewählten Passung bearbeitet wird.

Für die Fugenlänge gibt es herstellungsmäßig für jeden Einzelfall eine optimale Größe, die dort erreicht wird, wo die Bearbeitungsgenauigkeit, insbesondere die Zylinderhaltigkeit, wieder abnimmt.

6.2 Preßsitz-Dichtringe

Beim Bau von Höchstdruckdampfturbinen [12, 2] werden Dichtungsringe nach Bild 6.1a zur Abdichtung radialer Paßflächen viel verwendet; diese Paßflächen müssen infolge der hohen Temperaturen (Frischdampftemperatur 600 bis 625°C!) ein Wärmedehnungsspiel haben. Der Dichtungsring (aus Cr–Mo-Stahl) erlaubt eine bestimmte relative Beweglichkeit der Bauteile A und B, ohne daß Undichtheit eintritt. Er wird zuerst mit entsprechendem Preßsitz in Teil A eingeschoben; beim Einbringen des Stückes B preßt sich der Dichtungs-

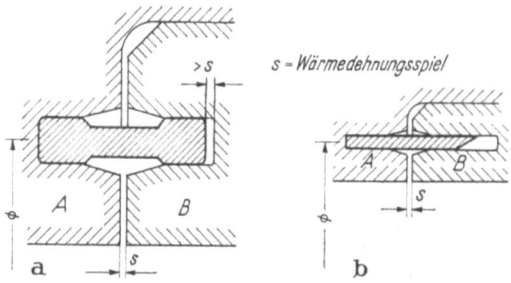

Bild 6.1a u. b. Dichtungsring zur Abdichtung radialer Paßflächen mit geringen axialen Verschiebungen [12]. a) Ausführung für breite Ringflächen; b) Ausführung für schmale Ringflächen.

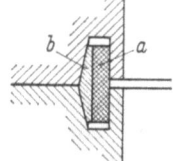

Bild 6.2. Spannringdichtung. a Dichtring; b geschlitzter Spannring.

ring in die Gegennuten dieses Teiles so ein, daß noch ein Dehnungsspielraum verbleibt. Dichtungsmäßig handelt es sich hier um die dichtende Wirkung von Preßpassungen.

Bei breiten radialen Flächen ordnet man auch zwei konzentrische Dichtungsringe an. In Versatzungen von geringer radialer Ausdehnung werden auch verhältnismäßig dünne Ringe in gleicher Weise verwendet (Bild 6.1b).

Eine in ihrer Wirkungsweise ähnliche Dichtung ist auf Bild 6.2 dargestellt; die Preßpassung wird durch die Anpreßwirkung eines geschlitzten Spannringes ersetzt [13].

Die letztgenannten Dichtungsformen sind kennzeichnende Beispiele für das Abgehen von der radialen Fläche als Dichtfläche.

6.3 Das Ringfederelement als Dichtelement
[8] Bild 6.3

Wie die Ringfeder besteht auch dieses Element aus einem inneren und äußeren Ring. Der dickwandigere innere Ring versucht den äußeren Ring beim Zusammenschrauben der Flanschen zu dehnen und preßt ihn infolge der konischen Berührungsfläche fest an den Nutgrund a; eine zweite Dichtfläche ergibt sich gleichzeitig bei b und zwischen dem äußeren der Ringe bei c. Der Betriebsdruck p verstärkt überall noch die Dichtwirkung.

Ein Anwendungsbeispiel zeigt Bild 6.4.

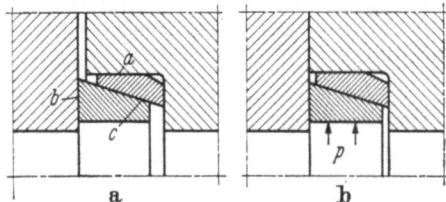

Bild 6.3 a u. b. Das Ringfederelement als Dichtelement [8]. a) Vor dem Anziehen der Schrauben; b) nach Einbau, im Betrieb; Erklärung im Text.

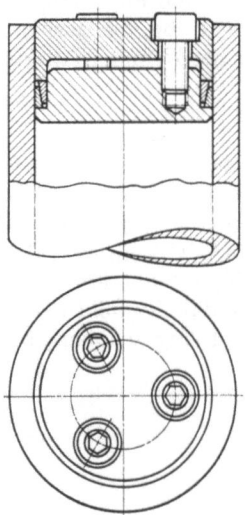

Bild 6.4. Rohrverschluß mit einem Ringfederspannelement [48].

Aus dem Grundprinzip wurden einbaufertige Ausführungen entwickelt, die noch weitere Vorteile aufweisen (z.B. Begrenzung der Anpressung). Ebenso kann eine Verstärkung der Dichtwirkung durch Verwendung von Ringen mit stark verschiedenen Temperatur-Ausdehnungskoeffizienten erreicht werden („Bimetalldichtung", Anwendung für hohe und niedrige Temperaturen).

6.4 Walzverbindungen

[3, 4, 10]

Die Bedeutung dieser Verbindungsart rechtfertigt noch eine kurze Sonderbetrachtung. Die Walzverbindung stellt eine unlösbare Querpreßverbindung dar. In der Regel besteht gute Dichtheit bei genügender Haftkraft und umgekehrt. Der Vorgang des Dichtens entspricht dabei dem gewohnten: durch die Haftaufweitung und die dadurch erfolgende starke gegenseitige Anpressung der Dichtflächen findet ein entsprechendes Verformen derselben und damit Abdichtung statt.

Der in der Walzverbindung wirkende Kraftschluß der beiden Teile wird – wie bei allen Preßsitzen – durch den Spannungszustand der beiden Teile bewirkt. Dieser und damit das Dichthalten hängt in hohem Maß von dem Streckgrenzenverhältnis von Rohrwerkstoff zum Trommelwerkstoff ab; dieses Verhältnis wird bei den Höchstdrucktrommeln vielfach ungünstig. Der Spannungszustand kann aber z. B. durch auftretende hohe Temperaturen, besonders Temperaturdifferenzen, gestört werden.

Die Festigkeit und Dichtheit der Walzverbindung kann durch geeignete Maßnahmen, wie Walzrillen, Bördelüberstände, Spannringe usw. verbessert werden. Besteht trotzdem die Gefahr der Undichtheit, so kann durch ein teilweises Verschweißen eine Sicherheit geschaffen werden.

Bild 6.5 zeigt verschiedene Walzverbindungen, wie sie im Apparatebau verwendet werden [14].

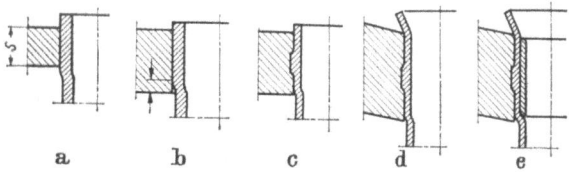

Bild 6.5 a–e. Walzverbindungen [14].
a) Übliche Verbindung. Überwalzen des Rohres in der Bohrung ergibt bei Beanspruchung durch Längszug Spannungsspitzen. Hier kann bei großen Zugkräften und wechselnder Beanspruchung das Rohr reißen; b) Einwalz-Spannungen bzw. Beanspruchung bei Längszug dadurch vermindert, daß man die Einwalzlänge 2–4 mm vor dem unteren Bohrlochende aufhören läßt. Dadurch gleichmäßige Übertragung der Kräfte vom Rohr auf den Boden. Für alle Werkstoffe. Spaltkorrosion ist möglich, wird durch Vergrößerung der Bohrung im unteren Teil vermieden; c) Rille im Bohrloch ergibt auch bei höheren Temperaturen eine sichere Aufnahme der Rohrkräfte, denn im glatten Loch werden die Kräfte nur durch die Restspannung aufgenommen, die nach der Kaltverformung beim Einwalzen zurückbleiben (Verfestigung). Diese Spannungen können bei höheren Temperaturen abgebaut werden. Wanddicke s_{min} = 12 mm; d) überstehender Bördel und Walzrille, mit besserer Einlaufströmung. Bis etwa 100 at bei niedrigen Temperaturen; e) Spannring mit höherer Dauerfestigkeit, um Undichtwerden der Einwalzstelle bei Erwärmung zu verhindern. Nachteil: Korrosion im Spalt, veraltet und unzweckmäßig.

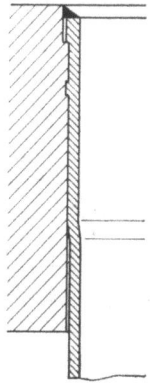

Bild 6.6. Beispiel für eine Ausführungsform der Walzschweißverbindung [3].

6.5 Walzschweißverbindung

(Bild 6.6)

Diese besteht aus einer zusätzlichen Dichtschweißraupe zwischen Rohrlochwand und Rohreinwalzenden. Die Schweißung darf nur zur Dichtung dienen, die Haftspannung darf durch das Schweißen nicht abgebaut werden. Die Abbildung stellt eine günstige Ausführung dar; die Kehlnaht ergibt eine geringe Schweißspannung.

Schrifttum zu Abschnitt 6

1. Andreev, G. Y. A., Shat'ko, I. I.: Distribution of the contact pressure in interference fits. Russian Engng. Journal (1967) 5, S. 36–38. Aus Vestnik Mashinostroenija 47 (1967) 36–38; s. a. Konstruktion 21 (1969) 198–199.
2. Brachetti, H. E.: Dampfturbinen. VDI-Z. 98 (1956) 1298.
3. Dunker, H. W.: Festigkeit von Rohreinwalzungen in Rohrböden. Chemie-Ingenieur-Technik 23 (1951) 433–437.
4. Elsässer, H.: Einwalzen von Rohren, Richtlinien und rechnerische Grundlagen. Mitt. Ver. Großkesselbesitzer (1934) 46, S. 27–33.
5. Heckner, J.: Dichtigkeit der Preßpassungen. Diss. TH Hannover 1951.
6. —: Dichte Preßpassungen. Glasers Ann. (1951) S. 192–199.
7. Hentschel, G.: Grundlagen der Bemessung lösbarer Schrumpfverbindungen. Konstruktion 8 (1956) 136–142.
8. Hull, J. W.: Ring-spring design for high performance metal static seals. Hydraulics & Pneumatics (1960) S. 122–126.
9. Krägeloh, E.: Abdichten von Nippeln an Kesseltrommeln. Mitteilungen der VGB (1967) 109, S. 261–264.
10. Pavel, A.: Über die Berechnung der Festigkeit und Dichtigkeit der Einwalzverbindungen zwischen Rohren und Böden der Bohrapparate in der erdölverarbeitenden, chemischen und petrochemischen Industrie. Constructio masine (Bucaresti) 18 (1966) 137–149.
11. Schröder, K.: Große Dampfkraftwerke, Bd. III B.
12. Schultes, K.: Hochdruck-Hochtemperatur-Turbinen. Siemens-Z. 30 (1956) 248–261.
13. Schwaigerer, S.: Die Festigkeit flachgewölbter Behälterdeckel. BWK 3 (1951) 411–414.
14. Titze, H.: Elemente des Apparatebaues, 2. Aufl., Berlin, Heidelberg, New York: Springer 1967.

7. Schweißverbindungen (Dichtschweißungen)

7.1 Allgemeine Ausführungen

(s. a. DIN 8564) [5, 6, 3]

Das Schweißen als Mittel zur Verbindung von unter Druck stehenden Bauelementen (Rohrleitungen, Armaturen usw.) hat eine sehr starke Verbreitung gefunden. Außer den technologischen Schwierigkeiten liegen aber viele Gründe gegen das Schweißen vor, die ihren Ursprung in der Unlösbarkeit einer Schweißverbindung haben.

Als weitere Nachteile sind anzuführen: Veränderung der Korrosionsbeständigkeit des Rohrwerkstoffes, Verhinderung der einwandfreien Schweißung durch die Lage der Schweißstelle (z. B. in der Nähe einer Wand u. dgl.), die Feuergefährlichkeit des Schweißens an sich, die Notwendigkeit des Einsatzes besonders geschulter Leute, der Zeitbedarf. Die schweißtechnisch richtige Bearbeitung der Schweißstellen ist vielfach nur im Werk möglich.

Als Vorteile der Dichtschweißung gegenüber der Verwendung von Dichtungen sind zu nennen:

Vollkommene Dichtheit (falls porenfrei geschweißt wird),
Unempfindlichkeit gegen Temperaturänderungen des Betriebsstoffes,
wesentlich geringere Schraubenkräfte,
Eignung für hohe Drücke und Temperaturen.

Dichtschweißungen der nachfolgend dargestellten Art gehören zu den beschränkt lösbaren Verbindungen. Besonders bei der Membranschweißung und bei der Schweißringdichtung ist ein wiederholtes Lösen ohne zu große Schwierigkeiten möglich: entweder durch vorsichtiges Abstemmen oder mittels Fugenhobler wird die Dichtschweißung entfernt, worauf die Verbindung auseinandergenommen werden kann. Auf die Zugänglichkeit der Schweißstelle ist daher beim Rohrleitungsentwurf zu achten.

Dichtschweißungen dieser Art kommen nur für Hochdruckleitungen in Betracht. Auch ist zu beachten, daß die für die Ausführung der äußeren Schweißnaht vorteilhafte Abschrägung der Flanschen normenmäßig erst ab ND 160 zulässig ist.

Bei allen diesen Dichtschweißverbindungen erfolgt eine Aufgabenteilung (Funktionstrennung): die ursprünglichen Dichtflächen dienen nur zur Durchleitung der Druckkraft und nicht mehr zum Abdichten; die Abdichtung übernimmt die Dichtschweißung!

Die Lippendichtung (Bild 7.1a) wird heute kaum mehr verwendet.

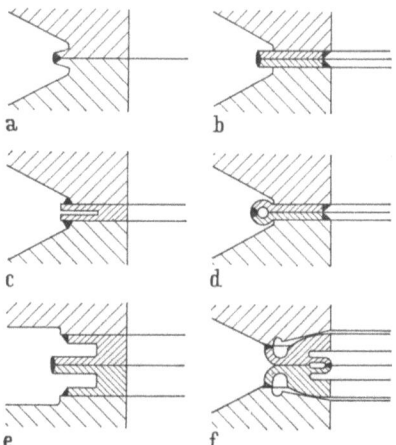

Bild 7.1 a–f. Schweißdichtungen [8].
a) Lippendichtung; b) Membrandichtung (DIN 2695); c) Geschlitzte Membrandichtung; d) Membrandichtung mit Hohllippen; e) Ringdichtung (Hülsring); f) Balgdichtung (BASF).

7.2 Membranschweißdichtung

[9], Bild 7.1b (DIN 2695)

An jedem der zu verbindenden Flansche wird vor dem Zusammenbau je eine dünne, ebene Ringscheibe von 3 mm Stärke (aus Cr-V-Stahl) am Innenrand angeschweißt. Die Scheibe ist so bemessen, daß ihr äußerer Durchmesser etwa 30 mm größer ist als der Dichtflächendurchmesser der Flansche. Die Flanschenauflageflächen und die Scheibe (allseits) werden fein geschlichtet. Nach dem Zusammenbau der Flanschverbindung werden die beiden nun konzentrisch aufeinanderliegenden Membranen durch einen Schweißring am Außenrand zusammengeschweißt.

Als Hauptnachteil dieser Membranschweißung wird die innere Schweißnaht bezeichnet, die schwierig auszuführen und im Betrieb nicht mehr zugänglich ist. Ein weiterer Nachteil ist die Kerbwirkung, die beim Klaffen der Flanschen eintritt; dieser Nachteil wird bei manchen Konstruktionen vermieden (Bild 7.1c, d).

7.3 Schweißringdichtung
(Bild 7.1e)

Bei dieser Schweißverbindung wird ein Schweißring, bestehend aus zwei einzelnen Ringen, mit den Flanschen verschweißt. Je nach der Betriebstemperatur besteht der Schweißring aus verschiedenen Werkstoffen:

Nenntemperatur bis 400°C: C-Stahl,
Nenntemperatur bis 500°C: warmfester Molybdänstahl,
Nenntemperatur über 500°C: warmfester Cr—Mo-Stahl.

Besonderer Vorteil der Schweißringdichtung: nur außenliegende Schweißnähte.

Bild 7.2 stellt eine weitere Ausführung dar. Hier sind die Schweißmembrane als kleine Rohrquerschnitte ausgebildet; durch den Kanal a wird der Druck unter der Schweißnaht gleich dem Innendruck (aber nie höher!). Die Schweißnaht ist wenig kerbempfindlich und günstig beansprucht.

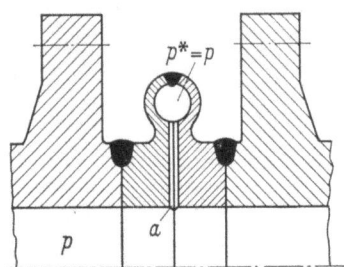

Bild 7.2. Schweißringdichtung mit eindeutiger Beanspruchung (ähnlich Hülsring) für Austenit-Ferrit-Verbindung [6]. Kein überhöhter Druck ($p^* > p$) möglich. a Druckausgleichkanal.

7.4 Weitere Beispiele für Schweißverbindungen

Besonders in Reaktoranlagen werden Dichtschweißungen unter Verwendung von Kreisrohrteilen viel angewendet (sogenannte Omega-Schweißungen oder Baldachin-Schweißungen) Bild 7.3. Diese Art von Schweißverbindungen kann

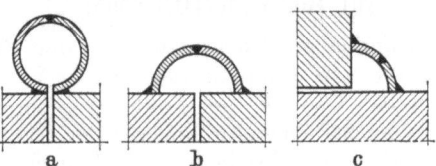

Bild 7.3a–c. Beispiele für Omega-Schweißungen. a) Halbkreisringe; b) Viertelkreisringe; c) Achtelkreisringe.

Verschiebungen und Verdrehungen aufnehmen, wie sie z. B. durch Temperaturunterschiede der verbundenen Teile auftreten. Zimmer [11] berechnet z. B. die radiale Verschiebbarkeit dieser kreisförmigen Platten, die durch verschiedene Ausführungsformen ermöglicht wird.

Bild 7.3 zeigt Bauformen, wie sie durch Verschweißung von zwei Segmenten dünner Kreisringschalen entstehen und geometrische Nachgiebigkeit zwischen den Befestigungspunkten aufweisen; dabei ergibt der Querschnitt optimale Festigkeitsverhältnisse. Die Omega-Dichtungen werden innerhalb des Bolzenkreises angebracht, daher keinerlei Durchleitung von Rohrkräften usw. Sie werden für die Abdichtung hoher Drücke und Temperaturen verwendet. Es handelt sich hier ebenfalls um beschränkt lösbare Verbindungen. Die Omega-Schalen werden auch aus dem Vollen gearbeitet.

Bild 7.4 stellt die Anwendung einer solchen Dichtung für den Deckelverschluß eines Hochdruckbehälters dar. Die Deckelkraft wird hier durch einen mehrteiligen Segmentring übernommen (Aufgabenteilung!).

Ein weiteres interessantes Beispiel einer Dichtschweißung zeigt Bild 7.5, das den Anschluß einer Höchstdruckdampfleitung an ein Gehäuse darstellt. Hier wird jede Zusatzbeanspruchung der Schweißnaht durch die Wärmedehnungen sorgfältig vermieden.

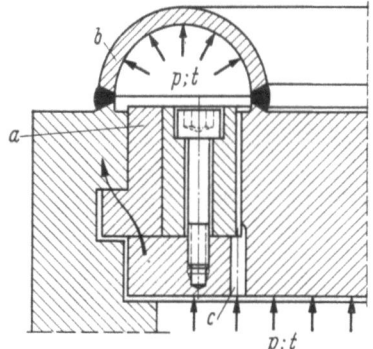

Bild 7.4. Deckelverschluß mit Aufgabenteilung [6].
a Mehrteiliger Segmentring (übernimmt die Deckelkraft); b aufgeschweißtes Halbrohr (Abdichtung); c Verbindung zum Raum mit Betriebsdruck.

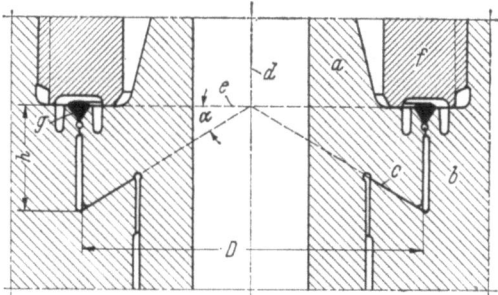

Bild 7.5. Anschluß eines austenitischen Rohres an ein ferritisches Gehäuse. Infolge des Gleitens auf der Kegelfläche werden axiale Spannungen auf den Gewindering und auf die Schweißnaht vermieden.
a Rohreinsatz; b Gehäuse; c Kegelfläche; d Rohrachse; e Ebene der Gewindering-Auflagerfläche; f Gewindering; g Schweißnaht; h Flanschhöhe.

7.5 Berechnung der Dichtschweißungen

Bei den besprochenen Dichtschweißungen, bei denen das Abdichten durch Verschweißen des Dichtungsspaltes, nicht aber durch Verformen der Dichtung bewirkt wird, sind die Dichtungskennwerte k_0 und k_1 mit Null einzusetzen, d. h. die Dichtungskraft kommt in Wegfall.

Für die Ermittlung der Kräfte an einer dichtgeschweißten Flanschverbindung ist zu beachten, daß die Form des eingeschweißten Elementes einen wesentlichen Einfluß auf die Federkonstante der Dichtverbindung hat. Damit hat sie auch einen Einfluß auf die Höhe jenes Betriebsdruckes, bei welchem die Vorspannung verlorengeht. Die Ermittlung dieses Abhebedruckes erfolgt mittels des Verspannungsschaubildes. Dieser Abhebedruck soll im Betrieb niemals erreicht werden, da dann eine Beanspruchung der Schweißnähte der Dichtung eintreten würde, was i. allg. unzulässig ist; eine Ausnahme bilden formelastische Schweißverbindungen, wie z. B. die Omega-Schweißung. Vom Außendurchmesser der dichtenden Schweißnaht hängt es auch ab, welchen Wert der entlastende Innendruck erreicht (mit einer Abdichtung durch die nur schlecht aufeinanderliegenden Flansch- bzw. Bordringflächen darf nicht gerechnet werden); bei der Berechnung ist ferner ein Sicherheitszuschlag sowie ein Zuschlag für zusätzliche Biegungsbeanspruchungen infolge der Wärmedehnungen einzuführen (Jürgensson empfiehlt, die Vorspannung bei Membrandichtungen mit dem dreifachen Wert des – auf den lichten Rohrdurchmesser bezogenen – Innendruckes anzunehmen).

Schrifttum zu Abschnitt 7

1. Büchele, R.: Stahlgedichtete Rohrverbindungen. Energie 12 (1960) 288–290.
2. Haferkamp, H.: Feste oder lösbare Verbindungen in Hochdruckleitungen? Technische Mitteilungen (1957), 5, S. 207–210.
3. Hoppe, J.: Die Belastung einer Hochdruckflanschverbindung durch die warmgehende Rohrleitung. BWK 19 (1967) 395–399.
4. Jürgensonn, H. v.: Membranschweißdichtungen im Hochdruckleitungsbau. Technik 3 (1948) 483–486.
5. O'Keefe, W.: Steel-pipe joining today and tomorrow, Power 112 (1968) 70–73; s. a. Konstruktion (1969) 6, S. 240.
6. Pahl, G.: Konstruktionstechnik im thermischen Maschinenbau. Konstruktion 15 (1963) 91–98.
7. Schröder, K.: Große Dampfkraftwerke, Bd. III, Berlin, Heidelberg, New York: Springer 1968.
8. Schwaigerer, S.: Rohrleitungen, Berlin, Heidelberg, New York: Springer 1967.
9. Schweißen im Rohrleitungsbau. (Herstellung, Schweißnahtprüfung) DIN 8564, Entwurf Dez. 1969.
10. Ulrich, E.: Der Abhebedruck der Membranschweißdichtungen. BWK 5 (1953) 310–314.
11. Zimmer, E.: Dehnbarkeit von Membranschweißdichtungen. Chemiker-Zeitung/Chemische Apparatur 86 (1962) 574–576.

8. Stopfbüchsenartige Dichtungen (Muffendichtungen)
[2, 3, 4, 6, 7, 8, 9, 10]

8.1 Zusätzliche Anforderungen

Die Muffendichtungen haben soviel Besonderheiten, daß sie als eigene Gruppe zu behandeln sind, um so mehr als zusätzliche Forderungen an die mit Muffendichtungen versehenen Rohrleitungen zu stopfbüchsenähnlichen Lösungen führen.

Außer den allgemein an Dichtungen zu stellenden Anforderungen scheinen etwa noch die folgenden auf:

8.1.1 Nachgiebigkeit

α) Möglichkeit von Längsbewegungen. Kleine Längenänderungen durch Wärmedehnungen oder durch andere Ursachen sollen aufgenommen werden, ohne daß die Verbindung zerstört wird, ebenso sollen

β) Winkeländerungen möglich sein, so daß Abweichungen der Rohrstrangachse von der Geraden zulässig sind (z. B. Nachgeben bei Senkungen des Erdreiches, bei beabsichtigtem Verlegen der Leitung in einem leichten Bogen).

Die Anforderungen an die Nachgiebigkeit sind sehr verschieden: Senkungen des Erdreiches, wie sie im Bergbau und in Erdbebengebieten auftreten, stellen sehr große Anforderungen.

8.1.2 Lebensdauer

Da Muffendichtungen vielfach bei unzugänglichen Leitungen verwendet werden, muß die Dichtverbindung dieselbe Lebensdauer haben wie das Rohr. Diese Forderung ist dann sehr streng, wenn die Rohrleitung für Dauer verlegt wird (z. B. Gas- und Wasserversorgungsleitungen).

8.1.3 Aufnahme von Längskräften (Rohrschub)

Ein Teil der Bauformen ist dazu geeignet, die durch den Innendruck sowie durch die Umgebung (Erddruck, Erschütterungen durch Fahrzeuge usw.) herrührenden Längskräfte fortzuleiten; andere Bauarten müssen vom Rohrschub entlastet werden.

Die Rohrleitung hat das Bestreben, sich infolge des Innendruckes auseinanderzuziehen; die auftretenden Axialkräfte sind oft bedeutend. Sie können auf folgende Arten aufgenommen werden:

α) durch die Muffendichtung selbst, und zwar durch die Haftreibung der Dichtungswerkstoffe,

β) durch Rohrzuganker, welche die Muffe überbrücken,

γ) durch entsprechende Verankerung der Krümmer,

δ) durch die Reibung der verlegten Rohrleitung im Erdreich, auf Beton, auf den Auflagern usw.

Je nach der Art der Aufnahme des Schubes unterliegt die Muffenverbindung vollständig verschiedenen Bedingungen; darüber ist bei der grundsätzlichen Auslegung der Rohrleitung bereits zu entscheiden.

8.2 Bauarten der Muffenverbindungen

Man kann die Muffenverbindungen in zwei große Untergruppen einteilen: in elastische und starre Muffenverbindungen; außerdem gibt es Zwischenformen.

8.2.1 Elastische Muffenverbindungen

Diese Muffenverbindungen werden meist als Gummirollverbindungen, Gummiquetschverbindungen (Schraubmuffen) und als Stopfbüchsenmuffen ausgeführt.

1. Gummirollverbindungen. Bei diesen wird der ursprünglich runde Gummiring zu einem flachen Querschnitt verformt.

Beispiel: SIGUR-Muffe (Bild 8.1). Zur Abdichtung dient ein Gummiring mit Kreisquerschnitt. Dieser wird mit Vorspannung auf das Rohrende aufgezogen und dieses dann in die Muffenkammer eingefahren; dadurch wird der Rundring flachgerollt und liegt mit der nötigen Dichtpressung an. Die richtige Lage der Dichtung ist durch die Führung des Einsteckendes gewährleistet.

8. Stopfbüchsenartige Dichtungen (Muffendichtungen)

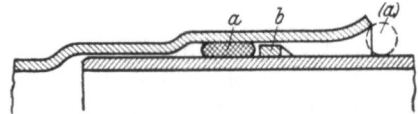

Bild 8.1. SIGUR-Muffe (DIN 2461): *a* Gummiring im eingerollten Zustand; (*a*) Gummiring vor dem Einrollen; *b* aufgeschweißter Ring (Sicherung von *a* gegen Herausschieben und Entlastung von *a* durch Aufnahme der Querkräfte).

Bild 8.2. Tyton-Steckmuffenverbindung [57*].

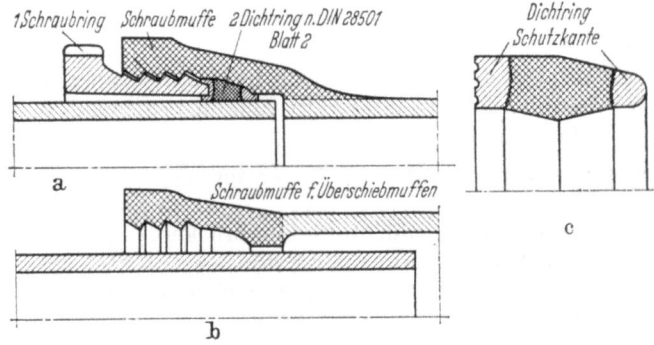

Bild 8.3 a–c. Schraubmuffenverbindung nach DIN 28501.
a) Normale Schraubmuffe; b) Schraubmuffe für Überschiebmuffen; c) Dichtring.

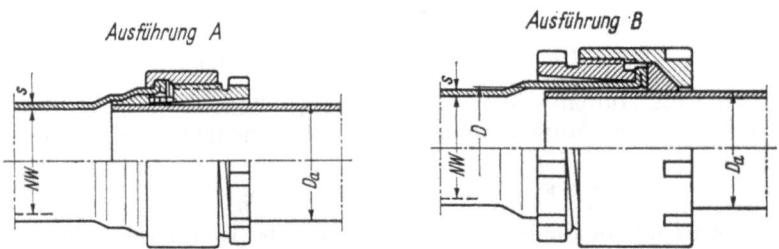

Bild 8.4 u. 8.5. Schraubenmuffenverbindungen für Stahlrohre.
A: Flachgummidichtring, Anpressung mittels Druckring; *B*: Rundgummidichtring, Anpressung mittels Rohrbördel.

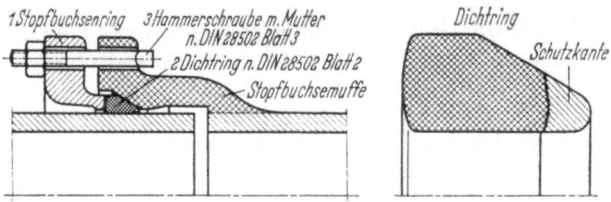

Bild 8.6. Stopfbüchsenmuffe (nach DIN 28502) und Dichtring.

Steckmuffenverbindungen (Bild 8.2) sind ähnlicher Art. Sie weichen in ihrer Wirkungsweise zwar durch die Verwendung eines am Ort verbleibenden Gummiformringes etwas von den Rollverbindungen ab.

2. **Schraubmuffenverbindungen.** Bei diesen erfolgt festes Einpressen des Gummiringes, dadurch wird Dichtpressung einerseits an der Rohraußenfläche, andererseits an der Muffeninnenfläche bewirkt. Der Dichtring wird für Wasserleitungen beiderseits mit einer Auflage aus Hartgummi versehen, bei Gasleitungen mit einer Bleiauflage. Als Beispiele sei eine Muffe (Bild 8.3) für Gußrohre und zwei Ausführungen für Stahlrohre (Bild 8.4 und 8.5), die Gummidichtringe benutzen, angeführt.

3. **Stopfbüchsenmuffen.** Bei diesen wird als Dichtmittel ein Gummiring benutzt, der sich unter dem Druck eines Stahlringes wie eine Stopfbüchsenpackung in die Dichtfuge legt; der Stopfbüchsenring (Brille) wird durch Schrauben angezogen.

Beispiel: Stopfbüchsen-Muffenverbindung DIN 28502 (Bild 8.6).

Alle diese Ausführungen gestatten mehr oder weniger große Winkelabweichungen und können Längsbewegungen aufnehmen. Sie ermöglichen daher das Anlegen sanfter Krümmungen ohne besondere Formstücke und verhindern Rohrbrüche bei Senkungen des Erdreiches. Die Verlegung ist sehr einfach. Die elastischen Rohrverbindungen sind aber zur Aufnahme von Längskräften nicht geeignet, die Leitungen müssen daher entsprechend gesichert werden.

4. **Zu den elastischen Muffenverbindungen sind auch die Rohrkupplungen zu zählen.** Von den Möglichkeiten dieser Gruppe zur Verbindung von glatten Rohren ist Bild 8.7 ein Beispiel.

Bei allen diesen Verbindungen ist die Übertragung von Rohrkräften nur möglich, soweit der infolge der Querelastizität der Dichtung auftretende Reibungsschluß hierzu ausreicht.

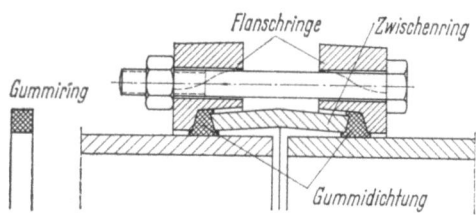

Bild 8.7. Gibault-Verbindung.

8.2.2 Starre Muffenverbindungen

Man kann hier vier Gruppen unterscheiden: Stemmverbindungen, Gewindeverbindungen, Schweiß-, Löt- und Klebverbindungen, Verbindungen mittels Vergußmassen.

1. **Stemm-Muffen.** Diese Dichtverbindung ist die älteste überhaupt bekannt gewordene Rohrverbindung. Bild 8.8 zeigt eine Stemm-Muffe üblicher Art für Gußrohre, Bild 8.9 eine Stemm-Muffenverbindung alter Bauart.

Die Verstrickung hat sowohl die Funktion einer Vordichtung (Verbesserung der Wirkung durch Tränkung mit Bitumen oder Teer, wodurch die Hohlräume zwischen den Fasern ausgefüllt werden) als auch das Eindringen von Blei in das Rohr zu verhindern.

Der Bleivorsatz hält den durch Verstemmen verdichteten Strick in einem Spannungszustand. Er bildet den Abschluß nach außen und stellt die Hauptdichtung gegen innen dar. Der Bleivorsatz nimmt die auf die Muffe wirkenden Kräfte auf, und zwar infolge der guten Haftfähigkeit des Bleies an den rauhen Gußwänden; infolge des Verstemmens liegt das Blei mit hoher Spannung an den Wänden an (kraftschlüssige Verbindung).

Bild 8.8. Dachnut-Gußrohr-Muffe (nach DIN 28 503).

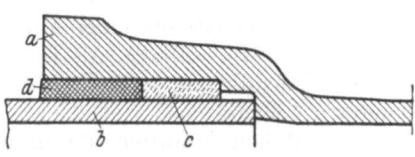

Bild 8.9. Stemmuffenverbindung alter Bauart.
a Muffe; *b* Rohrende; *c* Verstrickung; *d* Bleivorsatz.

Die geringe Elastizität des Bleies erlaubt nachträglich kleine Veränderungen der Rohrleitungen, ohne daß deshalb Undichtheit eintritt. Stricklage und Bleiring wirken durch die Vorspannung, die sie beim Verstemmen erhalten, und durch die bei beiden Werkstoffen vorhandene Querelastizität. Das Abdichten der möglichen Undichtheitswege ist somit ähnlich wie bei den Weichpackungen von Stopfbüchsen. Durch die Vorspannung wird dabei die Reibung zwischen den rauhen Gußwandungen und dem unter Vorspannung im Muffenraum befindlichen Dichtungsmaterial aufrechterhalten.

Werkstoffe. Für die Verstrickung kommen Jute und Hanfstrick (Weißstrick), Bitumen- und Teerstrick in Betracht; für den Vorsatz Blei, und zwar jetzt meist als Bleiwolle (die eingestemmt wird), früher als Gußblei (das verstemmt wurde). Austauschstoffe für Blei werden kaum mehr verwendet.

Stemmverbindungen für Stahlrohre. Diese Art der Verbindung wird vorwiegend für Wasserleitungen angewendet, dort aber auch vielfach durch gummigedichtete Verbindungen oder Schweißverbindungen ersetzt. Infolge der geringen Haftreibung des Dichtungswerkstoffes im glatten Stahlrohr muß durch eine keilförmige Verengung der Dichtungskammer ein Herausdrücken der Dichtung durch den Innendruck vermieden werden. Die Muffe ist verstärkt, entsprechend den großen, beim Verstemmen auftretenden Innenkräften. Die Bilder 8.10 und 8.11 zeigen die üblichen Muffenformen für die Stemmverbindungen von Stahlrohren.

2. Schweiß-, Löt- und Klebmuffen. Bild 8.12 zeigt einige Bauformen für Stahlrohr-Schweißverbindungen [8]. Bei allen Schweißverbindungen sind Brückenschweißungen unbedingt zu vermeiden. Die betreffenden Teile sind vor dem Schweißen warm aufeinander anzurichten.

Viel verwendet wird die Einsteck-Schweißmuffe (Bild 8.12b), die allerdings nur dann zulässig ist, wenn die Längskräfte und zusätzlichen Beanspruchungen durch Bodenbewegungen von der Kehlschweißnaht aufgenommen werden können.

Die Nippelschweißmuffe (Bild 8.12e) läßt die Anwendung der günstigeren Stumpfschweißung zu. Die Rohrenden werden durch den Nippel zentriert und die Naht kann gut durchgeschweißt werden, ohne daß im Inneren des Rohres Schweißansätze entstehen.

Die Kugelschweißmuffe (Bild 8.12d) soll besonders Richtungsänderungen bei der Verlegung zulassen (Verschwenkung bis etwa 10°). Es ist darauf zu achten, daß die Rohrenden sorgfältig kalibriert sind oder gegebenenfalls angerichtet werden. Das Anrichten der Außenkugel ist bisweilen auf Grund der durch die Herstellung bestimmten Toleranzen notwendig (Entlastung der Schweißnaht).

Verbindung von Kunststoffrohren [11]. Die Verbindungen sind verschieden, je nach der Art des Kunststoffes und dem Einsatzfall. Bei PVC-Rohren sind häufig Klebeverbindungen beteiligt, wie aufgeklebte Bundbüchsen und Muffen. Der Klebstoff besteht z. B. aus 20% PVC und 80% Lösungsmitteln (auf der Basis von Tetrahydrofuran – THF), wobei die starke Quellwirkung des THF die Möglichkeit der Überdeckung eines großen Spieles zwischen Muffe und Rohr bietet.

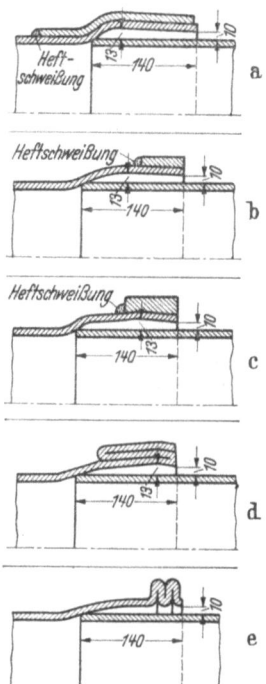

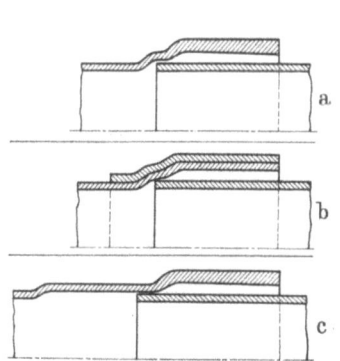

Bild 8.10 a–c. Muffenformen für Stemmverbindungen nahtloser Rohre.
a) Pilgerkopfmuffe; b) langverstärkte Muffe (Doppelwandmuffe); c) Muffe mit Führungshals.

Bild 8.11 a–e. Muffenformen für Stemmverbindungen überlappt geschweißter Rohre.
a) Langverstärkte Muffe (Doppelwandmuffe); b) leicht ringverstärkte Muffe; c) schwer ringverstärkte Muffe; d) Doppelfalzmuffe; e) Doppelbördelmuffe.

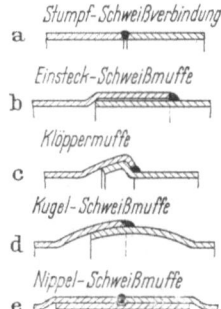

Bild 8.12 a–e. Bauformen von Stahlrohrschweißverbindungen (nach [8]).
a) Stumpfschweißverbindung; b) Einsteckschweißmuffe; c) Klöppermuffe; d) Kugelschweißmuffe; e) Nippelschweißmuffe.

8. Stopfbüchsenartige Dichtungen (Muffendichtungen)

Außer durch Aufkleben kann die Durchmesservergrößerung des Rohres zur Muffe auch durch Aufweiten des verdickten Rohres, durch Überschieben eines zweiten, verstärkten Rohres oder durch Erwärmen, Stauchen und Aufweiten des Rohrendes hergestellt werden.

Bild 8.13 bringt Beispiele für Steckmuffen-Verbindungen für Druckrohre „PVC-hart".

a) aufgeklebte Steckmuffe,
b) aufgeweitetes verdicktes Rohrende,
c) durch Überschieben eines zweiten Rohrstückes verstärktes Rohrende,
d) nach Erwärmen gestauchtes Rohrende.

Sind Gewinde für die Verbindung nötig, so sind entweder Teile, die Rundgewinde enthalten aufzukleben, Metallgewindestücke einzukleben oder Klebfittings zu verwenden; in die Kunststoffrohre soll kein Gewinde geschnitten werden (wegen Kerbwirkung). Auch die Schweißung von PVC-Rohren ist möglich, z.B. in Heißluft von etwa 240 °C.

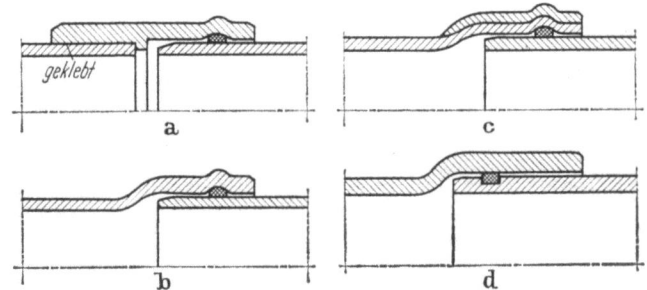

Bild 8.13a–d. Steckmuffenverbindungen für Druckrohre „PVC-hart" [11] (Erklärung im Text).

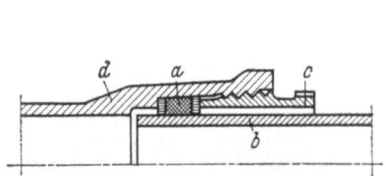

Bild 8.14. Schraubmuffenverbindung zwischen Kunststoffrohren und Metallrohren [11]. *a* Spezialgummiring; *b* Kunststoffrohr; *c* Metallschraubmuffe; *d* Metallrohr.

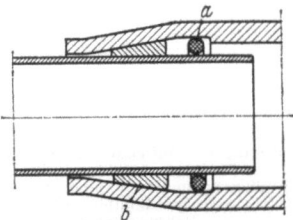

Bild 8.15. Steckmuffenverbindung für Rohre aus Polyäthylen [11]. *a* Rundring; *b* geteilter Klemmring.

Eine Schraubmuffenverbindung zwischen Kunststoffrohren und Metallrohren zeigt Bild 8.14. Polyäthylenrohre erhalten vornehmlich Klemmverschraubungen aus Metall; Verbindungen durch Stecken und Schweißen sind möglich. Eine Steckmuffenverbindung für ein Polyäthylenrohr zeigt Bild 8.15; der geteilte Klemmring *b* hält das Rohr, der O-Ring *a* dichtet ab.

3. Gewindemuffen (Gewindeverbindungen). Diese Verbindungen werden im Kapitel „Rohrverschraubungen" besprochen.

4. Vergußmuffen. Diese Art von Rohrverbindung kommt vorwiegend in der Haustechnik vor; der Maschinenbau verwendet solche Verbindungen kaum. Näheres siehe [7]. Bezüglich der Verbindung von Asbestzementrohren siehe [5].

Schrifttum zu Abschnitt 8

1. Albrecht, F.: Tabellenbuch für Rohrverbraucher, Leipzig: VEB Deutscher Verlag für Grundstoffindustrie 1967.
2. DIN-Taschenbuch 9: Gußrohrleitungen (1964) S. 91–100.
3. DIN-Taschenbuch 15: Normen für Stahlrohrleitungen, Berlin: Beuth-Vertrieb 1966.
4. Fachgemeinschaft Gußeiserne Rohre: Gußrohr Handbuch, Essen: Vulkan-Verlag, W. Classen 1963.
5. Hünerberg, K.: AZ Handbuch für Asbestzementrohre, Berlin, Heidelberg, New York: Springer 1968.
6. Mannesmann AG: Rohre für Öl- und Gasfelder, Bd. III, Abmessungen, Gewichte, Berechnungsunterlagen.
7. Mengeringhausen, M.: Muffendichtung gußeiserner Abflußrohre. Gesundheits-Ing. 73 (1952) 55–59.
8. Schwaigerer, S.: Rohrleitungen. Theorie und Praxis, Berlin, Heidelberg, New York: Springer 1967.
9. Stradtmann, F. H.: Stahlrohr-Handbuch, 6. Aufl., Essen: Vulkan-Verlag, W. Classen 1961.
10. —: Stahlrohr-Handbuch, 5. Aufl., Essen: Vulkan-Verlag, W. Classen.
11. Strese, G.: Der Einsatz von Kunststoffrohren für Trink- und Abwasserleitungen. VDI-Z. 110 (1968) 609–618.

9. Hochdruckdichtungen

9.1 Allgemeine Ausführungen

(s. a. die Anmerkungen bei den Stopfbüchsen für sehr hohe Drücke und den Abschnitt „Wirkungsweise") [5, 7, 8, 13, 14, 17, 18, 27, 31, 33]

Metalldichtungen, die durch den Innendruck entlastet werden, verursachen wegen der hohen Dichtkräfte und ihres geringen Rückfederungvermögens oft Schwierigkeiten, besonders bei hohen Temperaturen. Kennzeichnend für Hochdruckdichtungen ist daher vielfach die Heranziehung des Betriebsdruckes zur Abdichtung (selbsttätige Dichtung [19]); ein Durchleiten der Deckelkraft durch die Dichtung wird dann vermieden.

Die Vorpreßkraft muß auch hier so groß bemessen sein, daß die richtige Einleitung der Wirkung des Betriebsdruckes gesichert ist.

Oft sind Formdichtungen anzutreffen [10].

Hochelastische Hochdruckdichtungen müssen gegen Herauspressen geschützt werden, was bei großen Abmessungen wegen der Bearbeitungstoleranzen u. U. schwierig ist.

Die Dichtungen sind sehr häufig aus Stahl oder aus einem Werkstoff gleicher Festigkeit und gleichem elastischen Verhalten.

Die Hochdruckdichtung muß einen Ausgleich für die elastischen Formänderungen des Gefäßes und des Deckels ermöglichen.

Häufig findet eine Verstärkung der Dichtkraft (Erhöhung der Flächenpressung) dadurch statt, daß die innere Kraft, die auf einen (verschieblichen) großen Bauteil (z. B. Deckel) wirkt, für die Anpressung der Dichtung verwendet wird; die Wirkung des Betriebsdruckes ist dann nicht nur von der Höhe des Innendruckes, sondern auch von den Abmessungen der Verschlußteile abhängig.

Es werden verschiedene Wege angewendet, um die Dichtpressung ohne Erhöhung der Vorpreßkraft zu steigern; das Grundsätzliche hierüber wurde bereits im Abschnitt „Wirkungsweise" gesagt.

9.2 Bauarten von Hochdruckdichtungen

In den folgenden Abschnitten werden einige Gruppen unterschieden, ohne daß sich aber immer eine eindeutige Zuordnung der Dichtungen treffen läßt.

9.2.1 Flachdichtungen

(Dichtungen mit hoher Schraubenvorspannung; der Druck des Mediums verkleinert den Druck zwischen den Dichtflächen)

Flachdichtungen für hohe Drücke sind so einzubauen, daß sie weder durch den Schraubendruck, noch durch den Innendruck herausgequetscht werden können.

Beispiele für Hochdruckflachdichtungen (Bild 9.1):

a) Dichtring in „Nut und Feder"-Anordnung; verhindert Herausdrücken des Ringes oder Zerreißen durch den Innendruck. Dichtflächen vielfach mit Ringnuten versehen. Auswechslung wird durch die Bauart b) erleichtert: Ausführung mit Querschlitz (Aufmeißeln des Ringes möglich).

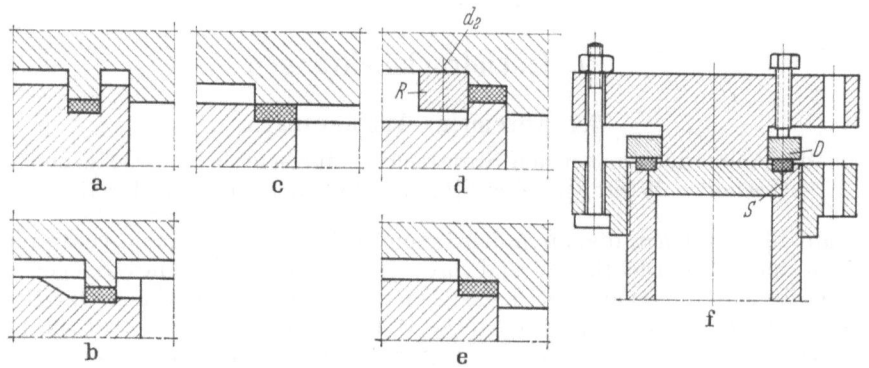

Bild 9.1 a-f. Hochdruck-Flachdichtungen (nach [17]).
a) Dichtring in „Nut und Feder"; b) Ausführung mit Querschlitz; c) Dichtring im Deckel, Vor- und Rücksprung; d) mit Stützring R (Begrenzungsring), Stützringschrauben d_2; e) allseitig begrenzte Flachdichtung; f) Fugendichtung (Spalt S) mittels Druckring D.

c) Dichtring im Deckel, Vor- uud Rücksprung; Vorteil: kleiner Innendruckmesser des Ringes;
d) abnehmbarer stählerner Stützring verhindert Herausquetschen des Dichtringes; leichte Auswechslung des Dichtringes.
e) Vorspringender Deckel wirkt als Stützring; Nachteil: Reibung des Dichtringes im Deckel.
f) Fugendichtung mit Flachdichtung (eventuell Rillung der Dichtflächen).

Druck, Temperatur und Medium bestimmen den Werkstoff der Flachdichtung. Auch Mehrstoffdichtungen werden verwendet (s. Zylinderkopfdichtungen). Wesentlich sind auch die Betriebsbedingungen (z. B. wiederholtes rasches Öffnen und Schließen). Im allgemeinen wird man Weichdichtungen bei niedrigeren Drücken, metallische Dichtungen bei Hochdruck oder besonderen Betriebsbedingungen anwenden. Metallische Flachdichtungen können bei richtigem Einbau bis zu den höchsten Drücken verwendet werden.

9.2.2 Axiale Dichtungen

Sie sind gekennzeichnet durch die Erzeugung von Längskräften in den Dichtringen, welche durch die Querdehnung (Poissonscher Effekt) in seitliche Kräfte übersetzt werden und dadurch die erforderliche Anpressung ergeben.

Naturgemäß wird die Anpressung des Dichtungsringes oft durch eine kegelige Ausbildung desselben und (oder) der Druckflächen unterstützt (Bild 9.2 u. 9.3).

Der Uhde-Bredtschneider-Verschluß (Schema Bild 9.4) (Berechnung siehe [15, 23, 28, 30]) weist einen Keildichtungsring c auf, der durch den mit dem Innendruck belasteten Deckel a fest gegen alle Dichtflächen gepreßt wird. Die Form des Ringes war Gegenstand eingehender Untersuchungen [20]. Aus den im Dichtspalt erforderlichen Anpreßkräften zur Vorverformung und im Betriebszustand, lassen sich die erforderlichen Axialkräfte berechnen, die hier durch den Innendruck (sonst durch die Schraubenkraft) aufgebracht werden müssen. Infolge Gleitens der Paarung wirken Schubspannungen. Die Vorpreßkraft erwies sich bei einigen Ringen bedeutend kleiner als theoretisch ermittelt wurde, was auf die Wirkung von Molekularkräften zurückgeführt wird. Durch den Dichtdruck wurden die Oberflächenrauhigkeiten geglättet. Die Dichtflächen an der Druckgefäßwand und am Deckel, sollten grundsätzlich wesentlich härter als der Dichtring sein, weil bei wiederholtem Öffnen nur Überarbeiten des Dichtringes in Frage kommt (Vergüten der Dichtflächen, Auftragschweißung von härteren Werkstoffen oder bruchfeste Auftragslegierungen). Eine Anwendung dieses Verschlusses für ein Hochdruckgefäß zeigt Bild 9.5 und Bild 9.6 für einen Absperrschieber.

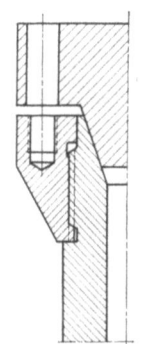
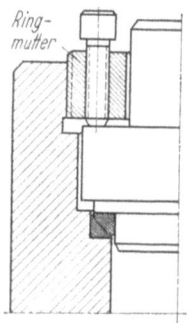
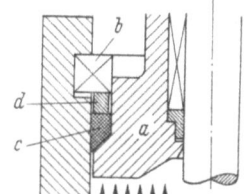

Bild 9.2. Behälterverschluß mit Einfachkonusdichtung.

Bild 9.3. Deckeldichtung mittels Doppelkeilring [15].

Bild 9.4. Selbstdichtender Deckelverschluß [30] (Schema). a Deckel; b geteilter Ring; c Dichtung; d Distanzring.

Bedingung bei der Anwendung für höhere Temperaturen ist, daß die Deckelkraft trotz der auftretenden Wärmedehnungen den Dichtring an die Dichtflächen anpreßt.

Auf Bild 9.7 ist ein Druckbehälterverschluß dargestellt, bei welchem die Schubbeanspruchung des Dichtringes klar zu erkennen ist. Der Dichtring c wird durch Ovaldrücken in die Ausnehmung d eingeführt. Bei der Ausführung für kleinere Drücke (a) übernimmt der Dichtring die gesamte Deckelkraft, während bei sehr hohen Drücken (b) der Hauptanteil an der Deckelkraft dem geteilten Ring e zufällt. Die Dichtung soll auch bei raschen Temperaturschwankungen zuverlässig sein.

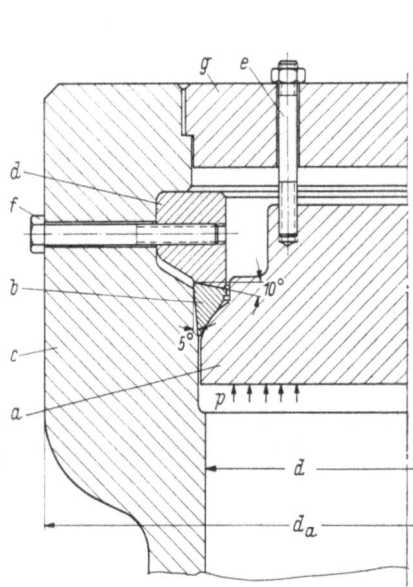

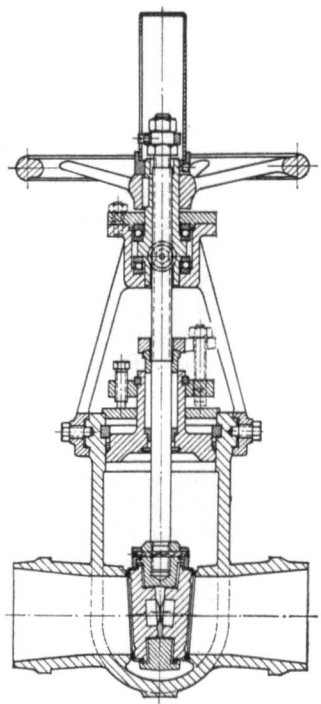

Bild 9.5. Uhde-Bredtschneider-Verschluß [30a].
a Deckel; b Keildichtungsring; c Behälterkopf; d geteilter Ring; e Vorspannungsschrauben; f Halteschrauben; g Haltering.

Bild 9.6. Stählerner Absperrschieber mit Uhde-Bredtschneider-Verschluß für 160 atü, 610 °C.

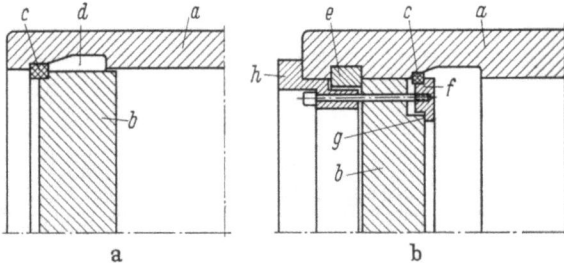

Bild 9.7a u. b. Druckbehälterverschluß [1, 32]. a) Für Drücke bis 492 kp/cm²; b) für Drücke bis 2110 kp/cm².
a Behälter; b Deckel; c einteiliger Dichtring; d Eindrehung; e geteilter Ring; f Druckring; g zusätzliche Dichtfläche; h einteiliger Haltering.

9.2.3 Radiale Dichtungen

Diese Dichtungen übersetzen die radial auf sie wirkenden Drücke direkt in radiale Kontaktpressungen, und zwar durch kleine Dehnungen des Dichtringes, der so entworfen sein muß, daß er mehr elastische Deformation hat als der zugehörige Zylinder und Deckel.

9.2 Bauarten von Hochdruckdichtungen

Beispiele für radiale Dichtungen:

Der Delta-Ring (Bild 9.8 u. 9.9) ist ein keilförmiger Stahlring. Er wirkt wie ein Spitzkeil zwischen Zylinder und Deckel und wird durch den Betriebsdruck an die äußeren Begrenzungsflächen einer Ausnehmung in Deckel und Zylinder angepreßt. Bewährte Ausführungen dichten z. B. bei 830 mm Durchmesser gegen 700 at, bei 200 mm ⌀ gegen 3500 at. Die Vorspannung beträgt etwa 1/10 der Dichtkraft des Innendruckes. Die Verformungen sind vorwiegend elastisch, nur bei außergewöhnlichen Überdrücken treten dauernde Verformungen ein. Wird die axiale Verschiebung des Deckels infolge abnormaler Überdrücke so groß wie die (deformierte) axiale Ringlänge, so wird der Dichtring herausgepreßt, ohne daß vorher Undichtheit auftritt (es erfolgte dies beispielsweise bei einem Ring, der für 3500 at berechnet war, bei einem Überdruck von 6000 at). Bedingung für die Dichtheit ist, daß der Ring bei allen Formänderungen mit den äußeren Oberflächen in Berührung bleibt. Die Güte der Oberflächenbearbeitung spielt eine um so größere Rolle, je kleiner die Berührungsfläche ist. Berechnung des Delta-Ringes siehe [26].

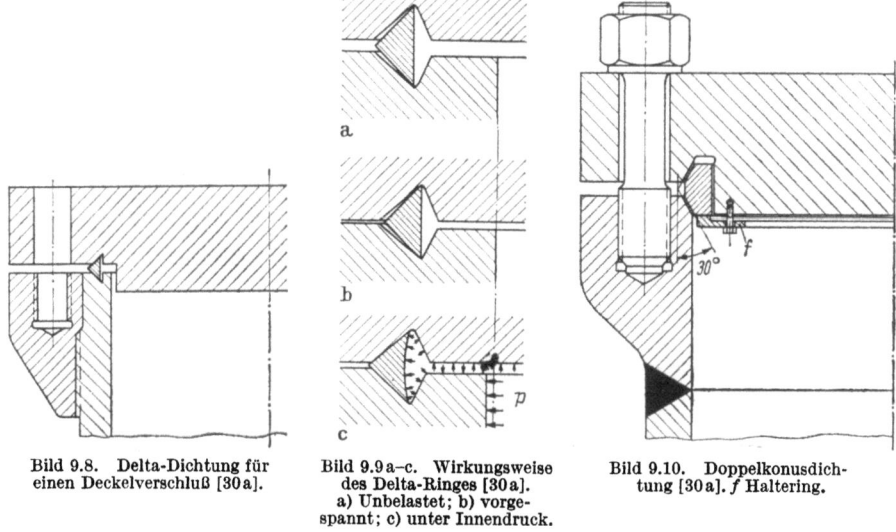

Bild 9.8. Delta-Dichtung für einen Deckelverschluß [30a].

Bild 9.9a–c. Wirkungsweise des Delta-Ringes [30a]. a) Unbelastet; b) vorgespannt; c) unter Innendruck.

Bild 9.10. Doppelkonusdichtung [30a]. *f* Haltering.

Für pulsierende Drücke wird der Delta-Ring wegen Abnutzung nicht empfohlen.

Die Doppelkonusdichtung (Berechnung s. [1, 2, 3, 23], Bild 9.10) wirkt ähnlich wie der Delta-Ring. An den Kegelflächen werden manchmal Aluminiumfolien von 0,3 bis 1,0 mm Dicke zwischengelegt. Vorspannung mit etwa 1/5 des Probedruckes. Die Sicherung gegen Überlastung beim Vorspannen (Stauchung des Ringes) erfolgt durch ein begrenztes Spiel gegen den Deckelansatz.

Bobbin-Dichtung (Bild 9.11). Diese Dichtung wurde ausführlichen Versuchen unterworfen [11]. (a) zeigt die Dichtung vor dem Zusammenbau.

Die vorgespannte Dichtung liegt an den Kanten an (b), der Betriebsdruck bringt dann die Anlage in den Ecken (c), eine Überlastung ist nach Anliegen der Seitenflächen (d) nicht möglich. Die Anlage in den Ecken bringt sehr hohe Pressung (mit plastischen Formänderungen) die infolge der elastischen Wirkung der Seitenflächen auch bei Druckschwankungen usw. erhalten bleibt; daher

9. Hochdruckdichtungen

gute Eignung für dynamische Beanspruchung (Anwendung für Leitungen mit kleinem Durchmesser und hohen Drücken bei sehr schwierigen Betriebsbedingungen).

Druckverstärkte Ringdichtung (Berechnung nach [6]); (s.a. S. 38). Verwendung bis zu sehr hohen Drücken. Bild 9.12 zeigt die Dichtung in charakteristischen Stadien.

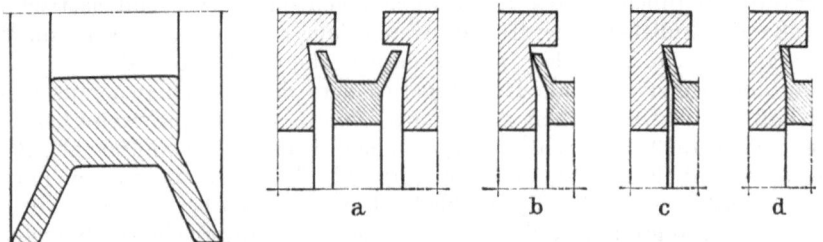

Bild 9.11 a–d. Bobbin-Dichtung. a–d) Einbaustadien (Erklärung im Text) [11].

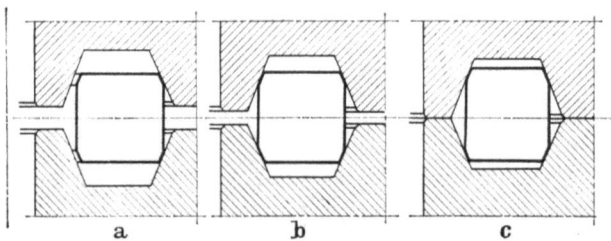

Bild 9.12 a–c. Druckverstärkte Ringdichtung.
a) Initialpressung; b) Berührung aller Dichtflächen; c) Berührung der Flanschflächen (Sicherung gegen Zerquetschung).

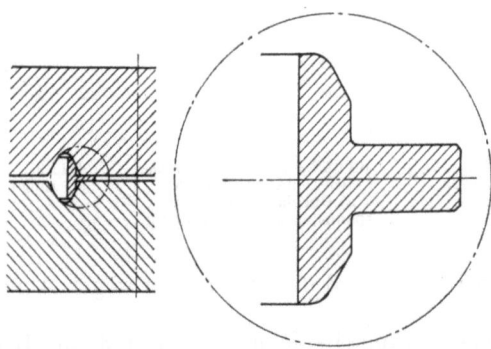

Bild 9.13. Grayloc-Dichtung.

Grayloc-Dichtung (Bild 9.13) [4, 25]. Diese Dichtung wurde ausgedehnten Versuchen unterzogen [25], die das Verhalten (die Formänderungen) der Dichtung während des ganzen Dichtvorganges enthalten. Da die Ergebnisse für Hochdruckdichtungen von allgemeiner Bedeutung sind, wird auf die Versuche im folgenden etwas näher eingegangen. Für sehr gute Oberflächenbearbeitung und plastische Formänderung der Dichtung wurde gefunden, daß die Restdichtpressung nur so groß zu sein braucht, daß die Dichtfläche nicht drucklos wird. Die Dichtpressung kann durch die elastischen Eigenschaften der Dichtung selbst erhalten bleiben (Rückfederung und/oder durch einen Druckmultiplikator infolge der Geometrie der Dichtung). Auch hier wurde ein Dichtungswerkstoff hoher Fließgrenze benutzt, um einen großen ausnutzbaren elastischen Bereich zu haben. Plattierungen und Beschichtungen wirken als Schmierung für Relativbewegungen. Eine passende Vorpressung muß erhalten bleiben, bis die Pressung durch den Betriebsdruck groß genug geworden ist um die Dichtung zu zwingen, den Flanschbewegungen zu folgen; dadurch werden Undichtheiten während des Druckaufbaues vermieden. Wenn zyklische Druckschwankungen auftreten, müssen die Formänderungen elastisch bleiben.

Einflüsse der Temperatur dürfen nicht vernachlässigt werden, ebenso Unterschiede in den thermischen Ausdehnungskoeffizienten von Dichtung und Flansch, wobei die Wärmeleitung der Teile zu berücksichtigen ist. Eine genügend große elastische Formänderung vermeidet auch die Gefahr der Undichtheit bei kleinen Drücken.

Die Dichtungen waren bei den Versuchen mit Silikonharz enthaltendem MoS_2 und Graphit beschichtet. Beim Zusammenbau der Verbindung ergibt der Differentialwinkel zwischen den konischen Dichtlippen und den Siztflächen extrem hohe Berührungsspannungen, die das mehrfache der Fließgrenze des Werkstoffes betragen und Scherspannungen in den Dichtflächen durch die Relativbewegung der Dichtflächen. Durch die folgende Drehbewegung der Dichtlippen vergrößert sich die Berührungsfläche, so daß die Dichtpressung nur mehr 1/3 der Fließspannung des Ringmateriales betrug. Trotzdem erwies eine Kontrolle, daß 3/4 der Dichtflächen durch Scherbelastung plastisch deformiert war. Die Verbindung war dicht, obwohl nur mehr ein Bruchteil der normalerweise benötigten Dichtkraft wirksam war.

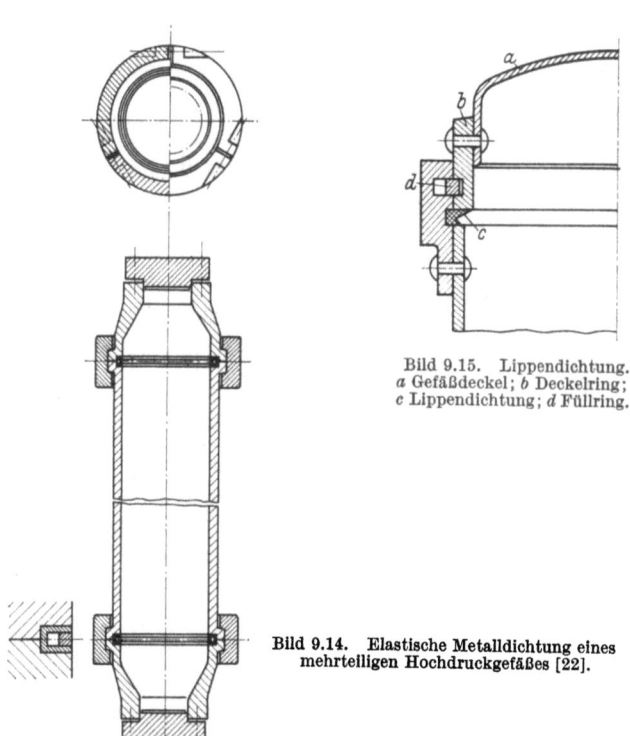

Bild 9.15. Lippendichtung.
a Gefäßdeckel; b Deckelring; c Lippendichtung; d Füllring.

Bild 9.14. Elastische Metalldichtung eines mehrteiligen Hochdruckgefäßes [22].

9.2.4 Selbsttätige Dichtungen mit radialen Dichtflächen

Beispiel: Bild 9.14. Der U-förmige Stahlring hat vor dem Einbau konvex gekrümmte Schenkel. In der Wirkungsweise gleicht diese Dichtung den Manschettendichtungen; sie wird – für kleinere Drücke – auch aus Weichstoffen hergestellt (Nutringe). Ein weiteres Beispiel ist die auf Bild 9.15 dargestellte Lippendichtung (s. a. „Wirkungsweise").

9.2.5 Flachdichtung mit Anpressung durch den Betriebsdruck

Flachdichtung, welche durch den Betriebsdruck angepreßt wird; die Dichtpressung ist von den Maßen des Deckels abhängig
Beispiel: Mannloch-Dichtung, Bild 9.16.

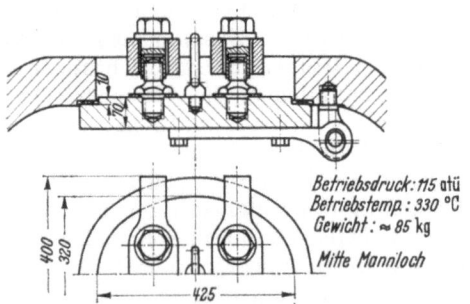

Bild 9.16. Schwenkbarer Mannlochdeckelverschluß [21].

9.2.6 Hochdruckdichtung mit Aufgabenteilung

Die entlastende Wirkung des Innendruckes auf die Dichtverbindung kann nicht nur durch Einführung des Betriebsdruckes als dichtende Kraft („selbsthelfende Lösung") vermieden werden, sondern auch durch Aufgabenteilung.

Bild 7.4, des Abschnittes über Schweißverbindungen zeigt eine Deckelausführung, bei der die Überleitung der Deckelkraft (Pfeil) vollständig getrennt von der Abdichtung (durch Schweißen) erfolgt.

9.2.7 Spaltdichtungen

Weitere Beispiele, die grundsätzlich hierher gehören und die als „Spaltdichtungen" bezeichnet werden können.
Flachdichtung, Bild 3.23, S. 40 und Bild 9.1f, S. 110.
Stopfbüchse mit Weichpackung Bild 3.24, S. 40; diese Konstruktionen sind besonders bei Auskleidungen mit hohen Wärmedehnungen verwendbar.

Als ein sehr interessanter Versuch, bzw. Vorschlag, muß eine Spaltdichtung erwähnt werden, bei der der Stopfbüchsenraum mit einem dispersen Stoff (Sand) gefüllt ist [29]; nur etwa 5% der Innendruckkraft müssen dann von der Brille aufgenommen werden.

9.2.8 Schmiegungsdichtungen

Die im Abschnitt „Wirkungsweise" beschriebenen Schmiegungsdichtungen mit sorgfältig aufeinander abgestimmten Dichtflächen sind bis zu den höchsten Drücken brauchbar.

9.4 Anwendung von O-Ringen

Auch Ringdichtungen und Achtkantdichtungen in Doppelnut sind für hohe Drücke und Temperaturen geeignet; sie werden besonders in der Erdöltechnik bis zu großen Abmessungen verwendet (siehe DIN 9509 – Ringjoint-Dichtung, API-Standard; Formdichtungen S. 89).

9.2.9 Dichtungen für ultrahohe Drücke

Diese Dichtungen sind durch den Namen „Bridgeman" gekennzeichnet und werden auch heute noch in verschiedenen Abwandlungen verwendet [12].

9.3 Schneidendichtungen

Besonders in der Laborpraxis werden Schneidendichtungen häufig angewendet. Beispiel siehe Bild 9.17.

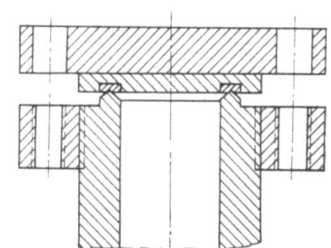

Bild 9.17. Schneidenverschluß [17].

9.4 Anwendung von O-Ringen

Hier ist sowohl die Verwendung von O-Ringen aus Elastomeren als auch von Metallringen anzuführen. Es tritt selbstdichtende Wirkung auf.

9.4.1 Elastomerringe

Wie stets bei den O-Ringen ist die hinter dem Ring vorhandene bzw. sich unter der Druckeinwirkung ergebende Spaltweite entscheidend für die Haltbarkeit; je höher der Druck, desto kleiner sollte die Spaltweite sein.

Bild 9.18 zeigt verschiedene Anordnungen von O-Ringen [14]. Bei Anordnung a) ist sehr starkes Anziehen der Schrauben nötig, damit der Spalt geschlossen bleibt (siehe [18]). b) erhebliche Spaltvergrößerung durch den Innen-

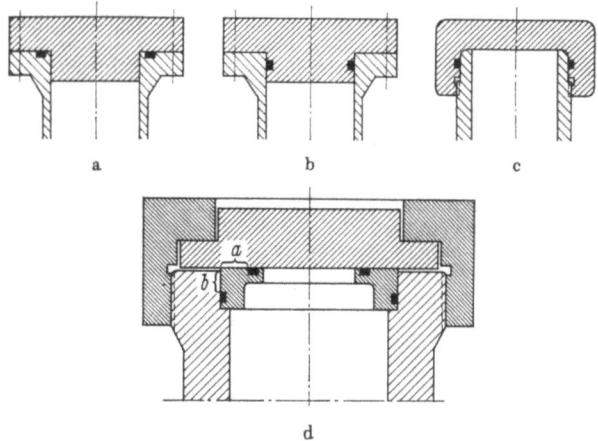

Bild 9.18 a–d. Anordnungen von O-Ringen (Erläuterung im Text) [14]

druck! c) Spaltverkleinerung durch den Innendruck, jedoch hohe Reibungskräfte durch den O-Ring beim Aufschrauben des Deckels. d) O-Ring-Dichtung welche vorstehend geschilderte Nachteile vermeidet: Der auf die Kreisringfläche a nach oben wirkende Innendruck preßt den L-förmigen Metallring gegen den Deckel und schließt den Spalt am Deckel; der auf die Zylinderfläche b wirkende Druck dehnt den Ring und bewirkt ein Anliegen an der Innenfläche des Druckgefäßes.

O-Ringe aus Elastomeren werden aber auch zum Einleiten des Dichtvorganges (Initialdichtung) benutzt, beispielsweise in Kombination mit einer Druckdichtung; das erfordert nicht so enge Toleranz der Hauptdichtung, die mit Hochdruckdichtungen nur schwer zu erreichen ist.

Kann ein Spalt nicht vermieden werden, so sind Stützringe (Backringe) anzuordnen.

9.4.2 Metall-O-Ringe (s. S. 85) [16, 27]

Diese werden in verschiedenen Arten verwendet: entweder als massive Ringe mit Kreisquerschnitt oder als Metallhohlringe, die auch gasgefüllt (besonders für Betrieb mit wechselnden Temperaturen) oder mit einer Druckbohrung versehen sein können (siehe „Wirkungsweise"). Der Querschnitt ist auch häufg oval.

Der druckbeaufschlagte metallische Hohlring verwandelt sich in eine Dichtung mit nicht unterstützter Fläche (der Druck an den Kontaktflächen ist größer als der Betriebsdruck).

Vielfach werden die Ringe mit Plasten beschichtet (z. B. Teflon), elektroplattiert mit Metallen (z. B. Silber, Nickel, Kupfer, Gold) beschichtet, mit Schichtdicken von etwa 0,02 bis 0,04 mm; Stickstoffüllung von etwa 40 at.

O-Ringe finden Verwendung bis zu Drücken von etwa 7000 kp/cm^2 und extremen Temperaturen.

Auch die Fließdichtung (siehe „Wirkungsweise", S. 42) findet Anwendung [24].

Schrifttum zu Abschnitt 9

1. Anonym: Self tightening pressure vessel seals. Engineering 199 (1965) 5165, S. 498.
2. Antonelli, A.: Dubbelconusring als afdichting voor flensverbindingen can hogedrukapparatuur. Polyt. T. Processtechn. 24 (1969) 766–773.
3. Bertsch, W., Sigel, R.: Abdichtungsprobleme an einem Hochdruckreaktor. Chemie-Ingenieur-Technik 40 (1968) 893–897.
4. Bray, K. A.: Hochdruck-Rohrverbindungen System „Ruston-Gray-loc". Werkstoffe und Korrosion 16 (1965) 647–651.
5. Buchter, H. H.: Apparate und Armaturen der Chemischen Hochdrucktechnik, Berlin, Heidelberg, New York: Springer 1967.
5a. Coenan, H., Klapp, E. u. Lambrecht, D.: Berechnung einer selbstdichtenden Hochdruckdichtung. Chemie-Ing.-Techn. 44 (1972) 828–832.
6. Eichenberg, R.: Design of high-pressure integral and welding neck flanges with pressure-energized ring joint gaskets. Transactions ASME, Journ. of Engineering for Industry 86 (1964) 199–204; s. a. Konstruktion 16 (1964) 519.
7. Freemann, A. R.: Gaskets for high-pressure vessels. Pressure vessel and piping design; collected papers 1927–1959. The American Society of Mechanical Engineers, S. 165–168 (1960).
8. —: Gaskets for high-pressure vessels. Mech. Engng. 74 (1952) 969–972; s. a. Konstruktion 5 (1953) 304–305.
9. Frederick, D. D.: Pressure-vessel closures. Machine Design 39 (1967) 183–186; s. a. Konstruktion (1968) 6, S. 239–240.

10. Gläser, H.: Ein Beitrag zum Problem der Abdichtung von Mittel- und Hochdruckbehältern mittels metallischer Formdichtungen und balligen Kontaktflächen. Chemie-Ingenieur-Technik 39 (1967) 751–756.
11. Goobich, B.: A unique metal-to-metal seal for separable joints. SAE-Transactions, 76/III (1968) 670566, S. 2106–2114.
12. Graemiger, S.: Selbstdichtender Verschluß für Hochtemperatur-Druckgefäße. Technische Rundschau 57 (1965) 7.
13. Jorgensen, S. M.: Designs for closures and shell joints. Mechanical Engineering 91 (1969) 24–31.
14. Karl, E.: Dichtungen für Hochdruckbehälter. Chemie-Ingenieur-Technik 43 (1971) 698–704.
15. Klapp, E.: Ein Beitrag zur Festigkeitsberechnung von Hochdruckverschlüssen. Energie und Technik 19 (1967) 195–199.
16. —: Festigkeit im Apparate- und Anlagenbau, Düsseldorf: Werner 1970.
17. Korndorf, B. A.: Hochdrucktechnik in der Chemie. Berlin: Verlag Technik 1956.
18. Krägeloh, E.: Anforderungen an Dichtungen, Konstruktion 20 (1968) 206–212.
19. Kühnpast, R.: Das System der selbsthelfenden Lösungen in der maschinenbaulichen Konstruktion. Diss. TH Darmstadt 1968.
20. Lässig, G., Wiess, E., Otte, S.: Untersuchungen von Rohrverschlüssen. Maschinenbautechnik (Berlin) 16 (1967) 125–130.
21. Maier, A. F.: Die Beherrschung von hohen Drücken bei Gefäßen und Verschlüssen unter Hervorhebung der Schraube als häufigstem Verschlußteil. Techn. Mitteilung Krupp 5 (1937) 197–214.
22. —: Bauteile von Hochdruckanlagen für Kraftstoffgewinnung. Techn. Mitteilung Krupp (1941) 5, S. 81–91.
23. Meincke, H.: Konstruktion und Berechnung von Hochdruckverschlüssen. VDI-Z. 104 (1962) 477–482.
24. Meyer, R.: Gasketing of flanged connections for ultrahigh-pressure service. Machine Design 28 (1956) 109–112.
25. Mikesell, W. R., u.a.: Application of primary sealing criteria to a self energized gasket. Transactions of the ASME, Journal of Engineering for Industry 91 (1969) 553–562.
26. Niemeier, B. A.: Seals to minimize leakage at higher pressure. Transactions of the ASME 75 (1953) 369–379; s. a. Konstruktion 7 (1955) 196.
27. Rathbun, Forrest, O.: Metal-to-metal and metal-gasketed seals for extreme environment applications. Machine Design 37 (1965) 158, 160, 162, 164, 167, 169
28. Sandaker, J. H., Markovits, J. A., Bredtschneider, K. B.: High-pressure (10,300 psi) piping, flanged, joints, fittings and valves for coal-hydrogenation service. Pressure Vessel and Piping Design; collected papers 1927–1959. The American Society of Mechanical Engineers (1960) S. 394–401.
29. Schmidt, P., Gösele, W., Pfau, B.: Disperser Stoff als Verbindungselement bei Hochdruckgefäß-Verschlüssen. Chemie-Ingenieur-Technik 38 (1966) 1295–1298.
30. Schwaigerer, S.: Rohrleitungen. Berlin, Heidelberg, New York: Springer 1967.
30a. Tochtermann, Bodenstein: Konstruktionselemente des Maschinenbaues, 8. Aufl., Berlin, Heidelberg, New York: Springer 1968.
31. Vollbrecht, H.: Die Gestaltung in der Hochdruckverfahrenstechnik. Konstruktion 5 (1953) 286–291.
32. Weir, Ltd. G. & J.: Self-tightening pressur vessel seals Engineering 199 (1965) 5165, S. 498; s. a. Konstruktion 17 (1965) 461.
33. Wilson, F. W.: The Challenge of higher pressures. Chemical Engineering 69 (1962) 159–174.

10. Vakuumdichtungen und Dichtungen für niedere Temperaturen

10.1 Vakuumdichtungen

[9, 23, 2, 3, 4, 1]

Die Vakuumdichtungen des allgemeinen Maschinenbaues, wie sie z.B. im Kondensationsverfahren von Dampfkraftwerken anzutreffen sind, entsprechen weitgehend den Bauformen, die in den vorangegangenen Abschnitten allgemein für stationär verwendete Dichtungen beschrieben wurden. Zu erwähnen ist die Anwendung von flüssigkeitsgesperrten Dichtungen (Bild 10.1) auch in Form von Doppeldichtungen (Bild 10.2). In den Raum zwischen den beiden Dichtringen wird entweder Sperrflüssigkeit, Sperrdampf oder Vergußmasse gebracht,

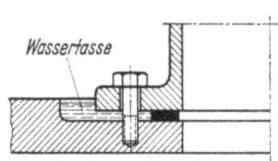

Bild 10.1. Flanschdichtung mit Sperrflüssigkeit (Wassertasse) für vertikale Vakuumleitungen.

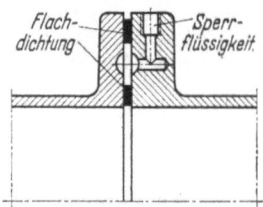

Bild 10.2. Flüssigkeitsgesperrte Flanschverbindung einer horizontalen Vakuumleitung.

oder er wird – besonders bei hohem Vakuum – an eine Evakuierungseinrichtung angeschlossen; der Verbrauch an Sperrstoffen ist unter Beobachtung zu halten. Für Verbindungen, die leicht lösbar sein sollen, sind Sperrflüssigkeiten unpraktisch, es wird dann besser Vorevakuierung gewählt. An Stelle der Vorevakuierung kann auch der die Dichtung umgebende Raum unter geringem Dampfüberdruck gehalten werden, so daß bei undichter Dichtung (Stopfbüchsen) nicht Falschluft, sondern Dampf angesaugt wird, der keinen schädlichen Einfluß auf das Vakuum hat. Für ein Vakuum bis etwa 98% sind alle Dichtungen anwendbar, die für das Überdruckgebiet bei sonst gleichen Verhältnissen brauchbar sind.

Handelt es sich um eine Hochvakuumdichtung (HV) oder Ultrahochvakuumdichtung (UHV) so gelten strenge Anforderungen an die Dichtheit [22]. Die maximal zulässige Undichtheit liegt dann etwa zwischen 10^{-5} Torr l/s und 10^{-12} Torr l/s, wobei für UHV meist eine Lässigkeit weniger als 10^{-8} Torr l/s

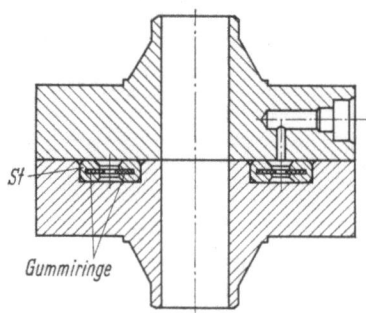

Bild 10.3. Flansch mit doppeltem O-Ring [15].

gefordert wird [14]. Bei hohem Vakuum spielt die Gasdurchlässigkeit und Gasabgabe des Dichtelementes eine bedeutende Rolle [7, 5, 6, 20]; das ist besonders bei der Verwendung von Elastomeren zu beachten, aber es haben sich z.B. O-Ringe in Doppelanordnung aus geeigneten Elastomeren schon bewährt [8]. Sie haben den Vorteil des leichteren Einbaues, Bild 10.3 zeigt eine solche Anordnung mit Zwischenevakuierung. Die Abdichtungen können durch Überziehen des Dichtelementes mit Hochvakuumöl verbessert werden.

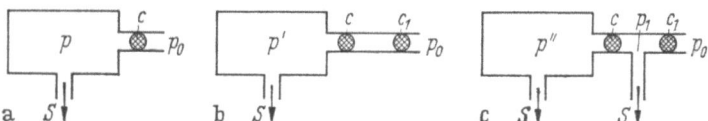

Bild 10.4a–c. Grundsätzliche Abdichtungsmöglichkeiten von Vakuumpumpensystemen.
a) Mit einer Dichtung; b) mit zwei Dichtungen; c) mit Doppeldichtung und Zwischenevakuierung. p, p' und p'' erreichbare Grenzdrücke (Berechnung s. [21]). S Verbindung zur Vakuumpumpe; p_0 Außendruck.

Bild 10.4 zeigt grundsätzliche Abdichtungsmöglichkeiten von Vakuumsystemen. Die in der eigentlichen Vakuumtechnik verwendeten konstruktiven Lösungen für Abdichtungen weichen von jenen des allgemeinen Maschinenbaues zum Teil erheblich ab. Rohrverschraubungen und Muffendichtungen werden nicht verwendet, es überwiegen Formdichtungen.

Man kann etwa folgende drei Gruppen unterscheiden:
1. stoffschlüssige Verbindungen,
2. Verbindungen mit gummielastischen Dichtelementen,
3. Verbindungen mit metallischen Dichtungen.

10.1.1 Stoffschlüssige Verbindungen

Von den Abdichtungsmethoden die stoffschlüssige Verbindungen darstellen und die besonders in der Hochvakuumtechnik anzutreffen sind, seien erwähnt: Elektronenschweißung, Hartlötung, Wachsdichtungen, Epoxydharze, Silberchlorid, geschmolzene Metalle, „Pulverdichtungen" (mit Dichtpulver, das durch Erwärmen bis zum Schmelzpunkt schmilzt). Weiter Abdichtungen mit Hilfe der Oberflächenspannungen. Bild 10.5 zeigt Beispiele für Membranschweißungen.

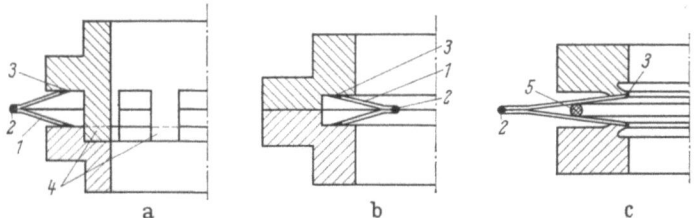

Bild 10.5a–c. Vakuumdichtung durch Eckenschweißung dünner Metallbleche.
1 Dichtring; 2 Dichtschweißung; 3 Grundschweißung; 4 Rippen; 5 Stützring [21].

10.1.2 Verbindungen mit gummielastischen Dichtelementen

Das sind mäßig ausheizbare Verbindungen. Sie finden Anwendung bis etwa 10^{-7} Torr; die maximale Arbeitstemperatur liegt etwa bei 150°C (ausheizbar bis 200°C). Für kleine Nennweiten (bis NW 50) ist eine Schnellverbindung genormt (DIN 28 403). Für größere Nennweiten besteht ein Normblattentwurf

122 10. Vakuumdichtungen und Dichtungen für niedere Temperaturen

(DIN 28 404), der Festflansche (PNEUROP-Flansche)[1], Klammerflansche (mit Klammern als Verbindungselementen) und Überwurfflansche umfaßt. Das Dichtelement ist meist ein O-Ring [18], es sind aber auch andere Querschnitte zu sehen, wobei die Dimensionierung so erfolgt, daß die Flanschen nicht metallisch aufeinanderliegen, sondern die Gegenfläche auf der Gummidichtung aufliegt (Bild 10.6).

O-Ringe werden in verschiedenste Nutquerschnitte eingebaut, oder auch zwischen glatten Flanschen angeordnet, unter Anwendung eines Halteringes, vielfach auch Zentrierringes, der auch gleichzeitig die Formänderung begrenzt (Bild 10.7) oder es ist der Gummiring in eine Dichtscheibe eingebaut. Bei großen Abmessungen werden die Deckelkräfte sehr bedeutend und ergeben hohe Druckbeanspruchungen des Dichtungswerkstoffes. Vorteilhaft sind dann alle jene Dichtungsanordnungen, bei welchen die Deckelkraft nicht mehr durch die Dichtung geleitet wird. Bild 10.8 stellt eine solche Ausführung dar, welche gleichzeitig für Vakuum und Überdruck geeignet ist.

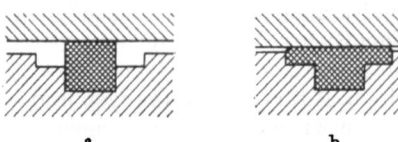

a b

Bild 10.6a u. b. Quadratischer Dichtring in gestufter Dichtnut [21]. a) Vor; b) nach dem Einbau.

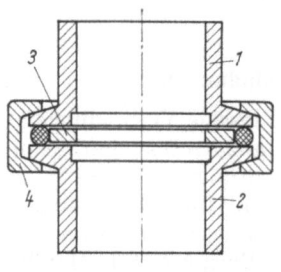 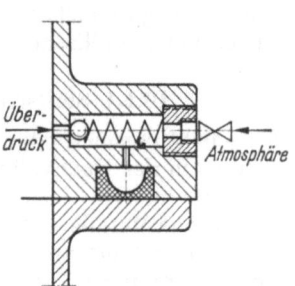

Bild 10.7. O-Ringdichtung.
1, 2 gleiche Flanschen; 3 Rückhaltering; 4 Klammerring [21].

Bild 10.8. Selbsttätige Flanschdichtung für Vakuum und Überdruck [11].

10.1.3 Verbindungen mit metallischen Dichtungen (hoch ausheizbare Verbindungen)[9]

Diese werden in der Ultrahochvakuumtechnik bevorzugt (Drücke unter 10^{-7} Torr). Metalldichtungen werden auch dort verwendet, wo Elastomere Strahlenschäden erleiden könnten. Es werden besonders die nachstehend aufgezählten metallischen Werkstoffe verwendet:

Gold: Verwendung vorwiegend in Form geschlossener Runddrahtringe (Querschnitt 0,5 bis 1,0 mm²), die flachgedrückt werden (Zusammendrückung durch Distanzstück u. dgl. begrenzen; Lagesicherung des Ringes).

Silber: Anwendung ähnlich wie nachstehend von Kupfer beschrieben.

---

[1] Anmerkung: PNEUROP = European Committee of Manufactureres of Compressors, Vacuum pumps and Pneumatic tools (s. a. Vakuum-Flanschverbindungen, Maschinenbauverlag F/M. 1969).

Kupfer: OFHC, entgastes, chemisch gereinigtes im Vakuum oder Wasserstoff voll – weich geglühtes Kupfer. Anwendung mit Gegenflächen aus nicht rostendem Stahl oder
Kovar (Fe, Ni, Co): Arbeitstemperatur etwa 400 bis 500°C; für Enddrücke von 10^{-9} Torr.
Aluminium: Das Fließen ist durch Federelemente auszugleichen (Aufrechterhaltung des Dichtdruckes).

An den Grenzflächen zwischen dem Aluminiumdichtring und den Flanschen aus nichtrostendem Stahl bildet sich während des Ausheizvorganges bei etwa 450°C eine Zwischenschicht aus einer intermetallischen Verbindung. Aluminiumdichtdrähte werden an ihrer Oberfläche vorteilhaft mit einer Indiumschicht überzogen, oder es wird die Dichtfläche der Flanschen mit Indium überzogen; die notwendigen Dichtdrücke ermäßigen sich dann stark.

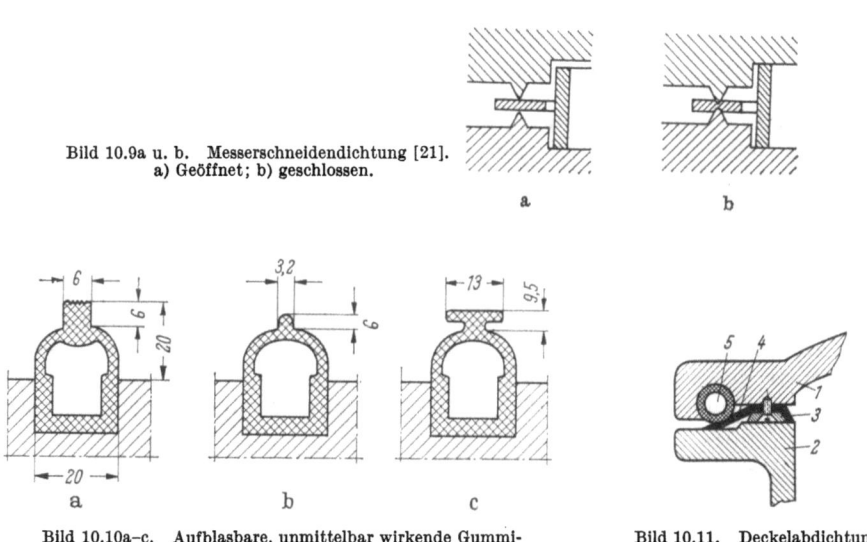

Bild 10.9a u. b. Messerschneidendichtung [21].
a) Geöffnet; b) geschlossen.

Bild 10.10a-c. Aufblasbare, unmittelbar wirkende Gummidichtungen [21].
a) Mit quadratischer Dichtleiste; b) mit runder Dichtleiste; c) mit T-förmiger Dichtleiste.

Bild 10.11. Deckelabdichtung für ein Vakuumgefäß.
1 Deckel; *2* Gefäß; *3* Halteleisten; *4* Lippendichtung; *5* Gummischlauch (aufblasbar).

Indium [13]: Niedriger Dampfdruck, hohe Plastizität auch bei sehr niedrigen Temperaturen.

Unter dem Einfluß von Druck und Temperatur tritt eine Diffusion der Werkstoffe mit ihren Gegenflächen ein.

Viel angewendet werden Schneidendichtungen (Abmessungen der Messerschneiden siehe [23]).

Bestehen beide Dichtflächen aus harten Werkstoffen (Stahl), so wird eine Zwischenlage aus weichem, plastisch verformbaren Material verwendet, Bild 10.9 stellt eine Messerschneidenverbindung mit Dichtungszwischenlagen aus Kupfer [23] dar; auch Mehrschneidendichtungen werden angewendet.

Bei Doppelschneidendichtungen [9] auch Entlüftung des Zwischenraumes, dadurch wesentliche Verbesserung der Dichtheit der inneren Dichtung (siehe Schema Bild 10.4). Auch die Umkehrung wird ausgeführt: profilierte Dichtringe, z.B. Dichtung mit Wulst, auf den sich die Dichtkräfte konzentrieren und ein Kaltfließen bewirken.

124   10. Vakuumdichtungen und Dichtungen für niedere Temperaturen

Für die Türen von Vakuumkesseln (aber auch für andere Zwecke) werden aufblasbare Dichtungen mit verschiedenem Dichtprofil verwendet (Luftdruck etwa 3 at) (Bild 10.10). Bild 10.11 gibt ein Beispiel für eine selbsttätige Lippendichtung. Die Voranpressung wird durch einen aufblasbaren Gummischlauch bewirkt.

10.2 Dichtungen für tiefe Temperaturen [16]

Die Abdichtung gegen sehr tiefe Temperaturen ist in neuerer Zeit durch die zunehmende Verwendung von Flüssiggasen (sog. „cryogenen Flüssigkeiten") zum Antrieb von Raumfahrzeugen usw. sehr wichtig geworden.

Die Anwendung von Weichstoffen – insbesondere Elastomeren – scheidet bei so niedrigen Temperaturen zwar nicht vollständig aus, jedoch geht ihre Elastizität verloren; auch tritt Schrumpfen der Dichtung ein [12, 10].

10.2.1 Mehrstoffdichtungen [20]

Bei extrem niedrigen Temperaturen können Dichtungen zur Erzielung der Dichtpressung benutzt werden, die die unterschiedlichen Ausdehnungskoeffizienten ungleicher Werkstoffe ausnutzen. Ein weiterer Vorteil dieser Bimetalldichtungen ist, daß sie sehr kleine Ansprüche bezüglich Gewicht und Raumbedarf stellen, da sie zur Erzeugung der Dichtkraft keiner äußeren Kraft bedürfen.

So wurden bei den Dichtungen nach Bild 10.12 die Unterschiede in den Ausdehnungskoeffizienten von Flansch (Bordring), Dichtung und Stützring bewußt zur Herstellung der notwendigen Dichtpressung benutzt. Letztere ist naturgemäß bei Stützringen aus Invarstahl am höchsten (Bild 10.13); sie läßt sich aus den Abmessungen, Werkstoffkennwerten und Temperaturen berechnen [17].

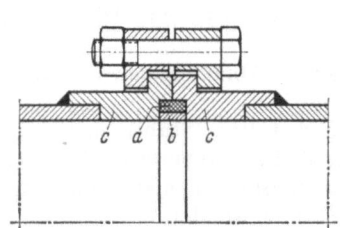

Bild 10.12. Dichtung für tiefe Temperaturen im zusammengebauten Zustand [17].
a Gummiauflage am Stützring; b Stützring; c Bordringe (Flanschen).

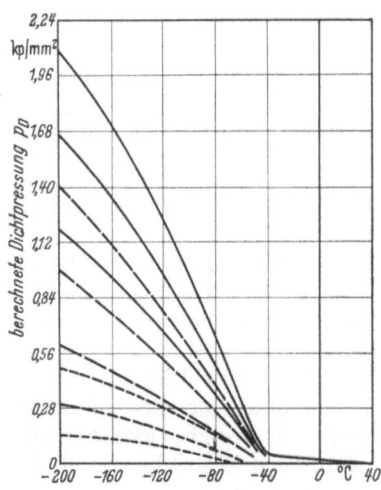

Bild 10.13. Die Dichtpressung p_D einer Gummidichtung nach Bild 10.12 in Abhängigkeit von der Temperatur bei verschiedenen Stützringwerkstoffen [17].
——— Stützringe aus Invarstahl;
——— Stützringe aus Titan;
– – – Stützringe aus rostfreiem Stahl.

Der Gummibelag wurde den Stützringen aufvulkanisiert; verwendet wurde eine Neopren-Gummi-Mischung, die zwischen −20 und −70°C einfriert, d. h. hart und unelastisch wird.

Die in Bild 10.14 dargestellte Bimetalldichtung benutzt das Ringfederprinzip (siehe S. 96). Beim Zusammenschrauben der Verbindung wird eine Vorspannung erzeugt und dichtet die beiden radialen und die schräge Dichtfläche ab; durch die Abkühlung zieht sich der Aluminiumring zusammen, während der innere Stahlring unverändert bleibt, so daß die Dichtpressung erhöht wird. Beide Ringe sind beschichtet.

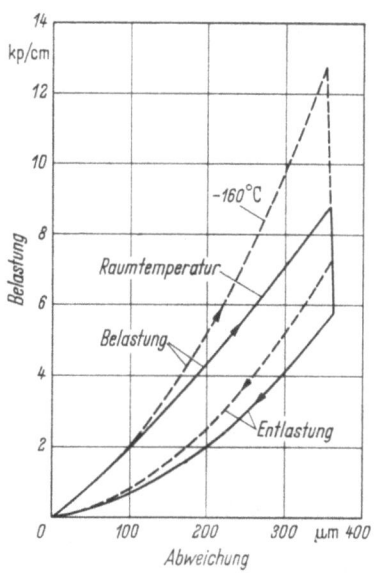

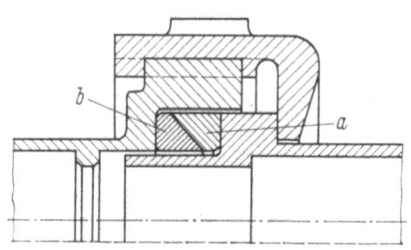

Bild 10.14. Bimetalldichtung nach dem Ringfederprinzip. a Außenring (Al-Legierung); b Innenring (rostfreier Stahl) [20].

Bild 10.15. Hystereissschleife für die Ringfederdichtung nach Bild 10.14 [20].

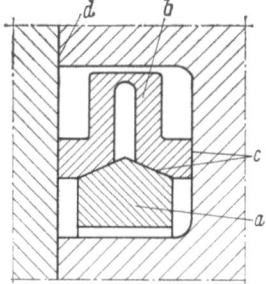

Bild 10.16. Bimetalldichtung für kryogene Flüssigkeiten [20]. a Geschlitzter innerer Ring aus nichtrostendem Stahl; b äußerer Ring aus Al-Legierung; c beidseitige Beschichtung mit Fluorcarbon; d Flanschfläche.

Bild 10.15 zeigt die Hystereisschleife für die obige Dichtung bei der Abdichtung gegen flüssigen Sauerstoff von etwa 0,7 atü Druck. Die voll ausgezogenen Linien gelten für die Initialdichtung bei Raumtemperatur, die strichlierten für −160°C, die Belastungslinie für die Beaufschlagung, die Entlastungslinie für die Entspannung. Der für die Ringfeder charakteristische große Reibungsverlust ist deutlich zu erkennen.

Ein weiteres Beispiel zeigt Bild 10.16, wobei der Doppelkonus die Spreizwirkung ergibt, unterstützt vom Betriebsdruck. Die konischen Flächen und die Dichtflächen sind ebenfalls mit PTFE beschichtet. Durch Umkehrung der Anordnung läßt sich das gleiche Prinzip auch für hohe Temperaturen anwenden.

10.2.2 Metalldichtungen [19]

Für Temperaturen bis $-30\,°C$ sind Kohlenstoffstähle brauchbar, beruhigte C-Stähle auch bis Temperaturen von $-45\,°C$. Bei Tiefsttemperaturen bis etwa $-200\,°C$ verwendet man entweder ferritische CrNi-Stähle oder austenitische CrNi-Stähle. Von NE-Metallen findet im letztgenannten Temperaturbereich Messung, Kupfer und Aluminium Anwendung.

Schrifttum zu Abschnitt 10

1. Adam, H.: Selbstansaugende Dichtungen (Flanschverbindungen der Vakuumtechnik nach dem Baukastenprinzip). VDI- Nachrichten, (1971) 25, S. 15.
2. Anonym: Dichtungen für Vakuumbetrieb. Chemiker-Zeitung/Chemische Apparatur 90 (1966) 148–149.
3. —: Vakuumtechnik (Bericht über den Lehrgg. „Vakuumtechnik" des VDI-Bildungswerkes 1962). Techn. Rundschau (1962) 34, 37, 46.
4. —: Vakuum-Flansche und -Verbindungen. Maschinenbau-Verlag GmbH, Frankfurt 1969; s.a. VDI-Nachrichten (1971) 25, S.15.
5. Becker, K.: Die Gasdurchlässigkeit von Kunststoffen. VDI-Z. 110 (1968) 271–274.
6. Beckmann, W.: Der Diffusionsvorgang bei der Gasabgabe von gummielastischen Werkstoffen. Vakuum-Technik (1966) 15, Nr.1, S.14–20.
7. Bula, R.: Helium-Permeabilität von O-Ringen – ein Problem aus dem Kernreaktorbau. Techn. Rundschau (1963) 34, S.35–36.
8. Csernatony, L. de, Crawley, D. J.: Doppelte Dichtungen für Ultrahochvakuum bei schnellen Arbeitsvorgängen. Le Vide (Nogent-sur-Marne/Seine) 22 (1967) 277–279.
9. Espe, W.: Werkstoffe für trennbare metallische Verbindungen der Ultrahochvakuumtechnik. Feinwerktechnik 68 (1964) 131–140.
10. Goedicke, K.: Erprobung kältefester Manschettenwerkstoffe für hydraulische und pneumatische Geräte. IfL-Mitteilungen 4 (1965) 179–185.
11. Holland-Merten, E. L.: Handbuch der Vakuumtechnik, 3.Aufl., Halle: Knapp 1953.
12. Hundertmark, E.: Über die Entwicklung und Erprobung kältebeständiger Dichtungswerkstoffe auf der Basis von Butadien-Akrylnitril-Kautschuk (Dehnungs- und Quellverhalten, Fließen). Plaste und Kautschuk 10 (1963) 596–601.
13. Indium für Vakuumdichtungen. Konstruktion 23 (1971) 79.
14. Jordan, J. R., Carell, T., Young, R.: Seals for hard vacuums. Machine Design 33 (1961) 134–139; s.a. Konstruktion 14 (1962) 240–241.
15. Kronberger, H.: Vacuum techniques in the atomic energy industry. Proc. I. Mech. E. 172, S.113–124: disc. S.125–132 (1958); Engineering 204 (1957) 702–705; s.a. Konstruktion 10 (1958) 250–251.
16. Linke, J.: Flanschdichtungen für tiefe Temperaturen. VDI-Z. 98 (1956) 1614–1615.
17. Logan, St.: Static seal for low-temperature fluids. Jet Propulsion 25 (1955) 334–340; s.a. VDI-Z. 98 (1956) 1614–1615.
18. Neff, G.: Predicting "O-ring" leak rates. Research/Development 13 (1962) 55–58.
19. Norden, R. B.: Metals to use at subzero temperatures. Chemical Engineering 66 (1959) 174, 176.
20. Prince, W. A.: Bimetallic seal solves cryogenic sealing problems. Hydraulics and Pneumatics 17 (1964) 105–109.
21. Roth, A.: Vacuum sealing techniques, 1.Aufl., Oxford, New York: Pergamon Press 1966.
22. Turner, H. S.: Gaskets for high Vacuum. Product Engineering 37 (1966) 62–66.

11. Dichtungen von Rohrverschraubungen
[5, 6, 7, 9, 12, 14, 15, 16]

Unter Rohrverschraubungen versteht man im allgemeinen Rohrverbindungen ohne Anwendung von Flanschen, wobei entweder die Rohrenden mit Gewinde versehen sind oder diese sich auf Verbindungselementen (Überwurfmutter) befinden. Rohrverschraubungen haben seit der stark vermehrten Anwendung von Hydraulik und Pneumatik besondere Bedeutung erlangt. Sie werden bis zu den höchsten Drücken ausgeführt: sehr leichte, leichte, schwere, sehr schwere Ausführungen für die verschiedenen Druckstufen. Bei Stahlverschraubungen und unter normalen Betriebsbedingungen ist der zulässige Betriebsdruck gleich dem Nenndruck (ND); der Berstdruck soll mindestens dem vierfachen Nenndruck entsprechen.

Viele Ausführungen sind genormt (so gibt z.B. DIN 3850 einen Überblick über den Stand und Umfang der Normung von Rohrverschraubungen [4, 8, 17]). Rohrverschraubungen müssen eine zweifache Aufgabe erfüllen: die dichte Verbindung von Rohrenden und die Übertragung von Rohrlängskräften (und evtl. auch Aufnahme von anderen, auf die Verbindung wirkenden Kräften); häufig handelt es sich um die Verbindung eines Rohres mit einem Einschraubzapfen.

11.1 Rohrverschraubungen für Rohre ohne Gewinde an den Rohrenden

Außer den Verbindungen, bei denen eine eigene Bundbüchse entweder durch Hartlötung oder durch Stumpfschweißung am Rohrende befestigt wird, sind in neuerer Zeit viele Verbindungen entwickelt worden, bei denen ein glattes Rohrende genügt.

Rohrverbindungen mit Bundbüchse sind auf Bild 11.1 dargestellt (Übersichten sind enthalten für die Ausführung mit Hartlötung in DIN 3915, für Stumpfschweißung in DIN 3916). Bild 11.1a ist eine dichtungslose Verbindung: die auf das Rohr aufgelötete Kugelbüchse dichtet gegen ein kegeliges Gegenstück (Kegel 37°); bei keilförmiger Gegenfläche wird häufig ein O-Ring als zusätzliches Dichtelement eingebaut. Bild 11.1b ist dagegen eine Ausführung mit Dichtring (Flachdichtung), ebenso Bild 11.1c, die Winkelverschraubung und die Schweißverschraubung Bild 11.1d.

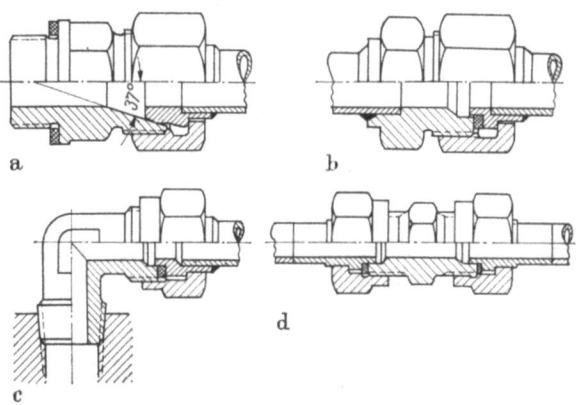

Bild 11.1a–d. Rohrverschraubungen DIN 2360 und 2370 (Lötverschraubungen) [18].
a) Mit Kegel-Kugel-Dichtung; b) mit Bunddichtung, Rohrverschraubung; c) mit Bundbuchse für Hartlötung DIN 3915; d) mit Bundbuchse für Stumpfschweißung.

11. Dichtungen von Rohrverschraubungen

Einige lötlose Rohrverbindungen enthält Bild 11.2 a bis f. Hier sind drei Grundformen in den DIN-Übersichten zu unterscheiden: Ausführungen mit Schneidring (DIN 2353), mit Doppelkegelring (DIN 2367) und mit Schneidring in Stoßausführung (DIN 3930). Die Doppelkegelring-Rohrverschraubung (Bild 11.3) hat einen Metalldoppelkegel als Dicht- und Halteelement. Die Verformung des Rohres ist (Bild 11.4) eine doppelte, wellenförmige; dadurch wird das Rohr festgehalten. Zwischen dem Dichtring und den Konen der Überwurfmutter und des Gegenstückes ergibt sich eine genügende Dichtpressung. Die notwendige Verformungsarbeit wird mittels der Überwurfmutter geleistet.

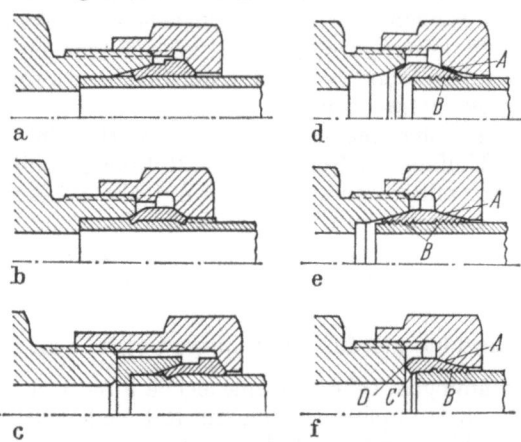

Bild 11.2a–f. Lötlose Rohrverschraubungen (DIN 3916).
a)–c) [13*]; d)–f) [60*]. a) Mit Schneidring DIN 2353; b) mit Doppelkegelring DIN 2367; c) mit Schneidring in Stoßausführung DIN 3930; d) mit Keilring; e) mit Doppelkeilring; f) Stoßverschraubung mit Keilring.

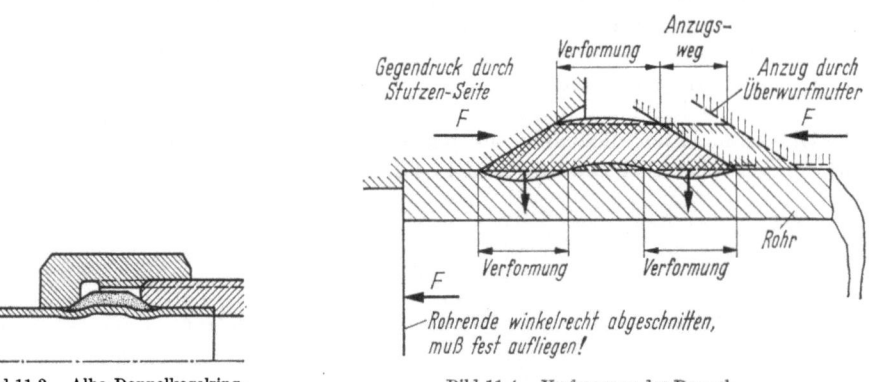

Bild 11.3. Alba-Doppelkegelring-Rohrverschraubung.

Bild 11.4. Verformung der Doppelkegelring-Verschraubung nach Bild 11.3 [6].

Bild 11.2 a bis c zeigt Ausführungen [13*] mit Schneidringen mit einer oder zwei Schneidkanten, die letztere Bauart in Stoßausführung (Stoßausführung bedeutet, daß das anzuschließende Rohr ohne axiale Verschiebung an- und ausgebaut werden kann). Das Bild 11.2 d bis f [60*] zeigt unter d eine Ausführung mit Keilring, e mit gerilltem Doppelkeilring und f mit gerilltem Stoßkeilring; Knickkante A soll sowohl elastische als auch plastische Widerstandsfähigkeit gegen Erschütterungen, Schwingungen, Temperaturschwankungen und Verbiegungen erzielen. Innenbund C verhindert falsche Montage des Keilringes,

11.1 Rohrverschraubungen für Rohre ohne Gewinde an den Rohrenden

D ist eine Stoßkante. Es gibt eine Reihe weiterer Schneidringverschraubungen, die durch konstruktive Änderungen des Schneidringes Verbesserungen erreichen wollen (s. z. B. [2]).

Mit Normschneidringen aus Messing und Verstärkungshülsen können auch Kupferrohre angeschlossen werden. Für Kunststoffrohre wurden Klemm- und Stützringe entwickelt, die in die DIN-Verschraubungen passen, wie z. B. die für Plastrohre entworfenen Rohrverschraubungen nach Bild 11.5a bis c (s.a. [3, 11]).

Weitere Beispiele: Bild 11.6 HD-Rohrverschraubung [10*], bei welcher durch das Anziehen der Überwurfmutter elastische Formänderungen der Schmiegungsfläche und dadurch Abdichtung bewirkt wird. Bild 11.7 [5] zeigt eine Verschraubung unter Anwendung von O-Ringen. Bild 11.8 eine Klemmverbindung [1], die auch für dünnwandige Rohre empfohlen wird.

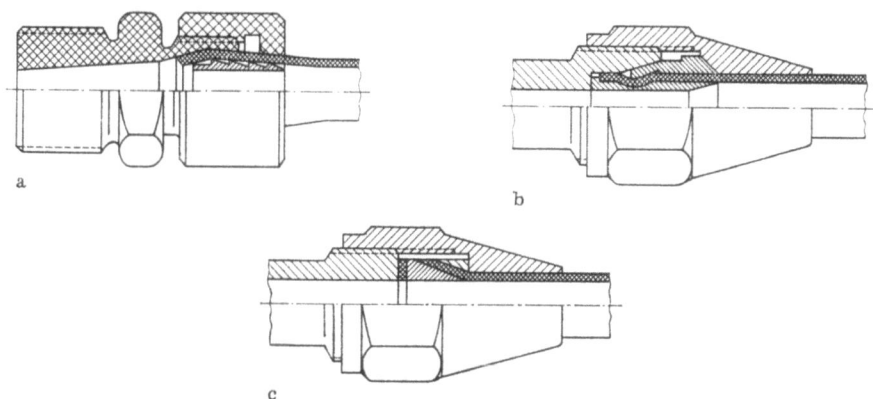

Bild 11.5a–c. Rohrverschraubungen für Plastrohre [14].
a) Einschraubverschraubung aus Polyamid mit Verstärkungsring (System Sapi, Zürich); b) Klemmringverschraubung mit verlängerter Überwurfmutter (System Voss, Wipperfürth); c) Klemmhülsenverschraubung mit verlängerter Überwurfmutter (System Voss, Wipperfürth).

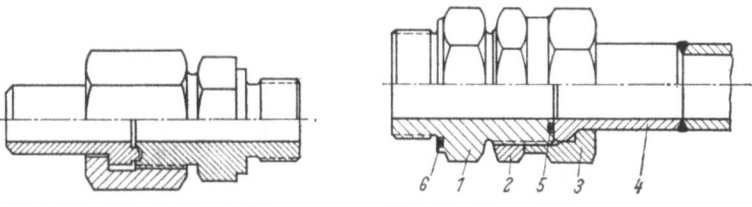

Bild 11.6. Dilo-Hochdruck-Rohrverschraubung.

Bild 11.7. Berga-O-Ringverschraubung [5].
1 Einschraubstutzen; 2 Kontermutter; 3 Überwurfmutter; 4 Anschweißstutzen; 5, 6 O-Ringe.

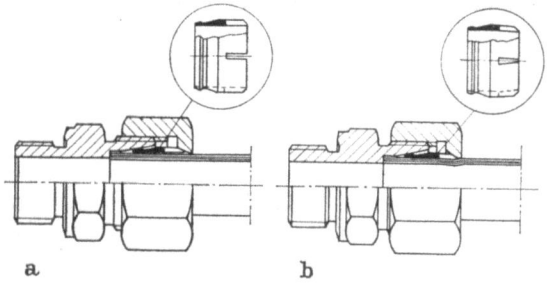

Bild 11.8a u. b. Klemmkupplung für rost- und säurebeständige Rohre [1]. a) Vor; b) nach dem Anziehen.

Abwandlungen der normalen Ausführungen sind die Schottverschraubungen. Diese ermöglichen das Durchführen der Rohrleitungen durch Trennwände (Schotten) und dichten den erforderlichen Durchbruch durch Dichtungen (Schottverschraubung DIN 2353, 3916) oder Schweißnähte (Einschweißschottverschraubung DIN 2353) ab. Genormt sind auch T-Verschraubungen.

Zu den Rohrverschraubungen zu zählen sind noch die einstellbaren Winkelverschraubungen (Bild 11.9) und die Schwenkverschraubungen (Bild 11.10). Letztere vermeiden den Schwenkradius, wie ihn Verschraubungen aus Formstücken erfordern und können die gestellte Aufgabe – Einstellung einer bestimmten Lage des Rohranschlusses – mit geringen Ausmaßen erreichen; sie eignen sich daher besonders zu Batterieanordnungen.

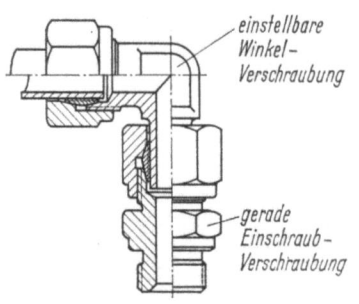

Bild 11.9 Einstellbare Winkelverschraubung [60*].

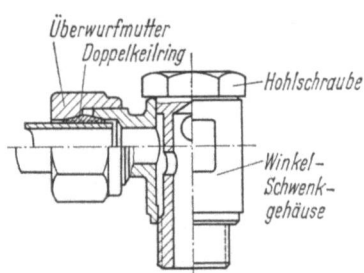

Bild 11.10. Schwenkverschraubung [60*].

Alle diese Verschraubungen gestatten eine Bewegung (Einstellung) nur im drucklosen Zustand, im Gegensatz zu den sogenannten drehbaren Verbindungen (S. 288), die alle vorgesehenen Bewegungen auch bei vollem Mediumsdruck ermöglichen.

Ein wesentliches Detail sind die Einschraubzapfen [13], die zum Anschluß von Rohrleitungen an Gehäusen dienen. Nach DIN 3852 sind die Formen a, b und c (Bild 11.11) zu unterscheiden. Als Abdichtung der Form a und b ist meist ein Kupferring vorgesehen, der entweder ohne oder mit Plansenkung im Innengewinde eingelegt wird (letztere Ausführung für HD); Form b besitzt eine angearbeitete Dichtkante, Anwendung entweder ohne oder mit Plansenkung (und evtl. noch Dichtring). Form c dichtet durch kegliges Außengewinde und zylindrisches Innengewinde; es ist keine plane Auflagefläche erforderlich, meist wird eine Dichtmasse angewendet. DIN 3852 sieht metrisches Gewinde oder Whitworthgewinde vor. Außer diesen DIN-Ausführungen werden noch verwendet: Einschraubzapfen nach amerikanischer Norm (Bild f); die Abdichtung erfolgt hier durch ein NPT-Einschraubgewinde (ASA B 2. 1. 1960 – ein amerikanisches kegeliges Rohrgewinde) oder UNF-Gewinde (ASA B 1. 1. 1960 – Feingewinde) mit kegeligem Innengewinde (solche Gewinde sind selbstdichtend). Für die Abdichtung kann auch ein im Einschraubloch eingelegter harter Dichtkantenring (Bild g) oder ein außenliegender Dichtkantenring (Bild h), ein eingelegter O-Ring (Bild i) (weniger empfehlenswert) oder ein Stahl-Kunststoffring (Bild k, z. B. Usit-Ring) dienen.

11.1 Rohrverschraubungen für Rohre ohne Gewinde an den Rohrenden

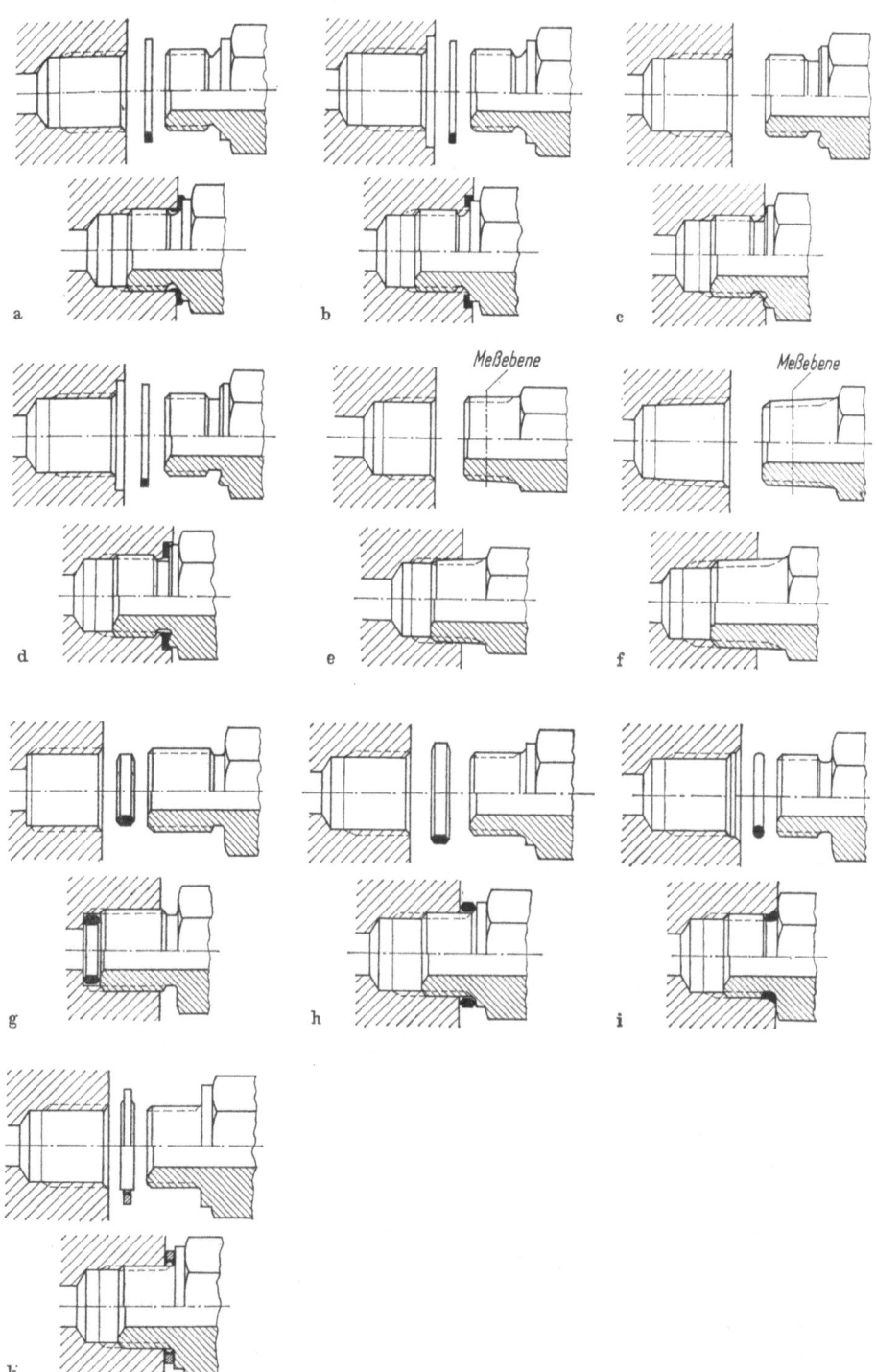

Bild 11.11a–k. Abdichten von Einschraubzapfen [13].
a)–e) Nach DIN 3852; f) nach amerikanischer Norm; g) mittels im Einschraubloch eingelegtem harten Dichtkantring; h) mittels hartem Dichtkantring; i) durch O-Ring; k) durch Stahlkunststoffring (g), h) von [13*]).

11.2 Rohrverschraubungen für Rohre mit Gewinden an den Rohrenden

Diese Art von dichtenden Rohrverbindungen hat durch das große Anwendungsgebiet der „Gewinderohre" und der Rohre für Bohrungen sehr große Bedeutung. Trotzdem muß gesagt werden, daß die Unterlagen für diese Art von Rohrverbindungen nur spärlich sind. Die genormten, mittelschweren Gewinderohre (DIN 2440), schweren Gewinderohre (DIN 2441) und Gewinderohre mit Gütevorschriften (ND 1 bis 100, DIN 2442) besitzen in der Regel Whitworth-Rohrgewinde; ihre Verbindungen sind als sogenannte „Gasrohrverbindungen" bekannt: Muffengewinde zylindrisch, Rohrgewinde konisch (Bild 11.12). In diesem Bild ist das Außen- und Innengewinde ohne Berücksichtigung einer Deformation auf volle Einschraublänge ineinander gezeichnet. Die schwarzen Keile sind ein Maß für die Pressung. Mit wenig Dichtmittel wird bereits eine zuverlässige Dichtung erzeugt; das Dichtmittel hat nur die Aufgabe, geringe Unregelmäßigkeiten der Gewindeoberfläche auszugleichen und gegebenenfalls auch als Gleitmittel zu dienen. Auch ohne eigentliches Dichtmittel – nur mit Öl als Gleitmittel – wird bereits durch metallische Abdichtung Dichtheit erzielt. Die Rohrgewinde müssen DIN 2999 entsprechen (Kegel 1:16). Die verwendeten Dichtmittel müssen (für bestimmte Anwendungsgebiete) vom DVGW zugelassen sein (Arbeitsblatt G 662 [10]).

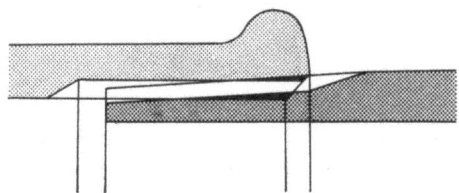

Bild 11.12. Gasrohrverbindung (Beschreibung im Text).

Die zylindrische Verbindung (für Gasleitungen verboten) besitzt keinerlei metallische Pressung zwischen den Gewindeflächen und die Dichtheit der Verbindung ist vollständig vom Dichtmittel abhängig („Ausstopfen der Toleranzen"). Erwähnt wird in der Fachliteratur die Anwendung für Ölleitungen.

Die Gewindeverbindungen in besonders genauer Ausführung für höchst beanspruchte Rohrleitungen, sind z.B. bei den Ölfeldrohren, Futterrohren, Pumpenrohren, beim Bohrgestänge u. dgl. in der Ölfeldtechnik anzutreffen. Zum Beispiel hat das API-Bohrgestänge ein Gewinde nach dem Briggschen Standard, Kegel 1:16.

Bild 11.13 zeigt die Verbindung von Leitungsrohren; rechts handverschraubt, links kraftverschraubt. Im letzteren Fall rückt die Muffenstirnfläche bis zur Ebene des Gewindeendpunktes vor. Diese genormten Verbindungen genügen den normalen Betriebs- bzw. Probedrücken. Bei anderen Rohrverbindungen dieses Anwendungsgebietes sind die Rohrenden angestaucht; grundsätzlich erhalten sie im Muffengrund eine konische Dichtfläche. Solche Verbindungen gelten als absolut gasdicht. Bei den trockendichtenden Gewinden ist das Gewindeprofil so entworfen, daß sich Kämme und Rillen berühren, bevor die Gewindeflanken sich berühren (oder gleichzeitig). Ohne Dichtmittel (das auch Schmiermittel ist) besteht aber die Gefahr eines Verreibens bzw. schweren Lösens. Bei anderen Konstruktionen ist im Muffengrund ein Teflonring eingelegt, gegen den sich der Zapfen beim Einschrauben preßt.

11.3 Schlauchverschraubungen und Schlauchkupplungen

Auch Kegelgewindeverbindungen werden nicht selten angewendet (siehe den vorangehenden Abschnitt „Einschraubzapfen"). Sie werden auch im Schiffbau mit Kegel 1:6 benutzt und ergeben feste, metallische Verbindungen, die auch ohne Dichtmittel dichten.

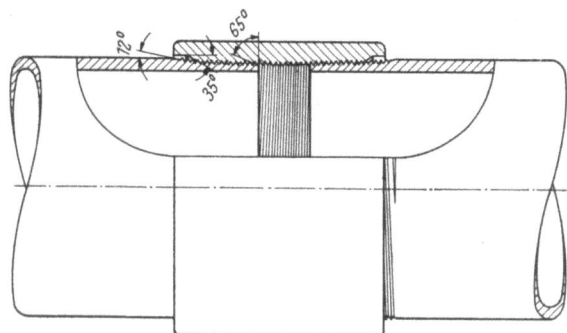

Bild 11.13. Leitungsrohr; rechts handverschraubt, links Kraftverschraubung [35*].

Schwingungsbeanspruchte Rohrverschraubungen sind durch Befestigungsschellen sorgfältig festzulegen oder eine konstruktive Trennung vom Schwingungserreger mittels elastisch ausgeführter, gedämpfter Verbindungsrohrleitungen auszuführen [6a].

11.3 Schlauchverschraubungen und Schlauchkupplungen [8]

Beides kann sinngemäß dem Kapitel Rohrverbindungen angeschlossen werden. Schlauchverschraubungen dienen zum Anschluß der Schläuche an pneumatische oder hydraulische Geräte; sie unterscheiden sich nicht grundsätzlich von den Rohrverschraubungen. Von den zahlreichen Ausführungsformen wird in Bild 11.14 ein Beispiel gebracht.

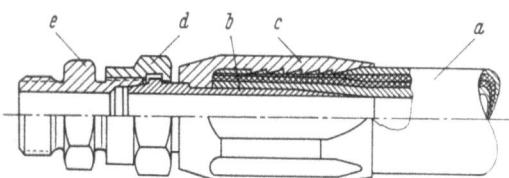

Bild 11.14. Schlauchverschraubung für Druckluftschläuche [14].
a Druckluftschlauch mit Gewebeeinlage; *b* eingeschraubte Innenhülse mit Kugelbuchse; *c* aufgeschraubte Außenhülse; *d* Überwurfmutter; *e* Stutzen.

Schlauchkupplungen sind meist so entworfen, daß sie im nichtgekuppelten Zustand ein Austreten der Druckflüssigkeit durch eingebaute Absperrventile verhindern, im gekuppelten Zustand aber den Durchgang zulassen. Man unterscheidet Schlauchkupplungen, die bei Trennung einen Austritt des Mediums einseitig oder beidseitig verhindern. Bild 11.15 als Beispiel von vielen Ausführungen.

Grundsätzlich gleich aufgebaut sind Schnellkupplungen für Rohrleitungen (Beispiel Bild 11.16).

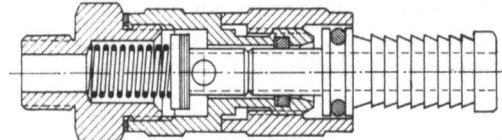

Bild 11.15 Einschubschlauchkupplung (Einstrangabdichtung) [14].

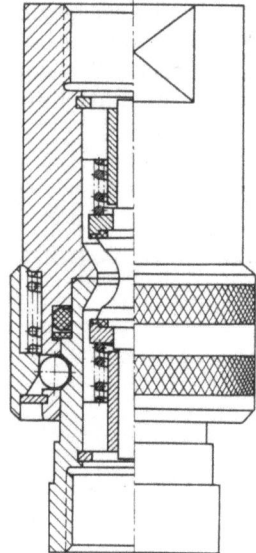

Bild 11.16. Schnellkupplung für flexible Hydraulikleitung mit O-Ring und Stützscheibe [18*].

Schrifttum zu Abschnitt 11

1. Anonym: Klemmkupplungen für rost- und säurebeständige Rohre. Konstruktion 21 (1969) 328.
2. Dieter, W., Reichert, R.: Rohr- und Schlauchleitungen, Verbindungs- und Zubehörteile für ölhydraulische Leitungssysteme. Ölhydraulik und Pneumatik 2 (1958) 133.
3. DIN 8063, Entwurf 1967: Rohrverbindungen und Rohrleitungsteile für Druckrohrleitungen aus PVC hart (Polyvinylchlorid hart).
4. DIN-Taschenbuch 15: Normen für Stahlrohrleitungen, Berlin: Beuth-Vertrieb 1966.
5. Findeisen, F.: Systematik im Leitungsnetz der Hydroanlagen. Technische Rundschau 1969, Nr. 16, S. 25–31.
6. Gottschalk, E.: Rohrverschraubungen und lötlose Rohrverbindungen. Konstruktion 1 (1949) 49–55; s.a. Dubbel, Bd. 1, 13. Aufl., S. 815.
6a. Hagn, L., Happmann, H.: Untersuchungen zur Klärung des Ölbrandes im Kernkraftwerk Mühleberg. Der Maschinenschaden 45 (1972) 103–110.
7. Koch, O.: Rohre, Verschraubungen und Ventile für Kleinkälteanlagen. Kältetechnik 6 (1954) 90–97.
8. Merkt, E.: Rohrverschraubungen nach DIN und der effektive Bedarf. Technische Rundschau 1967.
9. Mutzke, W. G., van der Velden, J. H.: Über die Entwicklung und Prüfung von Hydraulik-Leitungssystemen für zukünftige Flugzeuge. technica (1971) 11, S. 1027–1032 u. 1039–1044, 1076.
10. Neher, G.: Gas-Innenleitungen – Arten der Rohrverbindung, Fragen der Lecksuche und der Abdichtung. Gas- u. Wasserfach. Ausg. Gas – Erdgas 109 (1968) 445–454.
11. Richard, K., Gaube, E., Diedrich, G.: Rohrverbindungen für Ziegler-Polyäthylen-Rohre. Kunststoffe 50 (1960) 325–331.
12. Röper, R., Pieper, H.: Armaturen, Verbinder, Dichtungen (Rückblick auf die deutsche Industriemesse Hannover 1961). Konstruktion 13 (1961) 321–325.
13. Sauter, J. A.: Abdichten von Einschraubzapfen. Technische Rundschau 1966, Nr. 45, S. 29.
14. Schlicker, G.: Pneumatik im Maschinenbau. München: Hanser 1966.
15. Simoneit, H.: Leitungsverbindungs- und Anschlußelemente für Ölhydraulikanlagen. Schmiertechnik 14 (1967) 187–194.
16. Stradtmann, F. H.: Stahlrohrhandbuch, 5. Aufl., 1956.
17. TGL-Taschenbuch 7: DDR-Standards – Rohrverschraubungen, 1. Aufl., Leipzig: VEB Fachbuchverlag 1963.

12. Zylinderkopfdichtungen

An die Zylinderkopfdichtungen von Verbrennungskraftmaschinen werden vielfältige Anforderungen gestellt. Die Art der Beanspruchung (dynamisch, mit stark und schnell wechselnden Drücken und Temperaturen [11a]), der gerade bei dieser Dichtung im besonderen Maße vorhandene Zusammenhang mit der Konstruktion und wechselseitigen Einflüssen und die u. U. durchgeführte Abdichtung verschiedener Medien (Brenngase, Wasser, Öl) durch ein Dichtelement, rechtfertigen eine kurze Sonderbehandlung; dazu kommt noch die große praktische Bedeutung dieser Dichtung.

Die Zylinderkopfdichtungen können in zwei Gruppen eingeteilt werden:

a) Metall-Weichstoff-Dichtungen,
b) Metalldichtungen.

12.1 Metall-Weichstoff-Dichtungen

Querschnittsformen konventioneller Dichtungstypen zeigt Bild 12.1.

Ein Beispiel für den sehr komplexen Aufbau einer Asbest-Metallgewebe-Dichtung [5]: Stahldrahtgewebe hoher Elastizität, das den ganzen Dichtungsquerschnitt einnimmt, porenfüllend imprägniert und zur Mikro- und Makroabdichtung von Rauhtiefen und Unebenheiten mit einem hochplastischen Überzug versehen ist; um das Herausschieben zu verhindern besitzt die Dichtung eine Oberfläche mit besonders großem Reibungsfaktor.

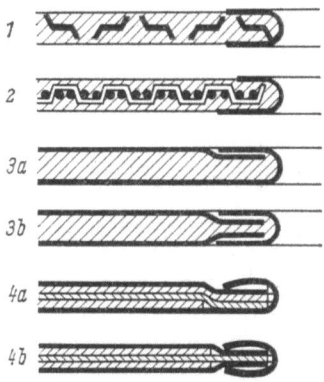
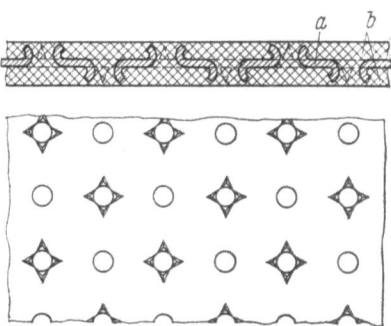

Bild 12.1. Querschnittsformen konventioneller Dichtungstypen [16].
1 Asbest-Trägerblech-Dichtung;
2 Asbest-Drahtgewebe-Dichtung;
3 Metall-Asbest-Dichtung; 4 Stahllagendichtung.

Bild 12.2. Aufbau einer kombinierten Metall-Weichstoffdichtung [5].
a Trägerblech; b beiderseits aufgebrachter Weichstoff.

Bei einer anderen Ausführung (Bild 12.2 [5]) besteht die Dichtplatte aus einem Trägerblech mit beiderseits aufgebrachten Weichstoffschichten. An den Brennraumdurchgängen sind vielfach metallische Randeinfassungen angebracht. Diese bestehen z. B. aus Stahlblech, das zum leichteren Anpassen der Dichtflächen mit einer dünnen Aluminiumplattierung versehen sein kann; Brennraumeinfassungen besitzen manchmal zusätzliche eingesprengte Stahlringe.

Durch unterschiedliche Dicken (Profilierungen) werden örtliche Veränderungen der Dichtpressung erreicht. Auch Dichtstoffe kommen zusätzlich zur Anwendung.

12.2 Metalldichtungen

Vorzüge der massiven Metalldichtungen sind ihre hohe Widerstandsfähigkeit gegen mechanische und thermische Beanspruchung und – je nach Bauart – eine genaue Maßhaltigkeit der Verbindung, fast völliges Fehlen des Setzens, Nachteil ein geringes Rückfederungsvermögen. Es gibt jedoch Konstruktionen, die durch Aufgabentrennung sowohl volle Anpassungsfähigkeit als auch Rückfederungsvermögen besitzen.

Metalldichtungen in Form von Flachdichtungen erfordern hohe Oberflächengüte und Ebenheit. Erleichtert wird die Abdichtung durch Plattierungen (z. B. mit Aluminium), Auftragen von Lacken oder Dichtstoffen. Auch getrennter Einbau von Metalldichtungen (Brennraumdichtungen) und Elastomerdichtungen kann richtig sein.

Konzentration der Dichtkräfte auf kleine Dichtflächen („Formdichtungen") bei gleichzeitig sehr guten Rückfederungseigenschaften wird durch Blechsickendichtungen erzielt (Bild 12.3, 12.4). Durch Verwendung von aluminium- oder kupferplattiertem Stahlblech sowie durch Überziehen mit einem Dichtlack läßt sich die Dichtpressung herabsetzen. Durch Trennung der Dicht- und Federfunktion (siehe Abschnitt „Wirkungsweise") können wesentliche Funktionsänderungen erzielt werden. Aufgabentrennung bei den Ringen mit Federeinlage (Bild 12.5, 12.6): der Mantel ist aus einem anpassungsfähigen Werkstoff hoher Plastizität, die Fähigkeit der Zusammendrückung und Rückfederung wird einer Feder hoher Elastizität übertragen. Das elastische Element (Feder) bleibt in seiner Beanspruchung innerhalb der Elastizitätsgrenze des Werkstoffes, das Dichtelement wird über seine Fließgrenze beansprucht.

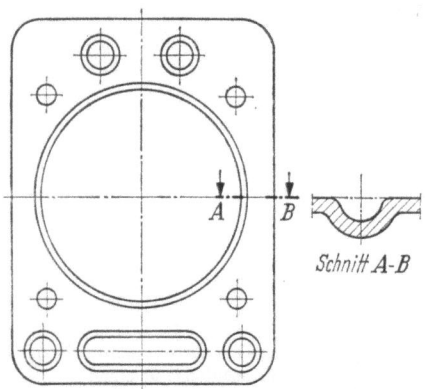

Bild 12.3. Metallsickendichtung [3].

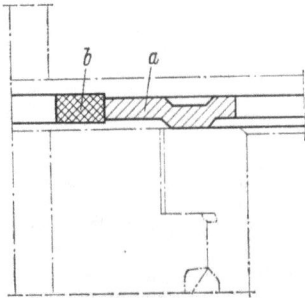

Bild 12.4. Sickendichtung aus Stahlblech mit Sicke (a) am Brennraumdurchgang und fest verbundenem elastomeren Dichtelement (b) an einem Wasserdurchgang (vor Aufbringung der Dichtpressung) [9].

Ein weiteres Beispiel ist der Verbundring und Mehrschichtring (Bild 12.7 [1, 10]). Hier wird der harte Kern mit kreisförmigem Querschnitt (a) von einer weicheren Blecheinfassung (b) umschlossen, wobei die Materialbestimmung stets so gewählt ist, daß sich der Kern unter Last in die Einfassung eindrückt. Der Kern wird elastisch verformt, während die Einfassung eine starke plastische Verformung erfährt. Dies erzeugt über dem Kerndraht eine hohe Dichtpressung und es erfolgt eine vorteilhafte Anpassung an Unebenheiten und Verformungen. Beim Mehrschichtring ist die äußere Einfassung aus mehreren Schichten

(b_1, b_2) aufgebaut, was zu verschiedenen Möglichkeiten bez. der Verformungskennlinie führt; gegenüber dem Verbundring ergeben sich geringere Einbaukräfte und eine größere elastische Rückfederung.

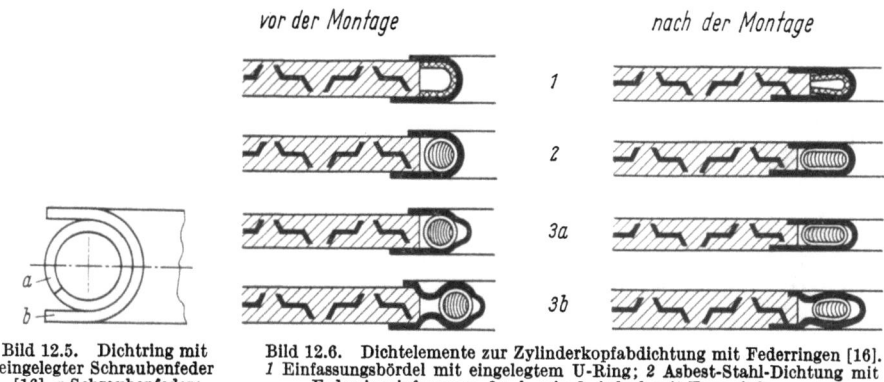

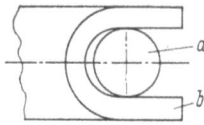

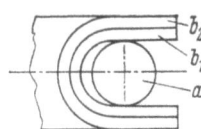

Bild 12.5. Dichtring mit eingelegter Schraubenfeder [16]. *a* Schraubenfeder; *b* Mantel.

Bild 12.6. Dichtelemente zur Zylinderkopfabdichtung mit Federringen [16]. *1* Einfassungsbördel mit eingelegtem U-Ring; *2* Asbest-Stahl-Dichtung mit Federringeinfassung; *3a, b*, wie *2*, jedoch mit Formeinfassungen.

Bild 12.7. Verbundring und Mehrschichtring [1, 10]. *a* harter Kern, *b* bzw. b_1, b_2 weiches Einfassungsblech.

Schrifttum zu Abschnitt 12

1. Bennigsen, G.: Neues Abdichtelement zur Brennraumabdichtung von Verbrennungsmotoren. Automobil-Industrie 14 (1969) 75–82.
2. —: Einfluß der Konstruktion neuzeitlicher Fahrzeugmotoren auf die Abdichtung. Automobil-Industrie (1967) Nr. 3, S. 127–134.
3. Mickel, E., Stadelmann, W.: Die Zylinderkopfdichtung am wassergekühlten Fahrzeugmotor. ATZ 59 (1957), Nr. 9; 60 (1958) Nr. 1.
4. Reiche, R. H.: Schadenmöglichkeiten bei der Abdichtung von Maschinenteilen und Maßnahmen zur Schadenverhütung. Der Maschinenschaden 41 (1968) 41–50.
5. Stadelmann, W.: Über den Einbau von Zylinderkopfdichtungen. Automobiltechnische Zeitschrift (ATZ) 68 (1966) 319–323.
6. —: Die Gestaltung von Zylinderkopfdichtungen. Motortechnische Zeitschrift (MTZ) 28 (1967) 126–129.
7. —: Die Zylinderkopfdichtung des wassergekühlten Fahrzeugmotors. Stuttgart: Franckhsche Verlagshdlg. 1968.
8. —: Die Zylinderkopfdichtung als Teil der Motorkonstruktion – I. Automobiltechnische Zeitschrift (ATZ) 70 (1968) 190–194.
9. —: Zylinderkopfabdichtung wassergekühlter Hubkolbenmotoren, Teil 1: Automobiltechnische Zeitschrift (ATZ) 73 (1971) 281–285; Teil 2: 460–466.
10. Stahl, G.: Neues elastisch-plastisches Maschinenelement für ruhende Abdichtung. Konstruktion 22 (1970) 145–148.
11. —: Ruhende Abdichtungen an Fahrzeugmotoren. Motortechnische Zeitschrift (MTZ) 31 (1970) 58–60.
11a. Stecher, F.: Schwingungen am Dichtspalt von Verbrennungsmotoren. ATZ 70 (1968) 209–213.
12. Teucher, S.: Dünne Flachdichtungen für Fahrzeugmotoren insbesondere als Zylinderkopfdichtungen. Automobiltechnische Zeitschrift (ATZ) 62 (1960) 330–335.
13. —: Die Zylinderkopfdichtung des Verbrennungsmotors. Diss. TH Wien 1963.
14. —: Wandlungen in der Zylinderkopfdichtung von Verbrennungsmotoren. Der Kraftfahrzeug-Betrieb/Auto-Markt (1967) Nr. 19, S. 3–11.
15. —: Neue Abdichtsysteme für Hochleistungsmotoren, insbesondere zur Zylinderkopfabdichtung. Motortechnische Zeitschrift (MTZ) 28 (1967) 120–123.
16. —, Stecher, F.: Neuartige Zylinderkopfdichtungen für Hochleistungsmotoren. Motortechnische Zeitschrift (MTZ) 31 (1970) 384–391.

13. Armaturendichtungen
[1, 2, 5]

Nachstehend soll nur die Abdichtung des „Hauptweges" kurz erörtert werden.

Armaturendichtungen besitzen eine Mittelstellung zwischen Dichtungen an ruhenden und bewegten Maschinenteilen. Ihre Abdichtstellung entspricht zwar den ruhenden Dichtungen, während des Öffnungs- und Schließvorganges und auch meist in der geöffneten Stellung sind sie aber Verschleißformen ausgesetzt, wie sie die Dichtungen bewegter Maschinenteile aufweisen. Dementsprechend müssen die Werkstoffe der Dichtflächen nicht nur den Ansprüchen ruhender Dichtungen genügen, sondern sie unterliegen sehr oft einem Strahlverschleiß, der häufig durch verunreinigten Betriebsstoff verschärft wird, der Erosion, bei gewissen Bauformen einem Reibverschleiß, großen Temperatursprüngen und Beschädigungen durch Fremdkörper, wozu noch Kavitationserscheinungen hinzukommen.

Eine Betriebsforderung ist die leichte Zugänglichkeit der Dichtflächen.

Grundsätzlich finden sowohl Hart- als auch Weichstoffe für die Dichtflächen Anwendung.

Hartstoffe. Die Werkstoffe der Dichtflächen müssen – abgesehen von chemischen Einwirkungen des Betriebsmittels und je nach dem Verwendungszweck – entsprechende Reibverschleiß- und Strahlverschleißfestigkeit aufweisen, weiter Rißunempfindlichkeit (Auftreten von Wärmespannungen durch Temperaturunterschiede) und Zunderbeständigkeit.

Für die Beanspruchung der Dichtflächen ist die Art der Abschlußbewegung wichtig: entweder vollständiges Gleiten der Dichtflächen aufeinander (Hähne), senkrechtes Abheben (Ventile) oder geringes Gleiten, aber unter hohen Flächenpressungen (die meisten Schieberbauarten, sofern Schlußphase und Öffnungsphase nicht eine letzte bzw. erste geringe Querkomponente zur Hauptbewegungsrichtung aufweisen).

Bei Absperrorganen mit gleitenden Abschlußbewegungen (z. B. bei Hähnen) werden vielfach Schmierfilme verwendet, die auch die Abdichtung verbessern.

Eine möglichst einfache Form der Abdichtflächen wird angestrebt (z. B. Übergang vom konischen Hahn zum Kugelhahn). Die Abdichtflächen der Ventile, hier „Sitzflächen" genannt, sind schmal auszuführen (etwa 2 bis 3 mm), um hohe Flächenpressungen zu erzielen. Sie sind in beiden Teilen gleich breit und bestehen entweder aus besonderen Sitzringen (z. B. aus Chromstahllegierungen) oder aus Stellitaufschweißungen auf den Dichtkörpern (Ventilkegel, Schieber, Keil usw.). Die Sitzflächen sind so anzuordnen, daß eine gegenseitige Einstellmöglichkeit (Selbsteinstellung) besteht (universelle Beweglichkeit, elastische Ausbildung). Das erfordert u. U. (z. B. bei den „Abdichtklappen") den Einbau eines eigenen elastischen oder einstellbaren Dichtelementes.

Ventile erhalten entweder ebene oder konische Dichtflächen. Bei ebenen Dichtflächen erfolgt kein Gleiten der Dichtflächen aufeinander; bei konischem Sitz kurzes Gleiten beim Festziehen, unter sehr hohen spezifischen Drücken (Verhalten des Dichtungswerkstoffs gegen gleitende Reibung wichtig!).

Bei Schiebern meist am Beginn des Öffnens bzw. vor Ende des Schließens Gleiten der Dichtflächen unter hohem Druck; zu schmale Dichtflächen sind ungünstig! Gute Reibverschleißfestigkeit des Werkstoffes der Dichtflächen nötig.

13. Armaturendichtungen

Weichstoffe:

Weichstoffe werden in Armaturen als vollständige Dichtkörper (z.B. als Membrane), als Dichtringe in Dichtkörpern und als Beschichtungen verwendet. Die Bilder (13.1 bis 13.4) zeigen Beispiele für diese Anwendungen. Als Werkstoffe werden Elastomere und Kunststoffe verwendet.

Die weiteren Dichtstellen der Armaturen (Abdichtung der Nebenwege: Deckel, Spindel) haben bereits allgemein beschriebene Wirkungsweisen.

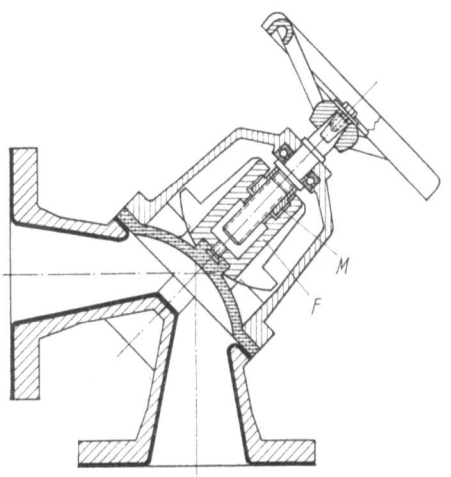

Bild 13.1. Membraneneckventil, GG-gummiert, ND 10, Temperatur bis 100°C. Betätigung über Führungsstück F, in das eine Vierkantmutter M eingreift [6].

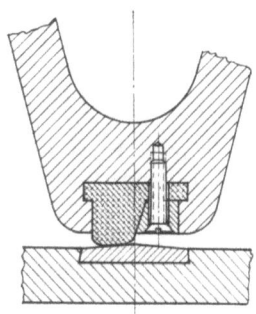

Bild 13.2. Dichtring aus Gummi als Abdichtelement einer Drosselklappe [6].

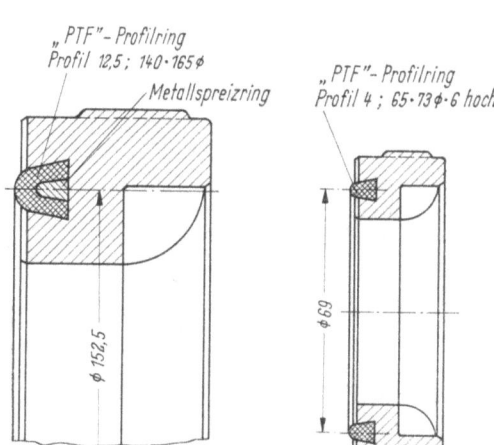

Bild 13.3. PTFE-armierte Dichtsitze [4].

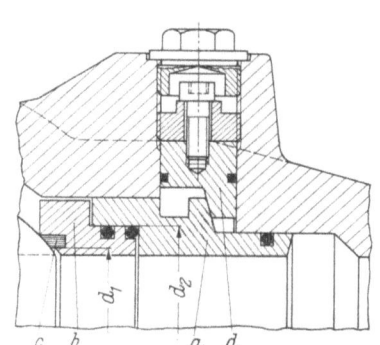

Bild 13.4. Sitzringgarnitur eines Hochdruckkugelhahnes Bauart Borsig-Hartmann. *a* Sitzbuchse; *b* Sitzring; *c* Dichtring; *d* Keilstück [3]

Schrifttum zu Abschnitt 13

1. Häfele, C. H.: Konstruktion von Absperrschiebern für hohe Drücke und Temperaturen. BWK 5 (1953) 412–416.
2. Häfele, C. H., Kreuz, A.: Rohrleitungsarmaturen. (Schwaigerer, S.: Rohrleitungen, S. 523–599.)
3. Heller, O.: Armaturen. Konstruktion 16 (1964) 320–322.
4. Merkel, E.: Packungen und Dichtungen für Armaturen. Technische Mitteilungen 55 (1962) 535–542.
5. Leyer, A.: Maschinenkonstruktionslehre, Nr. 5, Spezielle Gestaltungslehre, 3. Teil: Abschluß- und Regelorgane.
6. Tochtermann, W., Bodenstein, F.: Konstruktionselemente des Maschinenbaues, 1. Teil, 8. Aufl., Berlin, Heidelberg, New York: Springer 1968.

14. Abdichtung von Befestigungsmitteln

Sehr häufig stellen Befestigungsmittel eine Verbindung zwischen Innendruck und Außendruck her und müssen daher dichten.

14.1 Schraubendichtungen

(Bild 14.1) [2]

Wichtig ist, daß die üblichen Gewinde von Befestigungsschrauben nicht dichten; weitere Undichtheitsstellen sind die Auflagefläche der Mutter und des Schraubenkopfes.

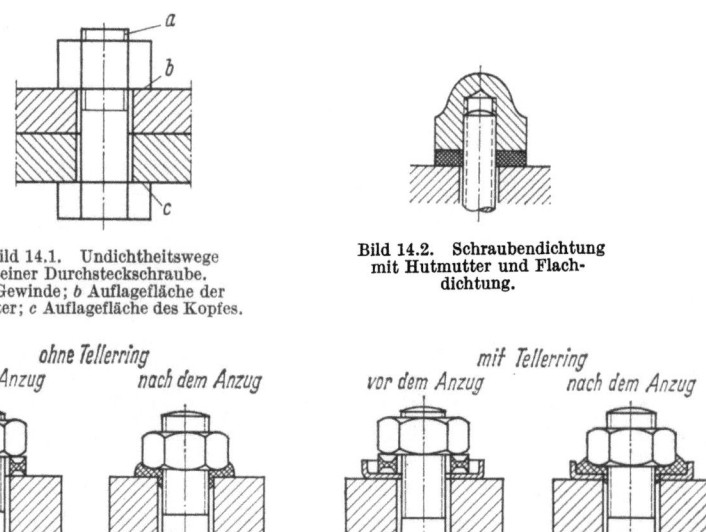

Bild 14.1. Undichtheitswege einer Durchsteckschraube. *a* Gewinde; *b* Auflagefläche der Mutter; *c* Auflagefläche des Kopfes.

Bild 14.2. Schraubendichtung mit Hutmutter und Flachdichtung.

Bild 14.3a u. b. Dubo-Schraubensicherung und -Dichtung. a) Ohne Tellerring; b) mit Tellerring.

14.1 Schraubendichtungen

a) Gewindedichtung (s.a. S. 132). Die Abdichtung des Gewindes kann beispielsweise erfolgen durch eingelegte Leisten oder Zapfen aus Kunststoffen (z.B. Nylon), durch Dichtmassen (Sealants [3, 4]), Gewindefett oder Dichtbändern (z.B. aus Teflon), durch Preßsitz im Gewinde, durch Verschraubung eines kegeligen Außengewindes mit einem kegeligen Innengewinde (NPT-Gewinde), Anwendung einer Hutmutter DIN 917, 986, 1587 (Absperrung der Austrittstelle der Undichtheit, Bild 14.2), einer verformbaren Unterlagsplatte oder eines Profilringes (meist aus Kunststoff) (Bild 14.3). In neuester Zeit sind auch Schrauben erhältlich, deren Gewinde mit einem mikroverkapselten Kunststoffkleber beschichtet ist, der außer der Sicherungswirkung wohl auch eine Abdichtwirkung hat [1]. Diese Gewindeabdichtungen dienen meist auch gleichzeitig als Schraubensicherungen [1].

b) Abdichtung der Auflageflächen von Mutter und Kopf. Einige der genannten Dichtarten für die Gewinde dichten gleichzeitig auch die Auflageflächen. Weiter werden dafür angewendet: Einlage von O-Ringen in entsprechenden Ausnehmungen von Mutter bzw. Kopf oder in Verbindung mit Unterlagscheiben (Bild 14.4), Einsätze in die Auflageflächen aus Kupfer, Gummi, Elastomeren; Unterlagsplatten aus gut verformbaren Werkstoffen (z.B. Leichtmetallen); Verschweißen der Dichtflächen, Verwendung von Dichtmassen. Bei sehr leicht verformbaren Stoffen (z.B. Gummi) muß das seitliche Ausweichen begrenzt werden (Bild 14.5), da sonst keine Dichtung am Schraubenschaft stattfindet; die Unterlagsscheibe verhindert das Zerreißen der Dichtplatte.

Vielfach sind Dichtungen auf den Muttern- und Schraubenköpfen bereits vormontiert [6] und dort aufvulkanisiert bzw. gehärtet; das ergibt wesentliche Vorteile besonders für die Montage. Unterlagsplatten aus Metallringen mit innerem Elastomerring, Bild 14.6.

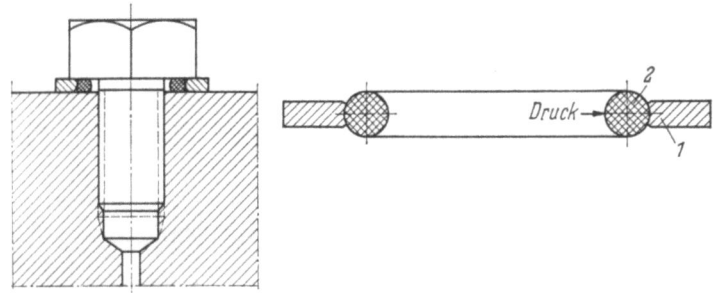

Bild 14.4. Dichtung einer Kopfschraube [50*]. *1* Metallring; *2* Elastomer-O-Ring.

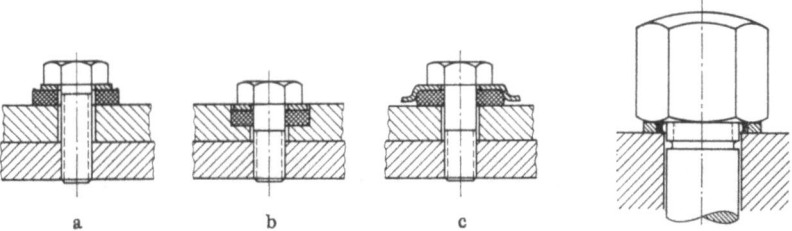

Bild 14.5a–c. Schraubenkopfdichtungen.
a) Keine Dichtung am Schraubenschaft;
b) und c) richtige Ausführungen.

Bild 14.6. Unterlagscheibe mit anvulkanisiertem PTFE-Ring.

Dichtscheiben haben oft isolierende Eigenschaften und dämpfen Vibrationen und Lärm.

Die Gewindeverbindungen von Futterrohren (Casings) mittels API-Gewinde (API-Vorschrift Standard 5 A) stellen einen Sonderfall dar. Die Abdichtung erfolgt meist mittels Gewindefett; Näheres siehe [5].

14.2 Nietendichtungen

Die Abdichtung von Nietverbindungen (soweit dies nicht durch Verstemmen der Niete erfolgt), geschieht auf ähnliche Weise wie unter 1b) beschrieben: durch im Nietkopf eingebettete O-Ringe oder durch unterlegte, gut verformbare Scheiben.

Schrifttum zu Abschnitt 14

1. Anonym: Schraubensicherung aus Thermoplast dient zugleich als Dichtung. Konstruktion 7 (1955) 442.
2. Belford, R. B., Hurst, T. B., Hoyes, C.: Fastening and joining. Machine Design 21 (1969), "Sealing Fasteners", S. 66–69.
3. Bryant, R. W., Dukes, W. A.: Some sealing materials for threaded joints. 1. Dichtungstagung, 1961, Ashford, 12 S.
4. Bryant, R. W., Dukes, W. A., Long, J. V.: Commercial sealants for parallel threaded joints. Part I – Temporary joints. Part II – Permanent seals. 2. DT Cranfield, 1964, S. 25–52.
5. van der Wissel, H. T.: Dichtigkeit der API-Gewinde-Verbindungen gegen inneren Druck. Erdöl-Zeitschrift 77 (1961) 336–342.
6. Wagner, D. P.: Selfsealing fasteners. Machine Design 28 (1956) 145–147; s.a. Konstruktion 9 (1957) 285.

15. Dichtungen im Stahlwasserbau
[1, 2, 3, 4, 5, 7]

Diese Dichtungen haben die Aufgabe, die Fugen zwischen dem beweglichen Staukörper und den festen Wehrteilen oder zwischen den beweglichen Staukörpern untereinander möglichst wasserdicht zu schließen.

Hauptbaustoff für die Dichtungen des Stahlwasserbaues ist Gummi, wegen seiner hohen Elastizität und seines sehr guten Dämpfungsvermögens bei Schwingungen.

An die Dichtungen werden hohe Anforderungen gestellt: Widerstandsfähigkeit bei Bewegungen unter Last, Anpassung an unebene Dichtflächen, einfache Herstellbarkeit, Korrosionsbeständigkeit bei verschmutztem Wasser, kleine Reibungszahl; die Gegenplatte sollte aus nicht rostendem Stahl oder Spezialgußeisen bestehen. Bild 15.1 zeigt eine Rundgummidichtung.

Gefährlich können selbsterregte Schwingungen sein, die das Schütz zum Schwingen bringen. Bild 15.2 zeigt eine in dieser Hinsicht günstige Bauform.

15. Dichtungen im Stahlwasserbau

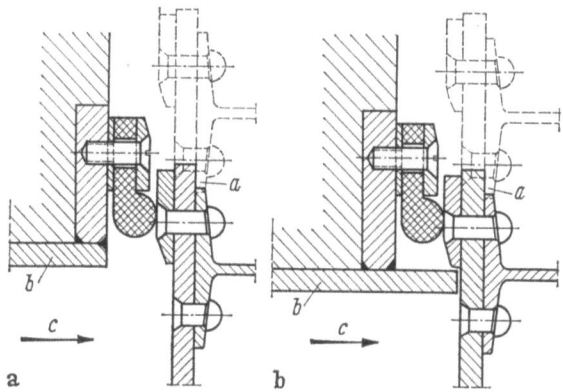

Bild 15.1a u. b. Oberwasserseitige, an der Armierung befestigte Kopfdichtung [6].
a) Schwingungsgefährdetes Schütz; b) konstruktive Verbesserung. *a* Schütz; *b* Armierung; *c* Strömungsrichtung.

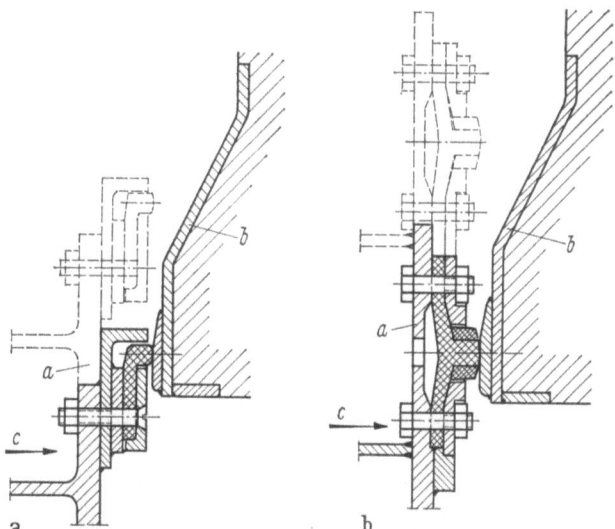

Bild 15.2a u. b. Unterwasserseitige, am Schütz befestigte Kopfdichtung [6]. Bezeichnungen siehe Bild 15.1a u. b
a) Einseitig befestigte Dichtung; b) zweiseitig befestigte Dichtung.

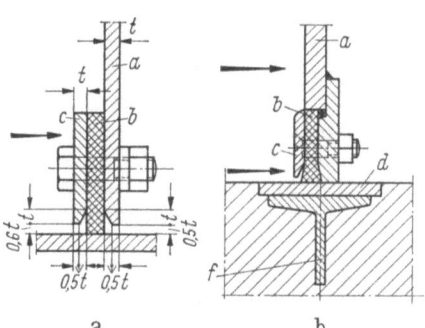

Bild 15.3a u. b. Sohlendichtung (RU) [7]. a) Flachgummi vor der Stauwand; b) Flachgummi in der Ebene der Stauwand.
a Stauwand; *b* Flachgummi; *c* Klemmleiste; *d* Aufsatzfläche an der Sohle.

144   16. Berechnung der ruhenden Berührungsdichtungen

Die Form der Dichtungen hängt wesentlich von der Verschlußart ab [7]. So wird für Sohlendichtungen vorwiegend Flachgummi verwendet, der in der Abschlußstellung durch das Gewicht des Verschlusses (und evtl. durch Schließdruck) angepreßt und dadurch gestaucht wird (Bild 15.3). Sehr häufig wird das sog. „Notenprofil" gewählt (Bild 15.3a, b u. 15.2a). Dazu kommen zweiseitig befestigte Dichtungen (Bild 15.2b), abhebbare Dichtungen u. a. m.

Schrifttum zu Abschnitt 15

1. Gupta, I. C., u. a.: Seals for hydraulic steel structures. Indian Journal of Power and River Valley Development 15 (1965) 17–20.
2. —: Seals for hydraulic steel structures. Indian Journal of Power and River Valley Development 15 (1965) 13–18, 27.
3. Kollbrunner, C. F.: Stahlwasserbau. Stahlbaurundschau, Sonderheft: Österr. Stahlbautagung 1955, S. 5–16.
4. —, Streuli, L.: Dichtungen im Stahlwasserbau. Mitt. über Forschung u. Konstruktion im Stahlbau, Nr. 18 (1955).
5. —: Ausführungsarten und Konstruktionsgrundsätze bei Schützen im Stahlwasserbau. VDI-Z. 106 (1964) 817–821.
6. Krummet, R.: Schwingungsverhalten von Verschlußorganen im Stahlwasserbau bei großen Druckhöhen, insbes. von Tiefschützen. Forschung im Ingenieur-Wesen 31 (1965) 133–141.
7. Wickert, G., Schmausser, G.: Stahlwasserbau, Berlin, Heidelberg, New York: Springer 1971.

16. Berechnung der ruhenden Berührungsdichtungen

16.1 Nach DIN 2505 — Vornorm „Berechnung von Flanschverbindungen"

[11, 16, 28, 29, 34, 35, 39 ,5] (s. a. „Berechnungsbeispiel")

a) Auf die Dichtung wirkende Kräfte
(am Beispiel einer verschraubten Flanschverbindung besprochen)

Unter vereinfachenden Annahmen (keine Kräfte durch Wärmedehnungen und Vorspannungen im Rohr sowie kein von der anschließenden Rohrleitung übertragenes Biegungsmoment) sind bei der Berechnung der Dichtverbindung folgende Kräfte an einer Flanschverbindung wirkend (Bild 16.1 und 16.2):
1. Rohrkraft F_R (vom Rohr auf die Flanschverbindung übertragene Kraft. Sie setzt sich zusammen aus der Wirkung des Innendruckes

$$F_{Rp} = p \frac{\pi}{4} d^2$$

und aus zusätzlichen Rohrkräften infolge Wärmedehnungen F_{RZ}.
Die gesamte Rohrkraft ist daher $F_R = F_{Rp} + F_{RZ}$.

2. Ringflächenkraft F_A (Innendruck p wirkt auf die Ringfläche zwischen Rohrinnenumfang und Dichtungskreis).

$$F_A = p\frac{\pi}{4}(d_D^2 - d^2).$$

d_D = Dichtungsdurchmesser (Durchmesser des Berührungskreises der Dichtung bzw. mittlerer Durchmesser der Dichtung); bei Schweißdichtungen ist der Durchmesser der äußeren Schweißnaht einzusetzen.

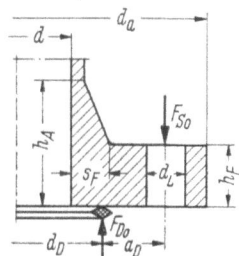
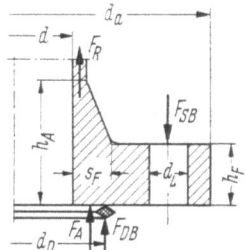

Bild 16.1. Kraftwirkungen am Flansch im Einbauzustand (nach DIN 2505).

Bild 16.2. Kraftwirkungen am Flansch im Betriebszustand (nach DIN 2505).

3. Innendruckkraft F_i.

$$F_i = F_R + F_A = p\frac{\pi}{4}d_D^2.$$

4. Dichtungskraft F_D. Die Dichtungskraft F_D muß eine genügende Vorverformung der Dichtung beim Zusammenbau erzielen und im Betrieb ein dauerndes Dichthalten gewährleisten. Es ist also zu unterscheiden zwischen der Dichtungskraft zum Vorverformen F_{DV} und der Betriebsdichtungskraft F_{DB}. Das Verhalten einer nichtselbsttätigen Dichtung ist in Bild 16.3 schematisch dargestellt. Ein optimales Verhalten der Dichtung (Betriebsdichtungskraft P_{DB} ein Minimum und proportional dem Innendruck) setzt voraus, daß durch die Vorverformungskraft F_{DV} ein dem gestellten Leckkriterium entsprechendes Anpassen der Dichtung erfolgte.

Wird beim Vorverformen der Wert F_{DV} nicht erreicht (sondern nur F'_{DV}), so hat die Betriebsdichtungskraft F'_{DB} nicht ihren optimalen Wert (bei niedrigen

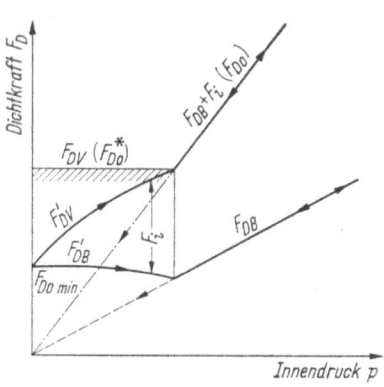

Bild 16.3. Zusammenhang von Vorverformungskraft, Betriebsdichtungskraft und Innendruck ohne zusätzliche Rohrkräfte (nach DIN 2505).

16. Berechnung der ruhenden Berührungsdichtungen

Betriebsdrücken kann die relativ höhere Betriebsdichtungskraft vorteilhafter sein, wenn sich dadurch kleinere Abmessungen für Flansche und Schrauben ergeben).

Tabelle 16.1. Dichtungskennwerte (nach DIN 2505)

Dichtungs-art	Dichtungsform	Benennung	Werkstoff	Dichtungskennwerte [1]						
				für Flüssigkeiten				für Gase und Dämpfe		
				Vorverformen		Betriebs-zustand	Grenz-lastfaktor	Vorverformen		Betriebs-zustand	Grenz-lastfaktor
				K_0 mm	$k_0 \cdot K_0$ kp/mm [2]	k_1 mm	V	K_0 mm	$k_0 \cdot K_0$ kp/mm [2]	k_1 mm	V
Weichstoff-dichtungen		Flach-dichtungen nach DIN 2690 bis DIN 2692	Dichtungspappe getränkt	—	$2b_0$	b_0	2	—	—	—	—
			Gummi	—	$0,1b_0$	$0,5b_0$	40	—	$0,2b_0$	$0,5b_0$	20
			Teflon	—	$2b_0$	$1,1b_0$	2,5	—	$2,5b_0$	$1,1b_0$	2
			It	—	$1,5b_0$	b_0	30	—	[4] $20\sqrt{\frac{b_0}{h_0}}$	$1,3b_0$	6
Metall-Weichstoff-dichtungen		Spiral-Asbest-dichtung	unlegierter Stahl	—	$1,5b_0$	b_0	6,5	—	$5b_0$	$1,3b_0$	2
		Well-dichtring	Al	—	$0,8b_0$	$0,6b_0$	7,5	—	$3b_0$	$0,6b_0$	2
			Cu, Ms	—	$0,9b_0$	$0,6b_0$	7,5	—	$3,5b_0$	$0,7b_0$	2
			weicher Stahl	—	b_0	$0,6b_0$	7,5	—	$4,5b_0$	$1b_0$	2
		Blechummantelte Dichtung	Al	—	b_0	b_0	10	—	$5b_0$	$1,4b_0$	2
			Cu, Ms	—	$2b_0$	b_0	10	—	$6b_0$	$1,6b_0$	2
			weicher Stahl	—	$4b_0$	b_0	10	—	$7b_0$	$1,8b_0$	2
Metall-dichtungen		Metall-Flach-dichtung nach DIN 2694	—	$0,8b_0$	—	b_0+5	1,9 [3]	b_0	—	b_0+5	1,5 [3]
		Metall-Spießkant-dichtung		0,8	—	5	3,8	1	—	5	3
		Metall-Ovalprofil-dichtung		1,6	—	6	2,5	2	—	6	2
		Metall-Rund-dichtung		1,2	—	6	2,5	1,5	—	6	2
		Ring-Joint-Dichtung		1,6	—	6	3,1	2	—	6	2,5
		Linsen-dichtung nach DIN 2696		1,6	—	6	5	2	—	6	4
		Kammprofil-dichtung nach DIN 2696		$0,4\sqrt{Z}$	—	$9+0,2Z$	2,5	$0,5\sqrt{Z}$	—	$9+0,2Z$	2
		Membran-schweiß-dichtung nach DIN 2695		0	—	0	—	0	—	0	—

Z = Anzahl der Kämme

[1] Sie gelten für bearbeitete, ebene und unbeschädigte Dichtflächen.
[2] Sofern K_0 nicht angegeben werden kann, ist hier das Produkt $k_0 \cdot K_0$ aufgeführt.
[3] Gilt nicht für Folien.
[4] Gasdichte Qualität vorausgesetzt.

16.1 Nach DIN 2505 – Vornorm „Berechnung von Flanschverbindungen"

4a) Dichtungskraft zum Vorverformen F_{DV} (häufig als „kritische Vorpreßkraft" bezeichnet und F_{DO}^* geschrieben). Die Vorverformungskraft F_{DV} wird bestimmt durch Form, Abmessungen und Werkstoff der Dichtung und durch die Beschaffenheit der Dichtflächen; sie ist unabhängig vom Innendruck p. Oberhalb der kritischen Vorpreßkraft besteht direkte Proportionalität zwischen Dichtdruck und Innendruck (untere Grenze für eine optimale Wirkungsweise der Dichtung!). Wurde F_{DV} einmal erreicht (oder überschritten), so gilt das optimale Verhalten auch für unterkritische Vorpreßkräfte – die Anpassung der Dichtflächen bleibt erhalten (Ursprungsgerade, Nullcharakteristik).

$$F_{DV} = \pi d_D k_0 K_D, \qquad p_{DV} = k_0 K_D.$$

k_0 [mm] ist ein Dichtungskennwert („Vorpreßkennwert") K_D [kp/mm²] kennzeichnet den Formänderungswiderstand des Dichtungswerkstoffes (siehe Tabellen 16.1 und 16.2).

Es ist zweckmäßig, hier zwischen Hartdichtungen und Weichdichtungen zu unterscheiden.

α) Hartdichtungen. Die Kraft zum Vorverformen wird bei Hartdichtungen (Metalldichtungen) durch den Formänderungswiderstand bei Stauchung des Dichtungswerkstoffes K_D bzw. $K_{D\vartheta}$ bestimmt (Tabelle 16.2); er ist von der Ein-

Tabelle 16.2. Formänderungswiderstand K_D und $K_{D\vartheta}$ von metallischen Dichtungswerkstoffen

Dichtungswerkstoff	K_D [kp/mm²]	$K_{D\vartheta}$ in kp/mm² 100°C	200°C	300°C	400°C	500°C
Aluminium, weich	10	4	2	(0,5)	–	–
Kupfer	20	18	13	10	(4)	–
Weicheisen	35	31	26	21	17	(8)
Stahl St 35	40	38	33	26	19	(12)
Leg. Stahl 13 CrMo 44	45	45	42	39	33	28
Austenitischer Stahl	50	48	–	–	39	35

bautemperatur ϑ abhängig. Anstatt des Formänderungswiderstandes kann (bei Raumtemperatur) der Werkstoffkennwert σ_{10} (Spannung bei 10% bleibender Stauchung $\approx$ Zugfestigkeit σ_B) benutzt werden.

Der Kennwert k_0 [mm] kann als „Wirkbreite der Dichtung" aufgefaßt werden.

β) Weichdichtungen. Weichdichtungen werden im allgemeinen für niedrige Drücke verwendet, und es wäre meist unwirtschaftlich, Flanschen und Schrauben auf die Vorpreßkraft P_{DV} zu dimensionieren; es wird dies immer dann zutreffen, wenn die zum Vorverformen der Dichtung erforderliche Kraft P_{DV} im Verhältnis zur Rohrkraft sehr hoch ist. Dieses Gebiet wird „unterkritisches Gebiet" oder (auf Grund der Vorversuchsergebnisse) „Streugebiet" genannt; es hat besonders für Weichdichtungen (aber auch für Weichmetalldichtungen) große Bedeutung (Bild 16.3). Die Vorpreßkraft kann dann durch folgende Gleichung berechnet werden:

$$F'_{DV} = F_{DV}\left[A + (1-A)\sqrt{\left(k_1 S_D + \frac{d_D}{4}\right)\frac{p}{k_0 K_D}}\right]$$
$$= F_{DV}A + (1-A)\sqrt{(F_i + F_{DB})F_{DV}}.$$

16. Berechnung der ruhenden Berührungsdichtungen

Darin ist für It-Dichtungen

$$A = 0{,}1 \text{ für flüssige Medien,}$$

$$A = 0{,}2 \text{ für Gase und Dämpfe.}$$

(Bezüglich k_1 und S_D siehe den folgenden Abschnitt!)

Bild 16.3 zeigt für den Beginn des Abdichtens die grundlegenden Zusammenhänge zwischen Vorverformungskraft, Betriebsdichtkraft und Innendruck. (Eine maßstäbliche Darstellung siehe Bild 16.17 im „Berechnungsbeispiel"!) Je nach Druckmittel, Dichtflächen und Dichtungswerkstoffen wird nach einer bestimmten Verformung (Anpassung) der Kontaktflächen der Beginn der Dichtwirkung eintreten ($F_{D0\,min}$).

Mit fortschreitender Anpassung der Dichtflächen wird die Dichtwirkung immer besser, die durch das Verhältnis F'_{DB}/p gekennzeichnet ist, bis bei der kritischen Vorpreßkraft F_{DV} der optimale Zustand erreicht ist.

Bild 16.4 zeigt die Dichtpressungen

$$\bar{p}_{DV} = \sqrt{\bar{p}_{DV} \cdot p \left(k_1 + \frac{dD}{4}\right)},$$

$$p'_{DV} = \sqrt{p_{DV} \cdot p \left(m + \frac{F_i}{F_D}\right)}.$$

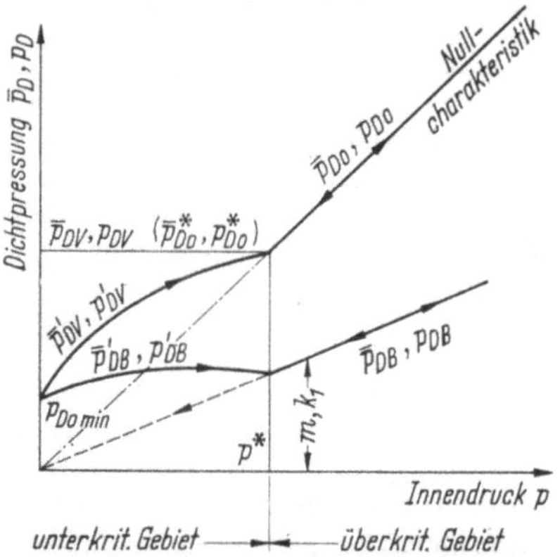

Bild 16.4. Die auftretenden Dichtpressungen.

Die Vorpressung über der kritischen „Vorpressung" („Nullcharakteristik") ist gegeben durch

$$\bar{p}_{D0} = p \left(k_1 + \frac{dD}{4}\right) \geqq \bar{p}_{DV} (\bar{p}^*_{D0}),$$

$$p_{D0} = p \left(m + \frac{F_i}{F_D}\right) \geqq p_{DV}(p^*_{D0}).$$

4b) **Betriebsdichtungskraft** F_{DB}. (Zieht man von den Vorpreßkräften F'_{DV} die entlastende Kraft des Betriebsdruckes F_i ab, so ergeben sich Mindestdichtdrücke (noch ohne Sicherheitszuschlag!): Ursprungsgerade F_{DB} für optimale Dichtwirkung. Die Steigung dieser Geraden

$$k_1 = \frac{F_{DB}}{p} \text{ [mm] bzw. } m = \frac{\bar{p}_{DB}}{p} = \frac{k_1}{b}$$

16.1 Nach DIN 2505 – Vornorm „Berechnung von Flanschverbindungen"

wird als Dichtungskennwert (Betriebskennwert) bezeichnet. k_1 ist der Dimension nach eine fiktive Dichtungsbreite. Die k_1-Werte wurden durch Versuche gefunden (Tabelle 16.1). Die Dichtkraft zum Dichthalten im Betrieb ist

$$F_{DB} \geqq p \cdot \pi \cdot d_D \cdot k_1 \cdot S_D.$$

Durch den Sicherheitsbeiwert S_D wird den Unsicherheiten des Betriebes entsprochen. Für den Prüfdruck gilt dieselbe Gleichung.

Als Sicherheitsbeiwert beim Betriebszustand wird mindestens $S_D = 1{,}2$ vorgeschlagen, beim Prüfdruck $S_D = 1{,}0$. Ein anderer Vorschlag macht S_D abhängig von der Art der Dichtung:

Weichdichtungen	$S_D = 1{,}5$
Metall-Weichstoff-Dichtungen	$S_D = 1{,}4$
Metalldichtungen	$S_D = 1{,}3$

Bild 16.5 zeigt das Verhalten einer It-Dichtung im Innendruckversuch als Vergleichsbeispiel zu den schematisierten Diagrammen.

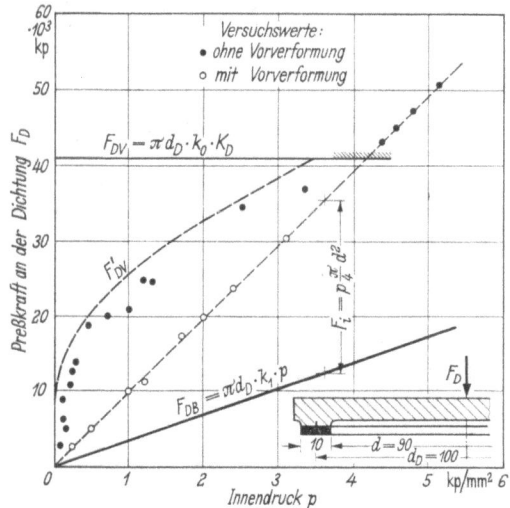

Bild 16.5. Verhalten einer It-Dichtung im Innendruckversuch [30].

4c) **Dichtungsstandkraft** (Druckstandfestigkeit der Dichtung). Die Dichtung darf im Einbauzustand nicht überlastet sein und die Standkraft der Dichtung im Betriebszustand nicht überschritten werden.

Einbauzustand: Im Einbauzustand darf die Dichtung höchstens mit

$$F_{S0\,max} \leqq V \cdot F_{DV},$$

$V =$ Grenzlastfaktor des Dichtungswerkstoffes (Tabelle 16.1).

Für Metallfolien gilt der Grenzlastfaktor nicht.

Betriebszustand: Die Standkraft von Metalldichtungen bei der Betriebstemperatur ϑ muß betragen

$$F_{D\vartheta} = \pi \cdot d_D \cdot k_2 \cdot K_{D\vartheta},$$

$K_{D\vartheta} =$ Standfestigkeit des Dichtungswerkstoffes bei Betriebstemperatur,

darin ist
$$k_2 = k_0 \frac{F_{S0}}{F_{DV}},$$

(F_{S0} = Schraubenkraft beim Einbauzustand).
Bei kammprofilierten Dichtungen ist

$$k_2 = k_0 \cdot \sqrt{Z} \cdot \frac{F_{S0}}{F_{DV}}, \qquad Z = \text{Anzahl der Kämme}.$$

Die Standkraft der Dichtung bei der Betriebstemperatur $F_{D\vartheta}$ reicht aus, wenn die Bedingung erfüllt ist:

$$F_{D\vartheta} > F_{DB} + F_i.$$

Reicht die Standkraft nicht aus, so muß ein anderer Dichtungswerkstoff oder eine andere Dichtungsform gewählt werden.

Ist bei Metalldichtungen $F_{D\vartheta} < F_{D2}$ (siehe Verspannungsschaubild), so beginnt die Dichtung zu kriechen. Bei Weichstoff- und Metall-Weichstoffdichtungen tritt beim ersten Anheizen ein bleibendes Setzen ein, das eine Entspannung der Dichtung bewirkt. Durch entsprechendes Anziehen (Nachspannen der Schrauben im Betrieb) kann Undichtheit infolge des Verlustes an Dichtkraft vermieden werden.

Bei Weichdichtungen ist zu beachten, daß das Material während der ersten Erwärmung (Anheizen) erweicht und dann wieder hart wird. Eine Veränderung der Lage des Dichtringes nach einem bereits erfolgten Anziehen unter Temperatur ist unbedingt zu vermeiden, da der Werkstoff seine Verformungsfähigkeit großenteils verloren hat und daher bei den normalen Vorpreßdrücken kein neues Anpassen stattfindet.

5. Schraubenkraft F_S.

a) Einbauzustand. Durch das Anziehen der Schrauben muß beim Einbau die Vorverformung der Dichtung verläßlich eintreten und die eventuell im Rohrsystem vorhandenen zusätzlichen Rohrkräfte F_{RZ} müssen aufgenommen werden können. Es muß daher

$$F_{S0} \geqq F_{DV} + F_{RZ} \quad \text{bzw.} \quad F_{S0} \geqq F'_{DV} + F_{RZ}$$

sein und mindestens 10% über dem Wert F_{SB} liegen.
b) Betriebszustand.

$$F_{SB} = F_R + F_F + F_{DB} (F'_{DB}).$$

Ist ein Nachziehen nicht möglich, so wird ein Zuschlag von 20% zu diesem Wert von F_{SB} empfohlen.

Bei der Verwirklichung der errechneten Werte für die Schraubenkräfte ist unbedingt zu beachten, daß die Reibung im Gewinde einen sehr bedeutenden Einfluß hat [9]; sollen also die Werte tatsächlich erreicht werden, so ist bei wichtigen Flanschverbindungen das Anziehen unbedingt zu überprüfen bzw. ein Verfahren für reibungsloses Anziehen zu benutzen (das außerdem eine zusätzliche Bolzenbeanspruchung durch Torsion vermeidet).

Anmerkungen zur Berechnung mittels der Kennwerte (s.a. [20, 15, 11]).
Es darf nicht übersehen werden, daß verschiedene Einflußgrößen auf die Betriebsdichtkraft nicht berücksichtigt sind, wie die Art der Herstellung der Dichtflächen (Bild 16.6); die Oberflächenbeschaffenheit (Rauhigkeit und Wellig-

16.1 Nach DIN 2505 – Vornorm „Berechnung von Flanschverbindungen"

keit), der Oberflächenzustand, bei den Formdichtungen das genaue Profil und die belastungsabhängige Kontaktbreite, die Verteilung der Dichtpressung über die Kontaktbreite (in Abhängigkeit von der Reibung [10, 19], die Stoffwerte des Mediums, die elastischen Federzahlen der Dichtverbindung; beispielsweise wurde für Hochdruckdichtungen gezeigt [9], daß die Kennwerte nicht unabhängig vom Dichtungsdurchmesser sind. Viele der genannten Einflußgrößen sind in den vorangegangenen Abschnitten besprochen worden, ohne daß aber ihre Auswirkungen auf die Berechnungsgrundlagen aufscheinen.

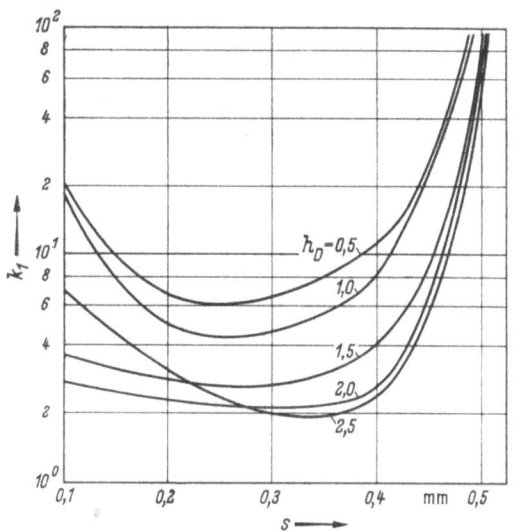

Bild 16.6. Abhängigkeit des k_1-Wertes von It-Dichtungen vom Drehvorschub [39].
s = Vorschub; h_D = Dichtungshöhe. Mit steigendem Drehvorschub und steigender Dichtungsstärke Verbesserung der k_1-Werte bis zu optimalen Werten; dann aber rasche Verschlechterung.

Hinzu kommt folgendes. Die Dichtungskennwerte beruhen auf dem Fließen der Dichtungswerkstoffe durch Normalbelastung der Dichtfläche. Die Beanspruchung durch Kombination von Normallast- und Schubbeanspruchung ist nicht berücksichtigt. Die senkrechte Belastung erfordert aber Dichtdrücke über die ganze Dichtfläche, die das zwei- bis sechsfache der Fließspannung des Werkstoffes betragen (abhängig von der Oberflächenfeingestalt und vom Grad der Härtezunahme durch die Formänderungen). Ergibt aber die Belastung eine Scherbeanspruchung und als Folge einen gleichmäßigeren und vollständigeren Dichtungsbereich, so erfordert diese Kombination – Schub- und Normalbelastung – nur das ein- bis dreifache der Fließspannung des Dichtungswerkstoffes (Tabelle 16.3); zu starkes Fließen muß durch Einschließen der Dichtung verhindert werden. Die hier gebrauchte Definition des „Dichtungsfaktors" ist zu beachten!

Geringe und mittlere Vorpressungen ergeben teilweise starke elastische Anteile der Verformung (in erster Linie bei den vielfach unterschätzten Welligkeiten der Dichtflächen), wodurch bereits geringe Entlastungen eine starke Zunahme der für die Undichtheit maßgeblichen Spaltweiten bringen.

Sobald die Dichtpressung wesentlich höher ist als die Fließgrenze des (oberflächlich verfestigten!) Werkstoffes, spielt die Oberflächenendbearbeitung eine geringe Rolle.

Tabelle 16.3. Dichtungsfaktor bei Druck und Scherung (nach [20a])

	Material	Fließgrenze in kp/cm² bei Raumtemperatur min. (geglüht)	max. (fließ-gehärtet)	Maximale Betriebstemperatur [°C]	Dichtungsfaktor = Dichtpressung/Fließgrenze Druck	Scherung
Grundmaterial	Aluminium	281,2	2460,5	204 bis 315	3,0 bis 4,0	1,0 bis 2,0
	Kupfer	703	3163,5	371 bis 648	3,0 bis 6,0	1,5 bis 3,0
	Nickel	843,6	4569,5	815	3,5 bis 6,0	1,5 bis 3,0
	niedr. leg. Stahl	3515	7030	537	2,0 bis 3,0	1,0 bis 2,0
	Kohlenstoff-Stahl	1757,5	2460,5	260	2,0 bis 3,0	1,0 bis 2,0
	Austenitisch-rostfrei	2109	3515	260 bis 815	3,0 bis 6,0	1,5 bis 3,0
	Martensitisch-rostfrei	1757,5	7030	537	2,5 bis 3,5	1,0 bis 2,0
Metallbeläge (Überzüge)	Kadmium	281,2	421,8	232	1,5 bis 2,0	1,0 bis 1,5
	Kupfer	1757,5	3163,5	537 bis 815	2,5 bis 4,0	1,5 bis 3,0
	Gold	421,8	2109	287 bis 815	2,5 bis 4,0	1,0 bis 2,0
	Blei	56,24	112,48	148	1,5 bis 2,0	1,0 bis 1,5
	Nickel	4569,5	7030	815	2,5 bis 3,5	1,5 bis 3,0
	Silber	562,4	3093,2	260 bis 815	2,5 bis 4,0	1,0 bis 2,0

Je mehr plastische Verformung des Dichtungswerkstoffes zur Erreichung der Abdichtung notwendig ist, desto weniger empfindlich ist das System gegen einen Spannungsabfall.

Das Dichtverhalten unter praxisnahen Bedingungen unterscheidet sich meist wesentlich von den unter Laborbedingungen ermittelten Ergebnissen [39].

16.2 Weitere Berechnungsmethoden

Außer der wiedergegebenen Berechnungsmethode nach DIN-Vornorm 2505 sind noch verschiedene Dichtungsberechnungen im Fachschrifttum zu finden; auf einige wird nachstehend kurz eingegangen.

A. Berechnung nach ASME (s. a. [2, 4, 6, 20, 22] Tabelle 16.4). Von der American Society of Mechanical Engineers (ASME) wurden neue Regeln für die erforderliche Schraubenkraft bzw. Dichtkraft zur Abdichtung von Druckgefäßen veröffentlicht (Rules for construction of unfired pressure vessels, section III, Reaktorgefäße).

Die Gleichung für die Betriebsdichtkraft F_{DB} hat die Form

$$F_{DB} = \pi \cdot d_D \cdot b_W \cdot m \cdot p,$$

darin ist d_D der Durchmesser, in dem die Dichtungskraft wirkt; d_D wird folgendermaßen definiert: ist b_0 (Grunddichtungsbreite, s. Tabelle 16.4) $\leq 1/4''$, dann ist d_D der mittlere Durchmesser der Dichtfläche, ist $b > 1/4''$, dann ist d_D der äußere Durchmesser der Dichtfläche weniger $2b$.

b_W ist die wirksame (effektive) Dichtungs- oder Dichtflächenbreite (lt. Tabelle 16.4).

m ist der Dichtungsfaktor (s. Tabelle 16.4).

Die Dichtungsvorpreßkraft beträgt nach ASME

$$F_{DV} = \frac{1}{2} \pi d_D \cdot b_W \cdot y.$$

Darin bedeutet y („yield stress") die sog. „Mindestpressung" (kp/mm²), die nicht identisch mit dem Wert für die Fließgrenze ist, sondern die Dichtpressung für $p = 0$ darstellt (s. Bild 16.3).[1]
Der Aufbau beider Gleichungen ähnelt stark den DIN-Gleichungen. Auch hier sind die maßgeblichen Faktoren in der Praxis ermittelte Werte.

Das Verhältnis zwischen der Dichtpressung p_{DB} und dem Innendruck p wird „Dichtfaktor m" genannt. Die ASME-Regeln haben eine weitere Komplikation durch Einführung des Begriffes der „wirksamen Dichtungsbreite" (s. Tabelle), wobei die „Grunddichtungsbreite" dem Profilschema zu entnehmen ist; dadurch soll die Flanschverformung berücksichtigt werden (auch DIN 2505 erwähnt die Dichtungskennwerte k_0 und k_1 als Wirkbreite der Dichtung bzw. „fiktive Dichtungsbreite").

Die Tabelle 16.4 enthält z.T. recht genaue Unterteilungen, die von Wert sein können und berücksichtigt Einbauverhältnisse, die in der DIN-Berechnung nicht berücksichtigt sind.

Einen Vergleich der Berechnungsgrundlagen nach DIN und ASME enthalten die Arbeiten von Diefenbach [4] und Meincke [20].

B. Vorschlag Diefenbach [4]. Nach den von Diefenbach durchgeführten Versuchen waren die Vorpressungswerte für massive Metalldichtungen konstant und betrugen etwa 40% der Brinellhärte HB des betreffenden Werkstoffes. (Offensichtlich wird die Abdichtung um so sicherer und der Dichtungsfaktor um so günstiger – näher 1 –, je mehr man sich mit der Vorpressung dem Brinellwert des Dichtungswerkstoffes nähert; Lok [19] fand für Abdichtung im „Atombereich" Vorpreßwerte gleich dem Brinellwert.)

Vorschlag Diefenbach:

Vorpreßkraft $F_{DV} = \pi d_D \cdot b_W \cdot 0{,}4\ \text{HB}$
Betriebsdichtkraft $F_{DB} = \pi d_D \cdot b_W \cdot m \cdot p$,

darin ist
$b_W = b$ für Flachdichtungen,
$b_W = 0{,}2\, b$ für Profildichtungen (Rundring, Ringjoint, Spießkant usw.),
$m =$ Dichtungsfaktor (s. Berechnung nach ASME).

C. Karl [15] bespricht die Berechnung von Hochdruckdichtungen und schlägt für metallische Flachdichtungen vor:

als Vorpreßkraft

$$F_{S0\,\text{min}} = F_{DV} = A_D \cdot \sigma_B,$$

$\sigma_B =$ Zugfestigkeit des Dichtungswerkstoffes.

als Betriebsdichtkraft

$$F_{DB\,\text{min}} = \frac{d_a^2 \pi}{4} p.$$

---
[1] y ist die Druckspannung die nötig ist, um eine initiale Anpassung der Dichtung an die Flanschfläche herzustellen (unter der meist nicht ausgesprochenen Annahme eines bestimmten Undichtheitskriteriums).

16. Berechnung der ruhenden Berührungsdichtungen

Tabelle 16.4. Berechnung nach ASME

Dichtungswerkstoff		Dichtungs-faktor m	kleinste Vorpressung y kp/cm²	Form der Dichtung	zu verwendendes Profil	Nr. der anzuwendenden Spalte	Profilschema	Grunddichtungsbreite b_0 Spalte 1	Spalte 2
Gummi ohne Gewebeeinlage oder einem höheren Prozentgehalt an Asbestfaser unter 75 Shore-Härte		0,50	0				1a	$\frac{N}{2}$	$\frac{N}{2}$
75 oder über 75 Shore-Härte		1,00	14,1						
Asbest mit geeignetem Binder für die Betriebsbedingungen	Dicke 1/8"	2,00	112,8		1(a,b,c,d)				
	1/16"	2,75	260,5						
	1/32"	3,50	458,0						
Gummi mit Wollfädeneinlagen		1,25	28,2		4,5	2			
Gummi mit eingearbeiteten Asbesteinlagen, mit oder ohne Drahtverstärkung	Schichten 3	2,25	155,0				1b	$\frac{N}{2}$	$\frac{N}{2}$
	2	2,50	204,1						
	1	2,75	260,5						
Pflanzenfaser		1,75	77,5						
Metallspiraldichtung, Kohle mit Asbestfüllung, nichtrostender Stahl oder Monelmetall		2,50	204,1				1c	$\frac{\omega+l}{2}$	$\frac{\omega+l}{2}$
		3,00	317,0						
Wellblech mit Asbestfüllung oder Wellblech umhüllt, asbestgefüllt	Weichaluminium	2,50	204,1		1(a)	2	1d	$\left(\frac{\omega+N}{4}\max\right)$	$\left(\frac{\omega+N}{4}\max\right)$
	Weich-Cu oder Messing	2,75	260,5						
	Fe oder weicher Stahl	3,00	317,0						
	Monel oder 4...6% Cr	3,25	387,2						
	rostfreier Stahl ***	3,50	458,0						

16.2 Weitere Berechnungsmethoden

Tabelle 16.4 (Fortsetzung)

Dichtungswerkstoff	Dichtungs-faktor m	kleinste Vorpressung y kp/cm²	Form der Dichtung	zu verwendendes Profil	Nr. der anzuwendenden Spalte	Profilschema	Grunddichtungsbreite b_0 Spalte 1	Spalte 2
Weißblech	2,75 3,00 3,25 3,50 3,75	260,5 317,0 387,2 458,0 535,0	Weichaluminium Weich-Cu oder Messing Fe oder weicher Stahl Monel oder 4…6 % Cr rostfreier Stahl	1(a)	2	2	$\dfrac{w+N}{4}$	$\dfrac{w+3N}{8}$
Glattes Blech, ummantelt, asbestgefüllt	3,25 3,50 3,75 3,60 3,75	387,2 458,0 535,0 563,0 633,0	Weich-Aluminium Weich-Cu oder Messing Fe oder weicher Stahl Monel 4…6 % Cr rostfreier Stahl	1a, 1b 1c** 1d** 2**	2	3	$\dfrac{w}{2}$; $\left(\dfrac{N}{4}\min\right)$	$\dfrac{w+N}{4}$; $\left(\dfrac{3N}{8}\min\right)$
Geriltes Metall	3,25 3,50 3,75 4,00 4,25	387,2 458,0 535,0 620,0 711,0	Weich-Aluminium Weich-Cu oder Messing Fe oder weicher Stahl Monel oder 4…6 % Cr rostfreier Stahl	1(a, b, c, d) 2, 3	2	4*	$\dfrac{3N}{8}$	$\dfrac{7N}{16}$
Massive Metall-Flachdichtungen	4,00 4,75 5,50 6,00 6,50	620,0 915,0 1268,0 1535,0 1830,0	Weich-Aluminium Weich-Cu oder Messing Fe oder weicher Stahl Monel oder 4…6 % Cr rostfreier Stahl	1(a, b, c, d) 2, 3 4, 5	1	5*	$\dfrac{N}{4}$	$\dfrac{3N}{8}$
Profilring	5,50 6,00 6,50	1268,0 1535,0 1830,0	Fe oder weicher Stahl Monel oder 4…6 % Cr rostfreier Stahl	6	1	6	$\dfrac{w}{8}$	

Anmerkungen:
Wirkbreite $b_w = b_0$ wenn $b_0 < 1/4''$
Wirkbreite $b_w = \dfrac{\sqrt{b_0}}{2}$ wenn $b_0 > 1/4''$

Die angegebenen Dichtungsfaktoren sind nur für Flanschverbindungen anwendbar, bei welchen die Dichtung vollständig innerhalb der Bohrungen für die Schraubenbolzen liegt.

* Wo die Rillen nicht tiefer als 1/64" sind und nicht mehr als 1/32" Abstand haben sollen die Skizzen 1b und 1d benützt werden.
** Jene Fläche der Dichtung, die einen Falz enthält, sollte gegen die glatte Flanschfläche liegen und nicht gegen die Feder.
*** Chromlegierte nichtrostende Stähle.

Unter der Annahme einer 30%igen Steigerung der Schraubenkraft $F_{S0\,min}$ bei Aufgabe des Innendruckes entwickelt Karl eine Berechnungsmethode für Flachdichtungen mit optimalen Abmessungen.

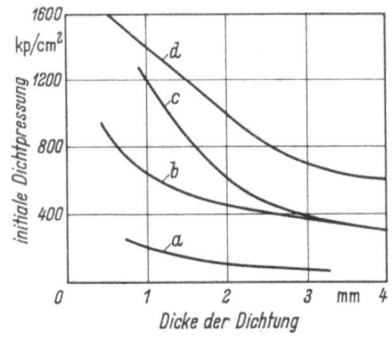

Bild 16.6a. Erforderliche initiale Dichtpressung zum Angleichen der Dichtung an die Flanschoberflächen nach a) ASME-Code; b) Vornorm DIN 2505 (Okt. 64); c) VGB-Merkblatt Nr.4; d) Versuche von Boon/Lok [2a]. Leckströmung 1 µg/sm, It-Dichtung 120 × 100 × 1,6 mm.

Wie sehr die Berechnungen nach verschiedenen Vorschriften im Ergebnis voneinander abweichen, zeigt z. B. Bild 16.6a für die Bestimmung der initialen Dichtungspressung.

16.3 Berechnung im Nebenschluß liegender Dichtungen

(s.a. S. 34) [16, 31]

Wie im Abschnitt „Wirkungsweise" ausgeführt, muß auch hier eine Vorpressung vorhanden sein die genügt, um eine Anpassung der Oberflächen der Dichtung an die Gegenfläche herbeizuführen. (Bei den selbsttätigen Dichtungen bedeutet dies die Einleitung des eigentlichen Dichtvorganges – Initialdichtpressung; s. Formdichtungen, O-Ring.)

Die Dichtung unterliegt keinen hohen Beanspruchungen in bezug auf Standfestigkeit, es ist aber nötig, den Zusammenhang zwischen Formänderung, Verformungskraft und Rückfederung zu kennen; die Formänderung muß ja so bestimmt werden, daß die geforderte Dichtpressung (im Falle der nicht selbsttätigen Dichtung die Betriebsdichtpressung p_{DB}) erreicht wird. Man wird für solche Zwecke entweder Dichtungen aus sehr elastischen Werkstoffen oder

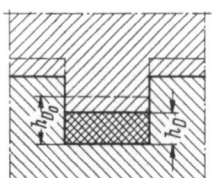

Bild 16.7. Einschluß einer zusammendrückbaren Dichtung in einer Nut.

$h_D = h_{D0}\left(1 - \dfrac{\varepsilon}{100}\right)$. h_{D0} = ursprüngliche Dicke der Dichtung; h_D = Dicke der zusammengedrückten Dichtung; ε = Mindestzusammendrückung der Dichtung.

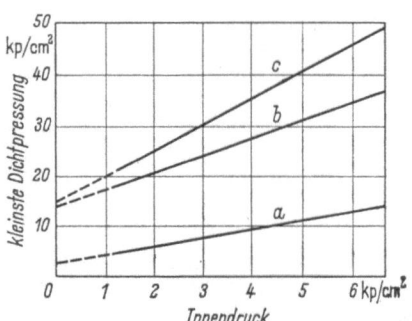

Bild 16.8. Der Mindestdichtdruck in Abhängigkeit vom Innendruck für einige Werkstoffe [31]. a Nitrilgummi; b Kork/Gummi-weich; c Kork/Gummi-hart.

16.3 Berechnung im Nebenschluß liegender Dichtungen

solche mit hoher Formelastizität verwenden, denn durch die Formänderung der Flanschen unter Belastung kann es u. U. zum Abheben der Flanschflächen kommen [16], und die Dichtung muß dann noch genügend Rückfederungskraft ausüben, um die Abdichtung zu gewährleisten. Empfohlen werden für solche Fälle relativ kleine Dichtungen, die eine hohe Pressung erlauben ohne die Schraubenkraft wesentlich zu erhöhen, und das Einschließen der Dichtung in einer Nut (Bild 16.7).

Für einige Werkstoffe sind in der Literatur Versuchsergebnisse vorhanden; die Gleichungen für die Dichtpressung entsprechen (Bild 16.8) dem folgenden Schema:

$$p_{D\,\min} = p_{D0\,\min} + C_p.$$

Das $p_{D0\,\min}$ ($= p_{DB}$ für $p = 0$) dürfte identisch sein mit der vorerwähnten „Mindestdichtpressung".

Zum Abdichten von Stickstoff ist z. B. als Dichtpressung erforderlich

$p_{DB} = 16{,}2 \text{ kp/cm}^2 + 4{,}96\ p$ bei harten Dichtungen aus Gummi-Kork,

$p_{DB} = 14{,}3 \text{ kp/cm}^2 + 3{,}51\ p$ bei weichen Dichtungen aus Gummi-Kork,

$p_{DB} = 3{,}1 \text{ kp/cm}^2 + 1{,}67\ p$ bei Nitril-Gummi (Shorehärte A 65).

Die Gleichungen gelten für Innendrücke von 0 bis etwa 70 kp/cm². Voraussetzungen sind: keine Porosität, Rauhtiefe nicht über 6,3 μm.

Für den Innendruck Null ist, wie das Bild zeigt, eine recht niedrige Dichtpressung erforderlich; mit Rücksicht auf die Betriebsverhältnisse soll aber die Flanschkonstruktion auf einen höheren Wert ausgelegt werden.

Die Werte für die Mindestdichtpressung können in eine Darstellung, welche die zugehörige Zusammendrückung angibt (Bild 16.9) übersetzt werden, womit sich die notwendige Nuttiefe ergibt zu $S = h_{D0} \cdot (1 - \text{Mindestdichtpressung}/100)$, Bild 16.10. Bei Formfaktoren $\neq 5$ muß noch eine Korrektur gemacht werden (siehe [31]).

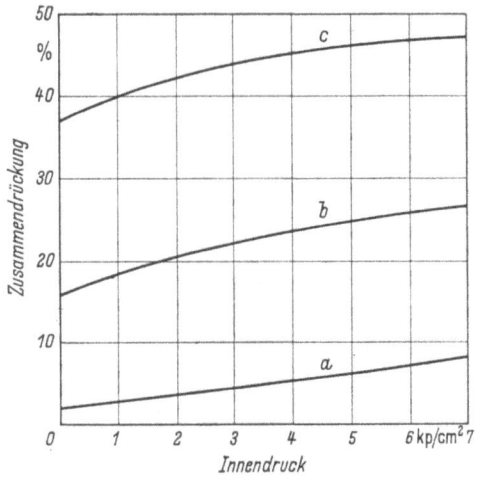

Bild 16.9. Die notwendige Zusammendrückung in Abhängigkeit vom Innendruck für die gleichen Werkstoffe wie Bild 16.8 [31].

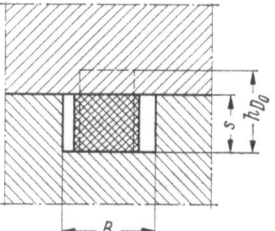

Bild 16.10. Dichtung und Dichtnut. h_{D_0} Stärke der nichtgedrückten Dichtung; S Nuttiefe.

16. Berechnung der ruhenden Berührungsdichtungen

Der Einfluß des Formfaktors (das Verhältnis der Gummibreite zur zusammengedrückten Dicke) ist bei den Gummi-Kork-Dichtungen klar erkennbar:

Formfaktor	1	2	4	5	6	10	14
zusätzlicher Dichtungsdruck kp/cm²*	+19	+10	+2	0	−2	−6	−9

* Die Werte sind zu den oben ermittelten Werten von p_{DB} zuzuzählen.

16.4 Kammrillendichtung

(s. a. „Wirkungsweise")

Es erscheint nicht überflüssig auch ein Berechnungsbeispiel aus der Gruppe „Formdichtungen mit plastischen Formänderungen" zu bringen (nach [3]).

Als Profil für die Kammrillendichtung wird auch das Whitworth-Gewindeprofil empfohlen (Bild 16.11); es zeichnet sich durch innen und außen abgerundete Gewindegänge aus. Der Abrundungsradius der Kämme ergibt schon bei geringer axialer Verformung eine relativ breite Fläche als Dichtfläche. Bei wiederholter Verwendung vergrößert sich die Dichtfläche. Die erste Verformung soll möglichst gering gehalten werden. Es wird hierfür $b = 2/3 b_r$ vorgeschlagen.

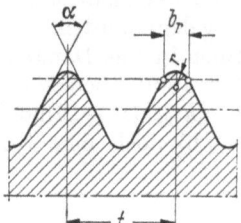

Bild 16.11. Whitworth-Gewindeprofil. $\alpha = 55°$, r Radius, abhängig von der Teilung t.

Um die Zahl der nötigen Kämme zu bestimmen, wird die Dichtfläche (sämtlicher Kämme) A_D ermittelt:

$$A_D = \frac{F_{DV}}{\sigma_{\min}},$$

für Kammprofildichtungen ist $k_0 = 0{,}4 \sqrt{Z}$; Z (Anzahl der Kämme) wird geschätzt $\rightarrow k_0$; d_D (mittl. Dichtungsdurchmesser) ist konstruktiv bekannt.

Weiter ist gegeben die Spannungsrelaxation des Werkstoffes (im Beispiel Anticorodal A) als Funktion der Zeit; das Diagramm beginnt mit $\sigma_{\max} = \sigma_{0,2}$ und führt – als Langzeitdiagramm – auf den Spannungswert $\sigma_{\min} = 1/3 \sigma_{0,2}$, bei dem der Spannungsabbau praktisch zum Stillstand kommt. Für die initiale Verformung ist $\sigma_{\max}$ bestimmend, für den (nach Jahren) eintretenden Dauerzustand („Kriechgrenzenbelastung") $\sigma_{\min}$. Daher ist

$$F_{DV} = \pi \cdot d_D \cdot k_0 \cdot \sigma_{\max} \quad \text{und} \quad A_D = \frac{F_{DV}}{\sigma_{\min}},$$

$$A_D = \pi \cdot d_D \cdot Z \cdot {}^2/_3 b_r; \quad \text{daraus } Z;$$

Vergleich mit dem geschätzten Wert und eventuell Wiederholung der Rechnung; da auch die Teilung t bekannt ist, beträgt die Breite der Dichtung

$$b_D \geqq Z \cdot t.$$

Der Vorgang des Abdichtens besteht aus zwei Teilvorgängen:

a) Ausbildung der gewünschten Dichtfläche; einer Linienberührung folgt durch Fließen des Werkstoffes, Abflachung der Kämme und ein Absinken der Druckspannung, bis bei σ_{max} die vorgesehene Dichtfläche A_D erreicht ist. Daher ist beim erstmaligen Einsatz der Dichtung mit σ_{max} zu rechnen

$$F_V = \sigma_{max} \cdot d_D \cdot \pi \cdot {}^2/_3 b_r \cdot Z \quad (F_V > F_{DV}!).$$

b) Im Laufe der Zeit wird nun durch Spannungsrelaxation σ_{max} auf σ_{min} abgebaut, wobei sich die Vorspannkraft F_V auf F_{DV} vermindert.

Um bei einem neuerlichen Einbau die Dichtfläche wieder anzupassen, wird F_{DV} um 10 bis 20% erhöht, wodurch sich die effektive Dichtfläche etwas vergrößert. Die obere Grenze ist durch die zulässige Schraubenbeanspruchung gegeben, mit der nicht über die Fließgrenze gegangen werden darf.

Bei höheren Temperaturen sind entsprechende Werkstoffe zu verwenden (z. B. legierte, wärmebeständige Stähle); um die Formänderungen auf die Kammrillen zu beschränken ist entweder die Gegenfläche mit einer sehr harten Beschichtung zu versehen (stelletieren) oder die harte Kammrillendichtung wird mit einem weichen Werkstoff (z. B. Silber oder Aluminium) überzogen, das dann als Fließschicht wirkt.

16.5 Darstellung der Vorgänge im Verspannungsschaubild
Nachprüfung der Kraft- und Verformungsverhältnisse

Der grundsätzliche Zusammenhang zwischen den in einer Flanschverbindung wirksamen Kräften und den zugehörigen Verformungen kann im Verspannungsschaubild anschaulich dargestellt werden.

Bei einer Flanschverbindung der vorliegenden Art sind die Schrauben und Flanschen als die spannenden Teile zu betrachten, während die Dichtung der gespannte Teil ist. Somit sind im Verspannungsschaubild jeweils einerseits elastische Längenänderungen ΔS der Schrauben und federnde Durchbiegungen $2\Delta F$ der Flanschen (Längenänderungen derselben sind zu vernachlässigen) als Funktion der Schraubenkraft F_S, andererseits die elastische Stauchung der Dichtung ΔD in Abhängigkeit von der Dichtungskraft F_D aufgetragen.

Nach dem Anziehen der Schrauben mit der Kraft F_{S0} = der Vorpreßkraft F_{DV} beträgt die federnde Verformung der Schrauben und Flanschen $\Delta S + 2\Delta F$, während die gleichzeitige elastische Verformung der mit der gleichen Kraft belasteten Dichtung ΔD_0 ist.

Wird nun der Innendruck p aufgegeben, der die Innendruckkraft F_i bewirkt, so erfährt die Dichtung eine Entlastung auf F_{D1}, während die Schraubenkraft von F_{S0} auf F_{S1} ansteigt. Dieser Zustand ist auf Bild 16.12 dargestellt, wobei die Zunahme der Schraubenkraft und die Abnahme des Dichtdruckes eingetragen sind.

Die Gesamtverformung bleibt dabei konstant

$$2\Delta F + \Delta S + \Delta D = \Delta G = \text{konst},$$

16. Berechnung der ruhenden Berührungsdichtungen

und die Summe der Kräfte muß gleich Null sein:

$$F_{S0} = F_{DV} \quad \text{und} \quad (F_{S1}) = F_i + (F_{D1}).$$

Voll ausgezogenes Diagramm

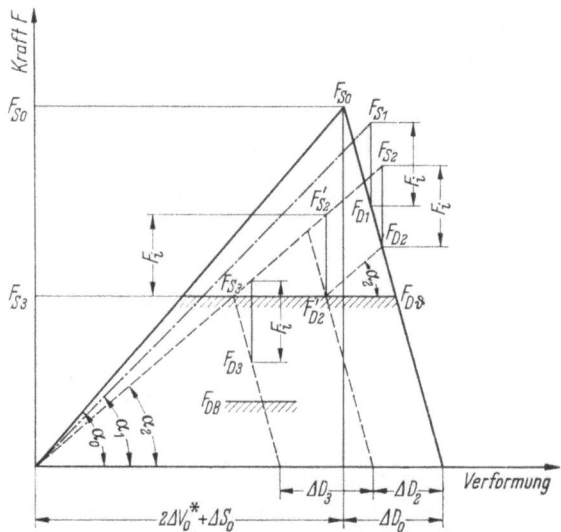

Bild 16.12. Verspannungsschaubild für eine Flanschverbindung (nach DIN 2505) (Erklärung im Text).

Die eingeklammerten Werte sind fiktive (nicht auftretende) Werte, denn tatsächlich ändert sich mit dem Auftreten des Innendruckes auch das Flanschbiegemoment und dadurch auch die Federzahl von C_{F_0} in C_{F_1}; dem entspricht die Winkeländerung α_0 in α_1.

Das nun gültige Diagramm zeigt die Schraubenkraft F_{S1} und die Dichtkraft F_{D1} (langstrichliert).

Für kalte Druckleitungen wäre damit die Ermittlung der Kräfte bzw. Formänderungen beendet. Steigende Temperatur bewirkt (abgesehen von unterschiedlichen Wärmedehnungen durch rasches Anheizen) ein Absinken des E-Moduls und damit der Federzahl:

$$C_{F2} = C_{F1} \frac{E_2}{E_0}$$

bzw. des Winkels $\alpha_1 \to \alpha_2$; die Schraubenkraft wird F_{S2}, die Dichtkraft F_{D2}.

Bei Metalldichtungen ist F_{D2} mit der von der Dichtung höchstens aufnehmbaren Standkraft $F_{D\vartheta}$ zu vergleichen. Ist $F_{D\vartheta} < F_{D2}$, so beginnt die Dichtung zu kriechen bzw. sich zu setzen, bis die Belastung auf den Wert $F_{D\vartheta}$ abgesunken ist. Die dadurch bedingte Dickenänderung der Dichtung ergibt sich zu ΔD_2 (Schnittpunkt oder Waagerechten $F_{D\vartheta}$ mit der Parallelen zu α_2 durch F_{D2}).

Bei Weichdichtungen und Metall/Weichstoff-Dichtungen ist ein Setzen unvermeidlich.

Durch das Setzen (Kriechen) der Dichtung fällt die Dichtkraft von F_{D2} auf F'_{D2} ($\equiv F_{D\vartheta}$).

Wird die Rohrleitung abgestellt (drucklos), so wirkt die ganze Schraubenkraft F'_{S2} auf die noch heiße Metalldichtung ein, die sich, zumindest nach mehrmaliger Wiederholung des Vorganges um den Betrag ΔD_3 plastisch verformen kann, so daß die verbleibende Schraubenkraft nur mehr $F_{S3} = F_{D\vartheta}$ beträgt.

Wird die Verbindung neuerlich unter Druck gesetzt, so fällt die Dichtkraft auf F_{D3}, die um einen gewissen Sicherheitsbetrag über der Betriebsdichtkraft F_{DB} liegen muß. Ein eventuelles Nachziehen der Schrauben ist nicht berücksichtigt.

Eine Komplikation kann bei Heißdampfleitungen durch den beim Anfahren auftretenden Temperaturunterschied $\Delta\vartheta$ zwischen Flanschen und Schrauben entstehen. Diesem Temperaturunterschied entspricht eine Wärmedehnungsdifferenz von

$$\Delta W_2 = 2\beta_W \cdot \Delta\vartheta \cdot h_F$$

β_W = Wärmeausdehnungszahl für Stahl = 0,000012 mm/mmgrd.

Durch die unterschiedliche Wärmedehnung ΔW_2 tritt eine zusätzliche Verspannung auf, welche auf die Schraubenkraft F''_{S2} und die Dichtungskraft F''_{D2} führt, wenn die Dichtung in der Lage ist, diese erhöhte Dichtungskraft gemäß ihrer Druckstandfestigkeit $F_{D\vartheta}$ aufzunehmen. Nach einer gewissen Zeit haben sich auch die Schrauben weitgehend der Betriebstemperatur angeglichen, wodurch der beim Anfahren vorhanden gewesene Wärmedehnungsunterschied ΔW_2 praktisch wieder verschwindet. (Der vorstehend beschriebene Vorgang wurde daher in das Verspannungsschaubild Bild 16.12 nicht aufgenommen.)

Es muß ausdrücklich vermerkt werden, daß die gebrachte Darstellung nur eine angenäherte ist. Wesentliche Veränderungen können noch durch Einflüsse entstehen, die hier nicht angeführt sind [16].

Grundsätzlich verschieden sind natürlich die Schaubilder für Dichtverbindungen, bei denen der Innendruck eine entlastende Wirkung hat und für solche, bei denen der Innendruck belastend wirkt (Beispiel: Mannlochdeckel). Dies ist auf den Bildern 16.13a, b dargestellt, in beiden Fällen Weichdichtung (starke Zunahme der Steifheit des Dichtungswerkstoffes bei der Stauchung und eine Rückfederungskennlinie gemäß dem viskosen Verhalten des Werkstoffes).

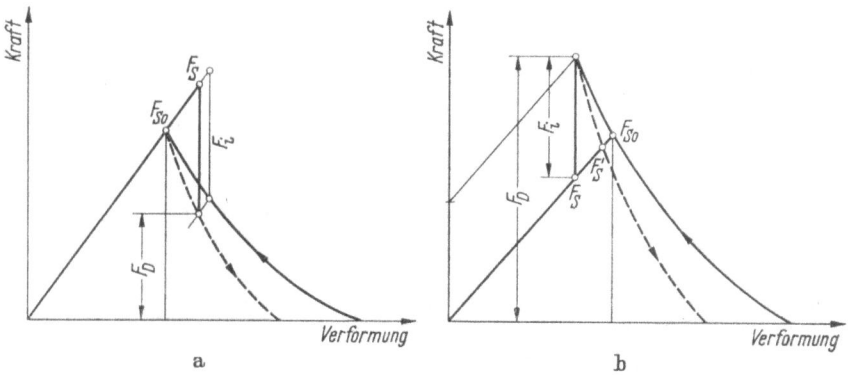

Bild 16.13a u. b. Verspannungsschaubild für eine Weichdichtung.
a) Entlastung der Dichtung durch den Betriebsdruck; b) höchste Belastung der Dichtung im Betrieb (nach [47*]).

Fall a: Entlastung der Dichtung durch den Betriebsdruck auf

F_D (hier infolge der Rückfederungskennlinie etwas kleiner wie in Bild 16.12):
$F_D = F_S - F_i$. Fall b: höchste Belastung der Dichtung im Betrieb
$F_D = F_S + F_i$; nach Wegfall das Betriebsdruckes Entlastung der Dichtung auf F'_S.

Vergleichsweise zu Bild 16.12 – wird in Bild 16.14 das Verspannungsschaubild für eine warmgehende Flanschverbindung mit Metalldichtung ohne Kriechen gebracht; fast vollständiger Ausgleich der beim Aufheizen der Verbindung infolge ungleicher Erwärmung auftretenden Verformung.

Es liegt zwar F_{D2} über $F_{D\vartheta}$, doch wird angenommen, daß die Dichtung während der Ausgleichszeit der Temperatur nicht kriecht (sonst Vorgang wie in Bild 16.12). F_{D3} muß über F_{DB} liegen.

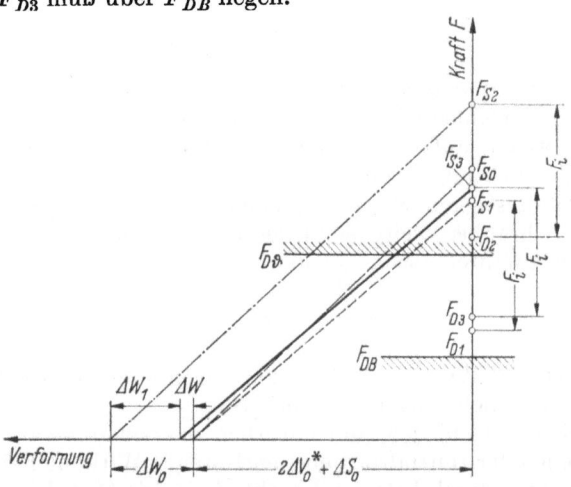

Bild 16.14. Verspannungsschaubild für eine warmgehende Flanschverbindung mit Metalldichtung (nach [30]).
Einbauzustand: gestrichelte Linie. Betriebszustand (kalt): kurz strichliert (andere Neigung!).
Betriebszustand (warm, unausgeglichen, Verformung ΔW_0): strichpunktiert.
Betriebszustand (warm, ausgeglichen, Verformungsangleichung $\Delta W_1 \approx \Delta W_0$): stark ausgezogene Linie.

Die Federungskennlinie (Rückfederung) der Dichtung (nach DIN 2505)

Zur Aufzeichnung des Verspannungsschaubildes ist außer den ermittelten Dichtkennwerten k_0, p_{D0}, k_1 und k_2 sowie den entsprechenden Werkstoffestigkeitswerten der Federungskennlinie der spannenden Teile, auch die Federungskennlinie der Dichtung nötig.

1. Hartdichtungen. Die Federungskennlinien sind praktisch Gerade, deren Neigung proportional dem Elastizitätsmodul E des betreffenden Werkstoffes ist; Umrechnung auf andere Werkstoffe ist daher ohne weiteres möglich. Bei metallischen Hartdichtungen ist die Federkonstante der Dichtung im Vergleich zur Federkonstanten der spannenden Teile so groß, daß sie praktisch gleich ∞ gesetzt werden kann.

2. Weichdichtungen. Diese folgen nicht dem Hookeschen Gesetz. Man verwendet dann in der versuchsmäßig festgestellten Entlastungskurve die Sehne des oberen Teiles zur Bestimmung eines Ersatz-E-Moduls.

Für höhere Temperaturen wird bei Metalldichtungen die Steigung geringer, entsprechend dem mit der Temperatur sinkenden E-Modul. Bei Weichdichtungen tritt meist ein steilerer Anstieg ein, weil der Werkstoff bei höheren Temperaturen härter wird; die Entlastungskurve ist dann bei der betreffenden Temperatur zu bestimmen.

Die Kenntnis der Federungskennlinie der spannenden Teile (Flanschen und Schrauben) ist für den Entwurf des Verspannungsschaubildes ebenfalls notwendig, denn aus diesem ist zu entnehmen, daß weichere Federung, also niedrigere Federkonstante der spannenden Teile eine geringere Beanspruchung der Dichtung ergibt und umgekehrt.

16.5 Darstellung der Vorgänge im Verspannungsschaubild

Berechnung der Federkonstanten (Federraten) nach [DIN 2505]
(Bild 16.1 und 16.2)

a) Längung der Schrauben. Elastische Längung der Schrauben ΔS:

$$\Delta S = \frac{F_S}{C_S},$$

worin die Zugfederzahl

$$C_S = E \frac{\pi \cdot d_S^2 \cdot n}{4 \cdot l_S}$$

beträgt (Berechnung auf Grund der Abmessungen).

b) Durchbiegung der Flansche. Elastische Durchbiegung ΔF des Einzelflansches:

$$\Delta F = \frac{F_S}{C_F}.$$

Die Federkonstante (Querkraftbiegefederzahl) für den Einzelflansch beträgt allgemein:

$$C_F = \frac{4\pi \cdot Eh}{(d_a + d) a^2} \cdot W.$$

Für den Flanschwiderstand W ist einzusetzen:

α) Fester Flansch

$$W = W_F + W_R,$$

$$W_F = \frac{1}{12}(d_a - d - 2d_L') h_F^2,$$

d_L' = Berechnungsdurchmesser des Schraubenloches,

$$W_R = \frac{1}{12}(d + s_F) \cdot s_F^2,$$

$a = a_D$ für den Einbauzustand,

$h = h_A$ nach Bild 16.1.

β) Loser Flansch

$$W = W_F = \frac{1}{2}(d_a - d_2 - 2d_L') \cdot h_F^2,$$

$d = d_2$ nach Bild 16.15,

$h = h_F$.

Bestimmung von C_F auch durch Verformungsmessungen.

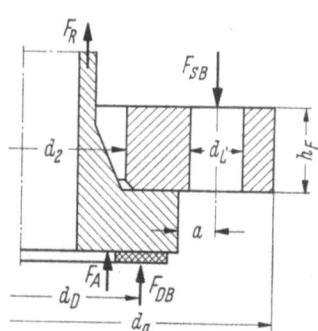

Bild 16.15. Loser Flansch mit Vorschweißbund (nach DIN 2505).

16. Berechnung der ruhenden Berührungsdichtungen

Eine Beeinflussung der Federungskennlinie der spannenden Teile ist durch entsprechende Maßnahmen bei den Flanschschrauben möglich (z.B. durch Dehnschrauben, Einschaltung von Tellerfedern u.ä.).

c) Rückfederung der Dichtung (Federzahl der verspannten Elemente). Elastische Rückfederung der Dichtung ΔD für Flachdichtungen:

$$\Delta D = \frac{F_D}{C_D},$$

wobei die Stauchfederzahl

$$C_D = \frac{E_D \cdot \pi \cdot d_D \cdot \sigma_D}{h_D} \text{ ist.}$$

$E_D = E$-Modul des Dichtungswerkstoffes bei Einbau- bzw. Betriebstemperatur (Tabelle 16.5). Bei Metalldichtungen wird die Steigung geringer, entsprechend

Tabelle 16.5. *E*-Modul der Dichtungswerkstoffe (nach DIN 2505)

Dichtungswerkstoff	E in kp/mm²	
	20 °C	200 °C
It	100 bis 150	220
Spiralasbest-Dichtung	unabhängig von Temperatur 300 bis 500 kp/mm²	
Blechummantelte Dichtung	$30 p_D + 50$	$45 p_D + 100$
Wellblech-Dichtung	$40 p_D + 500$	$40 p_D + 400$
Teflon	$30 p_D + 60$	–
Gummi, weich	$15 p_D + 30$	–
Gummi, hart	$20 p_D + 80$	–

p_D Dichtpressung in kp/mm²

dem mit der Temperatur sinkenden E-Modul. Bei Weichdichtungen tritt meist ein steilerer Anstieg ein, weil der Werkstoff bei höheren Temperaturen härter wird; die Entlastungskurve ist dann bei der betreffenden Temperatur zu bestimmen.

Bei Metalldichtungen aller Art ist die Rückfederung im Vergleich zur Durchbiegung der Flansche so gering, daß sie vernachlässigt werden kann.

d) Einfluß der Temperatur. Bei Änderung der Flanschtemperatur ändert sich die Federrate mit dem E-Modul:

$$C_{F_2} = C_{F_1} \frac{E_2}{E_0}.$$

e) Einfluß des Innendruckes. Der Innendruck bewirkt eine Änderung der Federsteife in Abhängigkeit von der Geometrie des Flansches. Hier wird auf DIN 2505 verwiesen.

Stahl [35a] leitet aus dem „Verspannungsdreieck" ein Schraubendehnung-Innendruckkraft-Diagramm ab, aus dem sowohl bei statischen wie auch dynamischen Beanspruchungen die Kräfte und Verformungen der einzelnen Teile der Dichtverbindung auf einfache Weise ermittelt werden können.

16.6 Berechnungsbeispiel
(siehe DIN 2505 – Vornorm)

Es ist eine Dichtung bzw. Flanschverbindung für folgende Verhältnisse zu berechnen bzw. nachzurechnen:
Betriebsmittel: Heißdampf; Betriebsdruck $p = 24$ kp/cm²; Betriebstemperatur $\vartheta = 300$ °C; Nennweite $d = 150$ mm; zu verwenden ist ein Vorschweißflansch nach DIN 2635, als Dichtung ist eine It-Dichtung zu wählen.

Nach DIN 2401, Blatt 2, ergibt sich die Nenndruckstufe zu 40 atü. Bild 16.16 stellt den Normflansch nach DIN 2635 für Nenndruck 40 atü dar.

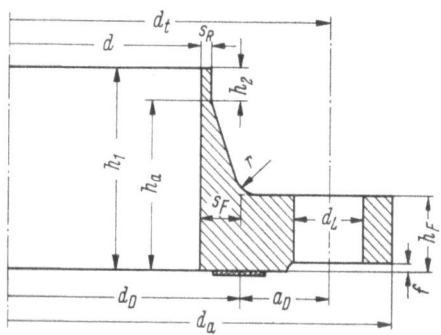

Bild 16.16. Normflansch nach DIN 2635 (Vorschweißflansch für Nenndruck 40).

Die Maße sind:

$d = 150$ mm	$S_R = 4{,}5$ mm	$d_L = 27$ mm
$d_a = 300$ mm	$r = 10$ mm	Anzahl der
$d_t = 250$ mm	$h_2 = 12$ mm	Schrauben: 8
$h_F = 28$ mm	$f = 3$ mm	zu verwendende
$h_1 = 75$ mm	$S_F = 16$ mm	Schrauben: M 24

Annahmen: mittlerer Durchmesser der Dichtung $d_D = 180$ mm,
Breite der Dichtung $b_D = 20$ mm,
Dicke (Höhe) der Dichtung $h_D = 1$ mm.

Die Berechnung ist im Hinblick auf das Vorverformen und das Betriebsverhalten der Dichtung durchzuführen.

$$\text{Rohrkraft } F_{Rp} = p\,\frac{\pi d^2}{4} = \frac{24 \cdot \pi \cdot 15^2}{4} = 4241 \text{ kp}.$$

Da eine auf Grund von statischen Berechnungen[1] auf die Verbindung entfallende Rohrkraft F_{RZ} hier nicht bekannt ist, wird – wie in DIN 2505, S. 3, empfohlen – $F_{RZ} \approx F_{Rp}$ in die Rechnung eingeführt, so daß Rohrkraft
$$F_R = F_{Rp} + F_{RZ} = 2 \cdot 4241 \text{ kp} = 8482 \text{ kp beträgt}.$$

Ringflächenkraft $F_F = p\,\dfrac{\pi}{4}(d_D^2 - d^2) = 24\,\dfrac{\pi}{4}(18^2 - 15^2) = 1866$ kp,

Innendruckkraft $F_i = F_R + F_F = 8482 + 1866 = 10348$ kp,

Dichtungskraft F_D.

---
[1] Siehe z. B. H. v. Jürgensonn: Elastizität und Festigkeit im Rohrleitungsbau, 2. Aufl., Berlin, Göttingen, Heidelberg: Springer 1953.

16. Berechnung der ruhenden Berührungsdichtungen

a) Dichtungskraft zum Vorverformen F_{DV}. $F_{DV} = \pi \cdot d_D \cdot k_0 K_D$; für It-Dichtungen beträgt nach DIN 2505 das Produkt $k_0 K_D$ bei Gasen und Dämpfen

$$k_0 K_D = 20 \sqrt{\frac{b_D}{n_D}} = 20 \sqrt{\frac{20}{1}} = 89{,}44 \text{ kp/mm}$$

$$F_{DV} = \pi \cdot 180 \cdot 89{,}44 = 50\,577 \text{ kp}.$$

b) Betriebsdichtungskraft. $F_{DB} \geq p \cdot \pi \cdot d_D \cdot k_1 \cdot S_D$; für It-Dichtungen beträgt nach DIN 2505 $k_1 = 1{,}3\, b_D$; $S_D \approx 1{,}2$.

$$F_{DB} \geq 0{,}24 \cdot \pi \cdot 180 \cdot 1{,}3 \cdot 20 \cdot 1{,}2 = 4234 \text{ kp}.$$

Die Dichtungskraft bei niedrigen Innendrücken.
Ist die Kraft zum Vorverformen im Verhältnis zur Rohrkraft sehr hoch, so wird die Dichtungskraft nach der folgenden Gleichung berechnet:

$$F'_{DV} = F_{DV} \left[A + (1-A) \sqrt{\left(k_1 S_D + \frac{d_D}{4} \right) \frac{p}{k_0 K_D}} \right].$$

Der Beiwert A beträgt nach DIN 2505 für It-Dichtungen bei Gasen und Dämpfen $A = 0{,}2$.

$$F'_{DV} = 50\,577 \left[0{,}2 + (1-0{,}2) \sqrt{\left(1{,}3 \cdot 20 \cdot 1{,}2 + \frac{180}{4} \right) \frac{p}{89{,}44}} \right].$$

Die Berechnung von F'_{DV} für verschiedene Werte von p ergibt das Diagramm auf Bild 16.17. Man sieht hier sehr klar, daß der Betriebsdruck (24 atü) weit unter jenem Druck liegt (117,4 atü), der dem F_{DV} entsprechen würde! Dem Betriebsdruck entspricht ein $F'_{DV} = 28\,409$ kp bzw. $F'_{DB} = 22\,302$ kp.

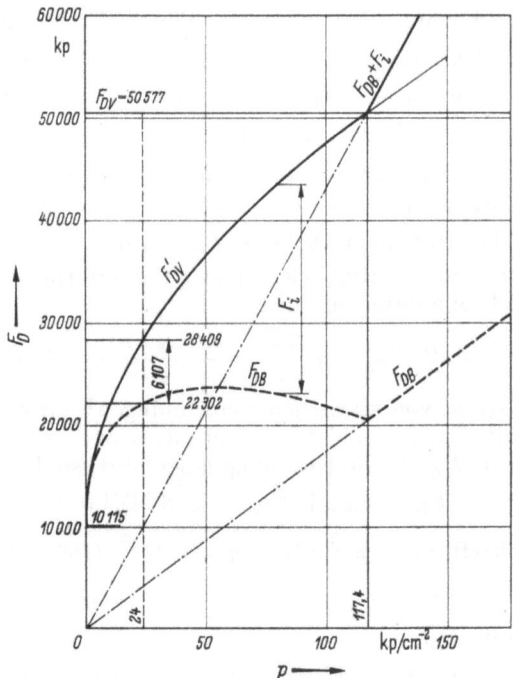

Bild 16.17. Dichtungscharakteristik für das Berechnungsbeispiel.

c) Standkraft der Dichtung. Die Standkraft bei Betriebstemperatur muß die Bedingung erfüllen:

$$F_{D\vartheta} > F'_{DB} \times F_i.$$

Nach DIN 3754, Blatt 1, beträgt die Druckstandfestigkeit für It 300 bei einer Temperatur von 300°C $K_{D\vartheta} = 300$ kp/cm²; die Standkraft der Dichtung ist daher

$$F_{D\vartheta} = \pi \cdot d_D \cdot k_1 \cdot K_{D\vartheta} = \pi \cdot 180 \cdot 1{,}3 \cdot 20 \cdot 3 = 44108 \text{ kp}.$$

Die obige Bedingung ist daher erfüllt, da

$$F_{D\vartheta} > 22\,302 + 6\,107 > 28\,409 \text{ kp}.$$

Die weiteren, für die Flanschverbindung notwendigen Berechnungen: Schraubenkraft, Festigkeitsberechnung des Flansches, Nachrechnung der Schrauben, Nachprüfung der Kraft- und Verformungsverhältnisse sind in DIN 2505-Vornorm ausführlich beschrieben, so daß eine Wiedergabe hier entfallen kann.

16.7 Berechnung der Dichtung gegen Herausdrücken durch den Innendruck

Es kann vorkommen, daß Teile einer Dichtung, die einwandfrei abdichtet, doch plötzlich – ohne vorherige Anzeichen einer Undichtheit – herausfliegen. Diese Art der Zerstörung kommt besonders häufig bei schmalen Dichtungen und glatten Flanschen vor, wenn das Druckmittel eine Flüssigkeit ist.

Der vom Druckmittel ausgeübten Radialkraft wirkt die von der Dichtungskraft erzeugte Reibungskraft entgegen (Bild 16.18). Wenn beide Kräfte sich das Gleichgewicht halten, wird die Dichtung selbst nicht auf Zug beansprucht.

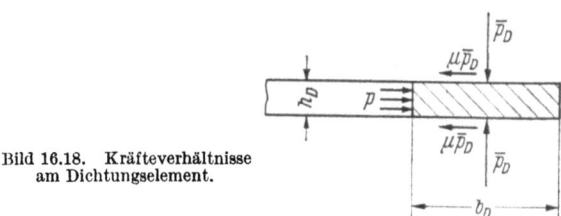

Bild 16.18. Kräfteverhältnisse am Dichtungselement.

Gemäß Bild 16.18 gilt:

$$2\mu \bar{p}_D \gtreqless p h_D.$$

Wird die Dichtung soweit entlastet, daß die obige Bedingung nicht mehr erfüllt ist, so wird die Dichtung auf Zug oder – bei ungleichmäßiger Lastverteilung – örtlich auf Scherung und Biegung beansprucht. Praktisch kommt die Zug- bzw. Scherfestigkeit der Dichtung aber nicht zur Geltung, weil diese eine Verschiebung der Dichtung auf den Dichtflächen voraussetzt, wodurch aber die Verbindung undicht wird.

Als Maßnahmen gegen das Herausfliegen der Dichtung sind anzuführen:
α) Erhöhung der Reibungszahl μ (Schruppen der Dichtflächen bei Weichdichtungen),
β) möglichst kleine Dicke h_D der Dichtung (Dichtung nur so dick wie erforderlich),
γ) Vermeiden eines zu starken Absinkens der bezogenen Dichtungskraft $\bar{p}_D$.

Bei Flachdichtungen und $m = 1$ (siehe „stabiles und labiles Gebiet") ist

$$\bar{p}_{DB} \geqq pb_D.$$

Das ergibt bei Einsetzen in die obige Gleichung

$$2\mu b_D \geqq h_D \quad \text{oder} \quad b_D \geqq \frac{h_D}{2\mu}.$$

Die Reibungszahl wird für metallische Dichtungen mit $\mu \approx 0{,}2$, für Weichdichtungen $\mu \approx 0{,}4$ angenommen werden können; sie kann aber bei Anwendung von Öl oder Dichtpasten auch kleiner sein, ebenso bei Graphitierung der Dichtflächen; das sollte daher – wenn es wegen der leichteren Demontage angewendet wird – nur einseitig stattfinden!

Man wird im allgemeinen annehmen können, daß die Reibungszahl den Wert $\mu = 0{,}1$ nicht unterschreitet; damit ergibt sich als erforderliche Mindestbreite einer Dichtung

$$b_D = 5h_D.$$

Bei Einschluß der Dichtung in einer Nut oder durch Flanschenrücksprung ist ein Herausdrücken der Dichtung nicht mehr möglich; die Breite kann dann geringer ausgeführt werden (wenn die Forderungen bezüglich Mindestdichtkraft und Druckstandfestigkeit dies zulassen). Solche Flanschformen sind aber aus wirtschaftlichen oder konstruktiven Gründen nicht immer anwendbar.

Durch das Kleinhalten der Dichtungsstärke steigt aber die nötige Vorpreßkraft für It-Dichtungen (Bild 3.47).

Das bezüglich Dichtwirkung vorteilhaftere weichere Material bringt den Nachteil des evtl. Herausblasens; empfehlenswert ist daher die Verwendung des weichen Materials in Dünnschichten auf härteren Trägerwerkstoffen (z. B. Stahldichtungen, verkupfert, verbleit, Aluminiumüberzüge, versilberte Chromnickelstahldichtungen).

16.8 Theoretische Ermittlung der Lässigkeit

Bisher wurden die zur Dimensionierung einer Dichtverbindung notwendigen Kennwerte (k_0, k_1) nur durch Versuche bestimmt, und zwar auf Grund der sog. Dichtungscharakteristik.

Es ist begreiflicherweise seit langem Gegenstand der Forschung, den Zusammenhang zwischen Oberflächenfeingestalt, Dichtpressung und Dichtheit vorausbestimmen zu können. Es geht aus der Wirkungsweise der Berührungsdichtungen klar hervor, daß die Lässigkeit, d. h. die zwischen zwei sich berührenden Oberflächen durchströmende Menge des Mediums von der Art der durch den Berührungsdruck veränderten Oberflächenwelligkeiten und Oberflächenrauhigkeiten abhängig ist.

Die Undichtheit ist daher – abgesehen von den auch bei der üblichen Berechnung berücksichtigten Einflußgrößen – noch beeinflußt durch

die mikrogeometrische Form der Oberflächenunregelmäßigkeiten,
die Welligkeit als makrogeometrischer Faktor,
die elastischen und plastischen Eigenschaften dieser Oberflächenunregelmäßigkeiten.

Beide Oberflächenunregelmäßigkeiten sind von der Bearbeitungsart abhängig und sehr schwer genau zu definieren.

Es wäre ein bedeutender Fortschritt in der Berechnung der Dichtungen wenn es gelänge, bei gegebenen Abdichtungsverhältnissen auf theoretischem Wege die Lässigkeit zu bestimmen. Viele Arbeiten der neuesten Zeit haben sich mit diesem Problem beschäftigt.

Die Bemühungen haben bis heute kaum praktisch verwertbare Ergebnisse gebracht, was in erster Linie mit den Schwierigkeiten zusammenhängt, technische Oberflächen in eindeutiger Weise zu definieren. Die Arbeiten betreffen daher auch fast ausschließlich idealisierte Oberflächen, deren Rauheit durch geometrisch einfache Formen dargestellt wird. Trotzdem können vereinfachte Darstellungen zu außerordentlich wertvollen Schlüssen und Einblicken führen, wie dies in hohem Maße z. B. bei der Dissertation Lok [19] der Fall ist.

Die Arbeiten enthalten sehr viel wertvolles Gedankengut (und auch Versuchsergebnisse), so daß im Schrifttum einige Veröffentlichungen dieses Gebietes angeführt sind [1, 7, 8, 17, 18, 21, 37, 41].

Schrifttum zu Abschnitt 16

1. Armand, G., Lapujoulade, J., Paigne, J.: A theoretical and experimental relationship between the leakage of gases through the interface of two metals in contact and their superfical micro-geometry. Vacuum 14 (1964) 53.
2. ASME-Code, Section VIII. New York: The American Society of Mechanical Engineers 1959.
2a. Boon, E. F., Lok, H. H.: Eine Flanschoberfläche mit Radialrille, die für eine praxisnahe und reproduzierbare Dichtheitsprüfung geeignet ist. 3. IDT Dresden 1967, S.158–170.
3. Bula, K., Jenni, H. P.: Mit Kammrillen metallisch abgedichtetes Schauglas – ein Problem aus dem Kernreaktorgebiet. Techn. Rdsch. Sulzer 48 (1966) 57–59.
4. Diefenbach, G.: Kritische Betrachtung der Berechnung von Dichtverbindungen. Industrie-Anzeiger 84 (1962) 1487–1491; s.a. Sonderdruck aus Zeitschrift „Industrie-Anzeiger", Nr. VII, Juli 1962.
5. DIN 2505-Vornorm (1964): Berechnung von Flanschverbindungen.
6. Dunkle, H. H.: Metallic gaskets – general types. Machine Design 36 (1964) 90–98.
7. Drutowski, R. C.: Hertzian contact and adhesion of elastomers. 4. IDT (BHRA) 1969, Sess. 2, 52–57.
8. Eksler, L. I.: Metall-Berührungsdichtungen. (Maschinenbau chem. u. Erdöl-Ind.) (Moskva) (1966) 2, S.5–8. (Russ.)
9. Gläser, H.: Ein Beitrag zum Problem der Abdichtung von Mittel- und Hochdruckbehältern mittels metallischer Formdichtungen und balliger Kontaktflächen. Chem. Techn. 19 (1967) 751–756.
10. –: Eine Methode zur näherungsweisen Berechnung der Dichtungskennwerte für Metalldichtungen der Hochdrucktechnik an Hand mechanischer Ersatzmodelle. Habil.-Schrift, TH Karl-Marx-Stadt 1969 (126 S.).
10a. –: Näherungsweise Berechnung der Dichtungskennwerte für metallische Dichtungen der Hochdrucktechnik. Maschinenbautechnik 20 (1971) 405–411.
11. Haenle, S.: Beiträge zum Festigkeitsverhalten von Vorschweißflanschen und zur Ermittlung der Dichtkräfte für einige Flachdichtungen auf Asbestbasis. Forsch.-Ing. Wes. 23 (1957) 113–134.
12. Heap, J. C.: An analysis of the gasketed joint. Design News 24 (1969) 62–69.
13. Hopper, A. G., u.a.: Pressure vessel design. Product Engineering 35 (1964) 86–87.
14. Junker, G., Blume, D.: Neue Wege einer systematischen Schraubenberechnung, Düsseldorf: Triltsch 1965.
14a. Jürgensonn, H. v.: Elastizität und Festigkeit im Rohrleitungsbau, 2. Aufl., Berlin, Göttingen, Heidelberg: Springer 1953.
15. Karl, E.: Dichtungen für Hochdruckbehälter. Chemie-Ing.-Techn. 43 (1971) 699–704.
16. Krägeloh, E.: Anforderungen an Dichtungen. Konstruktion 20 (1968) 206–212.
17. Kazamaki, T.: An investigation of air-leakage between contact surfaces. Bulletin of JSME 12 (1969) 1011–1023.
18. Kibble, S. D., Leahy, J. C.: Hydraulic sealing problems in mining equipment. The Engineer (1965) 709–712.

19. Lok, H. H.: Untersuchungen an Dichtungen für Apparateflansche. Diss. TH Delft 1960.
20. Meincke, H.: Konstruktionsgrundlagen der Vorschweißflansche. VDI-Z. 105 (1963) 549–556.
20a. Mikesell, W. R., u.a.: Application of primary sealing criteria to a self energized gasket. Trans. ASME, Journ. of Engineering for Industry 91 (1969) 553–562.
21. Mitchell, L. A., Rowe, M. D.: Influence of asperity deformation mode on gas leakage between contacting surfaces. Journ. mech. Engng. Science, 11 (1969) 534–545.
22. Roberts, J.: Gaskets and bolted joints. Trans. ASME (1950) Juni, S.169–178.
23. Roberts, J., Thorn, F. C., Axelson, J. W.: (ASME, Sub. Committee on Rules for Bolted Flange Connections): Progress Report on the Determination of "m" and "y" – Values. Nov. 1951.
24. Spijkers, A.: Flensberekningen. De Ingenieur, Werktuig-en Scheepsbouw 73 (1961) 167–175.
25. Schäfer, H.: Die Leckmessung mit radioaktivem ^{85}Kr im Vergleich zu inaktiven Methoden. Die Technik 26 (1971) 759–761.
26. Schmidt, K. H. R., Hammerschmidt, G.: Untersuchungen an Metall-Weichstoffdichtungen. Konstruktion 6 (1954) 156–159.
27. Schwaigerer, S., Krägeloh, E.: Prüfung von Weichdichtungen, BWK 4 (1952) 404–407.
28. Schwaigerer, S.: Die Berechnung von Flanschverbindungen im Behälter- und Rohrleitungsbau. VDI-Z. 96 (1954) 1–12.
29. Schwaigerer, S., Kobitsch, R.: Die Berechnung von Dichtungen und Flanschen (MPA Dahlem). Die Technik 2 (1947) 425–430; 489–493.
30. Schwaigerer, S.: Rohrleitungen. Berlin, Heidelberg, New York: Springer 1967.
31. Smoley, E. M.: Sealing gasketed joints. Machine Design 35 (1963) 174–177; s.a. Konstruktion 16 (1964) 239.
32. —: Counteracting gasket creep with conical-spring washers. Machine Design 37 (1965) 142–145.
33. —: Sealing with gaskets. Machine Design 38 (1966) 171–187.
34. Siebel, E., Schwaigerer, S.: Die Berechnung von Flanschverbindungen für Heißdampfrohrleitungen. (Merkblatt Nr. 4 der VGB „Die Berechnung von Flanschverbindungen für Heißdampfrohrleitungen", Mai 1951).
35. Siebel, E., Krägeloh, E.: Untersuchungen an Dichtungen für Rohrleitungen. Konstruktion 7 (1955) 123–127, 187–196.
35a. Stahl, G.: Grundlegende Eigenschaften von Verbindungen mit Flachdichtungen unter statischer und dynamischer Belastung. Konstruktion 25 (1973) 18–25.
36. Teucher, S.: Betriebssichere Flachdichtungen. Konstruktion 15 (1963) 368–371.
37. Tsukizoe, T., Hisakado, T.: On the mechanism of contact between metal surfaces: Part 1 – The penetrating depht and the average clearance. Journ. of Basic Engineering, Trans. ASME, Series D, 87 (1965) 666–674.
Part 2: The real area and the number of the contact points. Journ. of Lubrication Technology (1968) January, S.81–88 (Trans. ASME).
38. Vanz, J.: Flachdichtungsberechnung bei Flanschverbindungen. Technische Rundschau 60 (1968) 63, 67, 69.
39. Vogel, G.: Betriebsähnliche Untersuchungen zur Bestimmung von Kennwerten von It-Dichtungen. 4. IDT Dresden, 1970, S.384–397.
40. Wellinger, K., Krägeloh, E.: Berechnung von Dichtungen. Gummi und Asbest 11 (1958) 768–778.
41. Wesslau, K. H.: Über das Kontaktproblem eines starren rotationssymmetrischen Körpers mit dem elastischen Halbraum. Maschinenbautechnik 18 (1969) 133–135.

17. Stabiles und labiles Verhalten; Stabilitätsgrenze, Stabilitätsbreite

Nach Lok [1] ist eine Dichtverbindung stabil, wenn bei einer Schwingung, einer Entlastung von kurzer Dauer oder einem ähnlichen Vorgang sich die Dichtung zwar öffnet, das Kräftegleichgewicht aber wieder eine Schließung herbeiführt; bewirkt das Kräftegleichgewicht eine weitere Öffnung, so ist die Verbindung labil.

Unter der Stabilitätsgrenze versteht man die Druckschwelle, oberhalb derer diese progressive Trennung der Dichtflächen einsetzt. Die Undichtheit wird wesentlich größer, die Strömungsquerschnitte haben sich nach Größe und Gestalt vollkommen geändert. Als Stabilitätsgrenze wird das Verschwinden der mittleren Dichtpressung angenommen:

$$p_{DBm} = 0; \text{ bei } p_{DB} = p_1 - p_2 \text{ (für Flüssigkeiten)}$$

wird

$$p_{DBm} = \frac{1}{2}(p_1 - p_2) \quad \text{bzw.} \quad \left(\frac{p_{DB}}{p} = m\right) \quad m = \frac{1}{2}\left(1 - \frac{p_2}{p_1}\right).$$

Im allgemeinen wird $p_1 \gg p_2$, so daß $m = \dfrac{1}{2}$ (für kompressible Medien wird $m = 2/3 = 0{,}66$).

Als Stabilitätsbreite einer Dichtung wird (nach Gläser [2]) die Druckdifferenz zwischen der optimalen Dichtwirkung und der Stabilitätsgrenze (also der Bereich zwischen dem Leck- und dem Instabilitätsdruck) festgelegt. Die Stabilitätsbreite ist daher gekennzeichnet durch

$$1 \geqq m \geqq \frac{1}{2} \ (2/3).$$

Das gilt aber nur für gleichmäßig belastete Dichtungen, nicht aber z.B. für Flanschverbindungen mit schräg verspannten Flanschen.

Schrifttum zu Abschnitt 17

1. Lok, H. H.: Untersuchungen an Dichtungen für Apparateflansche. Diss. TH Delft 1960.
2. Gläser, H.: Eine Methode zur näherungsweisen Berechnung der Dichtungskennwerte für Metalldichtungen der Hochdrucktechnik an Hand mechanischer Ersatzmodelle. Habil.-Schrift, TH Karl-Marx-Stadt 1969 (126 S.).

18. Prüfungen für Dichtungswerkstoffe und für Dichtverbindungen

Bezüglich der Prüfmethoden für Dichtungswerkstoffe können unterschieden werden:

18.1 Prüfungen, welche der Gütesicherung der betreffenden Werkstoffe dienen

Solche Prüfungen erfolgen durch Kontrolle der Qualitätsmerkmale, wie z.B. bei It-Platten durch Feststellung von Dichte, Glühverlust (DIN 52911), Zerreißfestigkeit [29] (DIN 52910), Biegefähigkeit (Dornfaktor), Massenquellung u.a. Mit diesen Prüfungen beschäftigen sich viele Arbeiten; s. z.B. [37, 8, 11].

172   18. Prüfungen für Dichtungswerkstoffe und für Dichtverbindungen

Die Ergebnisse dieser Prüfungen haben höchstens einen sehr begrenzten Einfluß auf die Beurteilung des Dichtvermögens des betreffenden Werkstoffes. Sie dienen vorwiegend zur Überprüfung der Gleichmäßigkeit der Erzeugnisse.

Für die Prüfung von Gummi enthalten die Normen verschiedene Vorschriften; u.a.:

DIN 53504: Bestimmung der Zugfestigkeit von Elastomeren durch den Zugversuch,
DIN 53505: Härteprüfung nach Shore A, C und D (s.a. [17]),
DIN 53510 und 53511: Elastisches Verhalten von Weichgummi,
DIN 53517: Bestimmung des Druck-Verformungsrestes (s.a. die folgenden Ausführungen),
DIN 53521: Bestimmung des Verhaltens gegen Flüssigkeiten, Dämpfe und Gase (Quellverhalten).

18.2 Prüfungen, die für die Beurteilung des Abdichtungsverhaltens des betreffenden Werkstoffes von Bedeutung sind

18.2.1 Bestimmung des elastischen Verhaltens von Weichstoffen

Hierfür wird der für die Bestimmung des Druck-Verformungsrestes von Elastomeren in DIN 53517 beschriebene Vorgang angewendet [6]. Durch diesen Druckstauchungsversuch („innendrucklose Einflußprüfung") wird die Verformungskennlinie (einschließlich der Rückfederung) bestimmt, es werden für den Werkstoff die kennzeichnenden Werte für die Zusammendrückbarkeit, die Rückfederung und die bleibende Verformung ermittelt. Die Druckstandfestigkeit gibt daher Aufschluß über die Entspannung einer Dichtverbindung bei einer bestimmten Pressung und Temperatur als Folge des Setzens des Dichtungswerkstoffes unter Druck- und Temperatureinwirkung.

Die Bestimmung des Druck-Verformungsrestes erfolgt nach konstanter Verformung und nach konstanter Belastung.

Der Druckverformungsrest unter konstanter *Verformung* beträgt:

$$R_{dV} = \frac{h_0 - h_2}{h_0 - h_1} \cdot 100\%.$$

Der Druckverformungsrest bei konstanter *Belastung* ist:

$$R_{dL} = \frac{h_0 - h_2}{h_0} \cdot 100\%.$$

Hierin bedeuten:

h_0 = ursprüngliche Dicke der Probekörper,
h_1 = Dicke der Probekörper in verformtem Zustand bzw. unter Belastung,
h_2 = Dicke der Probekörper nach Entlastung von bestimmter Dauer,
$h_2 = h_1 \triangleq 100\%$ R_{dV} (rein plastischer Werkstoff),
$h_2 = h_0 \triangleq$ 0% R_{dV} (vollkommen elastischer Werkstoff).

Über den Einfluß von Formfaktor, Belastungsdauer und Temperatur wird auf die Norm verwiesen. Während der Prüfung können die Probekörper dem Betriebsmedium ausgesetzt werden.

DIN 53517 enthält auch eine Übersicht über das englische und amerikanische Prüfverfahren zur Bestimmung des Druckverformungsrestes, sowie den ISO-Vorschlag.

18.2 Beurteilung des Abdichtungsverhaltens betreffender Werkstoffe

Die Verformungscharakteristik von Dichtungswerkstoffen zeigt Bild 18.1.

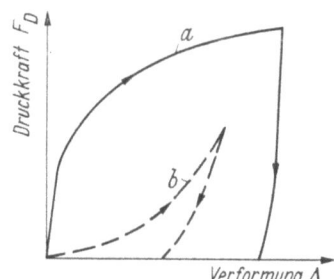

Bild 18.1. Verformungscharakteristik von Dichtungswerkstoffen. *a* Metalle; *b* Weichstoffe.

18.2.2 Druckstandfestigkeit (Temperatur- und Zeitstandfestigkeit, Kriechverhalten) [9, 33], DIN 52913: Druckstandversuch an It-Dichtungsplatten (It-Platten)

Diese Prüfung ergibt ein Maß für das Setzen des Werkstoffes unter den Prüfbedingungen und damit über den unter Betriebsbedingungen zu erwartenden Verlust an Dichtpressung. Diese Prüfung kann auch zur Ermittlung von Grenzbelastungen der Dichtungen dienen.

Verschiedene Großabnehmer haben eigene Prüfvorschriften herausgegeben, die auch von den Erzeugern benutzt werden, z.B. die Prüfung auf Druck- und Hitzestandfestigkeit gemäß den Lieferbedingungen der Deutschen Bundesbahn: die Prüfung umfaßt a) die Messung der Dickenabnahme bei zunehmender Belastung bis 500 kp/cm² (Kaltverformung), b) das Verhalten bei gleicher Druckbelastung, aber bei Temperatursteigerung auf 300°C (Warmverformung); verlangt wird ein Beibehalten der ursprünglichen Form und eine begrenzte Dickenabnahme. Auch diese Prüfung hat praktisch Wert für extreme Belastungsfälle.

18.2.3 Gasdurchlässigkeit [22, 10, 21, 19, 5, 12a]

Die Bestimmung der Gasdurchlässigkeit ist wichtig bei der Abdichtung gegen Wasserstoff, Vakuum und gegen aggressive oder giftige Stoffe. Weiter bei allen porösen Dichtungswerkstoffen, besonders wenn es sich um höhere Betriebstemperaturen handelt. Eine Innendruckprüfung bei hohen Temperaturen ist schwierig; man belastet daher die Dichtung bei der Betriebstemperatur und unterzieht sie dann bei Raumtemperatur dem Innendruckversuch. Als Maß für die Gasdurchlässigkeit gilt jener Innendruck, bei dem die Gasdurchlässigkeit 1/20 cm³ je Minute erreicht. Ein anderer Vorschlag gibt als Maß die Zeit an, in welcher ein bestimmter Abfall des Innendruckes (Stickstoff als Druckmittel) eintritt.

Niedrige Gasdurchlässigkeit soll durch hohe Homogenität des Dichtungswerkstoffes erreicht werden.

Die Gasdurchlässigkeit von It-Dichtungen steigt mit der Temperatur an; sie wird etwa proportional mit der Dichtungsdicke größer und verringert sich bei zunehmendem Dichtungsdruck. Bei hohen Temperaturen erreicht sie einen annähernd konstanten Wert.

Geringe Gasdurchlässigkeit erfordert bei It-Dichtungen hohe Dichtpressung, die nur für It-Dichtungen mit guter Druckstandfestigkeit zulässig ist.

18.2.4 Maßhaltigkeit (Ausgangsdicke, Ursprungsdicke)

Die von den Erzeugern eingehaltenen Toleranzen sind u. U. für die Konstruktion wichtige Kennwerte!

18.3 Prüfungen, die der unmittelbaren Beurteilung der Dichtungseignung der Werkstoffe dienen

(also Einsatzgrenzen und Berechnungsgrößen ergeben)

18.3.1 Innendruckprüfung

Diese Prüfung ergibt die in den früheren Abschnitten wiederholt benutzte „Dichtungscharakteristik" und die Kennwerte für die Berechnung der Dichtungen (siehe Berechnung).

Es gibt viele Methoden die dazu dienen, das Innendruckverhalten festzustellen [9, 40, 44, 39, 22]; fast alle größeren Arbeiten auf diesem Gebiet bringen Beschreibungen solcher Versuchseinrichtungen. Die Versuchstechnologie, der Geräteaufbau und die Bestimmung des Leckpunktes sind naturgemäß von großer Bedeutung und bisher nicht vereinheitlicht, so daß nur eine bedingte Vergleichbarkeit der Ergebnisse vorliegt.

Die Auswertung erfolgt so, daß die bezogene Dichtpressung $\bar{p}_D$ über dem Leckdruck (Innendruck) p aufgetragen wird; als maßgeblicher Kennwert für das Dichtverhalten bei Raumtemperatur ergibt sich die kritische Vorpressung p_{DV}, bei der die Versuchskurve in die Ursprungsgerade übergeht.

Bei höherer Temperatur ist die Kennlinie im allgemeinen günstiger als bei Raumtemperatur, weil das Dichtungsmaterial sich wegen des Erweichens leichter den Unebenheiten der Dichtfläche anpassen kann.

Ein zweiter Kurvenzug wird erhalten, wenn bei jedem Versuchspunkt der entlastende Innendruck abgezogen wird; diese Kurve gibt die Restdichtpressung an, die zum Dichtverhalten mindestens erforderlich ist. Der Ursprungsgeraden entspricht also die Gerade der bezogenen Betriebsdichtpressung $\bar{p}_{DB}$, deren Steigung einen zweiten Kennwert k_1 ergibt.

p_{DV} und k_1 sollen möglichst niedrige Werte haben.

18.4 Prüfungen, die die Brauchbarkeit eines Werkstoffes für Dichtungszwecke unter wirklichkeitsnahen Bedingungen feststellen sollen

18.4.1 Leckspaltmodell nach Lok

Lok [22] verwendet in seiner Arbeit ein Leckspaltmodell (Bild 18.2), das so gestaltet ist, daß – je nach der Eindringtiefe – eine Unterscheidung des Durchflusses – in 3 Stufen möglich ist (Bild 18.3); infolge der Bedeutung der Arbeit

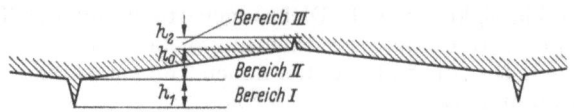

Bild 18.2. Leckspaltmodell [22].
h_0 Welligkeit; h_1 Höhe der „Zacke"; h_2 Tiefe der „Rinne".

von Lok wird hier auf dieses Modell kurz eingegangen:

Bereich I: Stark elastische Verformung des Spaltes, Spalthöhe bei Abnahme der Belastung zunehmend (Kurve EF).

Bereich II: a) Geringe Eindringtiefe; Spalthöhe nimmt bei abnehmender Belastung noch stark zu (Kurve GH);

b) große Eindringtiefe; elastische Verformung des Spaltes gering; Spalthöhe nimmt erst bei starken Belastungsabnahmen zu (Kurve JK).

Bereich III: Auch bei starkem Rückgang der Belastung vorerst keine Änderung der Spaltweite; erst bei sehr niedrigen Belastungen (Unterbrechung des Kontaktes der Oberflächen!) starke Zunahme der Spalthöhe (Kurve LM).

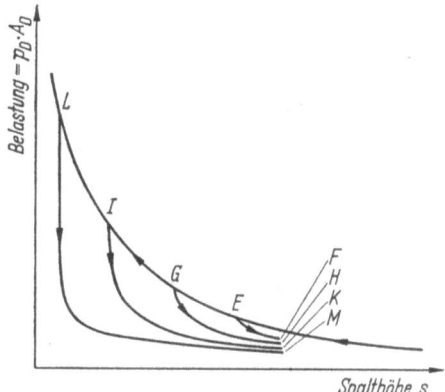

Bild 18.3. Geschätzter Verlauf der Rückfederung des Leckspaltmodells nach Bild 18.2 (Erklärung im Text).

18.4.2 Methode von Roth/Inbar

Nach der Methode von Roth/Inbar [26a] wird die Rauhheit der Dichtflächen durch eine Standardoberfläche eines „Sealometers" in reproduzierbarer Weise ersetzt. Die Dichtfähigkeit des Werkstoffes wird in Form eines Dichtfaktors ausgedrückt.

18.4.3 Standardrille nach Boon/Lok

Prüfung mittels Standardrille nach Boon/Lok [3, 4]. Bei dieser Prüfung wird die Flanschoberfläche mit einer dreieckigen, etwa 0,1 mm tiefen Radialrille versehen, was eine praxisnahe und reproduzierbare Dichtheitsprüfung zuläßt. Diese Rille dürfte der Rauhheit der Dichtflächen und deren Beschädigung (Risse u. dgl.) im Durchschnittsfall entsprechen.

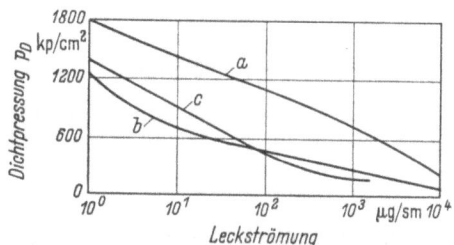

Bild 18.4. Einfluß der Dichtungsdicke auf das Abdichtverhalten (nach [3]); Leckkurven einer It-Dichtung
120×100 mm; $p_i = 20$ at (N_2); $\vartheta = 20°C$.
a $h_D = 0,8$ mm, mit Rille; b $h_D = 0,8$ mm ohne Rille; c $h_D = 2,5$ mm mit und ohne Rille.

Bild 18.4 zeigt deutlich, daß eine dicke Dichtung die Oberflächenstörungen leichter ausfüllt als eine dünne, und daß bei dieser beträchtliche Drücke notwendig sind, um eine Undichtheit von etwa 1 µg/sm zu erzielen; eine gewisse Undichtheit bleibt wegen der Gasdurchlässigkeit bestehen.

18.4.4 Durchflußprüfung

Dabei wird die eingebaute Dichtung einer wirklichkeitsnahen Überprüfung unterzogen; diese Prüfung liefert Aussagen über das Verhalten der Schnittflächen und anderer freiliegender Teile der Dichtung gegenüber dem Medium, dem Haft- und Klebeverhalten der Dichtung an den Dichtflächen, über das Setzen der Dichtung und schließlich eine Qualitätsaussage über die Dichtfähigkeit.

18.5 Untersuchungen der Dichtverbindung (Beurteilung der konstruktiven Einbauverhältnisse)

Wichtiges Kriterium für Flachdichtungen ist die Dichtpressung. Sie ist abhängig von der Schraubenkraft, von der Verteilung der Schrauben, von der Planheit, Steifigkeit und den Verzügen der Konstruktion. Es sind infolgedessen einige Methoden zur Messung bzw. Kontrolle der Flächenpressung [27] entwickelt worden, wie z. B.:

Bleiklötzchenmethode [34],
Kugeldruckverfahren (ohne Beilage, mit Beilage, mit Platten und Dichtung) [39],
Farbübertragungsverfahren [46],
Pressungsbildverfahren [27].

18.6 Untersuchung des Verschleißverhaltens

Diese Untersuchungen werden ähnlich wie die Verschleißversuche von Lagerwerkstoffen durchgeführt [18, 7, 14].

18.7 Besondere Prüfungen

Für einige Dichtungen bzw. Dichtungsaufgaben wurden spezielle Prüfungen entwickelt; als Beispiel seien die Prüfungen für Dichtungen in der Gasversorgung genannt [10], für Großseriengleitringdichtungen [15], Gasdichtheit von Ölfeldrohren [14], Einflüsse von Betriebsstoffen, Ölen auf Dichtungswerkstoffe [42, 35].

18.8 Diverse Arbeiten über Prüfungen und Prüfstände

Prüfungen die in praxisnaher Art verschiedene Werkstoffe oder Dichtungen betreffen (Auswahl): [1, 2, 12, 16, 20, 23, 24, 25, 26, 26a, 28, 30, 31, 32, 36, 38, 40, 43, 45, 47].

18.9 Methoden der Lässigkeitsmessung (Übersicht) [26]

Wie eingangs ausgeführt, hängt der Begriff „Dichtheit" eng mit der Methode der Lässigkeitsmessung zusammen.

18.9 Methoden der Lässigkeitsmessung (Übersicht)

18.9.1 Qualitative Messung (durch Beobachtung)

a) Tropfenbildung (Messung der Lässigkeit bei tropfbaren Flüssigkeiten). Austretende Tropfen werden beobachtet, keine Aussage über Gasdichtheit möglich, keine objektive Messung.

b) Blasenbildung (Messung der Lässigkeit bei Gasen). Entweder durch Beobachtung des Austrittes feinster Bläschen (Luft, Stickstoff) in einem Wassermantel, der die Prüfeinrichtung umgibt (kleinste, feststellbare Lässigkeit etwa 0,1 lusec) oder durch Beobachtung der Blasenbildungen in entsprechenden Anstrichen (Seifenblasentest, kleinste feststellbare Lässigkeit etwa 0,04 lusec), also wesentlich empfindlicher als a). Ebenfalls keine objektive Messung; die Angaben über die kleinsten, feststellbaren Lässigkeiten schwanken stark! (s.a. [5a]).

18.9.2 Quantitative Methoden

a) Messung nach der Dichtung
α) Zum Beispiel Meßrohr (Bild 18.5) u. dgl.,

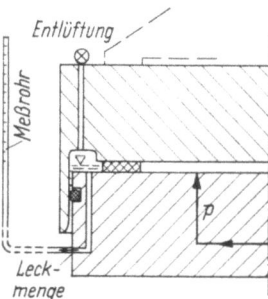

Bild 18.5. Innendruckprüfvorrichtung für Leckmengenmessung [20].

β) Messung auf photometrischem Wege (das austretende Testgas – Ammoniak – wird gesammelt und photometrisch gemessen) [22],
γ) Messung mittels Massenspektrographen (das austretende Testgas – meist Helium – wird in einen Hochvakuumraum gesaugt und isonisiert; in einem Massenspektrographen wird dann die Intensität des Ionenstrahles gemessen). Mit dem Heliumtest lassen sich Lässigkeiten bis etwa $4 \cdot 10^{-10}$ lusec feststellen.
δ) Messung mittels radioaktivem Krypton (^{85}Kr) [28]. Die Meßgrenzen des Kryptontests betragen 10^{-8} bis 1 lusec. Krypton hat Edelgascharakter und ist nicht gesundheitsschädlich; die Messung erfolgt rasch und ist automatisierbar.
ε) Die Verwendung von Frigen- und Halogenleckfindern beschreibt Grein [1].
b) Messung vor der Dichtung. Messung der zeitlichen Änderung des Druckes in einem angeschlossenen System (siehe z.B. [22]).

Es gibt auch „Undichtheits-Normale" in Form von kalibrierten Undichtheiten kapillarer oder permeabler Art.

Roth [26] gibt noch eine große Anzahl von Methoden an, bei jeder Methode auch das Testgas (Testflüssigkeit), das Meßprinzip, den Druckbereich und die kleinste feststellbare Undichtheit; viele hier nicht genannten Undichtheitsmethoden sind auch enthalten in den zusammenfassenden Berichten über die Entwicklungsarbeiten an Dichtungen, herausgegeben von der NASA.

18.9.3 Meßgrößen für die Undichtheit

Meßgrößen
1. atm · cm³/s
1a. (Torr · l/s)   Lässigkeit, Leckrate (Dimension der mechanischen Leistung!) gibt an, wieviel cm³ (l) des Gases je Sekunde ausströmen, wenn die Masse des entweichenden Gases auf 1 atm (1 Torr) Druck expandiert oder verdichtet wird.
2. lusec   Leckrate, welche in einem Hochvakuumraum von 1 Liter Rauminhalt eine Druckerhöhung von 1 μ Hg je Sekunde verursacht.
3. μg/m s
3a. (g/cm s)   spez. Leckstrom (Flüssigkeit) je Zeiteinheit und Einheit der Dichtungslänge.
4. μg/s
4a. g/s   Leckstrom je Zeiteinheit (durch die Dichtstelle durchtretend).
5. $\dfrac{\text{atm} \cdot \text{cm}^3}{\text{s}} \cdot \dfrac{1}{\text{atm}}$ Leitungsvermögen („conductance").

Tabelle 18.1. Umrechnungsfaktoren für Undichtheitseinheiten ($1 \cdot X = n \cdot y$) (für Gase)

X \ y	lusec	g/s (Luft)	atm · cm³/s	Torr · l/s
lusec (1 μ/s)	1	$1{,}56 \times 10^{-3}$	$1{,}32 \times 10^{-3}$	1×10^{-3}
g/s (Luft)	640	1	$8{,}4 \times 10^{-1}$	$6{,}4 \times 10^{-1}$
atm · cm³/s	760	1,16	1	$7{,}6 \times 10^{-1}$
Torr · l/s	1000	1,56	1,32	1

Eine noch wesentlich ausführlichere Tafel für Umrechnungsfaktoren findet sich in Roth [26].

Schrifttum zu Abschnitt 18

1. Anonym: Dichtungen auf dem Prüfstand. Fluid-Zeitschrift für Hydraulik und Pneumatik. (1968) Nr.3, S.40–43.
2. Bäumler, H.: Zur Prüfstandserprobung von Dichtungen. Industrieanzeiger 84 (1962) 1657–1662.
3. Boon, E. F., Lok, H. H.: Eine Flanschoberfläche mit Radialrille, geeignet für eine praxisnahe und reproduzierbare Dichtheitsprüfung. 3. DT Dresden, 1967, 158–169.
4. —, —: Untersuchungen an Flanschen und Dichtungen. (Fachvortrag der Gruppe Verfahrenstechnik auf der VDI-Hauptversammlung 1958). VDI-Z. 100 (1958) 1613–1624.
5. —, Ester, B. B., Krijgsman: Über die Gasdurchlässigkeit von Dichtungen auf Asbestbasis. Gummi und Asbest 10 (1957) 430–436.
5a. Boulder, Hauser Res. and Engng. Co.: Leak detection with expandable coatings. Final report. 1971. 61 pp.
6. Carius, G., u.a.: Anwendung thermodynamischer und reaktionskinetischer Gesetzmäßigkeiten bei der Fertigung von Dichtelementen. Plaste und Kautschuk 17 (1970) 417–420.
7. Clar, F.: Reibungs- und Verschleißversuche bei hohen Gleitgeschwindigkeiten. VDI-Z. 109 (1967) 722–727.
8. Clark, M. W.: We need better gasket materials. Product Engineering 36 (1965) 43–48.
9. Delft: Programm und Protokoll der Dichtungstagung Delft (14. u. 15.April 1955).
10. Driesen, H. E.: Prüfmethoden für Dichtungen in der Gasversorgung. Gas- und Wasserfach/gas/erdgas 112 (1971) 123–126; VDI-Z. 113 (1971) Nr.15.
11. Förg, H.: Die Ermittlung physikalischer Kennwerte an It-Dichtungsplatten und ihre Bedeutung für die Praxis. 3. DT Dresden, 1967, S.145–157; s.a. Technischer Handel (1966) 194–198.
12. Gillette, H.: Choix et controle des O-Ring. STZ – Schweiz. Technische Zeitschrift 62 (1965) 665–674.
12a. Grein, W., Emmerich, P.: Dichtheitsprüfung mit Frigen und Halogen-Leckfinder. Techn. Überwachung 5 (1964) 220–223.

13. Gumbleton, J. J.: Piston ring and cylinder wear measurements illustrate the potential and limitations of the radioactive technique. SAE Transactions 70 (1962) 333–349.
14. Hauk, V.: Gasdichtigkeitsprüfungen an Ölfeldrohrverbindungen unter praxisnahen Bedingungen. Erdöl-Z. 75 (1959) 498–504.
15. Huhn, D.: Prüfmethoden für Großserien-Gleitringdichtungen. 3. DT Dresden, 1967, S. 327–336.
16. Hundertmark, E.: Überblick über Kenngrößen zur Charakterisierung des Werkstoffes „It". 3. DT Dresden, 1967, S. 15–27.
17. Jackson, D. B.: Specifying hardness of elastomers for rotary shaft seals. Machine Design 41 (1969) 171–173.
18. Kollmann, K., Stegemann, S.: Anwendung radioaktiver Isotope für Forschungsaufgaben des Maschinenbaues. Kerntechnik 4 (1962) 41–44.
19. Krägeloh, E.: Die wesentlichsten Prüfmethoden für It-Dichtungen. Bericht über die Dichtungstagung in Delft. Gummi und Asbest-Plastische Massen (1955) Nr. 11.
20. —: Anforderungen an Dichtungen. Konstruktion 20 (1968) 206–212.
21. —: Gasdurchlässigkeit von Dichtungen auf Asbestbasis. Gummi und Asbest-Plastische Massen (1955) Nr. 4.
22. Lok, H. H.: Untersuchungen an Dichtungen für Apparateflansche. Diss. TH Delft 1960.
23. Rathbun, F. O.: Experimental leakage rate experiments. Conference on Design of Leak-Tight Separable Fluid Connectors, 1964, Georg C. Marshall Space Flight Center Propulsion Division. Journ. of Engineering for Industry (1969) August, S. 561.
24. Rink, C. H.: Penetration seals and nuclear safety. Power Engineering 73 (1969) 52–54.
25. Risley, R. E., Mintz, R. L.: Quality control testing of permanent gaskets. Rubber Age 89 (1961) 810–813.
26. Roth, A.: Vacuum sealing techniques, Pergamon-Press 1966.
26a. —, Inbar, A.: A new method of expressing and measuring the sealing ability of gasket materials. Journ. Materials 2 (1967) 625–637.
27. Schäfer, R.: Verfahren zur Bestimmung der Pressungsverteilung zwischen verspannten Flächen. MTZ – Motortechnische Zeitschrift 31 (1970) 391–394.
28. Schäfer, H.: Die Leckmessung mit radioaktivem ^{85}Kr im Vergleich zu inaktiven Methoden. Die Technik 26 (1971) 759–761.
29. Schmoldt, A.: Warmzerreißversuche an It-Dichtungsmaterial. 3. DT Dresden, 1967, S. 170–179.
30. Schwaigerer, S., Krägeloh, E.: Prüfung von Weichdichtungen. BWK 4 (1952) 404–407.
31. Siebel, E., Raible, A.: Versuche an Dichtungen bei hohen Drücken und Temperaturen. Mitt. VGB (1936) 129; s. a. VDI-Z. 80 (1936) 1392–1393.
32. Siebel, E., Krägeloh, E.: Untersuchungen an Flanschendichtungen. VDI-Z. 99 (1957) 195–196.
33. —, —: Untersuchungen an Dichtungen für Rohrleitungen. Konstruktion 7 (1955) 123–137, 187–196.
34. Stadelmann, W.: Das Bleiklötzchenverfahren. Werkstatt und Betrieb 101 (1968) 665–669.
35. Stephens, C. A.: Matching seals and lubricants. Machine Design 37 (1965) 172–176.
36. Strub, R. A.: Turbomaschinen für Kernenergieanlagen. VDI-Z. 101 (1959) 747–752.
37. Studtmann, H. D.: Probleme der Festlegung von Prüfmethoden und Kenngrößen zur Gütesicherung in Standards. 3. DT Dresden, 1967, S. 211–221.
38. Stuffer, M.: Anforderungen an die Armaturen in Kernkraftwerken. BWK 21 (1969) 16–20.
39. Teucher, S.: Funktionsprüfung ruhender Dichtungen. Maschinenmarkt 75 (1969) 367–372.
40. —: Die Abdichtung ruhender Flächen. Automobil-Industrie (1963) 129–142.
41. —: Über die Funktionsprüfung ruhender Dichtungen. Maschinenmarkt 75 (1969) Nr. 3.
42. Vandermar, B. C., u. a.: A study of the effects of automotive fluids on elastomer seal materials using immersion tests. SAE Transaction 75 (1967) Paper No. 660395, S. 637–649.
43. Venis, C. G.: Flenspakkingen. Polytechn. Tijschr. Uitg. A 16/22.9. (1961) 846a–851a.
44. Vogel, G.: Innendruckprüfung nach DDR-Standard. 3. DT Dresden, 1967, S. 133–144.
45. Wellinger, Stanger: Prüfverfahren zur Feststellung des Verhaltens von Weichdichtungen. Angewandte Chemie 19 (1947) 30–42.
46. Wigotsky, V. W.: Carbon paper solves gasket-loading problem. Design News 17 (1962) 84–85.
47. Zeitz, J. E., u. a.: Variety of new tests helps make good gasket materials better. SAE Journ. 77 (1969) 59–68.

19. Konstruktive Gesichtspunkte

19.1 Der Einfluß der Dichtung auf die Längenabmessung der Verbindung

Es liegt die konstruktive Aufgabe vor, die Teile 1 und 2 eines Gefäßes mit Innendruck (Bild 19.1a) miteinander lösbar zu verbinden; der Einfluß der Art der Abdichtung auf die Einhaltung der Länge L soll an einigen schematischen Beispielen festgestellt werden.

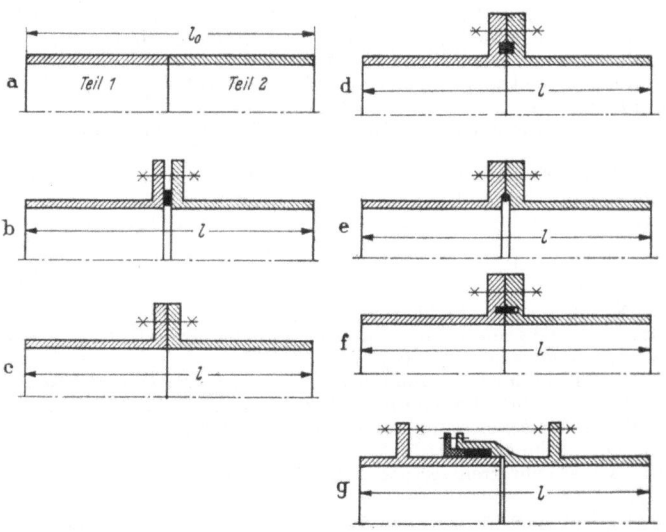

Bild 19.1a–g. Der Einfluß der Dichtung auf die Längenabmessung der Verbindung. (Erklärung im Text).

Lösungsgruppe A: Funktionen „Dichten" und „Verbinden" nicht getrennt

1. *Flanschverbindung mit zwischengelegter Flachdichtung* (Bild 19.1b). Hier besteht ein voller Zusammenhang zwischen Schraubenkraft, Dichtkraft und Innendruck (Dichtdruck abhängig von der Schraubendehnung).

$$l = l_0 + (h_D - \Delta h_D),$$

h_D = Höhe der Dichtung, Δh_D = Zusammendrückung der Dichtung.
Die Baulänge der Dichtung ist nicht genau festlegbar; sie ist durch Nachziehen der Dichtung jederzeit veränderlich! Nachträgliche Veränderung durch Fließen (Kriechen) der Dichtung.

2. *Flanschverbindung mittels aufgeschliffener Dichtfläche* (Bild 19.1c). Auch hier besteht voller Zusammenhang zwischen Schraubenkraft, Dichtkraft und Innendruck (Dichtdruck abhängig von der Schraubendehnung). Aufgeschliffene Dichtflächen ergeben aber praktisch meist vernachlässigbar kleine Längenänderungen:

$$l \approx l_0.$$

Keine nachträgliche Veränderung.

19.1 Der Einfluß der Dichtung auf die Längenabmessung der Verbindung

Lösungsgruppe B: Die Funktionen „Dichten" und „Verbinden" sind getrennt

1. *Flanschverbindung mit eingelegter Dichtung, deren vorbestimmte Dichtpressung (Zusammendrückung) nicht überschritten werden kann* (Bild 19.1d). Hier ist der Dichtungsdruck weder durch Veränderungen der Schraubenkraft, noch durch den Innendruck beeinflußt:

$$l = l_0.$$

Keine nachträgliche Veränderung.

2. *Flanschverbindung mit selbsttätiger Dichtung* (Bild 19.1e). Die Dichtungskraft hängt – abgesehen von der Vorspannung – nur vom Innendruck ab (kein Einfluß von Schraubendehnung und Plattenzusammendrückung auf den Dichtvorgang),

$$l = l_0.$$

Keine nachträglichen Änderungen.

Wichtig ist: die hier entlasteten Flanschen ergeben geringere Abmessungen als jene der Verbindung nach A, 1.

3. *Flanschverbindung mit Preßringdichtung* (Bild 19.1f). Dichtung nach Einpressen des Ringes unabhängig von den Kräften in den Verbindungselementen,

$$l \equiv l_0.$$

Keine nachträglichen Änderungen.

4. *Flanschverbindung unter Anwendung einer Packung* (Bild 19.1g). Hier ist die Dichtkraft von einer äußeren Kraft abhängig, die aber unabhängig von der Schraubenkraft ist; vollständigste Trennung der Dichtungs- und Verbindungsfunktion. Genaue Einhaltung der Länge der Dichtverbindung möglich,

$$l \equiv 0.$$

Keine nachträglichen Änderungen.

Handelt es sich also um ein genaues Einhalten von Längen (ähnliches gilt u. U. von Zentrierungen), so kann es zweckmäßig sein, die Flachdichtung durch eine andere Dichtungsform zu ersetzen (z. B. O-Ringe). Bild 19.2, 19.3 [1] zeigt den Einfluß der Dichtung auf die Erhöhung der Genauigkeit der Verbindung, Sicherheit der Montage und Kraftübertragung beim Zusammenbau von Getrieben. Statt der Flachdichtungen a, die den von den Schrauben b aufzunehmenden Kräften nicht gewachsen sind, werden Rundschnurringe c oder (bei f) metallische Abdichtung angewandt. Der Deckel d erhält eine neue Form e, so daß die auf die Schraube wirkende Kraft nicht mehr durch den Deckel und die Dichtung a geleitet zu werden braucht.

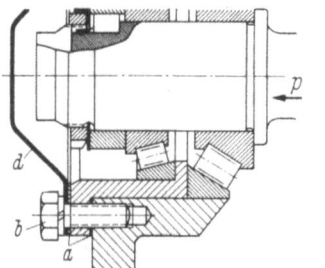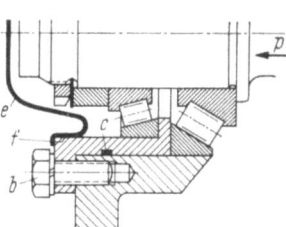

Bild 19.2 u. 19.3. Der Einfluß der Dichtung auf den Zusammenbau von Getrieben [1]; Erhöhung der Genauigkeit und Sicherheit von Montage und Kraftübertragung.

19.2 Das Vermeiden von Doppelpassungen

Bei der Abdichtung von Deckeln, Ventilkörben und ähnlichen Maschinenteilen kommt es häufig zur Aufgabe, Dichtungen an Ebenen vorzunehmen, die eine gemäß der Herstellungstoleranz veränderliche Entfernung haben. In Bild 19.4 sind mehrere Lösungen der Aufgabe dargestellt, einen im hohlen Zylinderkopf eines Kolbenkompressors eingebauten Ventilkorb abzudichten.

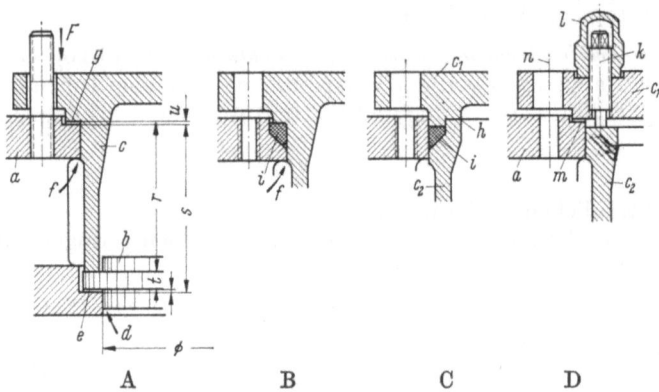

Bild 19.4. Das Vermeiden von Doppelpassungen [3]; Erklärung im Text.

Lösung A: Doppelpassung. Der Abstand der beiden Dichtflächen beträgt s bzw. $t + r$. Es muß

$$s + h'_D = t + r + h''_D$$

sein. Wenn für r und t eine Toleranz von $\pm 0{,}1$ mm zugelassen wird, so ergibt sich für s eine Toleranz von $0{,}4$ mm, die bereits sehr dicke Dichtungen zum Ausgleich erfordern würde.

Lösung B: Bei dieser Lösung (wie auch bei den folgenden) ist die untere Dichtung e beibehalten; die obere Dichtung ist durch eine Formdichtung (O-Ring i) ersetzt. Die hohe Elastizität des Gummiringes und die Form der Dichtflächen für denselben ermöglichen ohne weiteres eine Abdichtung.

Lösung C: Durch Trennung von c in die beiden Teile c_1 und c_2 ergibt sich eine einwandfreie Gestaltung der oberen Abdichtung.

Lösung D: Diese Lösung ist die im Dichtungssinn am weitesten durchgebildete: es besteht völlige Unabhängigkeit zwischen unterer und oberer Dichtung. Letztere hat eigene Anpreßschrauben, die in geeigneter Weise abzudichten sind. (Im Beispiel: Hutmuttern und darunter Flachdichtung.)

Doppelpassungen können auch vermieden werden durch die elastische Ausbildung eines Konstruktionselementes. Das kann z.B. bei Doppeldichtungen angewendet werden (Bild 19.5), wie sie für gefährliche Medien vorzusehen sind.

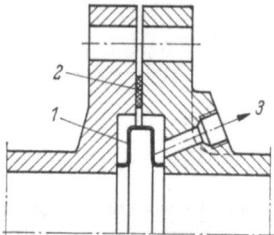

Bild 19.5. Vermeidung von Doppelpassungen durch elastische Ausführung einer Dichtung.
1 Primärdichtung (elastisch); *2* Sekundärdichtung; *3* Ableitung der Lässigkeit von *1*.

19.3 Weitere Hinweise für den Entwurf von Dichtverbindungen

Beispiele aus dem Gebiet der Konstruktionstechnik im thermischen Maschinenbau zeigen die folgenden Bilder 19.6 u. 19.7, die einer Arbeit von Pahl [2] entnommen sind. Bild 19.6: Liegt der Fixpunkt für die Temperaturdehnung fest, so kann bei größerer Entfernung der Dichtung vom Fixpunkt eine solche Relativdehnung eintreten, daß die Dichtpressung gefährlich nachläßt; Fixpunkt und Dichtstelle sind daher möglichst nahe anzuordnen.

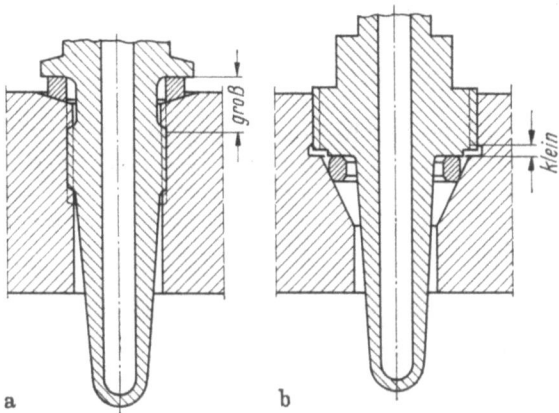

Bild 19.6a u. b. Einbau einer Thermometerhülse [2].
a) Dichtfläche und Fixpunkt in großem Abstand voneinander; durch Ausdehnung des Halses bei schnellerer Erwärmung der Hülse Abbau der Dichtkraft; b) Fixpunkt und Dichtstelle dicht beieinander.

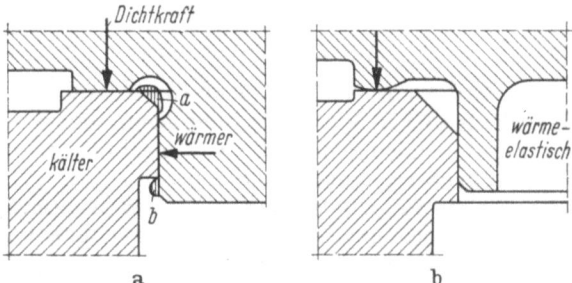

Bild 19.7a u. b. Zentrierung und Dichtung eines Flanschdeckels [2].
a) Demontage behindert durch Kriechen des Werkstoffs; b) kriechgerechte Konstruktion.

Bild 19.7: Die kriechgerechte Konstruktion (b) vermeidet das Kriechen des Werkstoffes sowohl in die Hinterdrehung bei a) als auch das Kriechen bei b) und das Festklemmen des Deckels infolge der schnelleren Erwärmung; kein Klemmen infolge der elastischen Ausführung (Hinterdrehung).

Schlagwortartig sind nachstehend einige Gesichtspunkte für eine dichtungsgerechte Konstruktion zusammengefaßt:
Möglichst regelmäßige Schrauben- bzw. Klammerverteilung.
Gute Zugänglichkeit der Verbindungselemente (Montage, Nachziehen).
Genügende Flächenpressung zwischen den Schrauben.
Möglichst geringe Formänderungen der Bauteile durch die Verbindungskräfte (biegesteife Ausbildung, Verstärkung, Abstützung).

Erhöhung des Widerstandsmomentes von Blechteilen (Verrippen, Abkanten).
Ungleiche Wärmedehnungen durch gleichmäßigen Wärmefluß vermeiden; evtl. gezielte Beeinflussung des Wärmestromes. Materialanhäufungen wegen ungleicher Erwärmung vermeiden.
Unterschiedliche Wärmedehnungen von Werkstoffen beachten (Einflüsse auf die Schraubenverbindung; Verschiebungen der Dichtung – besonders bei großen Abmessungen).
Vorschriften für das richtige Anziehen der Schrauben (Drehmoment, Reihenfolge).
Einfluß der Temperatur auf die Festigkeitswerte (Formänderungswiderstand!) beachten.
Nur die unbedingt nötige Bearbeitungsgüte (Rauhtiefe) herstellen (Bearbeitungskosten!).
Richtiger Vorschub bei der Bearbeitung (kein ,,Gewinde-Vorschub").
Dichtflächen bei Transport und Montage vor Beschädigungen schützen.
Eine gewisse Mindestbreite der Dichtung nicht unterschreiten (Stege!).
Aussenkungen bei Gewindelöchern (besonders bei Leichtmetallen), Gewindelöcher nicht zu nahe am Rand.

Schrifttum zu den Abschnitten 19.1–19.3

1. Koenig, W.: Wechselwirkungen zwischen Konstruktion und rationeller Fertigung. VDI-Z. 95 (1953) 901.
2. Pahl, G.: Konstruktionstechnik im thermischen Maschinenbau. Konstruktion 15 (1963) 91–98.
3. Rögnitz, H.: Das Gestalten der Form, Leipzig: Teubner 1950.

19.4 Flanschen
[32a, 30, 46*, 63*]

(Verbindungselemente)

Die Berechnung von Flanschen[1] ist nicht Gegenstand dieses Buches. Da aber Dichtungen sehr häufig in Flanschverbindungen angewendet werden und ein sehr inniger Zusammenhang besteht, wird nachfolgend eine Literaturübersicht über Flanschenberechnungen gebracht.

Naturgemäß enthalten fast sämtliche Bücher über Rohrleitungen auch Abschnitte über Flanschberechnungen. Es darf – besonders bei Neukonstruktionen, bei denen die Normen keine Anwendung finden können – nicht übersehen werden, daß dem Konstrukteur eine Reihe von Flanschbauarten zur Verfügung stehen, die wesentlich von den üblichen abweichen.

Für die Dichtpressung ist naturgemäß die Formänderung der Flanschen von großem Einfluß. Durch steife Ausbildung der Flanschen oder durch Abgehen von Schraubenverbindungen können die Verhältnisse u. U. sehr verändert werden.

a) Geschraubte Flanschverbindungen. Bei großen Kräften z. B. Kastendeckel verwenden [44]. Trennung des Flansches vom Rohr (loser Flansch) bewahrt die Dichtflächen vor Formänderungen. Die Schrauben sollen so angeordnet werden, daß möglichst kleine Biegemomente im Flansch auftreten. Bei großen Gefäßdeckeln u. dgl. können symmetrische Doppelflanschen oder Doppeldichtungen verwendet werden.

---
[1] Die Berechnung von Flanschen nach DIN 2505 ist mittels eines vom TÜV Bayern entwickelten ALGOL-Programmes möglich.

Liegt die Dichtung im Nebenschluß (Bild 19.8), oder wird eine Flanschausführung für höhere Elastizität (Bild 19.9) oder Flansche (Bild 19.10), bei denen durch eine Abstützung des Außenrandes die Flanschblätter entlastet werden gewählt, so ist stets der Einfluß der Konstruktion auf die Dichtung entsprechend zu beachten; auch auf den Flansch mit zylindrischem Hals [1, 2, 23, 24] sei hingewiesen.

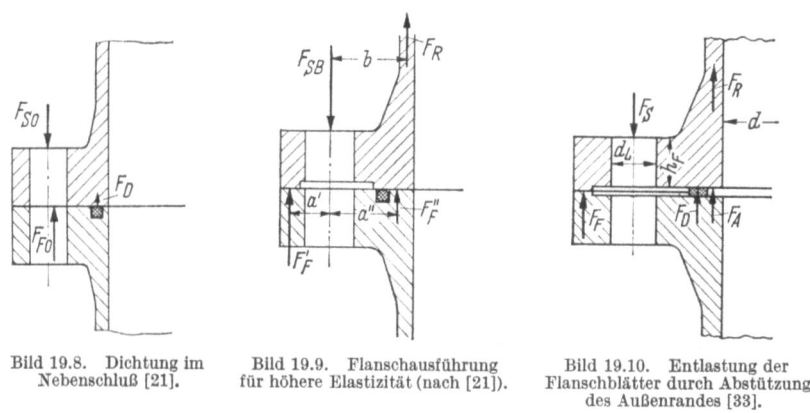

Bild 19.8. Dichtung im Nebenschluß [21]. Bild 19.9. Flanschausführung für höhere Elastizität (nach [21]). Bild 19.10. Entlastung der Flanschblätter durch Abstützung des Außenrandes [33].

b) Klammerverbindungen [30, 32a]. Klammerverbindungen dienen ebenfalls der Herstellung einer Dichtpressung und werden wegen ihrer, von geschraubten Flanschverbindungen grundsätzlich abweichenden Art, der Vollständigkeit halber hier angeführt.

Besondere Vorteile, die für die Klammerverbindungen in Anspruch genommen werden, sind: hohe Festigkeit bei niedrigem Gewicht und unschwieriger Herstellung der Verbindung. Bild 19.11 zeigt die grundsätzliche Anordnung und Wirkweise einer V-Klammer-Verbindung: Beim Schließen des Schlosses werden die Flanschen durch die Keilwirkung des Spannbandes zusammengepreßt.

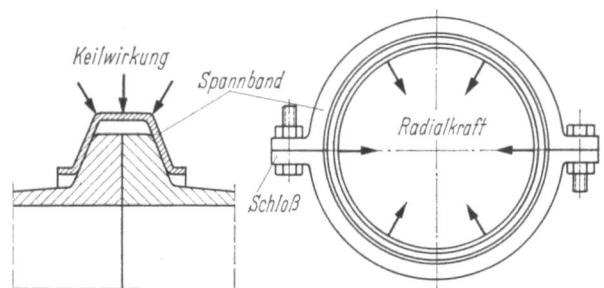

Bild 19.11. Anordnung und Wirkungsweise einer V-Bandkupplung (Klammerverbindung) [9].

Klammerverbindungen werden besonders im Leichtbau verwendet. Bild 19.12 zeigt verschiedene Bauarten in schematischen Querschnitten; der Originalaufsatz enthält viele Einzelheiten und Auswahlkriterien. Auch die Temperatureinflüsse der einzelnen Werkstoffe werden angegeben.

186 19. Konstruktive Gesichtspunkte

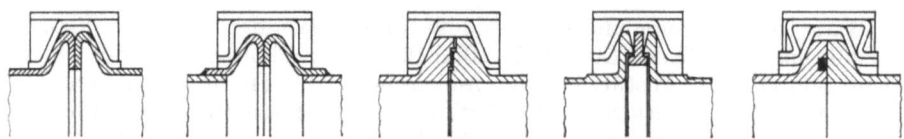

Bild 19.12. Leichtbau-Klammerverbindungen (schematisch) [9].

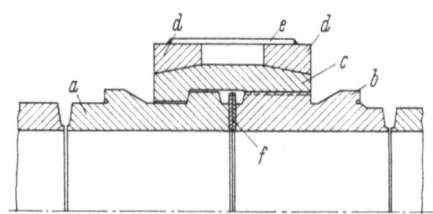

Bild 19.13. Hochdruck-Klammerverbindung [32a].
a Anschlußstück mit Bund; *b* Anschlußstück mit Gewinde; *c* Dreiteilige Klammer; *d* Spannringe; *e* Sicherungseisen; *f* Membranschweißdichtung.

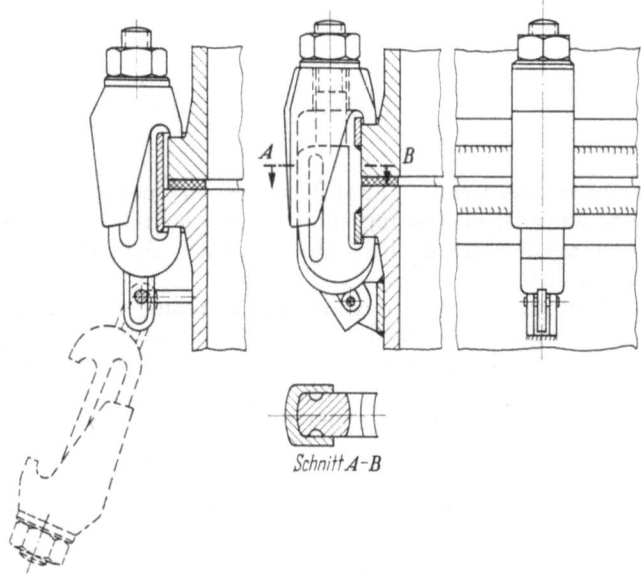

Bild 19.14. Segment-Klammerverschraubungen [40].

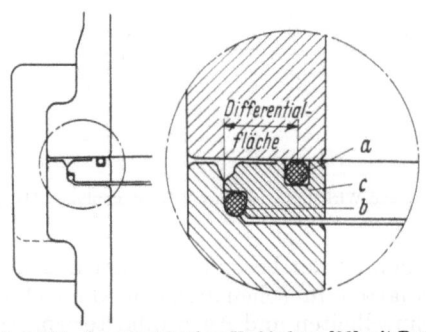

Bild 19.15. Beispiel für eine schraubenlose Verbindung [30] mit Rundringdichtungen.
a Primärrundring; *b* Sekundärrundring; *c* Trägerring.

Auch in der Hochdrucktechnik werden Klammerverbindungen angewendet, die eine platz- und gewichtsparende Bauweise ermöglichen. Bild 19.13 zeigt eine solche Verbindung [27a].

Besonders für die Verschlüsse größerer Druckgefäße werden auch Segment-Klammerverschraubungen benutzt (Bild 19.14).

Von neueren Konstruktionen schraubenloser Verbindungen wird als Beispiel Bild 19.15 gebracht (die Sicherung des primären O-Ringes erfolgt durch die Differentialdruckfläche).

Schrifttum zu Abschnitt 19.4

(In dieses Verzeichnis wurden auch im Text nicht gesondert erwähnte Arbeiten aufgenommen!)

1. Boon, E. F., Lok, H. H.: Berechnung von Apparateflanschen mit zylindrischem Hals. Energie 12 (1960) 527–532.
2. —, —: Untersuchungen an Flanschen und Dichtungen. VDI-Z. 100 (1958) 1613–1624.
3. Bühner, H., Kopp, L., Schwarz, E.: Das Festigkeitsverhalten von Apparateflanschen. VDI-Z. 107 (1965) 445–455; s. a. DIN-Mitteilungen 45 (1966) Nr. 8.
4. Cook, D. V., u. a.: Deflection in gasketed joints. Machine Design 40 (1968) 149–150.
5. DIN 2505 (Vornorm 1964) Berechnung von Flanschverbindungen.
5a. Dols, H. J., van den Hoogen, B.: A new approach predicting tightness of large-diameter flanges. TH Delft, Afdeling der Werktuigbouwkunde, Laboratorium voor Chemische Werktuigen, 1969.
6. Donald, M. B., Morris, C.: Effect of flange design on gasket performance in narrow-faced bolted joints. BHRA 13 (1964) 2.
7. Donald, M. B., Salomon: The behaviour of narrow-faced, bolted, flanged joints under the influence of internal pressure. Proc. Instn. Mech. Engrs. 173 (1959) 459–468; s. a. Konstruktion 14 (1962) 241–242.
8. Fernlund, J.: Druckverteilung zwischen Dichtflächen an verschraubten Flanschen. Konstruktion 22 (1970) 218–224.
9. Goldenberg, L. Z.: V-band couplings. Machine Design 41 (1969) 138–141.
10. Haenle, S.: Beiträge zum Festigkeitsverhalten von Vorschweißflanschen und zur Ermittlung der Dichtkräfte für einige Flachdichtungen auf Asbestbasis. Forsch.-Ing.-Wesen 23 (1957) 112–134.
11. Hoppe, J.: Die Belastung einer Hochdruckflanschverbindung durch die warmgehende Rohrleitung. BWK 19 (1967) 395–399.
12. Junker, G., Liebemann, H., Köthe, H.: Schraubenverbindungen; Berechnung und Gestaltung, Berlin: VEB-Verlag Technik 1968.
13. Kellermann, R., Klein, H. Ch.: Anziehdrehmomente für Schraubenverbindungen. Werkstofftechnik 30 (1960) 192–195; s. a. VDI-Z. 103 (1961) 12–13.
14. Kenny, B., u. a.: Stiffness of broad-faced gasketed flanged joints. The Journal of Mechanical Engineering Science 5 (1963) 1–14.
15. Kirchner, H., Staude, G.: Beitrag zur Berechnung von Ausbauflanschen. Voith Forschung und Konstruktion (1967) 15, S. 21–26.
16. Klapp, E.: Festigkeit im Apparate- und Anlagenbau. Düsseldorf: Werner-Verlag 1970.
17. Klosse, E., Titze, H.: Berechnung und Gestaltung geschnittener Flansche für niedrige Beanspruchungen. Schweißen und Schneiden (1960) 1 u. 4.
18. Kopp, L.: Gedanken zur Flanschberechnung nach DIN 2505. Wiss. Z. TH Otto von Guericke Magdeburg 9 (1965) 563–568.
19. Kopp, I. S.: Die zweckmäßige Flanschausbildung bei Dampfturbinengehäusen. Energomasinostroenie (1961) 12, S. 25–26; s. a. Konstruktion 15 (1963) 281.
20. Korndorf, B. A.: Hochdrucktechnik in der Chemie, Berlin: VEB Verlag Technik 1956.
21. Krägeloh, E.: Anforderungen an Dichtungen. Konstruktion 20 (1968) 206–212.
21a. Kreckel, K.: Beitrag zur Normung und Berechnung von Apparate-Flanschverbindungen. Konstruktion 13 (1961) 467–477.
22. Levy, S.: Bolt force to flatten warped flanges. Journ. of Engineering for Industry (1964) S. 269–272; Transaction of the ASME.
23. Lok, H. H.: Untersuchungen an Flanschen. Wiss. Z. TH Magdeburg 9 (1965) 553–558.
24. —: Untersuchungen an Dichtungen für Apparateflansche. Diss. TH Delft 1960.
25. Meck, H. R.: Analysis of bolt spacing for flange sealing. Journ. of Engineering for Industry 91 (1969) 290–292; Transaction of the ASME.

26. Meincke, H.: Konstruktionsgrundlagen der Vorschweißflansche. VDI-Z. 105 (1963) 549–556.
27. Niermayer, H.: Verspannungsschaubild und Berechnung von Flanschverbindungen. Konstruktion 5 (1953) 154–156.
27a. Pahl, G.: Prinzip der Aufgabenteilung. Konstruktion 25 (1973) 191–196.
28. Pollanz, A.: Zur Herstellung großer Apparate und Behälter. Techn. Mitteilung Krupp, Werksberichte 23 (1965) 135–141.
29. Reuter, H.: Die Flanschverbindungen im Dampfturbinenbau. BBC-Nachrichten 40 (1958) 355–365.
30. Rodgers, W. N., Chukwujekwu, S. E.: Design and test of boltless self-sealing joints. The Design and Function of Static seals. Inst. of Mech. Eng. Conference (1970) S. 20–38.
31. Schneider, R. W.: Flat face flanges with metal-to-metal contact beyond the bolt circle. Transaction ASME (1968) 82–88.
32. Schwaigerer, S.: Die Berechnung der Flanschverbindungen im Behälter- und Rohrleitungsbau. VDI-Z. 96 (1954) 7–12.
32a. — : Rohrleitungen, Berlin, Göttingen, Heidelberg: Springer 1967.
33. — : Festigkeitsberechnung von Bauelementen des Dampfkessel-, Behälter- und Rohrleitungsbaues, 2. Aufl., Berlin, Heidelberg, New York: Springer 1970.
34. Siebel, E., Haenle, S.: Entlastete Flanschverbindungen (Mitteilungen aus der Staatlichen Materialprüfungsanstalt an der Technischen Hochschule Stuttgart), s. a. Stradtmann, Stahlrohrhandbuch, 5. Aufl., 1956, S. 211–229.
35. Siebel, E., Schwaigerer, S.: Die Berechnung von Flanschverbindungen für Heißdampfrohrleitungen. Merkblatt Nr. 4 des Vereins der Großkesselbesitzer (1951), BWK 4 (1952) 409.
36. Soderberg, C. R.: Discussion of paper "Practical Aspects of Turbine Cylinder joints". Journ. of Appl. Mechanics, 6; Transaction ASME 61, S. 31–33.
37. Spijkers, A.: Flensberekeningen. Ingenieur 73 (1961) 167–175.
38. Stradtmann, F. H.: Stahlrohr-Handbuch, 6. Aufl., 1961.
39. Titze, H.: Elemente des Apparatebaues, Berlin, Göttingen, Heidelberg: Springer 1963.
40. Tochtermann, W., Bodenstein, F.: Konstruktionselemente des Maschinenbaues, Teil I, Berlin, Heidelberg, New York: Springer 1968, S. 221ff.
41. Ulmann, K.: Experimentelle Untersuchungen zur Flächenpressung in Teilfugen von Turbinengehäuseflanschen. Maschinenbautechnik 14 (1965) 571–575.
42. Venis, C. G.: Flenspakkingen (Flanschdichtungen). Polytechn. Tijdschr., Uitg. A 16 (1961) 846a–851a.
43. Waters, E. O., Schneider, R. W.: Axisymmetric, nonidentical, flat face flanges with metal-to-metal contact beyond the bolt circle. Journ. of Engineering for Industry (1969) S. 615–662; Transaction of the ASME.
44. Wedemayer, E. A.: Dichte Flanschverbindungen. Wärme 62 (1939) 11–12.
45. Weissbarth, D.: Berechnen von Flanschen an Hochdruckbehältern. VDI-Z. 102 (1960) 1068–1069.
46. Westphal, M.: Berechnung der Festigkeit loser und fester Flansche. VDI-Z. 41 (1897) 1036–1042.

20. Montage und Betrieb von Dichtungen

Im folgenden werden nur einige kurze Bemerkungen über dieses Kapitel gemacht, das praktisch aber naturgemäß von großer Wichtigkeit ist; infolge der Mannigfaltigkeit der Ausführungsformen sind allgemeine Anleitungen kaum zu geben. Angaben über den Einbau und die Wartung von Dichtungen sind recht spärlich zu finden. Vielfach enthalten die Druckschriften und Handbücher von Dichtungsherstellern [2] brauchbare Hinweise. In beschreibenden Büchern (z. B. [5]) sind ebenfalls Hinweise zu finden. Praxisnahe Ausführungen über die verschiedenen Dichtungsarten sind auch in den von „Power" herausgegebenen Darstellungen enthalten [7]. Beim Einbau stationärer Dichtungen ist auf möglichst gleichmäßiges Anziehen der Verbindungselemente (Schrauben) zu achten, wobei eine wohlüberlegte Reihenfolge des Festziehens einzuhalten ist (siehe z. B. die Anweisungen der Hersteller von Zylinderkopfdichtungen!). Die gleichmäßige, der Berechnung entsprechende Vorspannung wird durch Drehmomentschlüssel besser (aber keineswegs sicher) erreicht; in schwierigen Fällen ist reibungsloses Anziehen der Schrauben anzuwenden (s. S. 33).

Der Zusammenbau und Einbau von Stopfbüchsen erfolgt teilweise bereits automatisiert [1, 3, 6]. Für den Ausbau von Packungen sind praktische Geräte erhältlich (s. Listen der Hersteller). Bei gefährlichen Betriebsstoffen (wie z. B. Sauerstoff) müssen die Sicherheits- und Betriebsvorschriften besonders sorgfältig beachtet werden [4].

Von besonderer Wichtigkeit ist, daß die im Betrieb (vor allem durch hohe Temperaturen) auftretenden Lagen- und Abmessungsänderungen der Teile ohne Klemmen und dergleichen aufgenommen werden können.

Schrifttum zu Abschnitt 20

1. Anonym: Assembly operations automated. Engineering 206 (1968) 505.
2. Anonym: Gewinderohre und Fittings – Herstellung und Verarbeitung. Techn. Vereinigung f. Schraubenverbindungen und Gewinderohre e. V., Eislingen 1961.
3. Koepke, D. H., Romine, C.: Assembly practices for dynamic seals. Assembly Engineer-
4. Schlebeck, E., u. a.: Schadensfälle an Sauerstoffarmaturen. ZIS-Mitteilungen 7 (1965) 1019–1035.
ing 7 (1964) 38–41.
5. Seifert, F. W.: Dichtungs-Praktikum, Hamburg: Verlag Der Industriemeister 1970.
6. Westwood, J. W.: Automatic assembly. Mass Production 45 (1969) 19–23, 26–28, 30.
7. Elonka, S.: Packing; "Power" practical manuals 1955, 1956.

21. Die Dichtung bewegter Maschinenteile

Grundsätzlich sind zur Abdichtung bewegter Maschinenteile zwei Wege gangbar:

a) Herstellung eines möglichst engen Spaltes unter gegenseitiger Anpressung der Dichtflächen; der Undichtheitsquerschnitt ist unbekannt und zeitlich veränderlich: bewegte Berührungsdichtungen.
b) Einhalten eines bestimmten Spaltes unter Vermeiden eines gegenseitigen Anpressens der Dichtflächen; der Undichtheitsquerschnitt ist bekannt und zeitlich konstant: berührungsfreie Dichtungen.

Die Unterscheidung in bewegte Berührungsdichtungen und berührungsfreie Dichtungen ist nicht immer eindeutig möglich. Ein Beispiel hierfür sind die Gleitringdichtungen. Die Mehrzahl von ihnen arbeitet mit Festkörperberührung (Mischreibung) und zählt daher zu Recht zu den Berührungsdichtungen. Es gibt aber Bauarten, bei denen infolge hydrodynamischer Ausbildung der Gleitflächen zwischen diesen dauernd ein Spalt vorhanden ist, der von Dichtmittel (Schmiermittel) erfüllt ist (Flüssigkeitsreibung), womit eine Zwischenform entsteht (Spaltweite kaum definierbar), während durch entsprechende Spaltform und die dadurch bewirkte Spaltströmung bzw. Druckverteilung im Spalt eine echte berührungsfreie Dichtung entsteht.

21.1 Berührungsdichtungen an bewegten Maschinenteilen (Stopfbüchsen)

(Berührungsdichtungen an gleitenden Flächen)

21.1.1 Allgemeine Grundlagen

a) Die Wirkungsweise von Berührungsstopfbüchsen

Bei den ruhenden Berührungsdichtungen ist es grundsätzlich möglich, jedes flüssige Betriebsmittel durch Herstellung eines entsprechend kleinen Dichtspaltes, dessen Sperre dann durch Molekülkräfte erfolgt, abzudichten. Auch bei den bewegten Berührungsdichtungen wird die Wirkung der molekularen Kräfte des abzudichtenden, flüssigen Mediums zur Erklärung der vollständigen Dichtheit – trotz vorhandener Spaltweite – herangezogen. Infolge der relativen Bewegung der Dichtflächen zueinander und deren Rauhigkeit und Formverschiedenheit wird es aber oft nicht gelingen, jene maximale Spaltweite zu erreichen welche höchstens noch zulässig ist. Ob dabei durch die Relativbewegung der Dichtflächen eine Störung der Wirkung der molekularen Kräfte eintritt erscheint noch nicht genügend geklärt.

Außer der unmittelbaren Lässigkeit infolge der Strömung durch den vorhandenen Leckquerschnitt beruhen die Leckverluste noch auf der Raumwirkung der Oberflächenunebenheiten sowie auf der Haftfähigkeit von Flüssigkeiten an festen Körpern (Abstreifen außerhalb der Packung).

Es scheint weiter noch ein Flüssigkeitstransport vorzuliegen, der als ,,Flüssigkeitsaustauschströmung'' [10] bezeichnet wird.

,,Zwischen Wellenoberfläche und Dichtung bilden sich in Form und Größe statistisch verteilte und dauernd ihre Lage wechselnde kleine Hohlräume; deren Größe hängt ab von den Formabweichungen der Welle und der Packungsoberfläche und vom visko-elastischen Verhalten des Packungsmaterials. Die in diesen Hohlräumen eingeschlossene Flüssigkeit kann örtlich beliebige Drücke aufweisen, je nachdem, ob sich eine solche Kaverne gerade vergrößert oder verkleinert. Auf der Niederdruckseite werden diese kleinen Hohlräume immer wieder nach außen geöffnet und ausgepreßt; im Innern der Packung werden sie neu aufgefüllt und ihr Inhalt wandert in statistisch wechselnder Richtung nach außen. Je größer die radiale Pressung, desto kleiner sind die Hohlräume und desto geringer wird der Leckverlust'' (zit. n. [12]).

Besonders bei den Hydraulikdichtungen (s. S. 225) tritt die sog. ,,Quetschströmung'' auf.

Die letztgenannten Verlustursachen sind noch wenig erforscht.

Die Leckverluste sind aber oft derart klein, daß sie bedeutungslos werden und man praktisch von einer dichten Stopfbüchse spricht; die Leckmengen verdampfen auch oft bei Atmosphärendruck, bevor sie in Erscheinung treten.

Je nach dem abzudichtenden Medium wird für die Leckmenge entweder keine besondere Vorkehrung getroffen oder aber eine Vorstopfbüchse angeordnet, die der Hauptstopfbüchse nachgeschaltet ist. Als Vorstopfbüchse wird oft eine einfache Weichpackung verwendet oder auch nur eine Abdichtung die einer Schutzdichtung entspricht. In sehr heiklen Fällen kann zwischen einem Raum für die Gasabsaugung und der Vorstopfbüchse noch ein weiterer Raum abgetrennt werden, der z.B. mit einem inerten Sperrgas (Luft, Stickstoff u.ä.) durchspült wird. Durch diesen Raum kann auch Kühlöl geführt werden, wenn das zur Kühlung der Kolbenstange nötig ist. Gasspuren, die das Kühlöl mit sich führt, müssen in einer an die Stopfbüchse anschließenden Saugkammer (Länge größer als der Kolbenhub) bei erheblichem Unterdruck entfernt werden. Die Bilder 21.1 und 21.2 zeigen Ausführungen von Stopfbüchsen mit Vorstopfbüchsen.

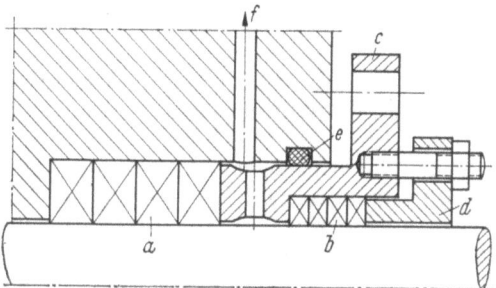

Bild 21.1. Weichpackungsstopfbüchse mit Vorstopfbüchse.
a Hauptstopfbüchse; b Vorstopfbüchse; c als Laterne ausgebildete Brille; d Brille der Vorstopfbüchse; e Dichtung der Hauptbrille; f Abführung der Undichtheit (nach [29]).

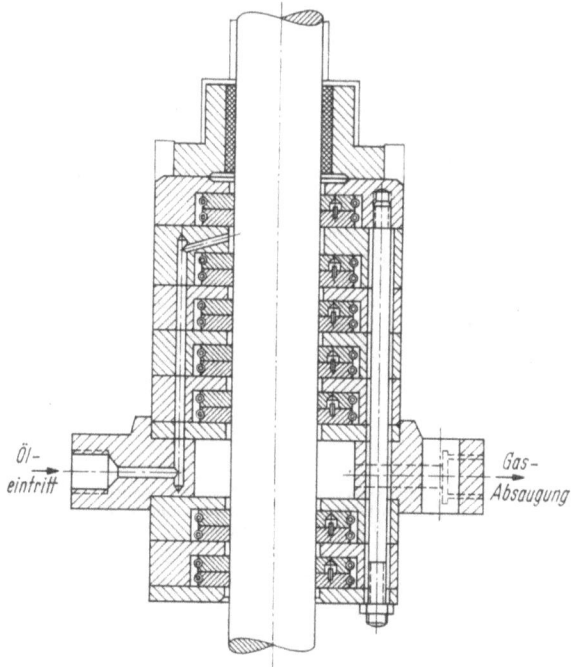

Bild 21.2. Metallstopfbüchse eines Kolbenkompressors mit Vorstopfbüchse [5].

In manchen Fällen führen die Konstruktionsbedingungen zu Doppeldichtungen, d. s. zwei hintereinander angeordnete Dichtungen, die in ihrer Funktion den Weichpackungsstopfbüchsen mit Laterne bzw. den Vorstopfbüchsen ähneln. Sie bestehen dann manchmal nur aus zwei Dichtungskammern mit Hartstoffringpackungen mit einem entsprechenden Zwischenraum. Sie können dazu dienen, durch ein Sperrmittel zwei verschiedene Betriebsmittel zu trennen (z.B. Einführung von Helium oder Stickstoff als trennendes Sperrgas zwischen Brennstoff und Sauerstoffträger bei Raketenantrieben) oder aus dem Zwischenraum Lecköl abzuführen, um seine Zumischung zu einem sauberzuhaltenden Gas zu verhindern, oder um Druckflüssigkeit von der Welle in das Gehäuse überzuleiten u. ä.

Der Undichtheitsquerschnitt, der sich gemäß der vorhandenen Dichtpressung einstellt, ist fast stets unbekannt. Eine rechnungsmäßige Erfassung des Leckverlustes ist daher kaum möglich.

Für die Dimensionierung der Stopfbüchsen (Abmessung und Anzahl der hintereinander geschalteten Packungselemente) können daher nur Hinweise gegeben werden.

Reibung, Verschleiß und Wärmeentwicklung sind Erscheinungen, die bei den bewegten Berührungsdichtungen im Vergleich mit den ruhenden neu in Erscheinung treten. Es stellen sich ähnliche Verhältnisse wie bei Gleitlagern und Führungen ein.

In Fällen sehr geringer Gleitgeschwindigkeit (Stopfbüchsen von Absperrventilen, Dehnungsstopfbüchsen) treten Verhältnisse ein, die weitgehend jenen von ruhenden Dichtungen entsprechen. Der Packungswerkstoff kann vermöge seiner Querelastizität den langsamen Formänderungen folgen, so daß eine gute Angleichung der beiden Dichtflächen stattfindet.

b) Die Undichtheitswege der Stopfbüchsenpackung

Aufgabe der bewegten Berührungsdichtungen (Stopfbüchsenpackung) ist es, den Dichtspalt zu sperren (Bild 21.3), welcher notwendigerweise zwischen relativ zueinander bewegten Teilen vorhanden sein muß. Ungenauigkeiten in der Bearbeitung, Abnützung, Formänderung und Verlagerung der arbeitenden Teile können Veränderungen des Spaltes hervorrufen; die Packung muß genügend Ausgleichsmöglichkeiten bieten.

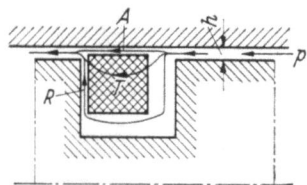

Bild 21.3. Sperrung des Dichtspaltes (Undichtheitsweges) von Stopfbüchsen (Schema).
A axialer Undichtheitsweg; R radialer Undichtheitsweg; T Werkstoff- und Teilfugenundichtheit; h Dichtspalt; p Richtung des Druckgefälles.

Die Sperrung des Dichtspaltes zwischen bewegtem und ruhendem Maschinenteil löst sich in der Stopfbüchsenpackung bzw. im Packungselement in die Aufgabe auf, folgende Undichtheitswege zu sperren: Weg A der axialen Undichtheit, Weg R der radialen Undichtheit und Weg T der Teilfugen- und Werkstoffundichtheit.

Die Schwierigkeiten, diese Wege zu sperren, sind sehr verschieden und werden konstruktiv auf die verschiedenartigste Weise gelöst (eine Darstellung erfolgt bei der Beschreibung der einzelnen Stopfbüchsenbauarten).

Im allgemeinen sind Undichtheitswege, die eine hohe Relativgeschwindigkeit der Dichtflächen aufweisen, schwierig abzudichten, weil für sie das Ausfüllen von Undichtheitsquerschnitten durch die elastische Formänderung von Dichtungsmaterial nicht mehr möglich ist. Am schwierigsten abzudichten sind Gleitflächen, welche relativ wendebewegt zueinander sind.

Es ist ein konstruktiv sehr aussichtsreicher Weg, die Schwierigkeiten der Abdichtung durch die Verlegung der Abdichtung auf günstiger zueinander bewegte Flächen oder möglichst ruhende Flächen zu vermindern (Beispiel: Gleitringstopfbüchse).

Die Werkstoffundichtheit wird entweder durch dichtes Gefüge der Packungswerkstoffe oder durch Sperrscheiben vermieden, die Teilfugenundichtheit durch Gestaltungsmaßnahmen (Überdeckungen) aufgehoben oder durch ungeteilte Ausführung überhaupt vermieden.

c) Anforderungen an die bewegten Dichtflächen (Lauffläche, Gleitfläche) der Stopfbüchsen

Bei den bewegten Berührungsdichtungen treten zu den bei den ruhenden Berührungsdichtungen besprochenen Forderungen an die Werkstoffe der Dichtflächen noch zusätzliche; zu erwähnen sind:

1. Die Oberflächenfeingestalt [1]. Diese hängt mit der Art der Bearbeitung zusammen. Es ergeben sich Oberflächen, die sich wesentlich in ihrer Ölhaltigkeit unterscheiden. Oberflächen von besonderer Glätte verursachen u.U. ein Trockenlaufen der Dichtung mit allen daraus entstehenden Folgen.

Eine Oberflächenrauhigkeit von 4 bis 5 μm wird vielfach als vorteilhaft bezeichnet.

Eine besonders günstige Wellenlauffläche wird durch Kugelstrahlen bewirkt [4a]; die entstehenden kleinsten, muldenartigen Vertiefungen wirken wie feinst verteilte Schmiertaschen.

Unbedingt schädlich sind Riefen und Rattermarken, welche eine scheuernde Wirkung auf die Dichtung ausüben. Gewindeähnliche Oberflächenunebenheiten der Welle, welche durch die Bearbeitung auf der Drehbank oder auf der Rundschleifmaschine entstehen, können eine regelrechte Förderung kleinster Flüssigkeitsmengen bewirken.

2. Verschleißfestigkeit. Naturgemäß ist besonders die Festigkeit des Werkstoffes hinsichtlich Reibverschleiß wichtig. Widersprechen dem die Festigkeitsanforderungen an die Welle oder handelt es sich bei dieser um einen kostspieligen Bauteil, dessen Verschleiß unbedingt vermieden werden muß, so sind Wellenschonbüchsen anzuordnen oder die Wellenoberfläche ist gesondert zu behandeln (z.B. durch Hartverchromen, Stärke der Chromauflage etwa 0,2 mm).

3. Laufgenauigkeit der Welle (Stange). Die Forderung nach größtmöglicher Laufgenauigkeit führt zu den Forderungen nach Rundheit, zentrischem Lauf und geringer Wellendurchbiegung. Je größer die Drehzahl, desto schärfer müssen diese Forderungen erfüllt werden.

Gerade hier muß der Konstrukteur der Stopfbüchse unter sorgfältigster Berücksichtigung des Gesamtentwurfes der Maschine vorgehen.

21.1.2 Übersicht über die Bauarten

Es ist nicht ohne weiteres möglich, in die Vielfalt der Bauarten von Stopfbüchsen eine Übersicht zu bringen. Man kann verschiedene Unterscheidungen treffen, wie z.B. zwischen verformbaren Packungen, bei welchen die Dichtpressung durch äußere Kräfte ausgeübt wird und solchen, bei welchen eine innere Kraft (der Betriebsdruck) die Dichtkraft wesentlich beeinflußt (wie bei den selbsttätigen Dichtungen). Die nachfolgende Aufgliederung bezweckt daher nur, kennzeichnende Vertreter der Bauarten darzustellen.

21.1.3 Verformbare (verdichtbare) Packungen

a) Weichpackungen

Die Packungswerkstoffe sind von großer Mannigfaltigkeit. Als Weichstoffe werden verwendet: Hanf, Baumwolle, Asbest, Nesselgewebe, Leder, Gummi, Gutapercha und synthetische Stoffe. Als Weichmetalle: Blei, Kupfer, Aluminium u. a. – Ein Teil dieser Packungen zeichnet sich durch die Fähigkeit aus, Schmierstoff gespeichert zu enthalten und im Betrieb verhältnismäßig langsam abzugeben.

Die übliche Packung besteht aus einem Grundgefüge, das die Füllstoffe und das Schmiermittel aufnimmt. Meist ist das Grundgefüge aus Fasern aufgebaut, die organischer oder anorganischer Herkunft sind und in verschiedener Form – regellos als Stopfpackung oder nach einem bestimmten System als Gewebe oder Geflecht – die Packung bilden.

Werkstoffelastizität und Herstellungsart des Grundaufbaues wird als wichtig für die Elastizität der ganzen Packung bezeichnet [13, s.a. 28] und damit auch für ihre Fähigkeit dynamische Einflüsse, z.B. Schwingungen aufzunehmen.

Für das Weichpackungsmaterial sind besonders zwei Eigenschaften wichtig (wie auch bei den statischen Abdichtungen!): Kriechverformung und Spannungsabbau (Relaxation).

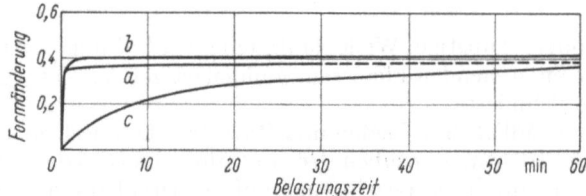

Bild 21.4. Formänderung von Packungen aus Baumwollgeflecht mit verschiedenen Imprägnierungen in Abhängigkeit von der Belastungsdauer. Druckbelastung 21 kp/cm². *a* Packung trocken; *b* ölimprägniert; *c* graphit- und ölimprägniert (nach [13]).

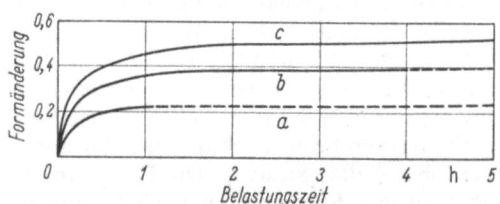

Bild 21.5. Formänderung einer Packung aus graphitimprägniertem Baumwollgeflecht in Abhängigkeit von der Belastungsdauer bei verschiedenen Druckbelastungen. *a* 7 kp/cm²; *b* 22 kp/cm²; *c* 60 kp/cm². (nach [13]).

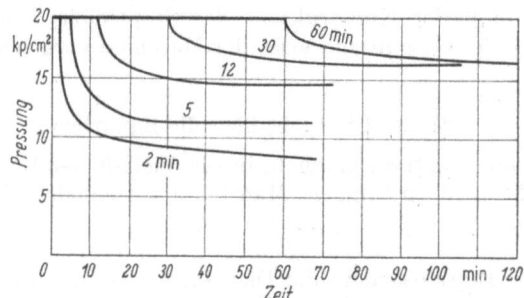

Bild 21.6. Spannungsabbau einer mit Fett und Graphit imprägnierten Hanfpackung nach verschieden lange aufrechterhaltener Anfangspressung von 20 kp/cm² (nach [13]).

21.1.3 Verformbare (verdichtbare) Packungen

Die Kriechverformung ist nicht nur von der Art der Packung, sondern auch von deren Imprägnierung und von der Höhe der Druckbelastung und der Belastungsdauer abhängig (Bild 21.4, 21.5). Der Spannungsabbau ist (Bild 21.6) bei kurzer Belastungsdauer außerordentlich hoch. Beide Darstellungen zeigen gewissermaßen die inneren Gründe dafür, daß bei unter Spannung stehenden Stopfbüchsen während des Betriebes eine innere Umordnung dieser Spannungen eintritt und als Folge davon auch eine Veränderung des Dichtverhaltens; Bild 21.7 zeigt dies deutlich!

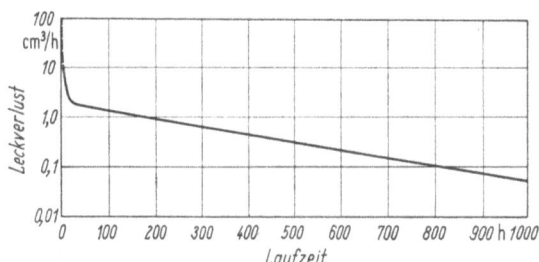

Bild 21.7. Exponentielle Lässigkeitsabnahme von Weichpackungsstopfbüchsen mit der Laufzeit (Mittelwertkurve vieler verschiedener Packungen) (nach [13]).

1. Packungsschnüre. Die Packungsschnüre werden durch Flechten in vielen Flechtarten, Klöppeln oder Falten hergestellt; geflochtene Packungen werden bevorzugt. Der Querschnitt ist meist quadratisch, aber auch rechteckig und rund. Die Packungsschnüre werden oft mit einer Imprägnierung (Tränkung) verwendet; Kerne aus Gummi oder anderen Stoffen werden zur Veränderung der elastischen oder anderer Eigenschaften eingebaut.

Zweck der Tränkung:

α) Schmierung der Gleitflächen (selbstschmierende Packung),
β) Schutz der Packungswerkstoffe vor chemischen Einwirkungen des Betriebsstoffes,
γ) Beseitigung der Werkstoffundichtheit. Als Grundringe, Schlußringe und Zwischenringe für Stopfbüchsenpackungen aus formgepreßten Ringen oder Schnüren werden Metallringe oder Kunststoffringe eingebaut.

Fettgetränkte Packungen können durch Kammerung mit Kunststoffflachringen (Dichtscheiben) oder Metallfolien erhöhte Laufzeiten erreichen (siehe später!).

Eine am Grund der Stopfbüchse angeordnete Hutmanschette kann zur Verminderung der Belastung der anschließenden Fettpackungen wesentlich beitragen.

2. Knet- und Stopfpackungen [18]. Werkstoffe sind z.B. Weißmetallspäne mit Flockengraphit und Ölzusatz. Diese Art von Packung zeichnet sich durch besonders einfache Vorratshaltung aus.

3. Fertige Ringe. Material: It-Stoffe, Weichgraphit, gepreßte Weißmetallspäne und ähnliches. Die Ringe sind entweder geschlitzt (wie selbstspannende Kolbenringe), geteilt oder ungeteilt. Bei geteilten Ringen soll die Teilung so erfolgen, daß der Druck des folgenden Ringes die Teilflächen aufeinanderpreßt.

Diese Bauart stellt bereits einen Übergang zu den formbeständigen Packungen dar.

4. Formringe aus Weichstoffen. Die in dieses Kapitel gehörenden Gummiringe mit kreisförmigen oder anderen Querschnitten sind in einem eigenen Abschnitt zusammengefaßt (Hydraulikdichtungen).

Formringe werden als Weichpackungen auch angewendet, um verbesserte Reibungsverhältnisse besonders bei hohen Drücken zu erhalten. Bild 21.8 zeigt eine Stangenabdichtung mit Teflontrapezringen. Zu beachten ist die Federbelastung der Packung (Verminderung des Einflusses von Längenänderungen infolge Temperaturdifferenzen).

Bild 21.9 zeigt die Abdichtung eines Durchgangsventiles mit Kegelringen, wie sie für kurze Stopfbüchsenräume gebaut wird. Die linke Bildhälfte zeigt für hohe Drücke und Temperaturen nur einen innendichtenden Kunststoffkegelring und eine Außendichtung in Form einer in einer Nut liegenden Flachdichtung; die rechte Bildhälfte einen innen- und außendichtenden Kegelring mit nachstellbarer Verschraubung. Die axiale Kraft wird durch Tellerfedern erzeugt, welche durch die Verschraubung gespannt werden.

Oftmals kombinierter Einbau mehrerer Packungsarten in einer Stopfbüchse; auch läßt man die Härte der Packung von innen nach außen zunehmen.

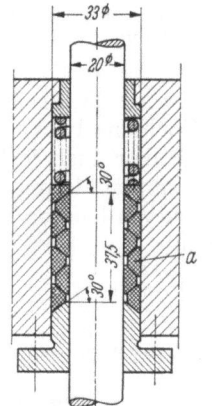

Bild 21.8. Stangenabdichtung mit Teflontrapezring a [11].

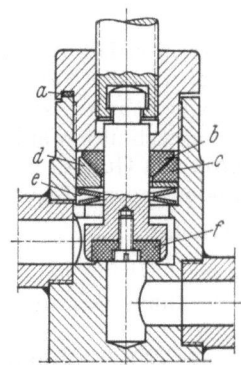

Bild 21.9. Abdichtung eines Durchgangsventiles [11].
a Flachdichtung; b Teflonkegelring, innendichtend; c Teflonkegelring, außendichtend; d V4A-Ring; e Tellerfeder; f Vollteflondichtung.

b) Wirkungsweise der Weichpackungsstopfbüchsen

Die Weichpackungsstopfbüchsen beruhen darauf, daß Weichstoffe den auf sie (durch die Brille) ausgeübten Druck allseitig weiterleiten – ähnlich wie Flüssigkeiten. Die Abdichtung der axialen Undichtheit erfolgt dabei durch die Querdehnung des Dichtungswerkstoffes infolge der äußeren Kraft (Brillenkraft). Die Abdichtung des radialen Undichtheitsweges entspricht der Wirkungsweise der Weichdichtungen bei ruhenden Dichtungen; Dichtkraft ist die äußere Kraft. Die Abdichtung der Werkstoffundichtheit erfolgt entweder durch die Verdichtung des Gefüges durch die Dichtkraft, wobei meist (bei Faserstoffen) die Zwischenräume durch das Schmiermittel abgedichtet werden oder durch Einschaltung eigener Dichtscheiben (Bild 21.10).

21.1.3 Verformbare (verdichtbare) Packungen

Die Kammerung der Ringlagen durch Scheiben (Werkstoff: korrosionsfeste Werkstoffe oder Kunststoffe) schützt die Packung vor vorzeitigem „Ausbluten", Austrocknen und raschem Verschleiß. Die Druckverteilung wird günstiger; wesentlich längere Standzeit der Packung. Empfohlen wird [5] Ausführung der Scheiben im Außendurchmesser 0,2 mm kleiner, im Innendurchmesser 0,2 mm größer als die Packungsringe (geschlossen oder geschlitzt).

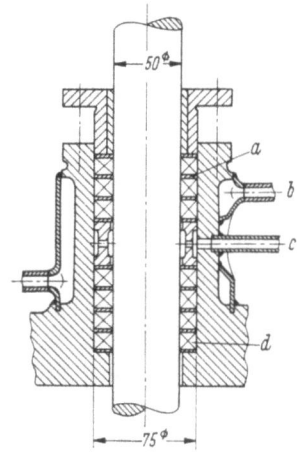

Bild 21.10. Stopfbuchsdichtung einer Rührwerkswelle [11].
a 1,5 mm dicke Teflonzwischenscheiben als Kammerungsringe; b Kühlung; c Sperrgas; d Teflonstopfpackung.

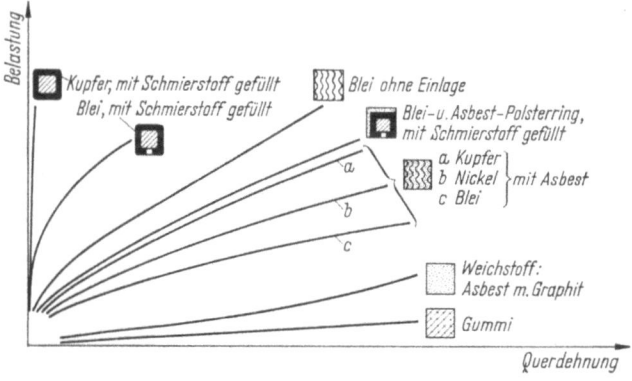

Bild 21.11. Querdehnungen von plastischen Packungsringen bei Raumtemperatur in Abhängigkeit von der Belastung.

Die Teilfugenundichtheit wird durch hintereinander geschaltete Dichtungselemente mit versetzten Teilfugen bzw. durch Dichtscheiben möglichst beseitigt.

Wie sehr die Querdehnung der einzelnen Werkstoffe verschieden ist, zeigt Bild 21.11.

Montagezustand. Bild 21.12 zeigt schematisch eine Weichpackungsstopfbüchse im Montagezustand, d.h. mit angezogener Brille, aber ohne Innendruck und bei stillstehender Welle. Die ursprüngliche Packungslänge l' hat sich beim Anziehen der Brille mit der Brillenkraft F_1 auf die Länge l verringert. Es ist $l = K_l \cdot l'$; K_l = Verringerungsfaktor (im Schrifttum [30] finden sich die Werte $K_l = 0{,}85$ bis $0{,}33$, entsprechend einem Brillendruck $p_1 = 50$ bis 900 kp/cm²).

198   21. Die Dichtung bewegter Maschinenteile

Als Folge der axialen Brillenkraft F stellt sich wegen der Eigenschaft der Querdehnung des Packungswerkstoffes eine Radialkraft $K \cdot F$ ein, die eine Anpressung (einen Radialdruck) der Packung an Welle und Gehäuse bewirkt (eine tatsächliche Querdehnung ist ja nicht möglich, da die Packung im Stopfbüchsenraum vollständig eingeschlossen ist). K ist also der Faktor, der das Verhältnis des Radialdruckes zum Axialdruck bestimmt, eine für den ganzen Dichtungsvorgang äußerst wichtige Konstante.

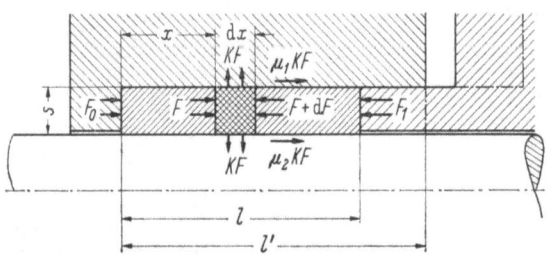

Bild 21.12. Weichpackungsstopfbüchse im Montagezustand (schematisch).
l' Packungslänge vor dem Anziehen der Brille; l Packungslänge nach dem Anziehen der Brille; s Dicke der Packung; F_1 Brillenkraft; F Axialkraft an der Stelle x infolge der Brillenkraft; F_0 Brillenkraft am Grundring; K Verhältnis des Radialdruckes zum Axialdruck; μ_1, μ_2 Reibungszahlen zwischen Packung und Gehäuse bzw. Welle.

K hängt von der Art der Packung (Material, Form) ab und liegt etwa in den Grenzen 0,6 bis 1,0; der letztere Wert, der bei weichen Packungen erreicht wird, entspricht bereits dem Verhalten einer Flüssigkeitsfüllung des Packungsraumes (hydrostatischer Spannungszustand). Die Radialkraft erzeugt an Welle und Gehäuse beim Anziehen Reibungskräfte (μ_1, μ_2). Infolge dieser Reibung fällt der Packungsdruck in Achsrichtung ab; seinen kleinsten Wert erreicht er am inneren Ende der Packung, am Grundring. Werden die im Packungselement wirkenden Kräfte ins Gleichgewicht gesetzt, dann ergibt sich für den Verlauf des Packungsdruckes die Gleichung

$$p/p_1 = e^{-(\mu_1+\mu_2)\frac{Kx}{s}} \; ; \quad s = \text{Dicke der Packung}.$$

Entsprechend fällt auch die Brillenkraft nach einer Exponentialfunktion ab (Bild 21.13). Die Reibungszahlen können etwa geschätzt werden zu 0,05 bis 0,15. Der starke Abfall des Brillendruckes ist naturgemäß unerwünscht, da man schon

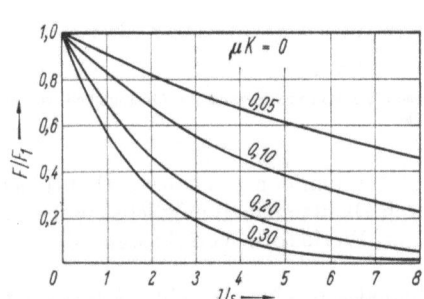

Bild 21.13. Exponentielle Abnahme der Brillenkraft für $\mu_1 = \mu_2$.

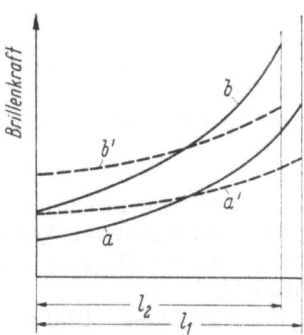

Bild 21.14. Verlauf der Brillenkraft bei wiederholtem Anziehen.
a erstmaliges Anziehen; a' Zustand nach der darauffolgenden Umordnung der Spannungen; b zweites Anziehen (Nachziehen); b' weitere Umordnung; l_1 Packungslänge nach dem ersten Anziehen; l_2 Packungslänge nach dem Nachziehen.

21.1.3 Verformbare (verdichtbare) Packungen

gefühlsmäßig einen möglichst hohen Druck am Grundring anstrebt. Es gibt daher praktische Maßnahmen (z. B. Vorpressen der Packungsringe) und konstruktive Vorschläge (z. B. radiale Anpressung der Packungsringe [12]), die hier Abhilfe schaffen wollen. Nach dem Anziehen der Brille treten Setzerscheinungen der Packung auf, die eine Vergleichmäßigung der Spannung zur Folge haben und die nach erfolgtem Nachziehen etwa den in Bild 21.14 gezeigten Verlauf der Brillenkraft ergeben werden.

Betriebszustand. Der Druck p_i tritt als abzudichtender Betriebsdruck auf, zu dichten ist gegen eine drehende oder hin- und hergehende zylindrische Fläche. Die Verhältnisse sind grundverschieden, je nachdem man eine absolut dichte Stopfbüchse oder eine solche mit einer gewissen (wenn auch geringen) Lässigkeit voraussetzt; letzterer (häufigerer) Fall sei vorerst angenommen. Sehr oft wird nämlich eine geringe Undichtheit als unerläßlich erachtet, und zwar zur Abführung der Reibungswärme.

Es treten gegenüber dem Montagezustand etwa folgende Änderungen ein:
1. Auftreten eines durchgehenden Spaltes zwischen Packung und Welle.
2. Auftreten einer (kleinen) Lässigkeit (gemäß der Annahme).
3. Druckabfall des Betriebsstoffes auf der Packungslänge l.
4. Einfluß des Betriebsdruckes auf die Packung und damit auf die Abdichtverhältnisse 1. bis 3.

Bezüglich des Punktes 4. bestehen wesentliche Unterschiede je nachdem man a) die Packung als selbsttätige Dichtung [26] oder b) als Spaltdichtung [3] betrachtet.

a) Die am inneren Ende der Stopfbüchse noch vorhandene restliche Brillenkraft F_0 leitet als Initialkraft die Wirkung des Betriebsdruckes ein. Durch den in der Stopfbüchse eintretenden Abfall des Betriebsdruckes – der seinen größten Wert am Brillenende hat – erreicht dort auch die hydraulische Kraft ihren Höchstwert. Es kommt zu einer Verformung der Packung und damit zu einer Neuordnung (Umbildung) der Druckverteilung in der Packung (Bild 21.15, voll ausgezogener Druckverlauf).

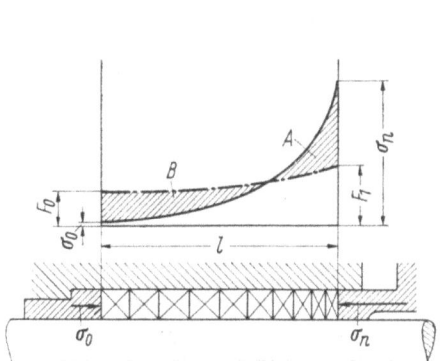

Bild 21.15. Umordnung der Druckverteilung in der Stopfbüchse nach Inbetriebnahme (nach [26]). *A* Abnahme; *B* Zunahme der Zusammendrückung.

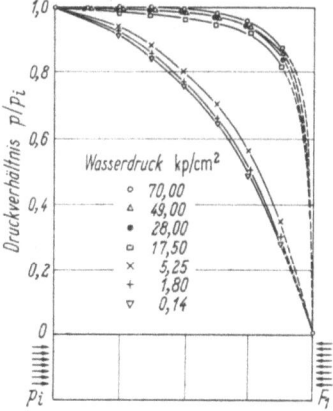

Bild 21.16. Versuchsergebnisse an Weichpackungsstopfbüchsen mit hohen und niedrigen Betriebsdrücken (nach [26]). Packung aus 4 Ringen. Jede Versuchsreihe wurde 6 Stunden nach dem Wechsel des Druckes aufgenommen; Drehzahl 850 U/min; angewendeter Brillendruck 17,5 kp/cm²; Wasserdruck 70 bis 0,14 kp/cm².

Die starke Veränderung der Berührungsdrücke verursacht naturgemäß einen sehr ungleichen Verschleiß der Welle, der in Brillennähe am stärksten sein wird. Durch Wartungsfehler (z. B. Nichtauswechseln der verhärteten inneren Ringe) kann sich allerdings das Abnutzungsbild der Welle vollkommen verändern, wie die Erfahrung zeigt.

b) Wird die Stopfbüchse als Spaltdichtung betrachtet, so ergeben sich zwei Grenzfälle, je nachdem die axiale Spannung, bewirkt durch das Anziehen der Brille, ausschlaggebend ist (kleine Flüssigkeitsdrücke), oder ob die Kräfte in der Packung hauptsächlich von der abzudichtenden Flüssigkeit herrühren (große Flüssigkeitsdrücke) (Bild 21.16). Im ersteren Fall verläuft der Druckabfall exponentiell, im zweiten Fall dichtet eigentlich nur der letzte Teil der Stopfbüchse (etwa 10% der Packungslänge), im Gegensatz zu den Verhältnissen bei niedrigen Drücken.

Ist die Stopfbüchse vollkommen dicht, so gibt es keinen definierten Druckverlauf. Der Hauptteil des Druckabfalles wird im allgemeinen auf den letzten Ring entfallen, unabhängig von der gesamten Zahl der Ringe.

c) Konstruktive Ausführung

Eine Weichpackungsstopfbüchse einfachster Bauart ist auf Bild 21.17 dargestellt. Die Hauptteile sind: a Stopfbüchsengehäuse; b Brille; c Packungsraum; d Brillenschrauben; e Grundbüchse. Diese einfachen Stopfbüchsen sind nur zur Abdichtung langsam bewegter Spindeln (z. B. von Absperrorganen) geeignet. In solchen Fällen kann die Grundbüchse die Führung der Spindel übernehmen; im allgemeinen sollte die Stopfbüchse nicht zum Tragen der Welle oder Stange herangezogen werden. Nur der dichtende Teil darf die Welle berühren (Funktionstrennung). Konische Ausbildung von Grundbüchse und Brillendruckfläche sind zu vermeiden, weil sie eine frühzeitige Zerstörung der Packungsringe herbeiführen; die Anpressung der Weichpackung an die Stange sollte allein durch die Querdehnung der Packung erfolgen.

Bild 21.18 zeigt eine bessere Ausführung. Der Grundring d umschließt mit kleinem Spiel die Stange und verhindert so eine Mitnahme von Faserstoffen. Durch das Einschalten des Brillendruckstückes e mit balliger Fläche zwischen a und b wird das Klemmen der Brille infolge schiefen Anziehens vermieden.

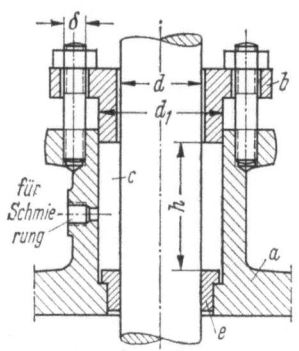

Bild 21.17. Einfache Weichpackungsstopfbüchse.

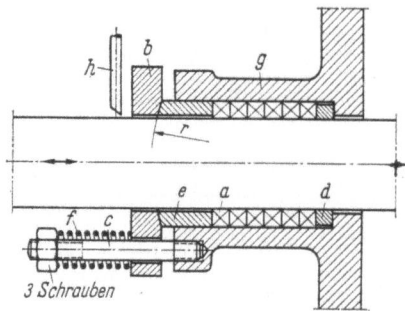

Bild 21.18. Stopfbüchse mit Weichpackung.
a Packungsringe; b Brille; c Brillenschrauben; d Grundring; e Brillendruckstück; f Feder; g Stopfbüchsengehäuse; h Tropfschmierung.

21.1.3 Verformbare (verdichtbare) Packungen

d macht die Querbewegung der Stange mit, es muß daher reichlich äußeres radiales Spiel haben. Großes inneres radiales Spiel hat die Grundbohrung des Gehäuses, der Brillendruckring und die Brille, um die Querbewegungen der Stange nicht zu behindern. Die Feder f sorgt für eine elastische (fast gleichbleibende) Anpressung der Packung.

Weitere Ausführungen gefederter Weichpackungsstopfbüchsen zeigen die Bilder 21.19 und 21.20.

Bei Raummangel können mit Vorteil auch quergeteilte Brillen verwendet werden; für kleine Durchmesser sind Schraubbrillen (z. B. Ausführung mit Überwurfmutter, Bild 21.21) geeignet.

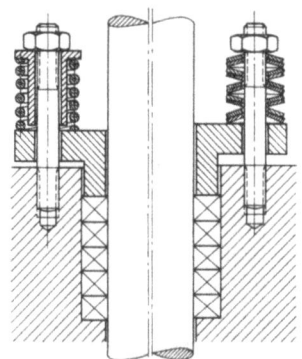
Bild 21.19. Weichpackungsstopfbüchse mit Federung unter den Stopfbüchsschrauben durch Schraubenfedern (links) und durch Tellerfedern (rechts). Die in der Schraubenfeder sitzenden Buchsen dienen dem erstmaligen festen Anziehen. Bei den Tellerfedern ist die Buchse nicht notwendig, da diese flachgedrückt werden dürfen [29].

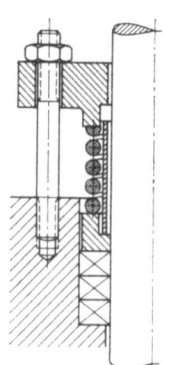
Bild 21.20. Weichpackungsstopfbuchse mit zentraler Schraubenfeder und Anschlagbuchse zur Aufbringung der Vorpressung [29].

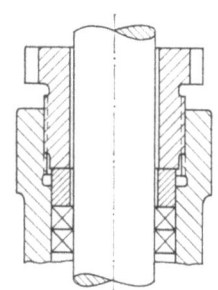
Bild 21.21. Überwurfschraube und Druckstück [27].

Vorteile dieser Weichpackungsstopfbüchsen sind: die einfache Vorratshaltung des Packungsmaterials (nur Abstufung nach der Ringbreite, der Stangendurchmesser spielt keine Rolle, falls keine vorgeformten Ringe verwendet werden!), – die Möglichkeit, durch die gute Anschmiegung der Weichstoffe auch verschlissene, unrunde und außermittig laufende Stangen noch abzudichten, geringe Anschaffungskosten, leichter Einbau und unschwierige Erneuerung, große Werkstoffauswahl.

Nachteile (im allgemeinen): rascher Verbrauch des Packungsmaterials, Verschleiß der Stange, Gefahr des Festbrennens bei wenig bewegten Stopfbüchsen, ungeeignet für hohe Temperaturen, an unzugänglichen Stellen wegen der notwendigen Wartung unverwendbar, teuer im Betrieb, Gefahr des Zusetzens des Spaltes zwischen Welle und Packung durch die Feststoffe.

Neue Packungswerkstoffe, wie Kunststoffe, Graphitfasern u. a. haben die Sachlage wieder zugunsten der Weichpackung verändert.

Häufig werden Weichpackungsstopfbüchsen mit einer sogenannten „Laterne" versehen. Diese kann verschiedenen Zwecken dienen:

1. Zuführung von Schmiermittel (wenn das Packungsmaterial entweder kein Schmiermittel enthält oder dieses nach dem Anfahren rasch verloren geht).
2. Zuführung von Sperrmittel (bei Vakuumstopfbüchsen zur Abdichtung gegen Lufteintritt), bei giftigen oder explosiven Medien zum Verhüten des Austrittes

des Betriebsstoffes; zum Abschirmen der Stopfbüchse durch Spülmittel vor dem Eintritt verschleißend wirkender Medien.
3. Zuführung von Kühlmittel (bei hohen Temperaturen des Mediums oder hoher Reibungswärme).
4. Zuführung von stabilen Flüssigkeiten (bei unstabilen Förderflüssigkeiten).

Die Einbaustelle der Laterne in der Stopfbüchse ist gut zu überlegen (s. a. [26]).

1. Durchmesser und Länge der Packung. Der Packungsdurchmesser wird von der Größe der Laufungenauigkeit der Welle (Stange) und von der Elastizität des Packungswerkstoffes bestimmt. Kann die Packung den Bewegungen der Welle nicht folgen, so entsteht ein Undichtheitsspalt; auch Unrundheit der Welle wirkt sich im gleichen Sinne aus. Da die Formänderungen des Packungswerkstoffes wesentlich zeitbedingt sind, hängt es auch von der Frequenz der Störungen ab, in welchem Maße sie durch die Packung ausgeglichen werden können.

Die Rauhheit der Wellenoberfläche bestimmt eine Kleinstgröße des Dichtspaltes.

Empfohlen wird bei Weichpackungen eine Packungsbreite (Ringbreite) $= 2/3 \sqrt{d}$ bis $2 \sqrt{d}$; $d =$ Stangendurchmesser in cm (siehe DIN 3780 und Bild 21.22).

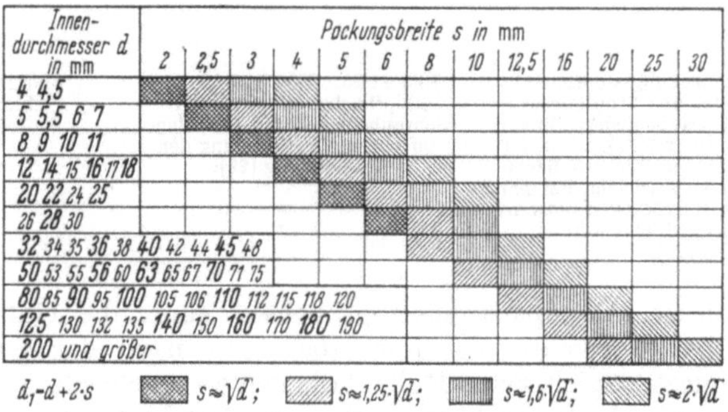

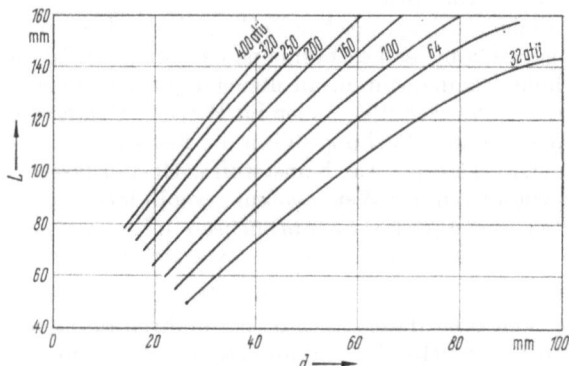

Bild 21.22. Zuordnung zwischen Innendurchmesser d und Packungsbreite s nach DIN 378 [27].

Bild 21.23. Packungslängen in Abhängigkeit von Druck und Innendurchmesser bei üblichen Querschnitten [27].

Verschiedene Normen legen die Anzahl der Packungsringe und damit die Länge der Packung in Abhängigkeit von der abzudichtenden Druckdifferenz fest (Bild 21.23); dieser scheinbar berechtigte Vorgang erweist sich aber bei genauerem Eingehen auf die Wirkungsweise von Weichpackungen (siehe Abschnitt „Wirkungsweise") als sehr zweifelhaft. Bei rasch laufenden Wellen (mit hohen Umfangsgeschwindigkeiten) führen lange Packungen infolge der hohen Reibungswärme leicht zu Überhitzungen, falls die Stopfbüchse nicht entsprechend gekühlt wird. Ist die Stopfbüchse „dicht", tritt also keine (kühlende) Undichtheitsströmung auf, so ist die Lage des dichtenden Ringes nicht definiert und es kann zu Verhärtungen und Verkohlungen von Ringen kommen. Eine nicht leckende Packung kann also sehr kurz sein. Bei langen Stopfbüchsen besteht die Gefahr, daß die inneren Ringe nicht rechtzeitig ausgewechselt werden, sondern sich die „Wartung" der Stopfbüchse auf den Ersatz (u.U. nur Nachpacken) der äußeren Ringe beschränkt; gerade die inneren Ringe verhärten aber sehr oft durch die Einwirkung unreiner Medien und sind dann die Ursache starken Wellenverschleißes.

Bei geringen abzudichtenden Druckdifferenzen sollten ganz wenige Ringe angewendet werden.

Lange Stopfbüchsen sind meist nur bei langsam bewegten Wellen (z.B. Spindeln von Armaturen) empfehlenswert.

Läßt man bewußt eine Undichtheit zu – und damit einen gewissen Druckverlauf im Dichtspalt – so muß die Packung entsprechend lang bemessen sein, um einen Strömungsweg hohen Widerstandes zu bilden.

Als Gründe für den Einbau einer größeren Anzahl von Ringen werden genannt: die Bereitstellung von Ersatzdichtstellen, wenn ein oder mehrere Ringe durch Verschleiß ausfallen (Vergrößerung der Betriebssicherheit), Verlängerung des Drosselspaltes für Leckstrom, also kleiner Leckverlust. Beide Gründe sind [12] fragwürdig, besonders bei der Abdichtung schnellbewegter Wellen oder Kolbenstangen. Die lange Packung ergibt größere Reibungswärme und dadurch die Gefahr des Ausfallens infolge Verschleiß (Verbrennen), besonders bei Nachziehen nach Gefühl. Durch die Abnahme des Packungsdruckes wird bei langer Packung der Druck an der Hochdruckseite sehr klein und es besteht die Gefahr, daß die Packung unter dem Einfluß des Mediumsdruckes mit der Welle nicht mehr in Berührung kommt, sondern daß dies erst in einem Stopfbüchsenabschnitt erfolgt, wo größere Radialpressung vorhanden ist (siehe Wirkungsweise). Es ist dann ein großer Teil der Packung nicht nur wertlos, sondern durch die Erzeugung von Reibungswärme im engen Spalt sogar nachteilig.

2. Erzielung und Aufrechterhaltung des Packungsdruckes. Die Einstellung und Aufrechterhaltung des richtigen Packungsdruckes ist sehr schwierig und kann bei den üblichen Weichpackungsstopfbüchsen (Bild 21.17) kaum erreicht werden. Der Brillendruck – erzeugt durch Hohlschraube, Überwurfmutter oder Brillenschrauben (zwei, besser drei) – darf sich infolge des Warmwerdens und dadurch erfolgender Ausdehnung der Packung – und umgekehrt – möglichst wenig ändern. Konstruktiv wird dies durch Einschaltung eines elastischen Elementes in der Übertragung der axialen Anpreßkraft erreicht. Wie Bild 21.18 zeigt, kann gleichzeitig auch durch zweiteilige Ausführung der Brille das Klemmen derselben durch Schrägstellung vermieden werden.

Die mit Schmiermittel getränkte Packung ist stets in Gefahr, daß das Schmiermittel entweder schmilzt oder aus der Packung herausgequetscht und weggewaschen (bzw. durch die chemische Wirkung des Betriebsmediums herausgelöst) wird. Durch den Verlust des Schmiermittels schrumpft die Packung

(Volumsverkleinerung) und es entsteht ein Spalt, dadurch Lässigkeitsvergrößerung und die Notwendigkeit der Beseitigung durch Nachziehen. Letzteres erwärmt die Welle, und die Temperatur in der Packung steigt wieder und so fort. Es tritt eine Art Kettenreaktion auf mit dem Endergebnis, daß das ganze Schmiermittel verloren geht, sich die Packung überhitzt und die Welle verschleißt. Mit Schmiermittel getränkte Packungen sind also durch schlechte Wartung aber auch durch den Temperaturwechsel, den die Packung durch An- und Abstellen erfährt, ebenso wie durch den Druckwechsel innerhalb der Stopfbüchse gefährdet.

Ein Vorschlag (Bild 21.24) sucht diese Schwierigkeiten durch eine federbelastete Packung zu vermeiden; es werden als Vorteile angeführt: geänderte (verbesserte) Druckverteilung in der Packung, keine unbestimmten Druckspitzen, Ausschaltung des manuellen Einflusses; Temperatur- und Druckschwankungen, denen die Stopfbüchse ausgesetzt ist, werden automatisch ausgeglichen.

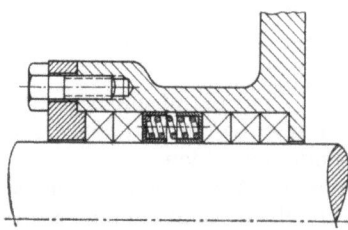

Bild 21.24. Federbelastete Packung [2a].

Konstanten, in weiten Grenzen einstellbaren Brillendruck, ergibt die auf Bild 21.25 dargestellte „automatische Wellendichtung": Der druckölbeaufschlagte Kolben c drückt mit seiner vorderen Ringfläche die Packungsringe zusammen; der Arbeitsdruck wird nach Manometer h eingestellt (s. a. [5a]).

Es gibt in dieser Richtung noch viele Vorschläge (z.B. [12]).

3. Abdichtung von schwingenden (unrund laufenden) Wellen. Das Wellenmittel beschreibt meist einen kleinen Kreis. Ein vollkommenes Abfangen dieser Bewegung durch die übliche Packung ist nicht immer möglich.

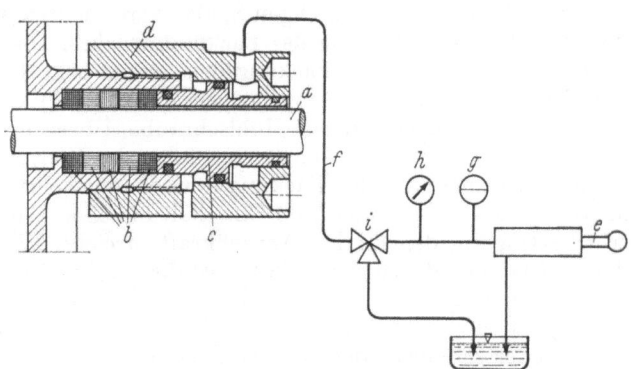

Bild 21.25. Schema einer automatischen Wellendichtung [31].
a Pumpenwelle; b Packungsringe; c Stufenkolben; d Zylinder; e Handpumpe; f Druckleitung; g Speicher; h Manometer, i Mehrwegventil.

21.1.3 Verformbare (verdichtbare) Packungen

Die Abdichtung solcher schwingender Wellen (Bild 21.26) kann mit Packungsringen großen Durchmessers erfolgen; es sind auch Vorschläge gemacht worden, die Elastizität der Packung durch Einschaltung eines hochelastischen Stoffes (Gummi) zu verbessern, wobei dieser entweder bei jedem Packungsring angebracht wird oder die in einem Stahlgehäuse untergebrachte Weichpackung umschließt.

Konstruktiv sind alle Maßnahmen zu treffen, um die radialen Bewegungen der Welle so klein als möglich zu halten (Überlegungen bezüglich der Wellenlagerung, um die Durchbiegung der Welle an der Stelle der Stopfbüchse zu vermindern); auch der Zusammenbau von Stopfbüchse und Gleitlager wird vorgenommen.

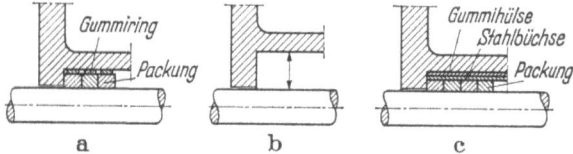

Bild 21.26a–c. Abdichtung unrund laufender Wellen [2].
a) Hochelastische Einfassung der Packungsringe; b) Packungsringe großer Dicke; c) Einbau der Weichpackung in Stahlhülse, die in einem Gummimantel gelagert ist.

4. Abdichtung bei hohen Mediumstemperaturen. Nur wenige Weichstoffe sind für hohe Temperaturen geeignet und verlieren dabei ihre Elastizität nicht. Die meisten Stoffe, die hohe Temperaturen ertragen, sind wenig elastisch.

In neuester Zeit werden für solche Zwecke aus Graphitfäden und Graphitfolien hergestellte Weichpackungen empfohlen [2a].

Es ist daher richtiger, hohe Temperaturen von der Stopfbüchse überhaupt fernzuhalten, die Stopfbüchse also kräftig zu kühlen und die Wärmeleitung durch die Welle zu vermindern. Als Beispiel für gekühlte Stopfbüchsen siehe die Bilder 21.27, 21.28, 21.29 und 21.29a.

Die letztere Abbildung stellt die Abdichtung einer Rührwerkswelle dar. Ein konischer emaillierter Stützring bildet mit dem auf gleicher Höhe liegenden konischen Bund der Rührwelle den Raum für einen abgeschrägten Grundring aus Teflon. Darüber sind einige Packungsringe aus Weißasbestgewebe angeordnet, die für hohe und niedere Temperaturen gleich gut geeignet sind. Sie werden auch teflongetränkt verwendet. Zwischen die Packungsringe eingelegte Teflonscheiben von 0,5 bis 1 mm Dicke erschweren den Gasdurchtritt und tragen

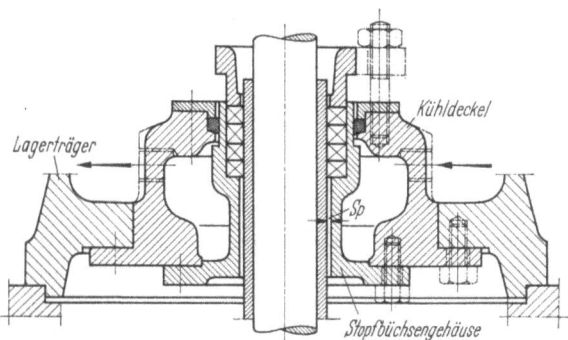

Bild 21.27. Stopfbüchsenkühlung mit teleskopartigem Stopfbüchseneinsatz [15]; *Sp* Kühlspalt.

dazu bei, die Packungsringe in ihrer Lage zu festigen. Auch die Schmiermittel in den Packungsringen werden durch diese Maßnahme geschützt. Ein Stopfbüchsenlager aus Bronze, welches in halber Höhe des Packungsraumes angebracht ist, dient der Führung der Welle und führt Wärme nach außen ab. Das Stopfbüchsenlager ist radial in drei Stücke aufgeteilt, wodurch man ein gutes Anliegen und im Verein mit dem oberen und unteren Konus die gewünschte Zentrierung erhält. Die Teilfugen stellen die Zuführung der Schmierstoffe zur Welle sicher.

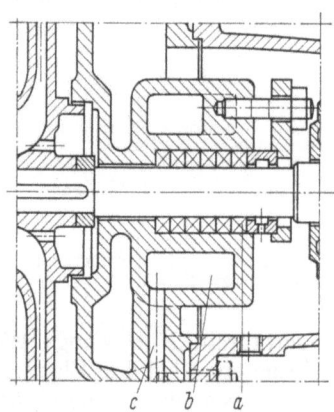

Bild 21.28. Gekühlte Weichpackungsstopfbüchse [17a].
a Stopfbüchspackung; b Kühlkammer; c Kühlwasserzu- und -ablauf.

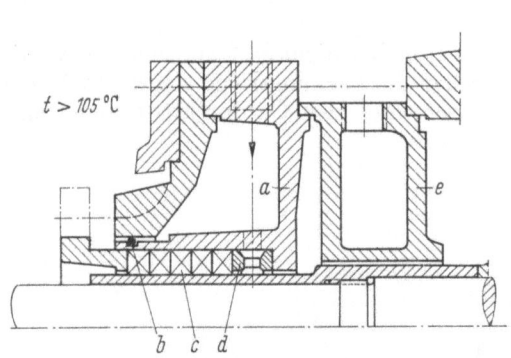

Bild 21.29. Stopfbüchse mit Spülung zur Verhinderung des Eintrittes der Förderflüssigkeit in die Packung, gekühlt, $t > 105°C$ [7a].
a Stopfbüchsengehäuse; b Runddichtung; c Packung; d Sperrkammerring; e Kühldeckel.

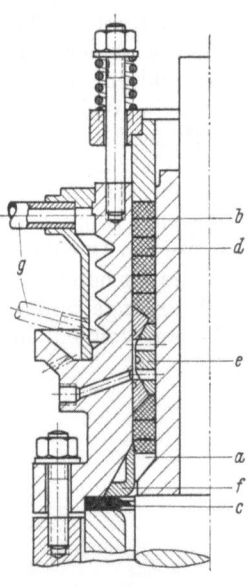

Bild 21.29a. Kühlbare Spezialstopfbüchse (Pfaundler AG).
a Teflongrundring; b Teflonzwischenring; c mit Teflon kaschierte Dichtung; d Packungsring; e dreiteiliges Stopfbüchsenlager; f emaillierter Stützring; g Kühlwasserzu- und -abführung [7a].

21.1.3 Verformbare (verdichtbare) Packungen

Die Kühlkammern sind so auszulegen, daß die Kühlung möglichst nur im Bereich der Stopfbüchse stattfindet; sonst Verminderung des Kühleffektes.

5. Abdichtung von Stoffen, welche die Packung zerstören. Trotz Wahl von Packungswerkstoffen, welche gegen die Korrosion durch das Betriebsmittel chemisch widerstandsfähig sind, kann z.B. durch einen Gehalt des Betriebsmittels an schleifenden Mitteln (beispielsweise Kalkmehl) eine starke Erosion sowohl der Welle als auch der Packung eintreten. Man schützt sich dagegen durch Anwendung einer Sperrflüssigkeit, die durch eine Laterne eingeführt wird (Bild 21.29).

Bei richtiger Einstellung der Sperrflüssigkeit ist der Verbrauch an solcher gering; die Einstellung ist aber empfindlich: ein Zuviel bringt sowohl Packungswerkstoff als auch Sperrflüssigkeit in den Betriebsstoff, ein Zuwenig verursacht u.U. eine Verstopfung des Laternenringes durch zurückfließende Schmiermittel der Packung. An Stelle von Sperrflüssigkeit kann auch Sperrgas verwendet werden.

Zu beachten ist auch die Abdichtung der Wellenschonbüchse durch eine eigene kleine Dichtung (die praktisch ruhend dichtet). Die Verwendung von Wellenschonbüchsen ist im Falle der Gefährdung der Welle durch Abnutzung oder Korrosion durch den Betriebsstoff empfehlenswert. Sie schützen die Packung außerdem vor dem Wärmeübergang bei heißer Welle. Die Aufnahme der Wärmedehnungsdifferenz zwischen Welle und Schonbüchse sowie die Abdichtung der Schonbüchse haben mit entsprechender Sorgfalt zu erfolgen.

Die Oberfläche der Welle soll so hart sein, daß die Packung sie nicht abschleifen kann. Wellenbüchsen erhalten eine besonders abriebfeste Oberfläche (z. B. durch Auftragung von Stellit), kleinere Wellen nitriergehärtete Oberflächen.

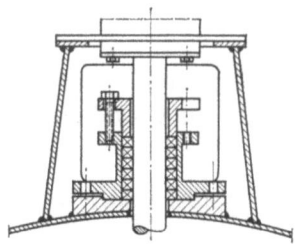

Bild 21.30. Rührwerksstopfbüchse, die auf den Blockflansch der Wellendurchführung aufgesetzt ist; Betriebsstellung [16].

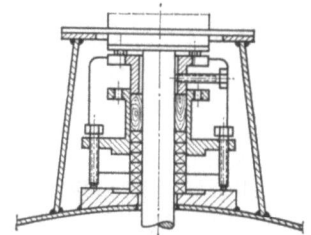

Bild 21.31. Erneuerung der Packungsringe bei der Stopfbüchse nach Bild 21.30.

6. Erneuerung der Packung. Wichtig ist auch, daß die Erneuerung der Stopfbüchsenpackungsringe ohne zu großen Arbeitsaufwand möglich ist; die Bilder 21.30 und 21.31 zeigen eine Rührwerkstopfbüchse, bei welcher diese Forderung zweckmäßig erfüllt ist. Eine Ausführung der Ringe mit der in Bild 21.32 dargestellten Schnittform vermindert den Platzbedarf, weil der Ring beim Herumlegen um die Welle nicht mehr verwunden zu werden braucht, sondern nur mehr zangenförmig geöffnet wird.

Für das Herausziehen der Ringe sind sog. „Packungszieher" praktisch. Ein zweiteiliger Einsatz (Bild 21.33) erleichtert das Auswechseln der Packungsringe natürlich sehr.

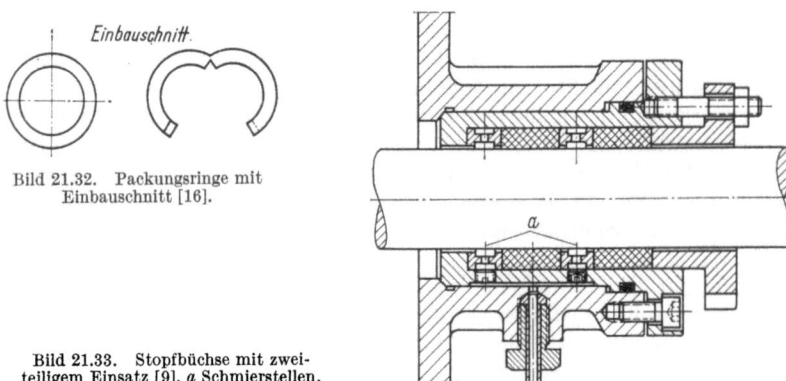

Bild 21.32. Packungsringe mit Einbauschnitt [16].

Bild 21.33. Stopfbüchse mit zweiteiligem Einsatz [9]. *a* Schmierstellen.

d) Metall-Weichstoffpackungen

1. Allgemeines. Die Metall-Weichstoffpackungen stellen Mischkonstruktionen aus Weichstoffen und Metallen dar. Die Elastizität der Packung wird durch die Verwendung von Metallen stark verändert; insbesondere wird die Querdehnung vermindert. Die seitliche Beweglichkeit ist viel geringer als bei den Weichpackungen. Wenn nötig, ist daher die ganze Packung beweglich einzubauen. Die fehlende Elastizität des Werkstoffes wird vielfach durch entsprechende Formgebung ersetzt. Die Verwendung von Metallen soll vorwiegend metallische Gleitflächen bewirken und damit geringeren Verschleiß und höhere Lebensdauer.

Das Anwendungsgebiet liegt zwischen jenem der Weichpackungen und der Metallpackungen.

2. Der Aufbau der Metall-Weichstoffpackungen

α) Verwendung von Metalldrähten, Folien u. dgl. (Bild 21.34a, c). Zwecks Erhöhung der Festigkeit werden den Weichstoffen häufig Drähte von Blei und ähnlichem eingeflochten; zur Verminderung der Reibung und des Verschleißes auch Bronzedrähte.

Auch gewellte Metallamellen (z. B. Pb, Cu, Ni) werden schichtweise in Weichstoff (z. B. Asbest) eingebettet (Bild 21.34b).

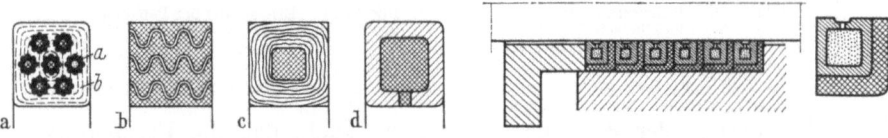

Bild 21.34a–d. Metall-Weichstoffpackungen. a) mit Metalldrähten; b) mit Metall-Lamellen; c) mit Metallfolien; d) Metallhohlringe.

Bild 21.35. Metallhohlringe, gefüllt mit Schmierstoff oder elastischen Einlagen und Zwischenlagen aus Weichstoff.

β) Verwendung von Metallhohlringen (z. B. aus Blei-, Zinn-, Kupfer-, Antimonlegierungen) (Bild 21.34d, 21.35).

Meist werden ungeteilte Ringe benutzt. Die Ringe liegen mit Vorspannung im Packungsraum. Der Hohlraum der Ringe wird mit Schmiermittel (meist Naturgraphit) ausgefüllt. An der inneren Wandung der Ringe befinden sich radiale kleine Löcher, welche Austrittsstellen für den Graphit sind. Durch die

Brillenkraft ergibt sich eine plastische Verformung der Ringe. Die Packung ist gleichzeitig eine Art nachstellbares Traglager und stellt eine starre Lagerung dar. Maximale Betriebstemperaturen etwa 300 °C (bei Ringen aus Cu bis 400 °C). Druckgrenze etwa 800 at.

γ) Verwendung von hintereinander geschalteten Ringen aus Weichstoffen und Weichmetall.

Bild 21.36 zeigt eine kombinierte Manschettenpackung mit dachförmigen Manschetten aus synthetischem Gummi und Zwischenscheiben aus einer Weißmetallegierung, die gute Laufeigenschaften hat.

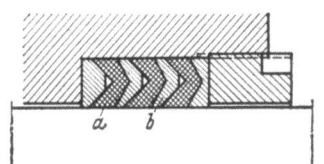

Bild 21.36. Dachmanschetten aus Kunstgummi (*a*) und Zwischenscheiben *b* aus Weißmetall u.ä.

Solche Packungen werden vorwiegend für hydraulische Maschinen verwendet. Ihre Vorzüge werden erreicht durch die Trennung der Funktionen: Führung durch die Metallringe, Dichtung durch den Weichstoff. Dabei verleiht der Weichstoff der ganzen Packung eine gute Elastizität. Durch verschiedene Werkstoffzusammenstellungen besteht eine Anpassungsmöglichkeit an viele Betriebsverhältnisse.

21.1.4 Formbeständige Packungen (Hartstoffringpackungen, Metallpackungen, Stopfbüchsen mit metallischer Liderung) [21, 24]

Im Gegensatz zu den verformbaren Packungen erfolgt bei den formbeständigen Packungen die Herstellung eines kleinsten Undichtheitsquerschnittes durch möglichst gute Passung der beiden Dichtflächen und damit Herstellung einer entsprechend kleinen Spaltweite (nicht mehr durch Querdehnung des Dichtungswerkstoffes).

Eine gewisse Übergangsform bilden Metallpackungen, bei denen z. B. durch manschettenartige Ausbildung des Hohlringes und einem Keilring (Bild 21.37a) oder durch Keilform der Packungsringe (Bild 21.37b) eine Anpressung der Dichtflächen erfolgt.

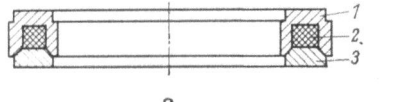 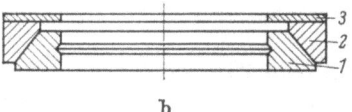

a   b

Bild 21.37a u. b. Metallmanschettenring. a) *1* Metallmanschettenring (Pb/Sn-Lg), *2* Einlage (Asbest), *3* Keilring (Pb/Sn-Lg); b) *1* Innenring (Pb/Sn-Lg), *2* Außenring (Pb/Sn-Lg), *3* Dichtscheibe.

Bei fast allen nachstehend geschilderten Bauarten entsprechen die Dichtringe etwa folgenden konstruktiven Regeln:

a) Freie, aber nicht unbegrenzte Beweglichkeit in axialer und radialer Richtung,
b) die Wirkung der hydraulischen Anpreßkräfte muß möglich sein,
c) richtige Wahl des axialen Spieles,
d) an den Stoßstellen geteilter Ringe muß ein Spiel vorhanden sein,
e) geteilte Ringe besitzen selbsttätigen Ausgleich der Abnutzung.

a) Werkstoffe

Als Werkstoffe kommen hier in Anwendung: Weißmetallegierungen, Sonderbronzen, Gußeisen, Kunstkohle, Kunststoffe, Sinterstoffe.

Die Wahl wird vielfach nach der Betriebstemperatur der Stopfbüchse getroffen; dem Konstrukteur ist hier u. U. ein Einfluß durch Kühlung der Stopfbüchse oder deren Verlegung außerhalb des Arbeitsraumes möglich.

Ein Teil der genannten Werkstoffe bedingt eine verläßliche Schmierung, wobei das Schmiermittel den Betriebsverhältnissen anzupassen ist; ein Teil arbeitet schmierungslos.

b) Anwendung und Vorteile

Diese Dichtungen finden Anwendung bei schwierigen Betriebsbedingungen, die in hohen Temperaturen, hohen Gleitgeschwindigkeiten und hohen Drücken bestehen.

Gegenüber Kolbenringen liegen hier leichtere Bedingungen vor, denn die Druckrichtung ist konstant; das gilt streng genommen (bei allen Kolbenmaschinenstopfbüchsen) nur bei der Abdichtung von Flüssigkeiten, bei Gasen kann durch Rückexpansion eine Umkehrung der Druckrichtung eintreten (s. a. „Betriebsverhalten von Stopfbüchsen").

Als Vorteile, die bei den einzelnen Bauarten mehr oder weniger zutreffen, können genannt werden:

Bei richtiger Schmierung geringe, gleichbleibende Reibung und kleine Abnutzung der Dichtflächen,
selbsttätige Nachstellung, daher dauernde zuverlässige Abdichtung,
vollständige Wartungslosigkeit (bis auf die Schmierung),
kein nachträgliches Anziehen u. dgl., daher auch Einbau an unzugänglichen Stellen möglich,
Beweglichkeit (Einstellbarkeit) der Welle oder Stange bei entsprechender Bauart der Packung.

c) Einteilung

Die Dichtungen mittels formbeständiger Ringe können etwa in folgende Gruppen eingeteilt werden:

1. ein- und mehrteilige Ringe ohne Vorspannung (diese Ringbauart gehört streng genommen zu den berührungsfreien Dichtungen!),
2. einteilige, geschlitzte Ringe mit Vorspannung (auch übereinanderliegende Ringe),
3. mehrteilige Ringe mit Vorspannung.

d) Beschreibung der Bauarten und deren Bauteile

1. Ein- und mehrteiliger Ring ohne Vorspannung. Einteiliger Ring (Bild 21.38). Dieser dichtet infolge der Anpressung durch den Betriebsdruck wohl den radialen Undichtheitsweg R ab, ein axialer Undichtheitsweg A ist aber infolge der nötigen Durchmesserdifferenz vorhanden. Durch Abnutzung des Ringes vergrößert sich der Leckquerschnitt, so daß der Ring bald nur mehr sehr mangelhafte Dichtwirkung besitzt. Er wird daher meist nur als Hilfsdichtelement verwendet, oder als sog. Deckring zur Abdichtung der Teilfugen mehrteiliger Dichtringe. Eine Teilfugenundichtheit T ist nicht vorhanden. Keine Nachstellmöglichkeit.

21.1.4 Formbeständige Packungen

Mehrteiliger Ring ohne Vorspannung (Bild 21.39). Dieser ist dadurch gekennzeichnet, daß die Ringbohrung bei aufeinanderliegenden Segmenten größer als der Stangendurchmesser ist. Der Zusammenhalt der Ringteile wird beispielsweise durch eine Ringfeder c mit rechteckigem Querschnitt bewirkt, welche gleichzeitig die Teilfugenundichtheit am äußeren Umfang des Dichtringes deckt.

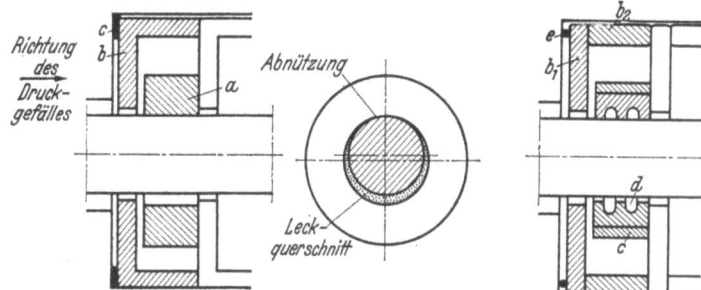
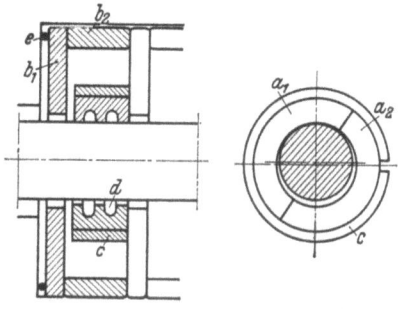

Bild 21.38. Einteiliger Dichtring a; b Kammer, als Kammerwinkel ausgeführt; c Flachdichtung.

Bild 21.39. Mehrteiliger Ring (a_1, a_2) ohne Vorspannung. Rillen d in der Ringbohrung sollen Labyrinthspaltwirkung hervorrufen. Kammer aus den Teilen b_1, b_2 aufgebaut. Ringfeder c. Formdichtung (Kupferring) e.

Der einteilige Ring sowie der (in der Funktion gleiche) mehrteilige Ring ohne Teilfugenspiel darf in seiner Dichtwirkung nicht überschätzt werden. Besonders bei liegender Anordnung und fehlender Entlastung vom Ringgewicht tritt sehr rasch Vergrößerung des ursprünglich vorhandenen Durchmesserspieles ein (einseitige Anpressung, weil an der Auflagestelle keine Druckentlastung vorhanden ist), was infolge der exzentrischen Lage noch erhöhten Durchfluß ergibt.

Wie Untersuchungen [32] zeigten, ergeben die ursprünglich sehr gut dichtenden Feuerringe der Stopfbüchsen von doppelt wirkenden Verbrennungskraftmaschinen nach kurzer Zeit fast keine Drosselwirkung mehr.

Ringe dieser Art sind nur dann wirklich wirkungsvoll, wenn durch konstruktive Maßnahmen das praktisch mögliche Kleinstspiel auch dauernd aufrechterhalten wird, d. h. in der Ausführung als berührungsfreie Dichtung.

Die Lässigkeit solcher Ringe läßt sich im allgemeinen nach der Gleichung für laminaren Durchfluß (tropfbarer Medien) ermitteln

$$Q = \frac{h^3}{12\eta} \cdot \frac{\Delta p}{l} \cdot \pi \cdot d_m.$$

Bei vollexzentrischer Lage – die hier meist anzunehmen sein wird – steigt die Lässigkeit auf das 2,5fache des obigen Wertes. Die Gleichung gilt grundsätzlich auch für die folgenden Bauarten. In den weitaus meisten Fällen wird die Spaltweite h unbekannt sein. Die Gleichung zeigt aber, welchen entscheidenden Einfluß die Spaltweite auf die Lässigkeit hat und weist gleichzeitig auf die Bedeutung der dynamischen Zähigkeit η hin (Wirkung von Schmieröl als Sperrmittel bei Gasen: $\eta_{\text{Luft (100°C)}} = 2{,}23 \cdot 10^{-6}$ kps/m², $\eta_{\text{Öl (100°C)}} = 300$ bis $1800 \cdot 10^{-6}$ kps/m²; durch ein Schmiermittel hoher Zähigkeit kann – besonders bei Gasen – der Leckverlust bedeutend herabgesetzt werden).

21. Die Dichtung bewegter Maschinenteile

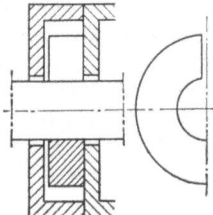

Bild 21.40. Selbstspannender Dichtring (nach innen federnd).

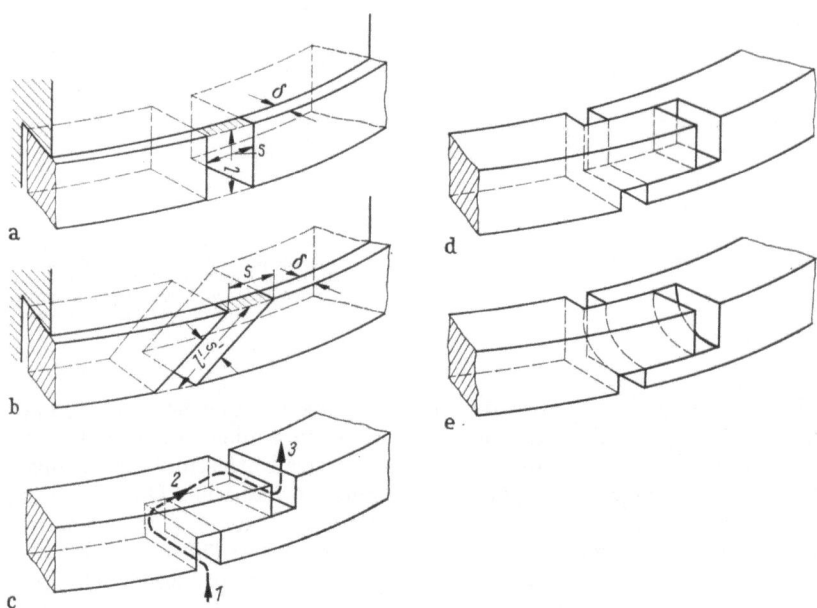

Bild 21.41a–e. Ausführungsformen von Kolbenringschlössern [9].
a) Orthogonale Stoßfuge; b) schräge Stoßfuge; c) überlappte Stoßfuge, nicht vollständig dichtend; d) weitere Unterteilung der Stoßfuge, völlig dichtend, aber schwer herzustellen; e) vollständig dichtend, einfach herzustellen.

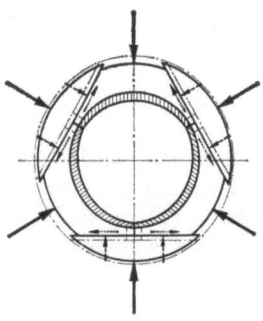

Bild 21.42. Radial wirkende Kräfte am Packungsring [4].

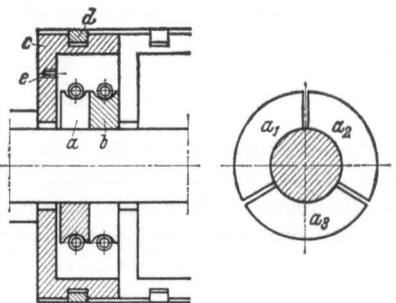

Bild 21.43. Ringpaar a, b mit Vorspannung. Abdichtung der Kammern c am äußeren Umfang durch selbstspannende Ringe d; Gewindelöcher e zum Herausziehen der Kammern.

2. Einteiliger, geschlitzter Ring mit Vorspannung. (Selbstspannender Dichtring, nach innen federnd, Bild 21.40). Dies ist eine Umkehrung des normalen, selbstspannenden Kolbenringes. Die Undichtheitswege werden wie folgt abgesperrt:

A: Dichtpressung durch Eigenspannung des Ringes sowie Druckwirkung des Betriebsmittels,
R: Dichtpressung durch Druckwirkung des Betriebsmittels,
T: Fugenundichtheit ist vorhanden, kann aber durch die Anordnung eines zweiten (lagegesicherten) Ringes vermindert werden.

Nach innen spannende Ringe werden verwendet bei hohen Temperaturen, Gefahr von thermischen Ermüdungen oder wenn die Betriebserfordernisse die Verwendung von ,,Packungen" nicht zulassen. Es kommt hier der Teilfugenundichtheit (Stoßstelle) besondere Bedeutung zu. Es gibt viele Bauarten der Stoßstellen: gerader und schräger Stoß, gestufter Stoß, überlappter Stoß. Die Undichtheit der Stoßstelle kann konstruktiv sehr verbessert werden (Bild 21.41).

3. Mehrteiliger Ring mit Vorspannung (Ringbohrung bei aufeinanderliegenden Segmenten kleiner als der Stangendurchmesser). Dies ist die gebräuchlichste Form des Dichtringes, die Anwendung erfolgt meist paarweise (vorwiegend wegen Beseitigung der Teilfugenundichtheit).

Der Zusammenhalt des Ringes wird im drucklosen Zustand durch Federn verschiedener Art erreicht, die auch zur Einleitung des Dichtvorganges durch den Betriebsdruck dienen (Vorspannung); im Betriebszustand vorwiegend durch den Druck des Betriebsmittels.

Die Wirkung des Betriebsdruckes (Radialkraft) auf die Segmente ist nach der Art der Teilung verschieden. Die Teilung kann tangential und radial erfolgen.

Beispiele für eine tangentiale Teilung: bei der in Bild 21.42 gezeigten Art der Ringteilung werden z. B. die drei Verschleißsegmente durch die auf sie wirkenden Radialkräfte an die Stange gedrückt, wobei die Radialkräfte auf die nichtverschleißenden Segmente sich als statisch bestimmte Dichtpressungen auswirken und die gegenseitigen Berührungsflächen der Ringelemente abdichten (tangentiale Teilung ermöglicht theoretisch eine fugenlose Teilung).

Beispiel für eine radiale Teilung (Bild 21.43). Die Undichtheitswege werden wie folgt abgedichtet:

A: durch Federkraft und Druck des Betriebsmittels,
R: durch den Druck des Betriebsmittels,
T: Teilfugenundichtheit ist vorhanden, wenn der Ring nicht paarweise mit sich überdeckenden Teilfugen verwendet wird. Radial geteilte Ringe sind entweder glatt oder überlappt geschnitten.

Bild 21.44 zeigt verschiedene Ausführungsformen von flachen Dichtringen und den Aufbau jeweils einer Dichtkammer.

Ausführung I a: Der vorgeschaltete dreiteilige Ring *1* deckt vorwiegend die Radialspalte des Ringes *2* ab, axiale Anpressung durch den Betriebsdruck.
             b: Axiale Anpressung eingeleitet durch die Wirkung von Druckfedern.

214 21. Die Dichtung bewegter Maschinenteile

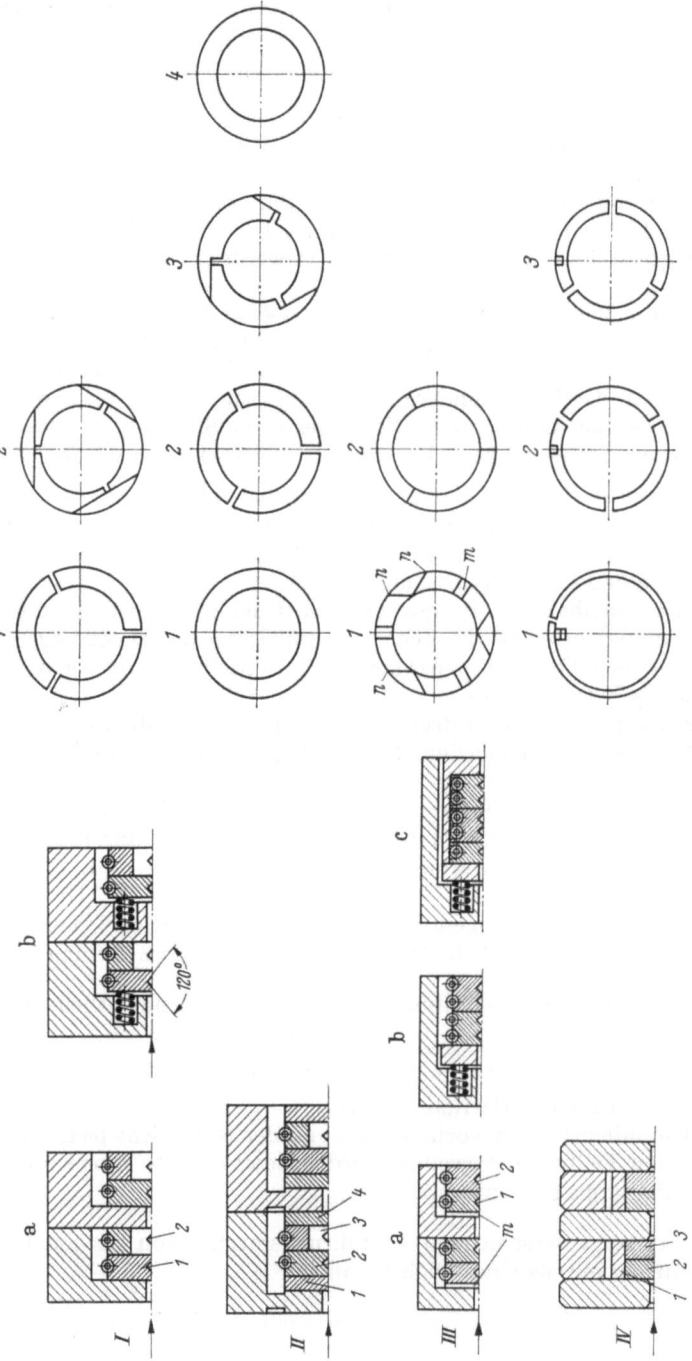

Bild 21.44. Ausführungsformen von Stopfbüchsenelementen [5] (Beschreibung im Text).

21.1.4 Formbeständige Packungen

Ausführung II: 4 Ringe in einer Kammer. Ring *1* und *4* sind einteilige, nicht geschlitzte Ringe, sogenannte Drosselringe (Spielpassung). Funktion des Ringes *2* wie bei I; Ring *3* tangential geschnitten.
Ausführungsbeispiel: Bild 21.45.

Ausführung IIIa: 1. Ring in parallelen Schnitten n-fach geteilt; radiale Nuten m für den Gasdurchgang in die Kammern. Die Schnittfugen des (höher belasteten) 2. Ringes liegen aufeinander (keine Vorspannung bzw. Dichtpressung).

b: Axiale Andruckfedern, einteilige Drosselringe, breite Dichtringe.

c: 3 Ringe für höheren Druck, die in einem besonderen Zwischenring liegen, der sich radial verschieben kann.

Ausführung IV: Je zwei-dreimal geschnittene Dichtringe; beide Ringe durch Federring *1* umschlossen und an die Kolbenstange gedrückt (der Federring überdeckt gleichzeitig die Radialspalte der Dichtringe); Feststellung der Ringe durch einen Haltestift am Federring. Einfacher, aber für hohe Drücke sehr zweckmäßiger Aufbau der Kammer aus Zwischenringen und Distanzringen.

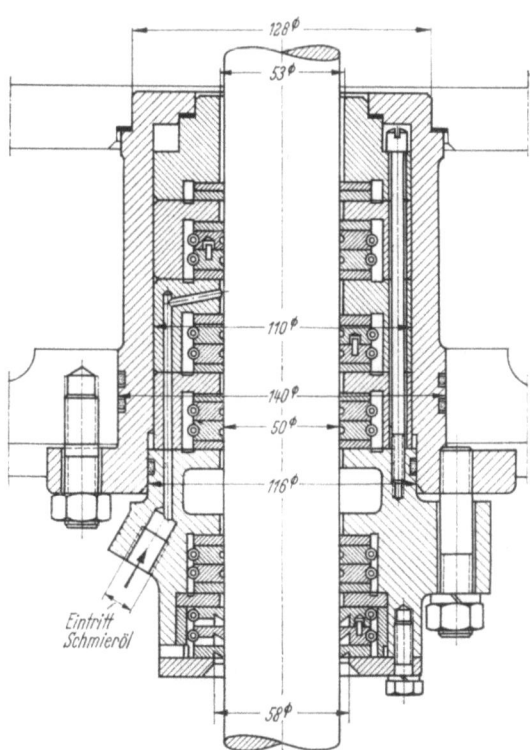

Bild 21.45. Niederdruckstopfbüchse eines Kolbenkompressors [5].

Durch den Verschleiß geht u. U. das Spiel in den Teilfugen verloren und der Ring wirkt dann wie ein Dichtring ohne Vorspannung. Manchmal wird z. B. das Spiel in den Teilfugen so gehalten, daß nur während des Einlaufens die Vorspannung bzw. der Betriebsdruck wirksam ist; im Betrieb verhält sich der Ring dann wie ein einteiliger Ring. Besonders bei großen Umfangsgeschwindigkeiten (und daher großer Entwicklung von Reibungswärme), wird in den Teilfugen nur ein sehr kleines Spiel gelassen, so daß ein Einlaufen der Segmente rasch stattfindet und diese dann an ihren Teilstellen ohne Spiel aneinanderstoßen.

4. Der entlastete Dichtring [20] (s. a. Abschnitt „Kolbenring als Dichtelement", S. 240). Besonders bei hohen Betriebsdrücken erreicht die Anpressung der Ringe an die Dichtflächen Werte, die in Anbetracht des meist mangelhaften Schmierungszustandes der gleitenden Flächen Reibungskräfte ergeben können, die sowohl die Beweglichkeit des Ringes behindern als auch großen Verschleiß bewirken. (Mangelhafte Einstellung des Dichtringes bei Bewegungen der Stange.)

Es ist konstruktiv möglich, den Anteil des Betriebsmitteldruckes an der Dichtpressung zu verändern. Dies gilt sowohl für die radiale als auch axiale Anpressung. Die Entlastung darf jedoch nicht soweit gehen, daß die gegenseitige Anlage der Dichtflächen bei Unregelmäßigkeiten der geometrischen Abmessungen der Welle oder Stange und bei Laufungenauigkeiten in Frage gestellt ist; die notwendige Dichtpressung muß jederzeit vorhanden sein. Auch die selbsttätige Nachstellung bei Verschleiß darf nicht gefährdet sein.

Bild 21.46 zeigt eine radiale Entlastung durch zusätzliche, die Dichtringe a teilweise überdeckende konzentrische Entlastungsringe b, axiale Entlastung durch Aussparungen e in der dem Druck abgewandten Anlagefläche des zweiten Ringes c.

Druckseitig erster Ring ist mit Radialnuten versehen, um Eintritt des Betriebsdruckes in die Kammer zu sichern.

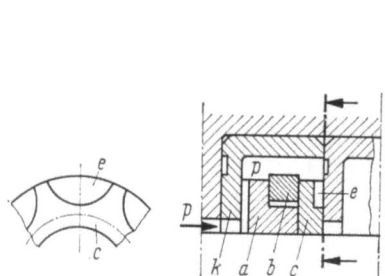

Bild 21.46. Ringentlastungen des Doppelringes [27].
a Dichtring; b Entlastungsring; c radial entlasteter Ring.

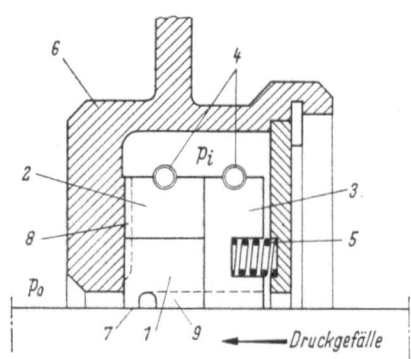

Bild 21.47. Entlastete Dreiringkohledichtung [19] (Beschreibung im Text).

Eine typische entlastete Dreiringdichtung (mit Kohleringen) zeigt Bild 21.47. Sie besteht aus drei, aus Segmenten aufgebauten Ringen *1, 2, 3*. Der Hauptdichtring *1* hat eine schmale Dichtleiste *7* und ist sowohl axial (durch Aussparungen *8*) als auch radial (durch Nuten *9*) druckentlastet, so daß nur ein kleiner unausgeglichener Druck verbleibt. Die Fugen zwischen den Dichtringsegmenten *1* sind durch den Druckring *2* abgedeckt, die Fuge zwischen Deck-

21.1.4 Formbeständige Packungen

ring und Dichtring durch den Backring 3. Die Schlauchfedern 4 halten die Segmente der Ringe zusammen und in Berührung mit der Welle, die Andrückfedern 5 sorgen für den axialen Kontakt zwischen den Kohleringsegmenten und der geläppten Oberfläche des Gehäuses.

Ringentlastungen sind mit großer Vorsicht vorzunehmen, da es bei der Abdichtung von Stangen nicht möglich ist, die Druckverteilung im voraus genau zu bestimmen (vgl. Druckverlauf). Es sollte jedoch danach getrachtet werden, die Summe aller Anpreßdrücke an die Dichtfläche nicht größer zu halten, als zu einer einwandfreien Abdichtung ausreicht; jedes Mehr verursacht unnütze Reibung und Kraftverbrauch.

Außer der Entlastung vom Betriebsdruck ist für rasch laufende Wellen auch eine Entlastung vom Ringgewicht vorzusehen, da dieses zu starkem Verschleiß führen würde. Eine Bauart (Bild 21.48) verwendet z. B. einen außenkegeligen Dichtring, der durch die Vorspannfeder an die druckabgewandte Kammerwand angepreßt wird; an dieser soll er – in einer zum Wellenmittel zentrischen Lage – kleben, wodurch jede Beanspruchung der Welle durch das Ringgewicht vermieden wird.

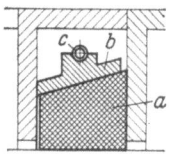

Bild 21.48. Beispiel für eine Entlastung vom Ringgewicht [21*].

Das axiale Spiel zwischen den Dichtelementen der Kammerwand ist als weiter Laufsitz auszuführen; sind axiale Andruckfedern vorhanden, dann wird meist ein Druckring den mehrteiligen Dichtringen vorausgeschaltet (s. Bild 21.44).

Die Dichtringe bestehen oft aus Grauguß mit besonders guten Gleiteigenschaften (Brinellhärte 190 bis 210 kp/cm^2), worunter nicht nur der Widerstand gegen Reibverschleiß, sondern auch eine geeignete Oberflächenbeschaffenheit (Ölhaltigkeit) zu verstehen ist.

Für die Kolbenstangenoberfläche wird eine Rockwellhärte 52 bis 62 genannt.

Konische Dichtelemente (Bild 21.49). Die Dichtelemente haben trapezförmigen Querschnitt. Der Aufbau einer Kammer ist aus dem Detailbild ersichtlich. Der Dichtdruck wird vom Medium geliefert. Der Werkstoff der Ringe ist bis etwa 300 kp/cm^2 Weißmetall, bei höheren Drücken (für den Hochdruckteil) eine Bronzelegierung.

5. Die Vorspannfeder. Wie gesagt, ist es für den drucklosen Zustand und zur Einleitung der Wirkung des Betriebsdruckes nötig, die Dichtsegmente mit einer Feder zusammenzuschließen. (Vorspannung.) Eine Reihe von Lösungen wird hierfür verwendet. Die Schwierigkeit besteht vorwiegend im Temperatureinfluß auf die Feder. Meist werden Schlauchfedern eingebaut (Bild 21.43), aber auch zylindrische Schraubenfedern (Bild 21.50), für hohe Temperaturen einfache (Bild 21.39) oder doppelte (Bild 21.51) stählerne (St 60.11) oder gußeiserne Ringfedern (letztere können gleichzeitig die Teilfugen am äußeren Umfang abdichten) sowie Wellfedern (Bild 21.52). Durch Anwendung eines Spanndrahtes ist die Wellfeder auf Druck beansprucht.

218   21. Die Dichtung bewegter Maschinenteile

6. Die Kammer. Die Kammer wird aus einer entsprechenden Anzahl von Kammerringen gebildet. Diese können entweder einteilig (Bild 21.38) oder aus einfachen Teilen aufgebaut sein (Bild 21.39). Die Kammerwinkel müssen Vorkehrungen zum bequemen Ausbau besitzen (Gewindelöcher: Bild 21.43; Versatze: Bild 21.52).

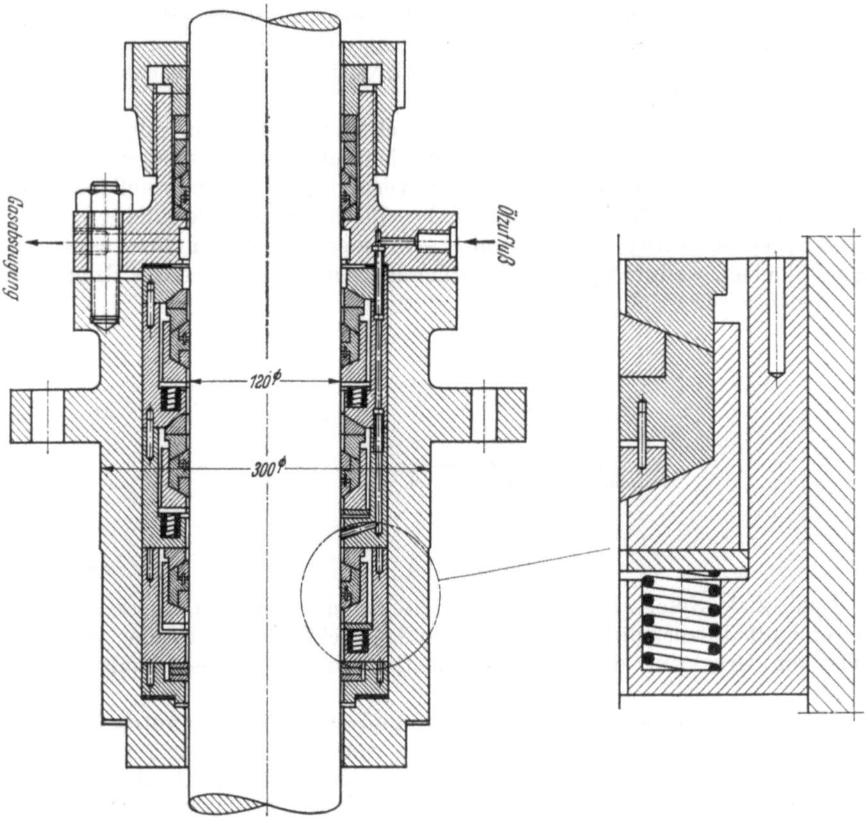

Bild 21.49. Stopfbüchse für Mitteldruck mit konischen Dichtelementen und Vorstopfbüchse [5].

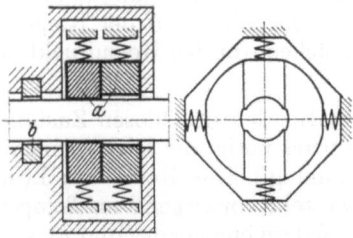

Bild 21.50. Ringpaar, bestehend aus zwei gleichen gegeneinander versetzten Dichtringen, a mit tangentialer Teilung; Vorspannung durch radial wirkende zylindrische Schraubenfedern. Vollständige Packung; für hohe Druckunterschiede Vorpackung b.

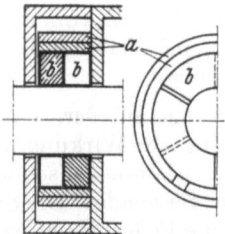

Bild 21.51. Ringpaar mit Vorspannung, geteilt, mit gemeinsamer Doppelringfeder a. Diese schützt vor Aufreißen der Ringe b bei hohem Überdruck des Mittels in der Bohrung der Dichtringe und deckt gleichzeitig die Teilfugen am äußeren Umfang ab; der zweite Dichtring deckt die Fugenundichtheit des 1. Ringes in axialer Richtung ab.

Die Kammerringe können auch zweiteilig sein (vorteilhaft ist dann wegen der größeren Fugendichtheit die Bruchsprengung) und werden dann durch Schlauchfedern zusammengehalten (eigentlicher Dichtdruck ist der Betriebsdruck).

Einen Ersatz für die Kammern bilden abwechselnd nach innen und außen federnde selbstspannende Dichtringe (Bild 21.53).

Bei hohen Drücken ist die Kammer aus einfachsten Elementen (keine Kerbwirkungen!) aufzubauen.

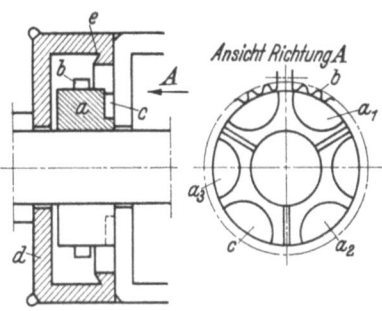

Bild 21.52. Dichtring mit Vorspannung, mehrteilig, a_1, a_2, a_3, Vorspannung durch Wellfeder b; axiale Entlastung des Ringes durch Entlastungsflächen c; Kammer d aufgeschliffen; mit Versatz e zum Herausziehen.

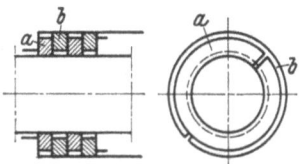

Bild 21.53. Abwechselnd nach innen und außen federnde, selbstspannende Dichtungsringe a und b.

7. Die Abdichtung der Kammer. Die Dichtung Kammer auf Kammer erfolgt stets mittels aufgeschliffener Dichtflächen (die lichte Kammerhöhe ist besonders bei der Dichtung von Stangen sehr genau zu messen, da ein zu großes axiales Spiel der Ringe in der Kammer zu schädlichen Massenwirkungen führt).

Der Außenweg des Betriebsmittels wird durch Flachdichtungen (Bild 21.38), Formdichtungen (Bild 21.39), selbstspannende Ringe (Bild 21.43), oder durch Aufschleifen der Kammer am Grunde des Stopfbüchsenraumes (Bild 21.52) gesperrt.

8. Das Ringpaar. Fast stets arbeiten die Dichtringe paarweise zusammen. Dabei dient meist der in der Druckrichtung vorgeschaltete zur Abdichtung der Teilfugen bei radialer Teilung (Bild 21.43), bzw. der praktisch immer entstehenden Abdichtungslücken am Umfang bei tangentialer Teilung (Bild 21.50). Man kann aber auch solche Dichtungslücken durch einen einteiligen Deckring schließen (bei horizontaler Stange), wie das Bild 21.54 zeigt.

Das Bild 21.55 gibt ein Beispiel für die Belastungsverteilung in einem Ringpaar unter Annahme eines linearen Druckabfalles im Dichtspalt. Man sieht, daß der zweite Ring eine wesentlich größere (theoretisch dreimal so große) spezifische Belastung erhält als der erste Ring. Es wird daher z. B. der erste Ring als eigentlicher Dichtring (mit Vorspannung) ausgeführt (radiale oder tangentiale Teilung und Anpressung durch den Betriebsdruck), während der zweite Ring als Deckring vorwiegend die Schnittfugenabdichtung übernimmt; dadurch, daß er aber ohne Vorspannung ausgeführt ist (aufeinanderliegende Teilfugen), übt er keinen Druck auf die Stange aus.

Bei Überlegungen wie den obigen ist aber stets zu bedenken, daß nur bei Ausfüllung des Dichtspaltes mit einer inkompressiblen Flüssigkeit ein linearer Druckabfall stattfindet und daß die Annahmen nur bedingt zutreffen (z. B. ist die Lage der Dichtelemente infolge der Bewegung der Stange nie genau zu definieren).

9. Der Stopfbüchsenraum. Im allgemeinen werden die geschilderten Stopfbüchsenelemente unmittelbar in einen Raum eingebaut, der im Deckel der betreffenden Maschine ausgespart ist. Im Lokomotivbau wird die Kammer aber auch als geteilte Stopfbüchse hergestellt (DIN 35121); die beiden Halbschalen sind fest miteinander verschraubt und der Dampfdruck besorgt noch zusätzlich ein dichtes Aufeinanderpressen der Teilfugen. Halbschalen ermöglichen einen schnellen Ein- und Ausbau der Stopfbüchse; die Stopfbüchsenbrille entfällt.

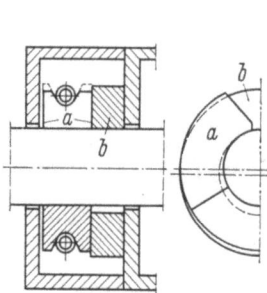

Bild 21.54. Ringpaar. Dichtring a mit offener Teilfuge; Deckring b einteilig, die Lücke abdichtend (Ausführung für waagrechte Stangen).

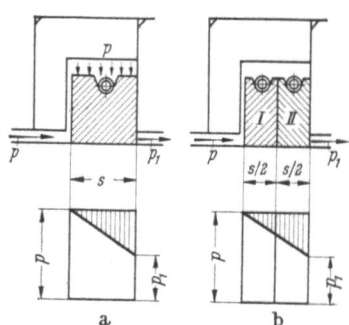

Bild 21.55a u. b. Belastungsschema des einfachen und geteilten Ringes.

10. Weitere Teile der Metallpackungen. Für die einwandfreie Funktion sehr wichtig ist die richtige Zuführung des Schmiermittels (Anordnung von Schmiermittelkammern). Je nach dem Betriebsmittel sind dann noch Absaugelaternen oder Kondensatabführungskammern an den jeweils richtigen Stellen anzuordnen.

Sehr wichtig ist bei diesen Metallpackungen der richtige Sitz der Dichtungsringe in den Kammern. Die radiale Beweglichkeit der Ringe muß auch bei höheren Temperaturen gewährleistet bleiben, ohne daß ein Wandern der Ringe infolge der Reibung an der Stange eintritt, was zu raschem Vergrößern des axialen Spieles führt; der der Mitnahme der Ringe durch die Reibung entgegenwirkende Betriebsdruck ist in den außenliegenden Kammern meist schon sehr klein (s. Druckverlauf). Als Abmaß für die Führung der Dichtringe in den Kammerwinkeln bzw. den Halbschalen wird ISA–D9 angegeben, für die Ringe selbst c8.

Damit die Einwirkung des Betriebsdruckes gesichert ist, erhält der vordere Ring der Ringpaare häufig nach der Druckseite hin radiale Durchlaßnuten.

Die Dichtungselemente sind vor Mitnahme (Rotation) zu schützen. Es werden entsprechende Haltestücke meist in die Kammerringe geschraubt, die dann sowohl axial als auch radial in das Dichtungselement eingreifen, stets aber mit Spiel, so daß eine genügende Beweglichkeit erhalten bleibt.

Die Anzahl der Dichtringe (Ringpaare) wird nach der Erfahrung festgelegt. Nicht der absolute Druck, sondern das Druckverhältnis ist maßgeblich. Entscheidend ist aber für die Anzahl der Dichtringe nicht die Forderung nach Dichtheit der Stopfbüchse (diese könnte u. U. auch mit einem einzigen Ringpaar erreicht werden), sondern die Rücksicht auf einen zu großen Druckabfall je Ring bei zu geringer Ringzahl und damit zu großem Ringverschleiß.

Nur um einen Anhalt zu geben, wird nachstehend eine Tabelle für die Anzahl von Kammern für Kolbenverdichter gebracht.

21.1.4 Formbeständige Packungen

Tabelle 21.1. Anzahl der Kammern in einer Stopfbüchse mit scheibenförmigen Dichtelementen nach Ausführung I des Bildes 21.44

Durchmesser der Kolbenstange in [mm]	Anzahl der Kammern bei einem Druck in kp/cm² von					
	10	16	25	40	64	100
von 28 bis 50	3	4	4	5	6	6
von 55 bis 80	4	5	5	6	8	–
von 90 bis 160	6	6	6	8	–	–
von 180 bis 220	8	8	8	8	–	–

Wie aus der Literatur ersichtlich ist [1, 8] bereitet der Aufbau der Stopfbüchsen auch für sehr hohe Drücke (genannt werden 7000 at) keine besonderen Schwierigkeiten, wenn durchwegs geläppte Dichtflächen zur Anwendung gelangen, deren Dichtpressung bis nahe an die Fließgrenze reicht. Die Stopfbüchsenkonstruktion ist in einfache ringförmige Teile zu zerlegen. So werden z. B. die Kammern durch Aufeinanderschlichten von Stütz- und Distanzringen verschiedenen Durchmessers gebildet; dadurch ist es nicht nötig, die geschlitzten Dichtringe überzustreifen und sie können entsprechend stark gehalten werden.

11. Beispiele ausgeführter Stopfbüchsen (Metallpackungen). Die Bilder 21.56, 21.57 zeigen weitere Ausführungsbeispiele für vollständige Kolbenstangenstopfbüchsen.

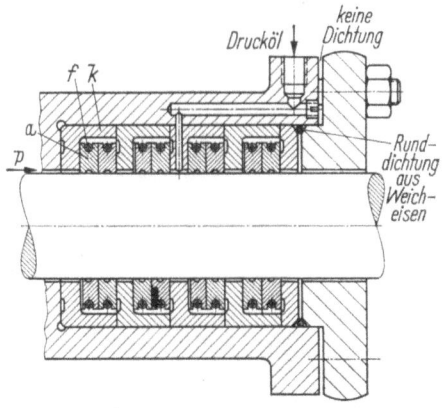

Bild 21.56. Federringpackung.
a Packungsringsegmente; *f* Schlauchfedern; *k* Kammerwinkel.

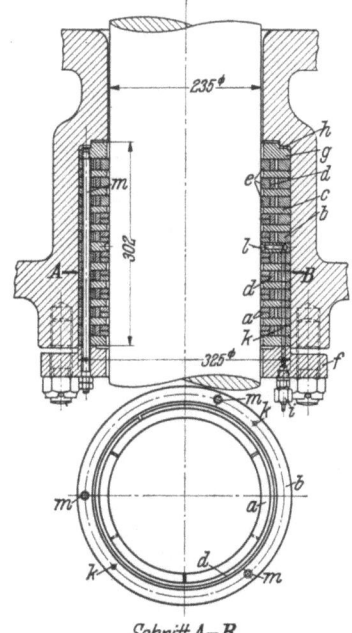

Bild 21.57. Stopfbüchse eines doppeltwirkenden Dieselmotors.
a geteilte Dichtringe; *b* äußere Kammerringe; *c* Kammerringscheiben; *d* Vorspannfedern; *e* Feuerringe; *f* Stopfbüchsbrille; *g* Grundring; *h* Dichtung; *i* Anschluß des Preßölers; *k* Schmierbohrungen; *l* Schmierstelle; *m* Schrauben für Stopfbüchseneinsatz.

Eine große Kohleringdichtung, wie sie in Pumpspeicherwerken verwendet wird, zeigt Bild 21.58 (Wellendurchmesser 440 mm, 600 U/min, 20 atü); besonders interessant ist dabei der Einbau eines aufblasbaren Gummibalges, der den Ausbau der Dichtelemente unter Druck ermöglicht. Der eingeschaltete elastische Kunstgummiring dichtet besonders die überlappten Teilfugenstoßstellen ab.

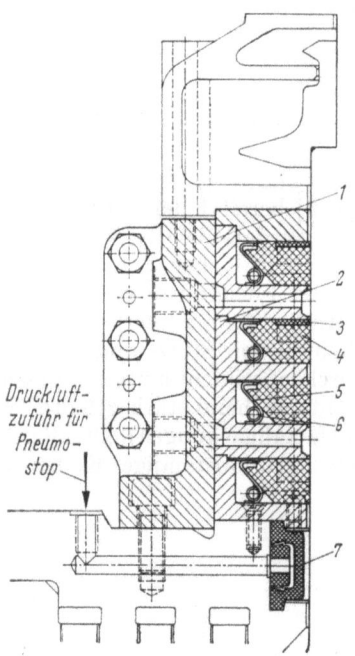

Bild 21.58. Wasserturbinenstopfbüchse mit Hilfsabsperrung (Fahturbox mit Pneumostop [21*]).
1 Gehäuse; *2* Kammerring; *3* Einsatzring (Kunstgummi); *4* Dichtungsring (Kunstkohle); *5* Druckring; *6* Schlauchfeder; *7* Pneumostop (Kunstgummi).

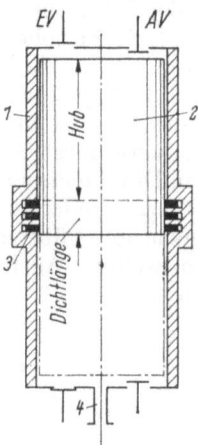

Bild 21.59. Schema eines doppeltwirkenden Zylinders mit Abdichtung durch Zylinderringe. *1* Zylinder; *2* Kolben; *3* Zylinderringe; *4* Stopfbüchse.

e) Zylinderringe (Büchsenringe)

Kolbenringe werden in dem vorliegenden Buch nicht behandelt, da sie ein eigenes, großes Gebiet darstellen. Es sollen hier aber kurze Ausführungen über die weniger bekannten Zylinderringe eingeschaltet werden, welche eine sehr ähnliche Dichtungsaufgabe wie die Kolbenringe haben und vergrößerte Metallpackungen darstellen.

Als Zylinder- oder Büchsenringe werden Dichtringe bezeichnet, die – in der Zylinderwand angeordnet – einen Dichtdruck nach innen ausüben. Der grundsätzliche Einbau geht aus der schematischen Skizze Bild 21.59 hervor.

Vergleicht man Kolbenringe mit Zylinderringen, so kann man etwa folgende Vor- und Nachteile der Zylinderringe feststellen.

Vorteile:

1. Beanspruchung der Dichtringe und der Ringnuten nur durch Reibungskräfte und nicht auch durch Massenkräfte.
2. Anwendungsmöglichkeit sämtlicher Dichtringbauarten.
3. Leichterer Kolben, da die Kolbenwand nicht wegen der Ringnuten verstärkt werden muß.
4. Bessere Zugänglichkeit.
5. Möglichkeit der Dichtheitskontrolle im Betrieb.
6. Möglichkeit des Einbaues von Kolbenführungen.
7. Möglichkeit einer sehr leichten Ausführung der Zylinder aus einem Werkstoff, der nicht mit Rücksicht auf Reibungsverhältnisse zu wählen ist.

Als Nachteile scheinen auf:

1. Vergrößerung der Bauhöhe, besonders bei einfach wirkenden Tauchkolbenmaschinen.
2. Vergrößerung des schädlichen Raumes und besonders der schädlichen Flächen.
3. Vergrößerung des Zylinderaußendurchmessers.
4. Erschwerung der Demontage.

Der Zylinderring könnte für schnellaufende Maschinen – besonders, wenn gleichzeitig Schmierungslosigkeit verlangt wird – in Betracht zu ziehen sein. Er wurde bei besonders schwierigen Betriebsverhältnissen bereits verwendet.

Wie im Bild 21.60 [6] dargestellt, können manchmal die Belastungsverhältnisse durch den Ersatz der Kolbenringe durch Zylinderringe geändert werden: $F' < F$ bzw. $p' < p$. Die Herstellungstechnik von nach innen federnden Ringen wird in [6] beschrieben.

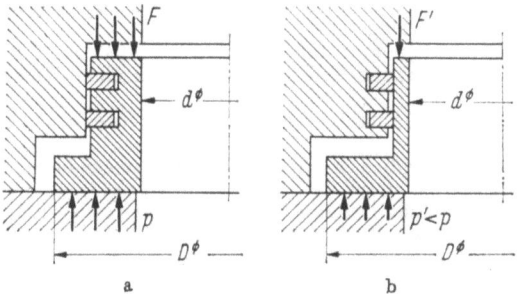

Bild 21.60a u. b. Änderung der Belastungsverhältnisse eines Drosselringes bei Verwendung von Zylinderringen. a) Abdichtung mit normalen Kolbenringen; b) Abdichtung mit nach innen spannenden Ringen (nach [7]).

Schrifttum zu den Abschnitten 21.1–21.1.4

1. Bauer, H.: Hochdruckkompressoren für Drücke über 1000 at. Chemie-Ing.-Technik 37 (1965) 302–305.
2. Boon, E. F.: Afdichting voor roterende assen. De Ingenieur 62 (1950) 43–50.
2a. Carpenter, R. E.: New graphite-filament packing has long life, near-zero leakage. Power (1967) November, S. 80–81.
2b. Coopey, W.: A fresh look at springloaded packing. Chem. Engng. 74 (1967) 278–284.
3. Denny, F. D., Turnbull, D. E.: Sealing characteristics of stuffingbox seals for rotating shafts. Proc. Instn. Mech. Engrs. 174 (1960) 271–272.
4. Diefenbach, G.: Neue Anwendungsgebiete für stopfbüchsenlose Abdichtungen. Chemie-Ing.-Technik 23 (1951) 491–494.

4a. Finkelnburg, H.: Strahlbearbeitungen. Techn. Rundschau (1972) Nr.12, S.9, 11, 13, 15.
5. Frenkel, M. J.: Kolbenverdichter, Berlin: Verlag Technik 1969.
5a. Gaffal, K.: Eine neue Packungsstopfbüchse für Kreiselpumpen mit hydraulischer Vorspannung und beweglichem Einbau des Stopfbüchsgehäuses. KSB – Technische Berichte (1964) 50–51.
6. Gintsburg, B. Ya.: Auf der Innenseite dichtende Kolbenringe. Russian Engng. Journ. (1963) 3, S.24–27 aus Vestnik Mashinostroeniya 43 (1963) 31–34; s.a. Konstruktion 16 (1964) 197–198.
7. Gurewitsch: Berechnungsgrundlagen für Rohrleitungsarmaturen. (russ.) Mashgis (1962) S.124–130.
7a. Hiedl, H., Schaffer, G.: Entwicklung der Wellendichtungen bei Kreiselpumpen. Maschinenmarkt 75 (1969) H. 29, 45.
8. Kara, W. H., Wirtz, H.: Einfluß der Oberflächenfeingestalt auf die Tragfähigkeit geschmierter Flächen. VDI-Berichte Nr.141 (1970) 49–53.
9. Leyer, A.: Maschinenkonstruktionslehre. Heft 4: Spezielle Gestaltungslehre, 2.Teil (1968).
10. Mayer, E.: Belastete axiale Gleitringdichtungen für Flüssigkeiten. Diss. TH Stuttgart 1959.
11. Merkel, E.: Fluorhaltige Äthylenpolymerisate als Werkstoffe für Dichtungselemente. Chemie-Ing.-Technik 27 (1955) 279–283.
12. Müller, H. K.: Weichpackungsstopfbuchsen mit ausgeglichener Anpressung. Konstruktion 20 (1968) 224–226.
13. Nau, B. S., Stephens, H.: Innenbeanspruchung und Belastungsverfahren bei Stopfbüchsenpackungen. Vortrag auf der 3. DT Dresden, 1967, S.41–55.
14. Plötner, W.: Technisches Handbuch Pumpen, Berlin: VEB Verlag Technik 1969.
14a. Popoff, B., Tassler, H.: Beitrag zur Theorie der Weichstoffpackungen. Wissenschaftliche Zeitschrift der TH für Chemie „Carl Schorlemmer" Leuna-Merseburg 10 (1968) 310–314.
15. Rödel, H.: Konstruktive Gesichtspunkte beim Bau von Schiffskreiselpumpen. Konstruktion (1954) S.409–417.
16. Schaffer, R.: Gleitringdichtungen für Kreiselpumpen der chemischen Industrie. Chemie-Ing.-Technik 29 (1957) 241–249.
17. Schmidt, F.: Berechnung und Gestaltung von Wellen. Konstruktionsbücher 10, Berlin, Göttingen, Heidelberg: Springer 1951 (2.Aufl., 1967).
17a. Schommer, H.: Umwälzpumpen für Thermalöle. VDI-Z. 114 (1972) 578–580.
18. Schulz, M.: Aufbau, Wirkung und Betriebseignung einer Knetpackung. Energie 3 (1956) 370–373.
19. Schweiger, F. A.: The performance of jet engine contact seals. Lubrication Engineering, June 1943, S.232–238.
20. Shepler, P. R.: Kolbenringdichtungen für Hydraulikanwendungen. Technica 13 (1964) 1915–1918, 1923, 1924.
21. —: Split-ring-seals. Machine Design 41 (1969) 16–20 ("Seals"-Ref. Issue).
23. Seifert, E.: Abdichtung der Rührwerkwellen. Der Maschinenbau 15 (1966) 450–453.
24. Taschenberg, E.: Circumferential seals. Machine Design 41 (1969) 21–23 ("Seals"-Ref. Issue).
25. Thomson, J. L.: Packed glands for high pressures: an analysis of fundamentals. Combustion 29 (1958) 38–51.
26. Thomson, J. L.: Packed glands for high pressures: an analysis of fundamentals. Proc. Instn. mech. Engrs. 172 (1958) 471–486, 499–512.
27. Tochtermann, W., Bodenstein, F.: Konstruktionselemente des Maschinenbaues, 1.Teil, Berlin, Heidelberg, New York: Springer 1968.
28. Trutnovsky, K.: Die Wirkungsweise von Weichpackungsstopfbuchsen. Konstruktion 20 (1968) 220–224.
29. Veit, G.: Taschenbuch der Dichtungstechnik, München: Hanser 1971.
30. Wolf, G.: Berechnungsmethoden für die Festlegung der geom. Abmessungen von Armaturen. Vortrag d. 2. DT Dresden, 1964, S.47–106.
31. Walbersdorf, W.: Einstufige Kreiselpumpen für kleine Förderströme. VDI-Z. 113 (1971) 250–255.
32. Anonym: Metallpackungen für Hochdruck. Rly. Engr. 1933, S.342–344.
33. Zieler, W.: Strahlverfahren und Oberflächenverfestigung. Techn. Rundschau (1969) Nr.15, S.2, 3, 5, 7; Nr.22, S.3, 5, 7.

21.1.5 Selbsttätige Stopfbüchsen (Hydraulik- und Pneumatikdichtungen)

Unterschiede zwischen Hydraulik- und Pneumatikzylindern: Pneumatikzylinder arbeiten meistens mit niedrigen Drücken; es kommen relativ geringere Kräfte zur Wirkung. Die Leerlaufreibung hat daher einen wesentlich größeren Einfluß als bei Hydraulikzylindern. Sie ist abhängig von der Vorpressung (Initialpressung), die zur Einleitung des Dichtvorganges nötig ist. Die Verformungen der Dichtung durch die Vorpressung müssen genügen, um alle Spiele zu überbrücken, die bei Pneumatikzylindern in der Regel größer sind als bei Hydraulikzylindern. Für beide Systeme werden meist die gleichen Dichtungen verwendet. Um die Leerlaufreibung möglichst klein zu halten (sonst Gefahr des Ruckgleitens!) wurden neue Bauformen entwickelt [4a].

Durch die starke Entwicklung der Hydraulik im Maschinenbau hat die Zahl der Bauarten der einschlägigen Dichtungen stark zugenommen, so daß nachstehend nur eine Übersicht mit wenigen Beispielen gebracht werden kann.

Hauptbauformen sind Manschetten (Nutringe) und O-Ringe (auch andere Querschnitte), die vielfach zu einbaufertigen Kolbendichtungen entwickelt werden, die die Grundbauart manchmal nur mehr schwer erkennen lassen.

Für die vielfältigen Abdichtmöglichkeiten eines Hydraulikzylinders gibt Bild 21.61 ein gutes Beispiel.

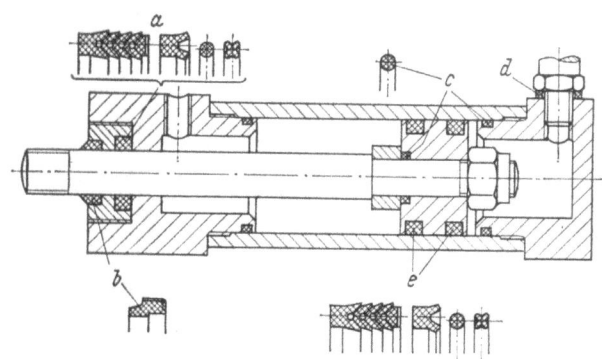

Bild 21.61. Dichtelemente an einem Hydraulikzylinder [2].
a Stangendichtung; b Abstreifer; c statische Abdichtung; d Abdichtung der Verschraubung; e Kolbendichtung.

a) Rundringe u. ä.

1. O-Ringe (die querschnittsmäßig kleinsten Hydraulikdichtungen). *Allgemeines betreffend dynamische Beanspruchung.* Das Dichtverhalten von O-Ringen bei dynamischen Beanspruchungen ist schlechter als von Nutringen und Packungen.

Auch bei sehr schnellen Druckänderungen ist die radiale Anpreßkraft nicht von der statischen verschieden. Druckwechselbeanspruchung bringt eine Ermüdung des Ringwerkstoffes. Bei hochfrequenten Druckpulsationen ist daher vor der Dichtung eine starke Drosselung vorzusehen, so daß die Dichtung praktisch statisch beansprucht wird, da die Dichtung sonst in kurzer Zeit durch Verschleiß an den Kontaktflächen zerstört wird.

Der Einbau dynamisch beanspruchter O-Ringe. Einbau in Rechtecknuten mit radialer Vorverformung; diese Nuten werden wegen des Reibungswiderstandes kleiner gehalten als bei statischen Abdichtungen. Die Werkstoffhärte wird vom

Druck abhängig gemacht; empfohlen wird: bis zu einem Überdruck von 15 kp/cm² eine Härte Shore A von 70, von 15 bis 60 kp/cm² eine Härte von 80, über 60 kp/cm² eine Härte von 85.

a) Hin- und hergehende Bewegung. Einsatz bei geringem Einbauvolumen, kleinen Hubwegen und nicht zu häufigen Hubfolgen; keine vollkommene Dichtwirkung. Mittlere Querschnittsverformung bei Hydraulik etwa 10 bis 15%, nicht kleiner als 6%, bei Pneumatik 2 bis 6% (geringe Querschnittsverformung wegen meist begrenzter Schmiermöglichkeit); eventuell auch ohne radiale Vorpressung („schwimmender Einbau": Außendurchmesser des O-Ringes etwa 2 bis 5% größer als Zylinderdurchmesser).

b) Rotierende Bewegung. O-Ringe hierfür nur bei unschwierigen Betriebsverhältnissen anwenden. Den Dichtring im Gehäuseteil einbauen (Bild 21.62). Der O-Ring wird beim Einbau gestaucht; sein Innendurchmesser soll im nichteingebauten Zustand etwa 5% größer als der Wellendurchmesser sein. Härte des Werkstoffes nicht unter 80 Shore A, Wellenoberfläche mindestens 60 Rc-Härte.

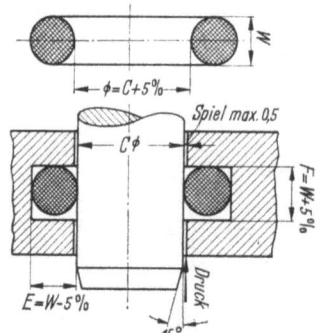

Bild 21.62. Einbau eines O-Ringes für hohe Umfangsgeschwindigkeiten (ROTO-Ring).

c) O-Ringe mit Stützringen. Besonders bei dynamisch beanspruchten O-Ringen, Einbau auf der druckabgewandten Seite (vorteilhaft auf beiden Seiten!), zur Verhinderung des Einfließens des O-Ring-Werkstoffes in den Spalt. Der Einbau von Stützringen ist vorzunehmen, wenn die Spaltweite 0,05 mm überschreitet, der abzudichtende Druck mehr als 50 kp/cm² beträgt und eine rasche Hubfolge gegeben ist. Der Einbau von Stützringen ist auch in statische Abdichtungen zu empfehlen, wenn die Spaltweite (auf der druckabgewendeten Seite) größer als 0,1 mm ist.

Ausführung als Spiralringe (Bild 21.63) oder als geschlitzte Ringe (Bild 21.64).

Eine Verbesserung der an sich ungünstigen Reibungsverhältnisse von O-Ringen kann durch Anwendung von Gleitwerkstoffen (z.B. Teflon) in Form von unterlegten Bändern (auch nachträglicher Einbau ohne Änderung der Nutabmessungen möglich) oder Gleitringen erreicht werden (Bild 21.65), die verschiedene Querschnitte haben können; auch Kombinationen aus einem PTFE-Laufring und einem O-Ring (Anpreßring) aus einem Elastomer (sog. Mantelringe, Bild 21.66) sind erhältlich. Auch kann eine radiale Verspannung des eingeschobenen Gleitringes beim Anziehen des O-Ringes (Begrenzung) bewirkt werden (Bild 21.67).

Die Dichtfunktion zwischen den bewegten Teilen übernimmt dann der Teflongleitring (der auch thermisch verhältnismäßig stabil ist), während der elastische O-Ring die Anpressung des Gleitringes an die abzudichtende Fläche

21.1.5 Selbsttätige Stopfbüchsen

besorgt und Maßänderungen automatisch ausgleicht, bei gleichzeitiger wesentlicher Absenkung der Reibung (auf etwa $1/3$). Diese Kombination ist auch für hohe Drücke anwendbar. Als mittlere Rauhtiefe R_t wird empfohlen 2 μm für Bohrungen, 1 μm oder kleiner für Wellen; Passung etwa H 7/f 7. Das Reibungsverhältnis ist sehr günstig. Die Reibungszahl beträgt statisch etwa 0,05 bis 0,08

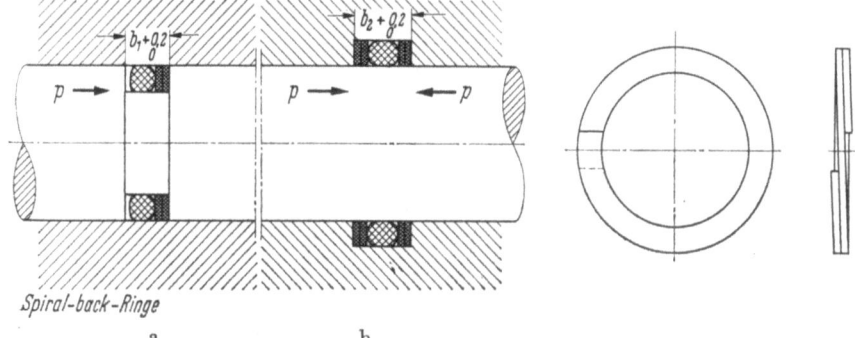

Bild 21.63a u. b. Spiralstützringe. a) außen; b) innen dichtend (doppeltwirkend).

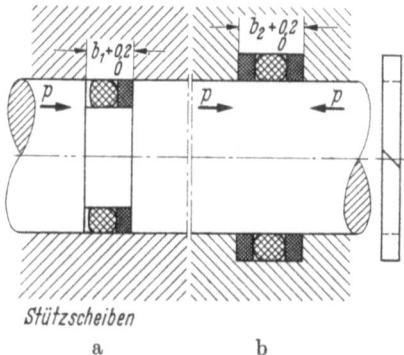

Bild 21.64a u. b. Geschlitzte Stützscheiben. a) außen; b) innen dichtend (doppeltwirkend).

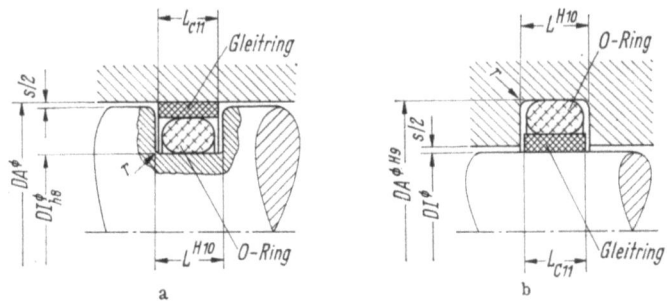

Bild 21.65a u. b. PTFE-Gleitringe. a) außendichtend; b) innendichtend.

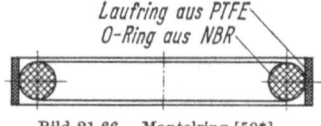

Bild 21.66. Mantelring [50*].

21. Die Dichtung bewegter Maschinenteile

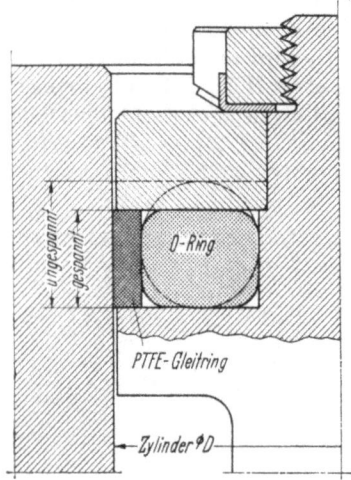

Bild 21.67. Einbauverhältnisse bei einem PTFE-Gleitring [50*].

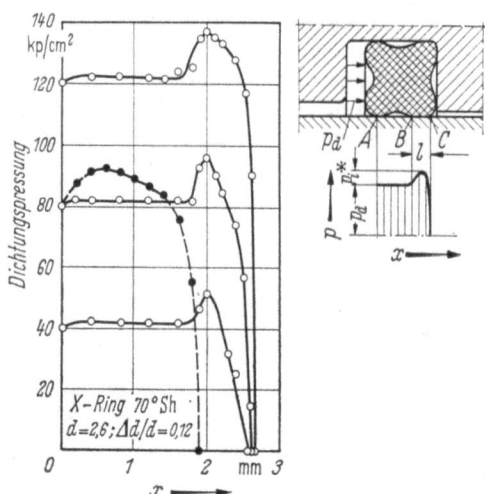

Bild 21.68. Pressungsverlauf am X-Ring. Gestrichelte Kurve: O-Ring (zum Vergleich) [18].

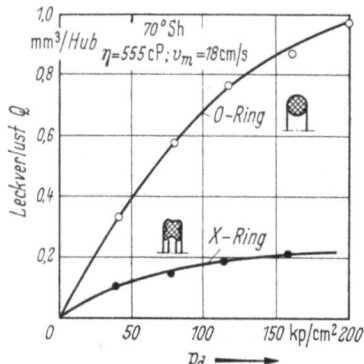

Bild 21.69. Leckverlust je Doppelhub (Hin- und Rückgang) in Abhängigkeit vom Druck p_d bei verschiedenen Dichtungsquerschnitten [18].

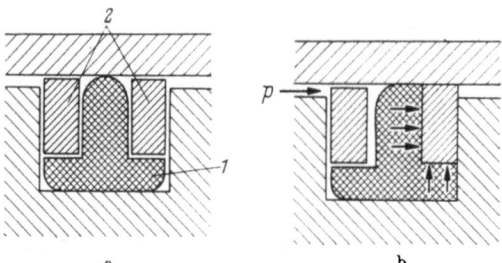

Bild 21.70a u. b. T-Ring. a) eingebaut, drucklos; b) unter Druck. 1 Elastomerring, 2 Backringe.

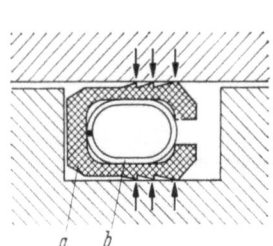

Bild 21.71. Dichtring mit eingebauter Spreizfeder. a Dichtungskörper (Teflon); b Belastungsfeder (rostfreier Stahl) (Bal-Seal).

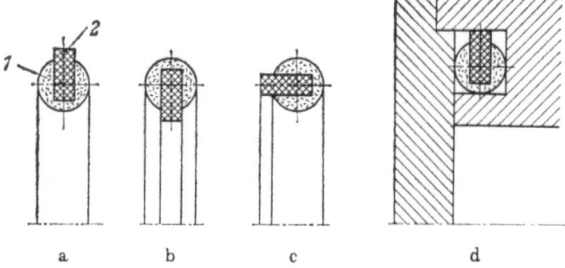

Bild 21.72a–d. O-Ringe mit Elastikelement. a), b) und c) Ausführungen; 1 PTFE-O-Ring; 2 Elastikelement [20*]; d) Einbaubeispiel.

(in sehr weitem Druckbereich), steigt dynamisch an und erreicht bei etwa 30 m/s den Wert von 0,15; damit ist eine gleichmäßige, ruckfreie Bewegung auch bei sehr kleinen Geschwindigkeiten gesichert (kein stic-slip).

2. Ringe mit anderen Querschnitten. Der O-Ring mit Kreisquerschnitt hat verschiedene Abwandlungen erfahren, die den Zweck haben, gewisse Schwächen des O-Ringes zu vermeiden, die besonders bei dynamischer Beanspruchung auftreten (Abrollen des O-Ringes).

a) X-Ring oder Quad-Ring [18, 24] (Bild 21.68). Dieser Ring ist eine Vierlippendichtung mit angenähert quadratischem Querschnitt. Es werden für diesen Ring – gegenüber dem O-Ring – folgende Vorteile angeführt: verringerte Reibung, bessere Dichtheit (Bild 21.69, Berechnung s. [18]), höhere Lebensdauer und Sicherheit gegen Spiralverdrehung. X-Ringe können in die gleichen Nuten wie O-Ringe eingebaut werden.

b) T-Ring [43*] (Bild 21.70). Dieser Ring ist für dynamische Beanspruchung gedacht. Als Vorteile gegen den O-Ring werden hier angeführt: Möglichkeit der Verwendung eines weicheren und eines abriebfesteren Elastomers wegen der größeren Widerstandsfähigkeit gegen Herausdrücken, Vermeiden von Rollen- und Spiralenbildung (besonders bei langen Schiebern gefährlich), größere zulässige Spaltweite.

Außer diesen Querschnitten sind noch eine Reihe andere im Handel, darunter auch solche, welche die bei manchen Kunststoffen völlig fehlende Elastizität des O-Ringes durch eine eingebaute Feder ersetzen. Bild 21.71 ist ein Beispiel für einen Teflondichtring mit eingebauter Spreizfeder, Bild 21.72 ein Beispiel für einen PTFE-Ring mit eingebautem Elastikelement. Letztere Ausführungen sind allerdings für statische Abdichtungen bestimmt.

b) Manschettendichtungen (Stulpdichtungen, Hutmanschetten, Dachformmanschetten, Nutringe, Lippenringe)

Wirkungsweise. Die Manschettendichtungen gehören zu den selbsttätigen Dichtungen, d.h. die Hauptdichtkraft liefert der Betriebsdruck. Die Wirkungsweise wird nachstehend an den einfachsten Bauformen erläutert.

Man unterscheidet einfache und doppelte Manschettendichtungen. Bei der einfachen Manschettendichtung (Schema Bild 21.73) wird nur die Abdichtung des axialen Undichtheitsweges durch den Betriebsdruck bewirkt. Eingeleitet wird die dichtende Wirkung des Betriebsdruckes durch das dichtende Anliegen (Vorspannung) der Manschettenlippe an der bewegten Dichtfläche. Der radiale Undichtheitsweg wird – wie bei einer normalen ruhenden Flachdichtung – durch Dichtpressung des Manschettenbundes zwischen Gehäuse und Brillendichtflächen gesperrt. Die Gefügeundichtheit richtet sich nach dem verwendeten Werkstoff, eine Teilfugenundichtheit besteht im allgemeinen nicht, weil die Manschetten selten geteilt sind. Wenn dies aber der Fall ist, so wird die Teilfugenundichtheit durch das Hintereinanderschalten mehrerer, mit den Teilfugen versetzter Ringe gedichtet.

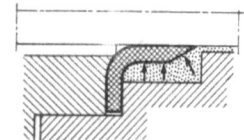

Bild 21.73. Einfache Manschettendichtung.

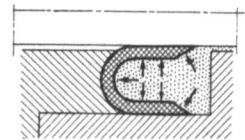

Bild 21.74. Doppelte Manschettendichtung.

Bei der doppelten Manschettendichtung (Schema Bild 21.74) wird sowohl der axiale als auch der radiale Undichtheitsweg (letzterer durch Umlegung auf einen ebenfalls axialen Spalt) durch den Betriebsdruck abgedichtet (voll-selbsttätige Dichtung). Bezüglich der Teilfugenundichtheit gilt das bei der einfachen Manschettendichtung Gesagte.

Eine genauere Betrachtung des Abdichtungsmechanismus am Beispiel eines Nutringes zeigt, daß der Dichtring in seiner Lippe einen beweglichen, zur Abdichtung besonders geeigneten Teil hat; schon im Einbauzustand – ohne Innendruck – ergeben die beiden Lippenkanten hohe Dichtpressungen. Dabei ist die Reibung im unbelasteten Zustand gering. Eine große Toleranz zwischen Dichtring und den Gegenflächen ist ohne Beeinträchtigung der Wirkung zulässig. Mit steigendem abzudichtendem Druck nimmt ein immer größerer Teil des U-Ringes an der Abdichtung teil und auch der Ringrücken wird bei hohen Drücken zur Abdichtung herangezogen.

Bei den Manschettendichtungen besteht bei fehlender Vorspannung die Gefahr eines plötzlichen Versagens infolge der Möglichkeit, daß der Betriebsdruck anstatt die Dichtlippe anzupressen diese abhebt. Die richtige Wirkung des Betriebsdruckes wird daher häufig durch geeignete Maßnahmen gesichert.

Bauformen:

3. Hutmanschetten. Hutmanschetten werden zur Abdichtung wendebewegter und umlaufender Maschinenteile verwendet. Höchstdruck etwa 40 at, Mindestdruck (ohne Anpreßfeder) etwa 0,5 bis 2 atü, je nach der Stärke der Stulpen. Bei zeitweiser Drucklosigkeit oder Auftreten von geringen Unterdrücken wird eine Anpreßfeder (z. B. Schlauchfeder) verwendet, vielfach in besonderer Führungsrille (Bild 21.75).

Die Anpressung des Flanschteiles (Manschettenbundes) erfolgt mit Brille (Bild 21.76) oder Überwurfmutter (Bild 21.77); Vorpressung des Einspannflansches 5 bis 10% der Flanschdicke.

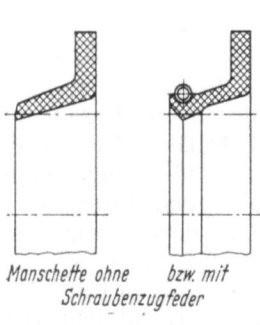

Bild 21.75. Querschnitt von Hutmanschetten.

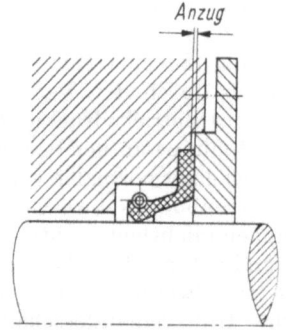

Bild 21.76. Anpressung des Flanschtellers mit Brille.

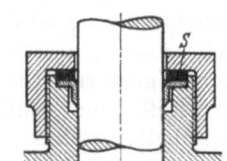

Bild 21.77. Einbau einer Hutmanschette mit Überwurfmutter; S Druckring.

4. Topfmanschetten. Diese dienen zur Abdichtung von Kolben für mittlere Drücke; kleine Drehbewegungen sind zulässig. Die Dichtkante der Dichtlippe darf bei der Kolbenbewegung nirgends anstoßen und soll auch möglichst nicht als steuernde Kante Schlitze u. dgl. überschleifen; wenn dies unvermeidlich ist, müssen die Kanten dieser Öffnungen sorgfältig entgratet werden und der ge-

21.1.5 Selbsttätige Stopfbüchsen

steuerte Querschnitt soll nicht in Form einer großen runden Bohrung, sondern als schmale Rechteckschlitze ausgeführt werden, um die Durchbiegung der Dichtlippe möglichst zu verkleinern. Bei höheren Drücken metallische Abstützung der Dichtlippe.

Topfmanschetten können entweder für eine Druckrichtung (Bild 21.78) ausgeführt werden, wie sie z. B. einfach wirkende Kolben aufweisen oder für zweiseitige Abdichtung. Das Bild 21.79 zeigt eine Konstruktion, die bereits einen vollständigen doppeltwirkenden Kolben bildet.

Für die Abdichtung von Wellen (Druckbereich etwa 10 atü) ist diese Grundform weiterentwickelt worden („Radialwellendichtringe"). Bild 21.80 zeigt eine solche Bauart, die keinen zusätzlichen Stützring benötigt.

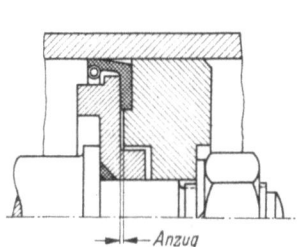
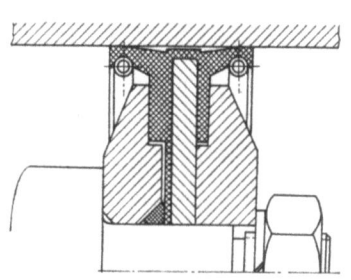
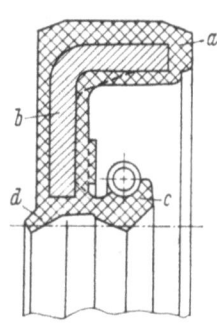

Bild 21.78. Topfmanschette für eine Druckrichtung, in Kolben eingebaut [18*].

Bild 21.79. Doppeltopfmanschette (Einbau für höheren Druck und größere Durchmesser) [18*].

Bild 21.80. Wellendichtring für höhere Drücke [18*]. a Außenmantel; b Versteifungsring; c Dichtlippe; d Staublippe.

5. Lippenringe. Lippenringe werden vorwiegend zur Abdichtung von hin- und hergehenden Maschinenteilen verwendet, aber auch bei Drehbewegungen geringer Geschwindigkeit. Meist werden mehrere hintereinander eingebaut. Bei einer Anordnung mit geringer Distanz ragt ein Teil der Lippe des einen Dichtringes unter den Rücken des vorangehenden, wodurch bei höheren Drücken der Rücken des einen Stulpes die Anpressung der Dichtkante des folgenden verstärkt. Kennzeichend ist die lange, elastische Lippe. Die Dichtlippen besitzen Vorspannung. Beim Einbau erfolgt nur ein sehr geringes Festspannen (Anzug), das besonders den Zweck hat, die Abdichtung des äußeren Undichtheitsweges sicher herbeizuführen.

Bild 21.81 zeigt einen kompletten Lippenringsatz, bestehend aus zwei Lippenringen mit Druckring und Stützring aus Metall. Druck- und Stützring können auch als Geweberinge oder Weichpackungsringe ausgeführt werden.

6. Nutringe. Nutringe dienen vorwiegend zur Abdichtung axial bewegter Kolbenstangen und Kolben in hydraulischen und pneumatischen Arbeits- und Steuerzylindern. Sie sind in neuerer Zeit erheblich weiterentwickelt worden.

Geringer Platzbedarf. Die Form änderte sich mit Zunahme der Drücke in der Hydraulik. Kombination mit Stützringen, dadurch auch Erhöhung der Lebensdauer. Viele Unterschiede in der Detailausführung der Nutringe (z. B. partielle Gewebeverstärkungen als Rückenversteifung, Gewebe als Schmierhilfe auf der Laufseite eines Gummiringes, eingebauter Backring). Wirkungsweise: Initialpressung (Grundanpressung) durch die Eigenspannung der Lippen, Mediumsdruck erhöht selbsttätig den Dichtdruck und vergrößert die Dichtfläche. Gummihärten meist 80 bis 90° Shore A.

232 21. Die Dichtung bewegter Maschinenteile

Bild 21.82 zeigt Elastomernutringe für doppeltwirkende Kolbenstangen und Kolben. Nutringdichtungen aus PTFE müssen wegen der geringen Elastizität durch federnde Elemente vorgespannt werden.

Bild 21.83 zeigt einige Bauformen, die sich durch besondere Eigenschaften unterscheiden.

Bei einigen dieser Modelle liegt die Dichtkante hinter der Dichtkante der Nutringlippe, so daß eine Beschädigung durch eventuelles Anstoßen an der stirnseitigen Begrenzungsfläche nicht möglich ist.

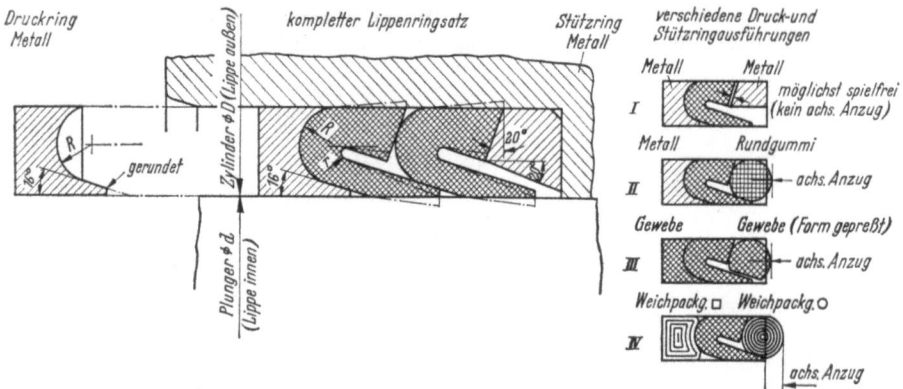

Bild 21.81. Lippenringsatz. Verschiedene Druck- und Stützringausführungen [37*].

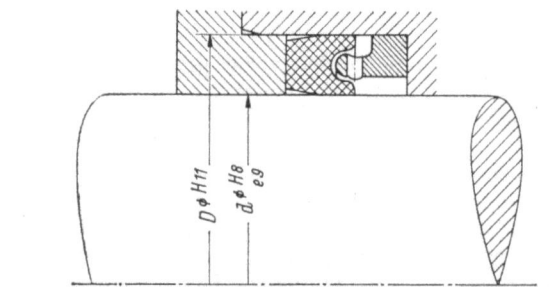

Bild 21.82. Nutring für Kolbenstangendichtung; Gegenring aus Metall [18*].

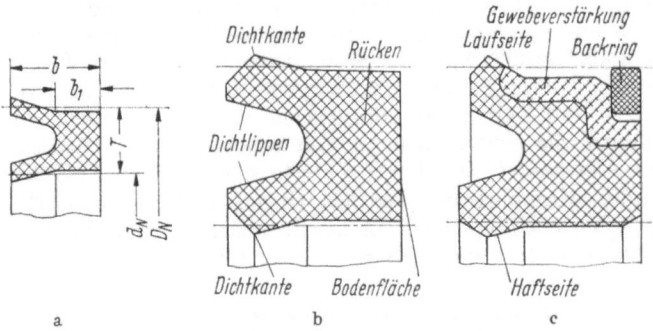

Bild 21.83a–c. Bauformen von Elastomernutringen [18*] (Beispiele).
a) Dichtkanten an den Lippenenden; b) kräftiges Profil mit zurückverlegten Dichtkanten; c) Gewebeverstärkung an der Laufseite, asymmetrisches Profil, zurückgelegte Abdichtkanten, Backring aus Kunststoff.

21.1.5 Selbsttätige Stopfbüchsen

Nutringe – besonders in der Ausführung mit Backring – können gewisse Extrusionsspalte überbrücken, die vom Betriebsdruck abhängig sind (s. Herstellerlisten). Die Gewebeverstärkung an der Laufseite verbessert die Gleiteigenschaften.

Für Kolbenstangen, Plunger und Zylinderrohre wird eine Rauhtiefe $R_t \leqq 2$ μm empfohlen, für die Anlageflächen im Einbauraum $R_t \leqq 10$ μm.

Die Toleranzen richten sich nach den zulässigen Spaltweiten. Empfohlen wird mindestens:

Zylinderbohrungsdurchmesser	H 11,
Kolbenstangendurchmesser	e 9,
Nutgrunddurchmesser	h 11 bzw. H 11.

Die Anpressungsverhältnisse eines Nutringes mit rückversetzter Dichtkante zeigt Bild 21.84 vor und nach dem Einbau.

7. Gewebepackungen (Dachmanschetten, Winkelstulpe). Dachmanschetten werden vor allem zur Abdichtung von Kolben und Stangen verwendet. Sie werden stets in Form von Dichtungssätzen angeordnet und sind auch für sehr hohe Drücke geeignet. Die Dachmanschetten haben höhere Reibung und brauchen mehr Einbauraum als Nutringe.

Eine Ausführung mit 60°-Winkel zeigt Bild 21.85. Stützring und Druckring können auch aus Geweben hergestellt werden. Zu beachten ist die Druckbohrung im Stützring, die ein rasches Einwirken des Betriebsdruckes gewährleisten soll, die Form der Dichtlippe, die Aufnahme des Axialschubes durch den entsprechend geformten Druckring.

Eine Ausführung, bei der im Gegensatz zu Bild 21.85 die Schenkel aufeinanderliegen zeigt Bild 21.86; dadurch ergibt sich bei Druckbeaufschlagung eine Spreizwirkung, die zu einer Anpressung gegen die abzudichtende Fläche führt (axiale Kräfte werden in Querdehnung umgesetzt). In die Nut der Winkelringe und des Sattelringes eingelegte Rundschnüre dienen zur Erhaltung der Elastizität der Packung und stützen die Packungsteile gegeneinander ab.

Die Vorspannung erfolgt durch die Form der Dichtringe (Übermaß) und durch axiale Vorpressung (nachstellbar durch Herausnahme von Distanzscheiben).

Geteilte (aufgeschnittene) Ausführung möglich (versetzte Stoßstellen). Robust, unempfindlich. Anwendung vor allem bei flüssigen Medien, bei Gasen wegen schlechter Wärmeleitung nur für kleine Kolbengeschwindigkeiten.

Bild 21.87 zeigt drei Profilarten von PTFE-Dachmanschettensätzen, die je nach der Druckbeanspruchung verschieden sind: Profil a) verhältnismäßig steif für Enddrücke bis 100 atü, Profil b) und c) sehr elastisch für niedrige Drücke, b) besonders für Vakuum und Drücke bis 5 atü, c) bis 50 atü. Die Packungen sind zwischen Federelementen eingebaut und werden dadurch unter Spannung gehalten. Zahl der Ringe: üblicherweise für 30 atü 3 Ringe, bis 100 atü 4 und bis 300 atü 5 Ringe (+ Grund- und Druckring).

Zwei weitere Einbauarten auf Bild 21.88.

8. Metall-Manschetten- und -Lippendichtungen. Metallmanschettendichtungen haben wohl in ihrer Wirkungsweise große Ähnlichkeit mit den eigentlichen Manschettendichtungen, doch wird die Spreizwirkung des Betriebsdruckes meist durch die Wirkung entsprechend geformter Druckringe oder durch die Querdehnung einer Weichstoffüllung ergänzt.

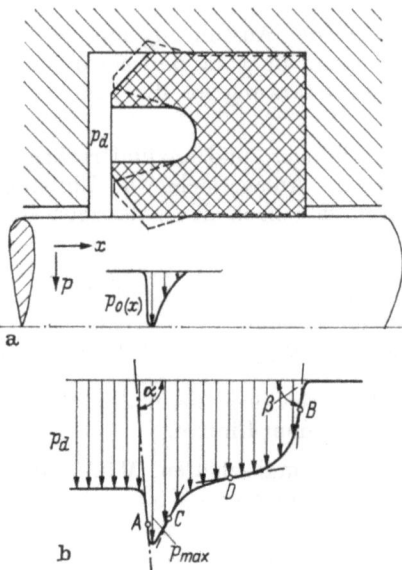

Bild 21.84a u. b. Anpreßverteilung an einem Nutring [21].
Gestrichelt: Form der Manschette vor dem Einbau. a) Anpressung bei $p_d = 0$; b) Anpressung unter dem Druck p_d.

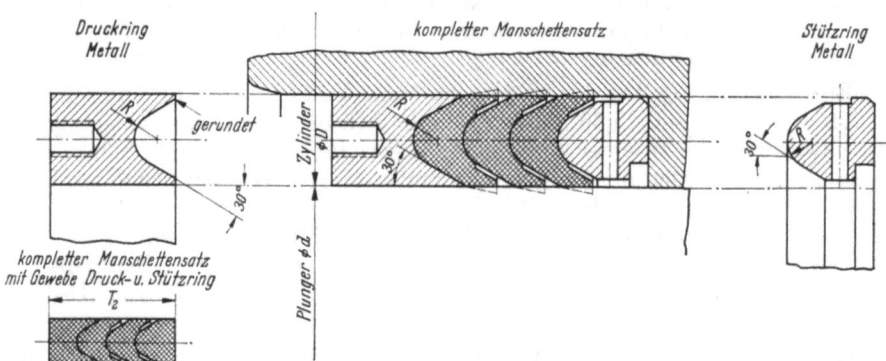

Bild 21.85. Dachformmanschetten mit 60° Winkel [18*].

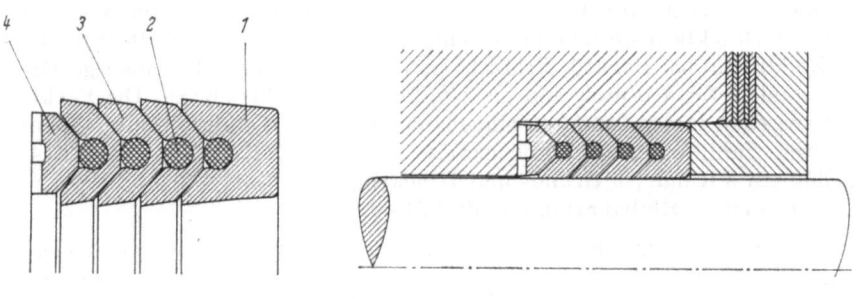

Bild 21.86a u. b. Gewebepackung. a) Vor dem Einbau (*1* Sattelring, *2* Rundschnur, *3* Winkelring, *4* Gegenring);
b) Packung eingebaut [18*].

21.1.5 Selbsttätige Stopfbüchsen

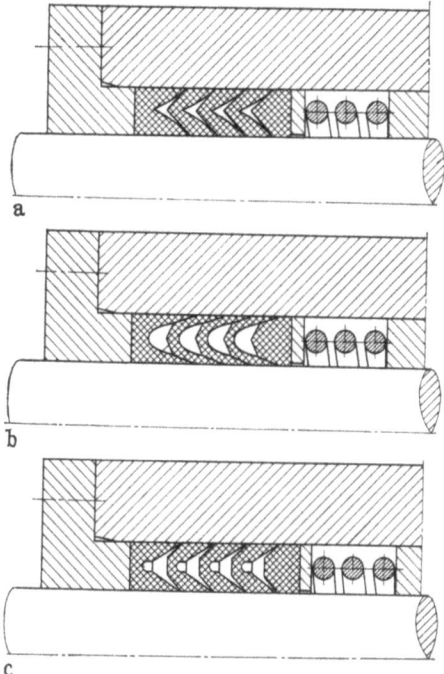

Bild 21.87a—c. PTFE-Dachmanschettensätze [3]. (Erklärung im Text).

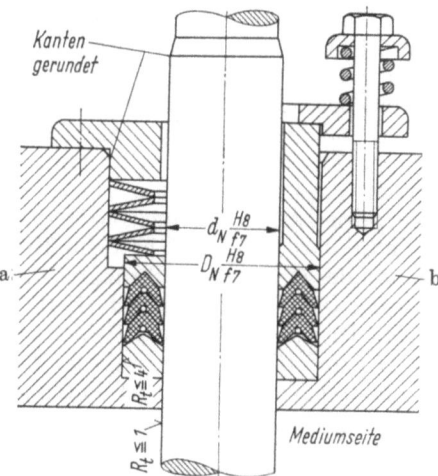

Bild 21.88a u. b. Einbaubeispiele von Manschettenpackungen aus PTFE [18*]. a) mit Tellerfeder; b) mit Schraubenfeder.

Ausgeführt wurden auch metallische Manschetten, welche in ihrer Wirkungsweise ganz den vorbeschriebenen Weichstoffmanschetten entsprechen, aber eine wesentlich höhere Verschleißfestigkeit ergeben, als die üblichen Manschettenwerkstoffe. Nachteilig ist naturgemäß die hohe Elastizitätszahl von Stahl,

Messing u. a., so daß bei gleicher Bauweise eine sehr gute Passung (sehr kleiner Spalt) bereits im unbelasteten Zustand vorhanden sein muß. Man kann aber auch den Mantel schlitzen und den Durchfluß durch die dabei neu auftretenden Axialspalte durch Quersitzflächen verhindern, wobei die Anpressung selbsttätig durch den Überdruck erfolgt. Vorschläge haben aber anscheinend keine entsprechende Verwirklichung gefunden.

Metallmanschetten in Form von Tellerfedern finden in der Flugzeughydraulik steigende Anwendung. Ihr Verhalten ist sehr vom Neigungswinkel des Kegelstumpfmantels abhängig. Ebenfalls auf dem Gebiet der Flugzeughydraulik wurden auch Metall-Lippendichtungen für hohe Temperaturen und hohe Drücke entwickelt [1], die Metallmembrane als Dichtlippen benutzen. In diesem Zusammenhang wird auch auf einen Vorschlag hingewiesen, eine Kreiszylinderschale als Dichtelement zu verwenden [15].

c) Das Dichtverhalten von Hydraulikdichtungen [12, 19]

Nicht bewegte gummielastische Dichtungen sind im allgemeinen praktisch dicht; erst mit der Bewegung setzt Undichtheit ein. Die Lässigkeit ist die Folge einer „Schleppströmung": unter der Dichtung wird bei der Vorlaufbewegung die unter Druck und gegen die Lippe erfolgt stets ein dünner, an der Stange festhaftender Flüssigkeitsfilm mitgenommen, unter die Lippe gezogen, hebt diese ab und gelangt nach außen. Anpressung der Dichtung, Zähigkeit des Betriebsstoffes und Geschwindigkeit der Stange bestimmen die Dicke dieses Filmes. Das gilt auch für den Rückhub, wenn auch nicht unter den gleichen Verhältnissen. (Das Rückenteil der Manschette wird weniger aufgeweitet und daher ein Teil des Filmes abgestreift.) Die Differenz zwischen der nach außen und innen geschleppten Flüssigkeit stellt die Lässigkeit dar (siehe [17, 18]).

Durch die bewegte Kolbenstange wird Hydraulikflüssigkeit in den Raum zwischen Führung und Dichtung geschleppt. Strömt diese Flüssigkeitsmenge durch den Führungsspalt zurück, so findet vor der Dichtung ein hydrodynamischer Druckaufbau bzw. Druckabbau statt, der von der Bewegungsrichtung der Kolbenstange abhängt: „Schleppdruck"; dieser tritt auch bei Kolbendichtungen auf. Der tatsächlich auftretende Druck ist dann oft, besonders bei niedrigen Drücken, ein Vielfaches des Nenndruckes.

Die Höhe des Schleppdruckes ist abhängig von der Höhe des Betriebsdruckes, von der Viskosität (besondere Gefahr beim Einfahren unter winterlichen Temperaturen!), von der Größe des Führungsspaltes und von der Länge der Führung. Luftgehalt des Öles fördert dabei stark die Korrosion.

Zur Abhilfe wird empfohlen: Umstellung der Passung von Führungsbohrung und Kolbenstange von H/f auf H/e, Begrenzung der Führungslänge auf das 1- bis 1,5fache des Stangendurchmessers, eventuell Entlastungsbohrung zwischen dem Raum vor der Dichtung und dem Druckraum vor der Führung oder eine Spiralnut in der Büchsenführung [5, 5a, 22a].

Die Ermüdung des Werkstoffes (und die dadurch verringerte Grundanpressung) bewirkt eine Erhöhung der Undichtheit. Infolge steigender Abstreifwirkung wird bei Arbeitszylindern bei höheren Drücken die Undichtheit größer. Auch richtig ausgelegte Dichtungen dieser Art weisen durch Änderung der Anpreßdruckverteilung eine gewisse Undichtheit auf. Sehr hohe Dichtpressung an der Lippe setzt die Lässigkeit herab, verkürzt aber gleichzeitig die Lebensdauer. Eine von vornherein zugelassene kleine Undichtheit trägt wesentlich zur Erhöhung der Lebensdauer bei.

d) Reibung [19 a]

Grundsätzlich ist zu sagen, daß der Reibungsverlust nur bei Drücken kleiner als 100 at eine wesentliche Bedeutung hat. Hydraulikdichtungen weisen im allgemeinen Mischreibung auf. Demgemäß wird das Reibungsverhalten etwa von folgenden Faktoren abhängen:

1. Ölhaltigkeit der Reibfläche

Gewebenutringe haben bis zu hohen Drücken viel kleinere Reibung als Vollgumminutringe. Die Oberfläche des Geweberinges enthält offensichtlich viele kleine Vertiefungen (in Form von Mikrorauhigkeiten) die örtlich hydrodynamische Wirkungen hervorrufen, im Gegensatz zur völlig glatten Oberfläche des Gummiringes; erst bei hohen Drücken hat sich auch die Reibfläche des Geweberinges weitgehend der Gegenfläche angepaßt. Wenig veränderlich ist die Reibung des Gummiringes. Lang dauernder Flüssigkeitsdruck erhöht die Reibung durch Ausquetschen des Flüssigkeitsfilmes.

2. Stangengeschwindigkeit

Wachsende Stangengeschwindigkeit bringt verminderte Reibung. Die Ursache liegt in einer Zunahme der Schmierfilmdicke und dadurch Verbesserung der Schmierverhältnisse.

3. Viskosität

Zunahme der Viskosität bewirkt geringere Reibung, ebenfalls infolge der Erhöhung der Schmierfilmdicke.

Über das Reibungsverhalten verschiedener Hydraulikdichtungen, sowie über den Einfluß der Werkstoffhärte und die Stangengeschwindigkeit geben die Bilder 21.89, 21.90 und 21.91 Aufschluß.

e) Verschleiß [21]

Es wird unterschieden zwischen Erosionsverschleiß, Radierverschleiß und Spaltextrusionsverschleiß.

1. Erosionsverschleiß

Darunter wird die Zerstörung der Dichtfläche durch eine örtlich hohe Strömungsgeschwindigkeit verstanden. Dieser Verschleiß geht meist von Beschädigungen der Dichtfläche aus (Riefen u. dgl.).

2. Radierverschleiß

Darunter wird der Reibverschleiß verstanden, der bei Mischreibung unvermeidlich ist. Er tritt naturgemäß an Stellen höchsten Druckes am stärksten auf (Versagen des Schmierfilmes) und ist wesentlich abhängig von der Oberflächengüte der Metalloberfläche. Empfohlen wird eine Rauhtiefe kleiner als 2 μm, was sowohl für Verschleiß (und Lässigkeit) normal ausreichend ist, für besonders hochwertige Abdichtungen eine Rauhtiefe von 0,5 μm. Die Eigenschaft der Ölhaltigkeit der Oberfläche ist von großem Einfluß (Kaltverfestigung von Stahl besser als chemische Behandlung der Oberfläche). Für Flächen ohne große Relativbewegung reicht eine Oberflächengüte von 10 μm aus. Schutzdichtungen (Faltenbälge) sind nach Möglichkeit anzuordnen. Die Verwendung einwandfreier Hydraulikflüssigkeiten ist wichtig.

21. Die Dichtung bewegter Maschinenteile

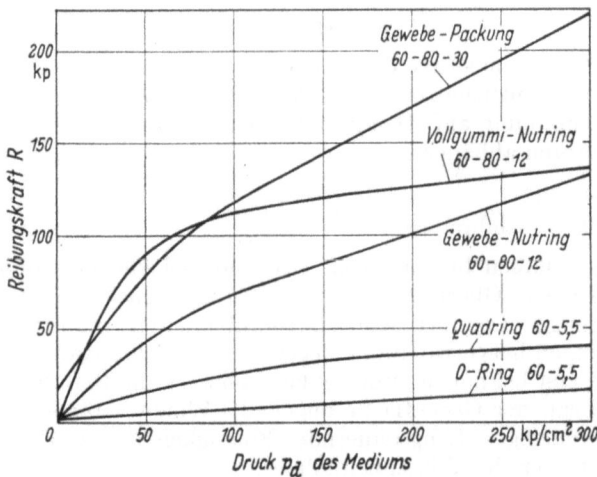

Bild 21.89. Reibungsverhalten verschiedener Stangendichtungen [21]. Versuchsdaten: Stangengeschwindigkeit $v = 0{,}1$ m/s; Tellus 29.

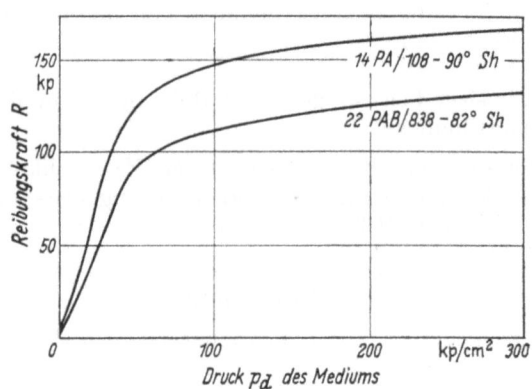

Bild 21.90. Einfluß der Werkstoffhärte auf die Reibung [21]. Nutring N 60–80–12; Stangengeschwindigkeit $v = 0{,}1$ m/s; Tellus 29.

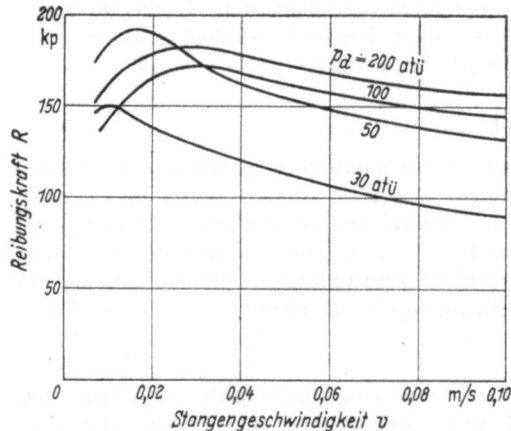

Bild 21.91. Reibung in Abhängigkeit von der Stangengeschwindigkeit, für verschiedene Drücke p_d des Mediums [21]. Nutring N 60–80–12; Material: 14 PA/108; Tellus 29.

3. Spaltextrusionsverschleiß

Darunter wird das unter der Einwirkung des Betriebsdruckes stattfindende Einwandern des Dichtungsringes in den Dichtspalt verstanden. Um diesen zerstörenden Vorgang zu vermeiden ist nötig: Einhaltung einer möglichst kleinen Spaltweite zwischen den beiden Maschinenteilen, Nachrechnung der Aufweitung des Zylinders unter der Einwirkung des hohen Innendruckes und damit Vergrößerung des Dichtspaltes.

Anwendung eines Stützringes (Backringes) auf der druckabgewandten Seite der Hydraulikdichtung. Wichtig ist die Werkstoffwahl des Stützringes. Ein gewisses Fließen ist günstig, um den Spalt zu schließen; der Backring darf aber in keiner Weise die Lauffläche angreifen.

f) Werkstoffe

Hier muß auf die angeführten Aufsätze sowie auf die Listen der Hersteller verwiesen werden. Es sind eine ganze Reihe von Forderungen an gummielastische Hydraulikdichtungen (und eventuell auch andere Kunststoffe, wie Teflon) zu stellen, andererseits Vor- und Nachteile gegenüber Hartdichtungen sorgfältig abzuwägen [21].

g) Zusammenfassung

Hin- und hergehende Bewegung. Reibung und Undichtheit der elastischen Dichtungen sind weitgehend abhängig von der Größe des Pressungsgradienten im Bereich des Spalteinganges und von der Bewegungsrichtung (Ein- bzw. Ausfahrt der Stange in bzw. aus dem Druckraum).

So weist z.B. der Nutring „neuer Bauart" (Bild 21.84) an dieser Stelle einen hohen Pressungsgradienten auf, als Folge starke Abstreifwirkung der Förderflüssigkeit von der Stange, hohe Dichtheit, aber auch hohe Reibung (Mischreibung). Der Pressungsgradient auf der Niederdruckseite muß noch eine Schmierfilmbildung zulassen und damit eine Rückförderung von Flüssigkeit beim Rückhub.

α) *Kolbenabdichtungen.* Hier sind die Anforderungen meist nicht besonders hoch, wenn der Kolben doppelseitig beaufschlagt ist (kleine Undichtheiten stören nicht). Anwendung auch zweiseitig wirksamer Bauformen mit kleinsten Platzansprüchen, meist Verwendung von Nutringen (bessere Dichtheit als O-Ringe, gegenüber Manschettenringen kleine Baulänge und Schnappmontage).

Kolbenführung: gummielastische Dichtungen und Packungen (s. Bild 21.79) sind u.U. geeignet die Führung zu übernehmen. Meist wird aber eine Aufgabentrennung vorgenommen. Dementsprechend wurden neben den Kolbendichtringen auch die Trag(Führungs-)teile der Kolben entwickelt. Wird dem Kolben selbst die Führungsaufgabe überlassen, so besteht die Gefahr, daß beim Auftreten von Querkräften oder unzureichender Schmierung Vereibungen des Kolbens entstehen. Führungsringe aus einem verschleißfesten Kunststoff mit guten Reibungs- bzw. Notlaufeigenschaften vermeiden diese Gefahr und erhöhen die Lebensdauer und Wirksamkeit der Dichtungen. Der Führungsring und die elastische Dichtung (die auch als Backring dient) können auch zu einer Kolbendichtung zusammengebaut werden (Bild 21.92). Außerdem sind auch komplette Kolben für die gleichen Zwecke entworfen worden [16].

β) *Stangenabdichtungen.* Durch die Aufgabe, den Druckraum gegenüber der Außenatmosphäre abzudichten, sind auch kleine Undichtheiten meistens sehr unerwünscht. Der eigentlichen Dichtung wird meist ein sogenannter Abstreifer als Schutzdichtung vorgeschaltet. Als Stangendichtungen werden die gleichen

240   21. Die Dichtung bewegter Maschinenteile

Elemente wie für die Kolbendichtungen verwendet. O- und Quadringe kommen wegen der relativ großen Leckmengen kaum in Frage; gegen diese sprechen auch die vielfach auftretenden seitlichen Verlagerungen der Stangen, die durch den O-Ring nicht ausgehalten werden können. Möglichst enge, verschleißfeste Führung der Stange.

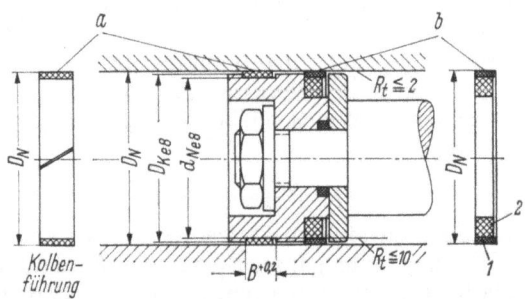

Bild 21.92. Kolben mit Führungsring und elastischer Kolbendichtung [18*].
a Führungsring (gefüllte PTFE-Mischung); b Kolbendichtung (1 Laufring aus PTFE, 2 Anpreßring aus Elastomer).

γ) *Drehende Bewegung* [24]. O-Ring und X-Ring sind zur Abdichtung drehender Maschinenteile geeignet, wenn die Gleitgeschwindigkeit gering ist. Kurzzeitig können auch höhere Betriebsdrücke und Gleitgeschwindigkeiten zugelassen werden, wenn dabei an der Berührungsfläche die für den Dichtungswerkstoff festgelegten Temperaturen nicht überschritten werden. Besonders vorteilhaft lassen sich Teile abdichten, bei denen eine Dreh- und Längsbewegung gleichzeitig erfolgt. Die Kombination von O- und X-Ringen mit Teflonstützringen kann für die Abdichtung drehbarer Teile nicht empfohlen werden. Beschichtete Ringe haben eine geringere Reibung und größere Lebensdauer.

h) *Kolbenringe als Hydraulikdichtungen* [8, 9, 10, 14]

Die folgenden Ausführungen beschränken sich auf den Einsatz von Metallkolbenringen in der Hydraulik; keine Besprechung der Kolbenringe für Kolbenmaschinen!

Hydraulikkolbenringe kommen besonders für hydrostatische Antriebe als Abdichtung der Hydraulikzylinder in Betracht. Sie ermöglichen bei Vorschubantrieben das genaue Einfahren in bestimmte Stellungen und sind auch dort am Platze, wo Steuerkanäle oder Bohrungen überfahren werden müssen, was bei elastomeren Dichtungen zu Beschädigungen führen kann. Sie sind schließlich bei hohen Drücken, besonders aber bei hohen Temperaturen einsetzbar.

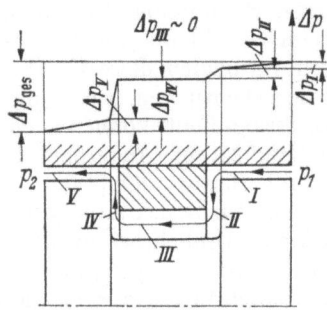

Bild 21.93. Druckabfall bei der Umströmung eines Kolbenringes (nach [14]).

21.1.5 Selbsttätige Stopfbüchsen

Die Funktion des Kolbenringes in der Hydraulik unterscheidet sich sehr wesentlich von jener bei Kolbenmaschinen (über diese besteht eine sehr umfangreiche Fachliteratur); es fehlen vor allem die Massenkräfte. Aber auch gegen die Funktion der Kolbenringe bei den formbeständigen Dichtungen (s. Abschnitt 21.14) bestehen gewisse Unterschiede.

Die Undichtheit wird fast ausschließlich von der Umströmung des Kolbenringes bestimmt, die von der Stoßöffnung (Ringschloß) eingeleitet wird. Dabei handelt es sich nur bei der Dichtung zwischen Ring und Zylinderwandung um eine Berührungsdichtung, während die Abdichtung in den Radialspalten eine berührungslose ist, allerdings ohne definierte Spaltweite (Bild 21.93).

In ölhydraulischen Antrieben wird meistens der Rechteckring mit überlappten Stoß verwendet.

Für die Einleitung des Dichtvorganges ist wie immer eine Vorspannung Voraussetzung; diese besteht hier in der Eigenspannung des Ringes, soferne nicht Doppelringe oder Ringe mit Anpressung durch eigene Andruckfedern verwendet werden. Außer den normalen Ausführungen sind Sonderformen des Ringes (druckentlastete Kolbenringe, Ringe mit Druckübersetzung usw.) in Verwendung [22].

Ringbauarten in der Hydraulik. Bild 21.94 bringt eine Anzahl von Ringbauarten bzw. Ringkombinationen (die Schnitte sind jeweils durch die Stoßstelle geführt, die Ringe in „Dichtstellung" gezeichnet). Bezüglich der Entlastung solcher Ringe siehe den folgenden Absatz. Darstellung als Kolbendichtung (die Umkehrung – nach innen spannend – wäre eine Kolbenstangendichtung!).

Entlastete Ringe. Auf Bild 21.95 ist ein nichtentlasteter a), ein radial entlasteter b) und ein radial und axial entlasteter, selbstspannender Kolbenring schematisch in der – keineswegs immer vorhandenen – Dichtstellung dargestellt. Die verbleibenden Kräfte sind F_A bzw. F_R, wobei der Druckabfall linear (tropfbare Flüssigkeiten) angenommen wurde. Im allgemeinen genügen schmale Dichtleisten bzw. kleine Restdichtflächen zur Abdichtung. Bei der Abdichtung von hin- und hergehenden Maschinenteilen tritt leicht bei druckausgeglichenen Kolbenringen eine konvexe Verschleißform auf, die eine sehr bedeutende Erhöhung der Lässigkeit bewirkt. Entlastungen wie auch pulsierende Drücke bringen stets erhöhte Undichtheit [22].

Der effektive Anpreßdruck eines Kolbenringes setzt sich zusammen aus: Spreizdruck plus Eigenspannung minus Dichtspaltdruck.

Die Wirkungsweise eines Kolbenringes ist unterschiedlich, je nachdem Druckrichtung und Bewegungsrichtung gleichsinnig sind (ziehend) oder gegensinnig sind (stemmend).

Sehr charakteristisch ist der Reibungsverlauf in Abhängigkeit von der Gleitgeschwindigkeit (Bild 21.96): steiler Abfall der Haftreibung, der schon bei sehr kleinen Geschwindigkeiten eintritt ($V \approx 0{,}02$ mm/s), auf einen konstanten Betrag der Gleitreibung, bis zum Eintritt hydrodynamischer Schmierungsverhältnisse (Trennung der Gleitflächen); der hohe Betrag der Haftreibung gegenüber der Gleitreibung begünstigt das Ruckgleiten (stic-slip). Bei Stoßlage „unten" besteht hohe Dichtheit, ohne daß die Reibung gegen andere Lagen wesentlich zunimmt; Stoßöffnung und Stoßlage bestimmen vorwiegend die Lässigkeit. Die Anordnung mehrerer Kolbenringe verbessert die Dichtheit, ohne daß die Reibung gegenüber einem Ring wesentlich zunimmt, es erfolgt ein stufenweiser Abbau des Systemdruckes unter Verminderung der Dichtpressung am einzelnen Ring.

Weitere Ausführungen über Kolbenringe siehe den Abschnitt über formbeständige Packungen!

i) Diverse Bauarten

Außer den beschriebenen Grundtypen kommen – besonders für die Druckleitungen in der Hydraulik – Dichtungen vor, die im Abschnitt „Hochdruckdichtungen" beschrieben sind.

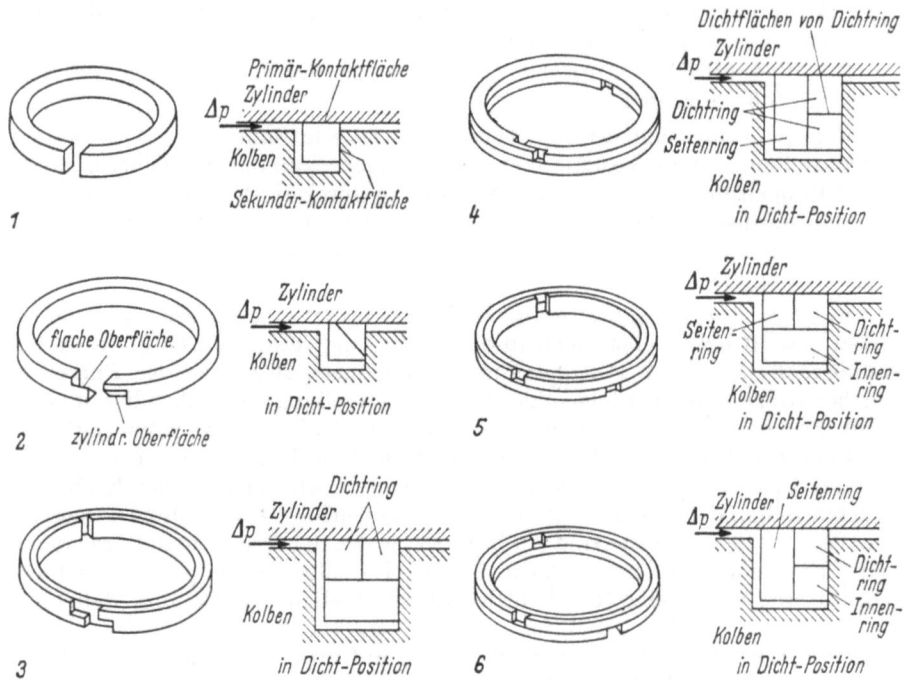

Bild 21.94. Kolbenringbauarten (nach [22]) (Ringe in „Dichtstellung").
1 Kolbenring mit gerader Stoßfuge; *2* Kolbenring mit überlappter Stoßfuge; *3* axialdichtender, zweiteiliger Kolbenring; *4* radialdichtender, zweiteiliger Kolbenring; *5* dreiteiliger Kolbenring mit schmalem Seitenring; *6* dreiteiliger Kolbenring mit breitem Seitenring.

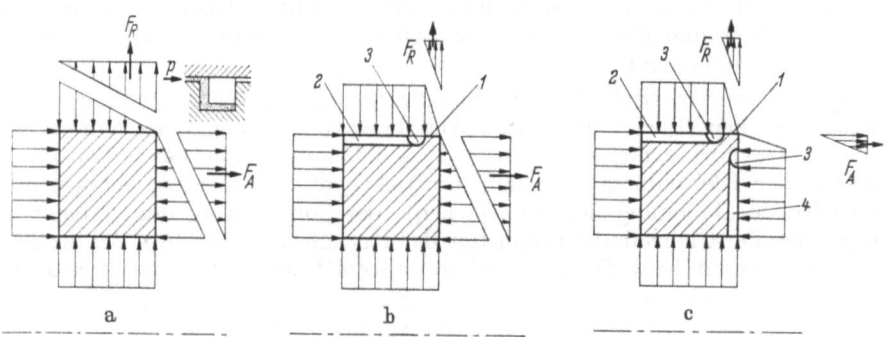

Bild 21.95a–c. Entlastete Ringe (nach [22]).
a) Nichtentlasteter Ring; b) radial entlasteter Ring; c) radial und axial entlasteter Ring. *1* Dichtleiste; *2* Entlastungsnuten; *3* Ausgleichsrille; *4* Entlastungsausnehmungen (restliche Anlageflächen verbleiben). Nichtentlastete Kräfte: F_R Radialkraft, F_A Axialkraft.

21.1.5 Selbsttätige Stopfbüchsen

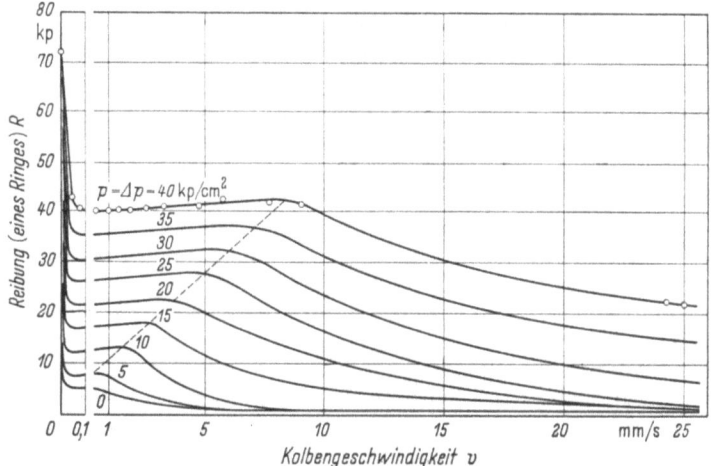

Bild 21.96. Reibung eines Kolbenringes „ziehend" in Abhängigkeit von der Kolbengeschwindigkeit (Kolbenring $100 \times 8 \times 3{,}5$) [13].

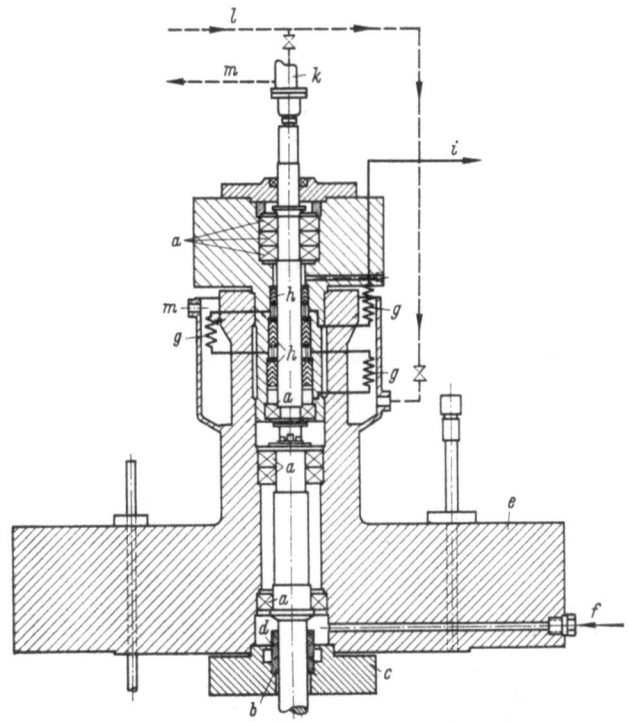

Bild 21.97. Stopfbüchse mit zwangsläufigen Druckabfallstufen.
a Wälzlager; *b* stationäre Wellendichtung (feststehender Gleitring); *c* Dichtungsträger; *d* umlaufende Wellendichtung (umlaufender Gleitring); *e* Gehäusedeckel und Stopfbüchsengehäuse; *f* Sperröleintritt; *g* Drosselspulen (gewundene Kapillarrohre); *h* Stopfbüchspackungen (Dachstulpe); *i* Ölabfluß; *k* Anschluß für die Wellenkühlung *l* Kühlwasserzufuhr; *m* Kühlwasserabfluß.

k) Druckabfall

Bei Höchstdruckstopfbüchsen werden manchmal viele Ringe hintereinander geschaltet. Der Druckabfall in solchen mehrstufigen Manschettendichtungen kann kaum im voraus bestimmt werden, da über die Dichtwirkungen des einzelnen Ringes keine Voraussagen gemacht werden können. Es ist daher eine Höchstdruckpackung, die viele Ringe hintereinandergeschaltet hat, keineswegs dagegen gesichert, daß ein Ring oder wenige Ringe tatsächlich das gesamte Druckgefälle abdichten (vergleiche die Verhältnisse mit jenen bei stationär durchflossenen Metallpackungen); diese Ringe sind dann überlastet, verschleißen rasch und beschädigen u. U. die Wellenoberfläche. Die anderen Ringe werden – da vor und hinter ihnen gleiche Drücke herrschen – für die Abdichtung wertlos.

Diese Schwierigkeiten können durch die Unterteilung in Druckstufen vermindert werden; jeder Stufe wird ein bestimmter Teil des Gesamtgefälles zugewiesen. Bild 21.97 stellt ein diesbezügliches Beispiel dar [20a]. Hier wird durch Einbau eines Sperrölkreislaufes, der mit 210 at beginnt (Betriebsdruck 200 at), das Druckgefälle unterteilt. Gegen das Innere des Hochdruckgefäßes wird durch eine berührungsfreie Spaltdichtung abgedichtet (es muß daher zulässig sein, daß Sperröl in geringem Maß in das Betriebsmittel übertritt). Im Nebenschlußweg strömt das Sperröl durch Drosselspulen, d. h. in ihrem Durchflußwiderstand und daher auch Druckabfall genau bekannte Kapillarrohre dann zur nächsten Stufe (140 at) und schließlich neuerlich durch solche hydraulische Widerstände im Druckgefälle reduziert zur letzten Druckstufe (70 at), von wo es durch die letzten Widerstandswindungen abfließt; die letzte Stopfbüchsenstufe hat also gegen Öl von 70 at abzudichten.

Das Beispiel ist auch konstruktiv interessant; der gesamte Oberteil, der die Stopfbüchse enthält, ist samt der Welle abhebbar; die Welle ist mittels Klauenkupplung mit dem unteren Wellenabschnitt verbunden. Durch die eingebaute Kühlung ist die Stopfbüchse auch für hohe Betriebstemperaturen geeignet.

Schrifttum zu Abschnitt 21.1.5

1. Anonym: Hydraulikdichtungen für hohe Temperaturen. technica 13 (1964) 848–852, 912–916, 967–979.
2. Burza, L. J.: Probleme der Ölhydraulik und Pneumatik (1964) 20, S.1651, 22, S.1913–1924.
3. Domrös, D.: Dichtungsprobleme in der Arbeitshydraulik. Technische Rundschau 61 (1969) 49, 51.
4. Dreger, W.: Anforderungen an Hochdruckdichtungen im Bergbau. Ölhydraulik und Pneumatik 7 (1963) 81–87.
5. Hänssler, F.: Kolben und Stangen richtig abdichten. Fluid, Zeitschr. für Hydraulik und Pneumatik (1968) S.24–26; s.a. Maschinenmarkt (1968) 97.
6. Kibble, J. D., u.a.: Hydraulic sealing problems in mining equipment. The Engineer 220 (1965) 709–712.
7. Lang, C. M.: O-Ringe für bewegte Maschinenteile in der Ölhydraulik. Maschinenmarkt 73 (1967) 1559–1567.
8. —: Kolbenringe in Hydrozylindern von Werkzeugmaschinen. Maschinenmarkt 74 (1968) 313–321.
9. —: Dichtungsbauarten und Dichtprobleme in der Ölhydraulik. technica 18 (1969) 2387–2392, 2399–2404; 19 (1970) 101–108.
10. —: Reibung und Leckverluste von Kolbenringen. Maschinenmarkt 74 (1968) 448–452, 1231–1238.
11. —: Elastische Dichtungen – Pressungsverlauf und Reibung. Maschinenmarkt 75 (1969) 2101–2106.
12. —: Elastische Dichtungen in Hydrozylindern. Maschinenmarkt 73 (1967) 1314–1322.

13. —: Untersuchungen an Berührungsdichtungen für hydraulische Arbeitszylinder. Diss. TH Stuttgart 1961.
14. —: Konstruktive Maßnahmen beim Einsatz von Kolbenringen. Maschinenmarkt 74 (1968) 1547–1555.
15. —: Die Kreiszylinderschale als Konstruktionselement, Maschinenmarkt 74 (1968) 1853–1862; s. a. Industrieanzeiger 92 (1970) 1703–1704.
16. Lehmann, W.: Dichtungen für ruhende und bewegte Maschinenteile. Konstruktion 21 (1969) 305–309.
17. Müller, H. K.: Hydrodynamik elastischer Dichtungen. Ölhydraulik und Pneumatik 9 (1965) 89–93.
18. —: Leckverluste und Reibung elastischer Dichtungen an hin- und herbewegten Kolbenstangen. Konstruktion 15 (1963) 149–157.
19. —: Schmierfilmbildung, Reibung und Leckverlust von elastischen Dichtungsringen an bewegten Maschinenteilen. Diss. TH Stuttgart 1962.
19a. Rich, B. L.: Über die Reibung von Dichtungen in Hydraulikzylindern. technica (1973) 1331–1333.
20. Sander, G.: Die technische Ausrüstung von Bohranlagen für tiefe Aufschlußbohrungen. Erdöl-Zeitschrift 74 (1958) 63–73.
20a. Saxon, A. F.: Multistage sealing for rotating shafts operating at elevated pressures and temperatures. Machine Design 25 (1953) 170–172; s.a. Konstruktion 6 (1954) 239,
21. Schmitt, W.: Gummielastische Dichtungen in der Hydraulik. Konstruktion 20 (1968) 229–237.
22. Shepler, P. R.: Kolbenringdichtungen für Hydraulikanwendungen. technica (1964) S. 1915–1924.
23. Warring, R. H.: Seals and packings. Trade and technical press Ltd. Morden (1967) S. 248.
24. Wendt, G.: Untersuchungen an gummielastischen Berührungsdichtungen. Beanspruchung – Lebensdauer – Reibung. Diss. TU Braunschweig 1968.
25. Wendt, G.: Untersuchungen an gummielastischen Berührungsdichtungen. VDI-Z. 112 (1970) 544.
26. White, C. M., Denny, D. F.: The sealing mechanism of flexible packings. Ministry of supply. Scientific and technical memorandum No. 3/47, 1947.

21.1.6 Axiale Gleitringdichtungen (Radialflächendichtungen, Schleifringdichtungen, Stirnflächendichtungen) [3, 5, 16, 23, 27, 31, 32, 33, 36, 39, 42]

1. Allgemeines. Diese nur für umlaufende Maschinenteile brauchbare, selbsttätige und wartungslose Stopfbüchsenbauart hat in neuerer Zeit eine außerordentliche Entwicklung und Verbreitung gefunden. Sie wird vorwiegend zur Abdichtung von tropfbaren Flüssigkeiten verwendet.

Ihr Anwendungsgebiet reicht vom Vakuum bis zu hohen Drücken und Temperaturen.

Kennzeichnend für die Gleitringdichtung ist, daß die bewegte, also dem Verschleiß unterworfene Dichtfläche von der Wellenoberfläche weg in eine Fläche senkrecht zur Wellenachse verlagert ist. Im Gegensatz zu den Verhältnissen bei der Abdichtung auf einer zylindrischen Oberfläche verändert die radiale Dichtfläche ihre Form auch bei Abnutzung nicht. Es besteht – bei richtiger Dimensionierung – eine ständige, kraftschlüssige Abdichtung, die auch – innerhalb bestimmter Grenzen – unabhängig von der Abnutzung und von axialen und radialen Bewegungen der Welle aufrechterhalten bleibt.

Als Vorteile dieser Dichtungsbauart werden angegeben:

Geringe Undichtheit [30],
keine Wartung,
keine Wellenabnutzung (auch nicht der Wellenschutzbüchse),
sehr weiter Anwendungsbereich,
Druckaufteilung durch Hintereinanderschaltung von Dichtungen möglich,
Aufnahme von Wellenabweichungen möglich (elastischer Aufbau der Dichtung).

Weiter besteht die Möglichkeit des Aufbaues flüssigkeitsgesperrter Stopfbüchsen in verschiedenen Varianten und die Weiterentwicklung zu berührungsfreien Radialspaltdichtungen.

2. Aufbau. Am Beispiel einer Kreiselpumpen-Stopfbüchse (Bild 21.98) sei der Aufbau einer typischen Gleitringdichtung besprochen. Der bewegliche Gleitring *1* läuft unter dem Einfluß des Betriebsdruckes und der Feder *6* gegen den feststehenden Gleitring *2*; die Berührungsfläche ergibt die Abdichtung des radialen Undichtheitsweges. Der axiale Undichtheitsweg wird durch eine Rundringdichtung *3* versperrt. Der Rundring *4* ist die elastische Auflagerung des festen Gleitringes, die diesem die Einstellung seiner Lauffläche gemäß der Lauffläche des bewegten Gleitringes ermöglicht; gleichzeitig ist der Rundring *4* die infolge der elastischen Lagerung nötige Abdichtung des festen Gleitringes gegen den Gehäusedeckel *7*. Rundring *5* dichtet den Gehäusedeckel gegen das Pumpengehäuse *8* ab. Die Welle ist mit einer Schonbüchse *9* versehen (die hier durch den Pumpenläufer gegen den Wellenabsatz gedrückt wird und sich frei ausdehnen kann). Gegen das Mitdrehen des feststehenden Dichtringes dient der Stift *10*, die Mitnahme des laufenden Dichtringes erfolgt durch den Mitnehmerstift *11*. Beide Stifte müssen entsprechendes Spiel haben, um die Nachstellung infolge des Verschleißes der Gleitringe und die Bewegungen der Dichtringe nicht zu behindern. Der Anschluß *12* dient für den Ablauf der Leckflüssigkeit.

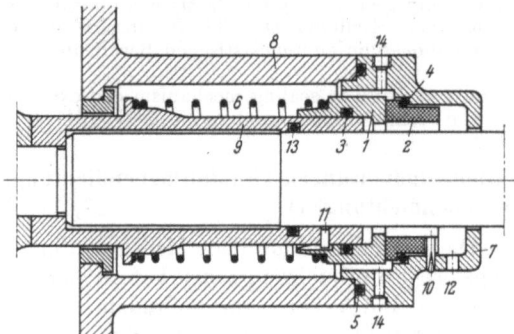

Bild 21.98. Gleitringstopfbüchse für eine Kreiselpumpe [6].

3. Wirkende Kräfte. Als Kräfte treten auf:

a) Der Innendruck auf einer Fläche, die durch die Lage der axialen Dichtung einerseits und die Formgebung der Dichtringe andererseits gegeben ist.

b) Die Federkraft einer oder mehrerer axial wirkender Druckfedern. Wird als axiale Dichtung ein Federbalg verwendet, ist auch dessen Federungskraft zu berücksichtigen.

c) Die Reibung der axialen Abdichtung, falls diese nicht durch einen Federbalg erfolgt.

d) Der Flüssigkeitsspaltdruck, der sich aus dem Druckabfall des abzudichtenden Stoffes im Dichtspalt ergibt (hydrostatischer Druck) [25].

e) Der Dichtdruck (nur dann, wenn unmittelbare Berührung der Dichtflächen eintritt).

f) Die Fliehkraft, entstehend durch die Rotation der Spaltflüssigkeit.

g) Die Reibungskraft im Dichtspalt (die Art der Reibung hängt davon ab, ob ein vollständiger Flüssigkeitsfilm vorhanden ist – Flüssigkeitsreibung – oder ob

21.1.6 Axiale Gleitringdichtungen

teilweise Festkörperreibung besteht – Mischreibung – oder ob trockene Reibung von ungeschmierten Flächen vorliegt).
h) Molekularkräfte.

4. Einwirkung des Betriebsdruckes [23]. Die Anpressung des Gleitringes durch den Betriebsdruck hängt vom Verhältnis der druckbeaufschlagten Fläche F_p zur Dichtfläche (Gleitfläche) F_D ab und von ihrer gegenseitigen Lage.

Wie Bild 21.99 zeigt, ist es möglich, durch den Betriebsdruck (ohne Berücksichtigung des Spaltdruckes und der Federkraft!) eine Flächenpressung der Dichtfläche $>p$, $=p$, $<p$ und 0 zu erzielen; sie könnte auch negativ werden. Dementsprechend bezeichnet man die Gleitfläche entweder als nichtentlastet, teilweise entlastet oder vollentlastet. Dieser belastenden Wirkung des Flüssigkeitsdruckes steht aber die entlastende durch den Spaltdruck (Druckabfall im Spalt) gegenüber; dieser beträgt bei Flüssigkeitsströmung etwa $0,5\Delta p$, bei Gasströmung etwa $0,63\Delta p$; Gleichgewicht, d.h. keine Einwirkung des Betriebsdruckes, herrscht daher bei Flüssigkeiten bei 50% Nichtentlastung, bei Gasen bei 63% Nichtentlastung.

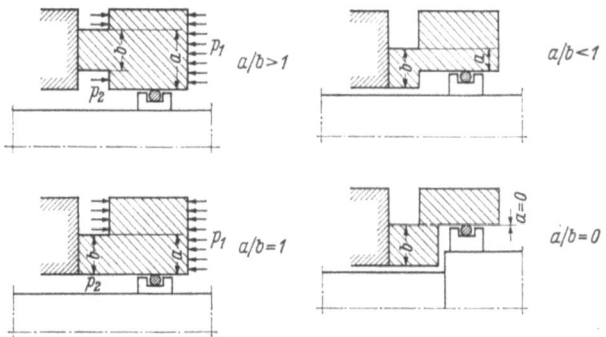

Bild 21.99. Dichtringentlastung bei Gleitringstopfbüchsen [7].

Federkraft. Bei geringen hydraulischen Drücken (z.B. 0,5 bis 1 atü) findet die Anpressung – bei entlasteten Ringen – nur durch die Federkraft statt. Üblicherweise beträgt die durch die axial wirkenden Federn eingeleitete Vorpressung etwa 0,5 bis 2,5 kp/cm². Wird ein Metallbalg verwendet, ist auf seine Federungskennlinie zu achten.

Die einfachste Lösung bietet eine einzige zylindrische Schraubenfeder. Das kann aber ungleichmäßigen Andruck ergeben, auch spielt der Raumbedarf eine Rolle und die Beeinflussung (Aufbiegung) der Feder durch Fliehkräfte. Sehr oft findet daher bei größeren Dichtungen eine Aufteilung in mehrere kleine Druckfedern statt, die gleichmäßigere Anpressung ergeben und auch eine kleinere axiale Länge erfordern. Durch Veränderung der Federzahl kann die Zusatzbelastung verändert werden; der Einfluß der Fliehkraft ist geringer. Auch Tellerfedern, Wellenfedern [40] und Sternfedern werden benutzt und ergeben besonders kleine axiale Erstreckung. Schließlich können elastische Gummiteile zum Anpreßdruck beitragen oder es wirken Magnetkräfte unter Entfall sämtlicher Federn.

Mitnehmer für die mitlaufende Packung (Verdrehsicherungen): Viele konstruktive Lösungen: Preßsitze, Gewindestifte, Stellschrauben, Paßfedern, Stifte, Federringe u.a. Die Mitnahme durch das sekundäre Dichtelement (Elastomer) kann zur Zerstörung derselben führen.

5. Radiale Abdichtung. Größter Wert ist auf Planparallelität der Dichtflächen zu legen, sonst treten Taumelbewegungen auf. Um Wellendurchbiegungen als Störungsursachen möglichst zu vermeiden, werden auch die Stirnflächen von Lagerbüchsen als ruhende Schleifringflächen benutzt.

Die Dichtflächen sollen feinstbearbeitet sein. Die ursprüngliche, meist etwa $R_m = 0,7 \pm 0,3$ μm betragende mittlere Rauhtiefe ändert sich im Betriebszustand, und zwar kann dies sowohl eine Glättung als auch Aufrauhung sein. Meist nimmt die Rauhtiefe nach einer gewissen Betriebszeit einen konstanten Wert an. Bild 21.100 zeigt den Verschleiß einer Werkstoffpaarung von kunstharzimprägnierter Hartkohle mit Spezialchromguß; der Kohleverschleiß geht infolge der Anpassung der Gleitflächen stark zurück. Sinkende Rauhigkeit bedeutet größeren Traganteil und höhere Belastbarkeit. Alle scharfkantigen Unregelmäßigkeiten der Laufflächen (Riefen u. dgl.) erhöhen den Schleifverschleiß sehr wesentlich.

Axialschub. Zu beachten ist stets der Axialschub auf die Wellen, der durch die Wirkung des Betriebsdruckes und der Feder entsteht. Durch eine Doppelanordnung (Bild 21.101) kann sowohl der Axialschub als auch die axiale Reibung vermieden werden.

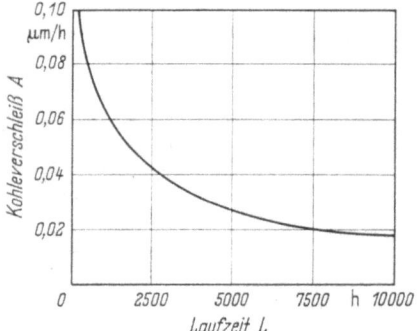
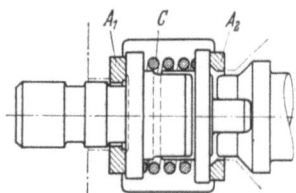

Bild 21.100. Verschleiß von Kohlegleitringen bei Langzeitversuchen in der Praxis [23]. Warmwasserumwälzpumpe $p_1 = 3,5$ bis 5 atü, $v_g = 2$ m/s, $\vartheta = 55$ bis 90°C, Härte i. M. = 16°dH.

Bild 21.101. Gleitringdichtung in Doppelanordnung [4]. A_1, A_2 feststehende Gleitringe; C Andruckfeder.

6. Axiale Abdichtung. Große Sorgfalt ist auch der Sekundärdichtung (Wellendichtung) zu widmen. Ihrer Funktion nach ist die Sekundärdichtung eine nahezu stationäre Dichtung, da nennenswerte Verschiebungen durch hydraulische oder Federkräfte nur bei Verschleiß der Dichtringe erfolgen; trotzdem sind gewisse dynamische Beanspruchungen nicht auszuschließen; das gilt besonders für Abweichungen der Wellenlage.

α) *Abdichtung am umlaufenden Ring.* Die Abdichtung des axialen Undichtheitsweges wird auf sehr verschiedene Art durchgeführt. Zu beachten sind die Reibungsverhältnisse, da die oft beträchtliche Reibung der axialen Abdichtung sich von der übrigen Anpreßkraft abzieht. Die axiale Verschiebekraft der elastischen Packung auf der Welle hängt dabei von der Oberflächenbeschaffenheit der Welle, von der Art des Werkstoffes der Packung (meist Gummi), von der Vorspannung und der Größe der Berührungsfläche ab. Häufig werden Gummiringe mit rundem, keilförmigem oder quadratischem Querschnitt verwendet. Eine Vorspannung der letzteren zwischen 0,1 und 1% ergibt etwa eine axiale Verschiebekraft von 0,3 bis 0,8 kp/cm² Berührungsfläche. Eine Unterteilung der

21.1.6 Axiale Gleitringdichtungen

Gummischeibe und Zwischenscheiben aus ölaufnahmefähigen Werkstoffen vermindern die notwendige axiale Verschiebekraft und verhindern das Kleben der Ringe an der Welle.

Verwendet werden außer diesen Dichtungen, von denen besonders der O-Ring für wechselnde Druckrichtung geeignet ist und durch seine Form geringe Verschiebekräfte liefert, noch Manschetten (meist mit Anpreßfedern auf der Lippe) und Nutringmanschetten (Bild 21.102) sowie Packungen üblicher Art, die dann durch ihre Querelastizität den axialen Undichtheitsweg abdichten. Man trifft auch vollständige Weichpackungsstopfbüchsen für diesen Zweck, besonders bei großen Ausführungen, die dann Einstellung von außen erlauben (Bild 21.103).

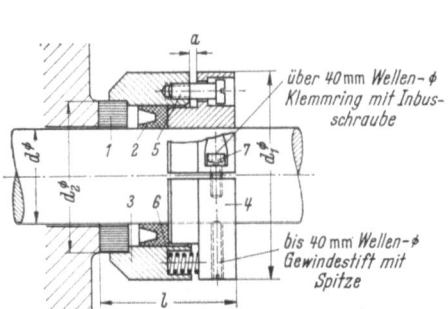

Bild 21.102. Schleifringpackung mit Nutringdichtung (für Vakuum: Nutring umdrehen); (Stopfbüchse außerhalb des Druckraumes).
1 Schleifring (umlaufend); 2 axiale Dichtung; 3 Gehäuse; 4 Klemmring; 5 Mitnehmerschraube; 6 Anpreßfedern; 7 Klemmringschraube [19*].

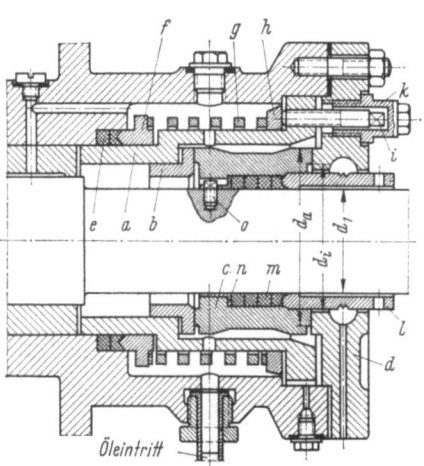

Bild 21.103. Große Ausführung einer doppelten Gleitringstopfbüchse mit Weichpackung [8].
a Gleitstück; b innerer (stillstehender) Gleitring; c umlaufender Doppelgleitring; d Deckel mit äußerem Gleitring; e Packung; f Brille für e; g Feder zur Anpressung der Gleitringflächen und von e; h Federteller für g; i Nachstellschraube für g; k Verschlußschraube; l Einschraubbrille für m; m, n axiale Abdichtung von c; o Mitnehmerschraube.

Seltener findet die axiale Abdichtung des laufenden Gleitringes mittels Federbalg statt. Bild 21.104 stellt eine Vakuumdichtung mittels Schleifring und Flüssigkeitssperrung dar, bei welcher das Wellrohr umläuft.

β) *Abdichtung am stillstehenden Ring.* Diese Bauart wird sehr häufig mit Membranen ausgeführt, und zwar finden sowohl Röhrenmembrane (Bild 21.105) als auch Scheibenmembrane Verwendung. Scheibenmembrane erfordern weniger Baulänge als Wellrohre.

Bälge als Sekundärdichtung haben den Vorteil, daß sie die axiale Abdichtung reibungslos durchführen, also den axialen Bewegungen des Schleifringes keinen Reibungswiderstand entgegensetzen. Metallbälge zeigen infolge der Vibrationen manchmal Gefügeänderungen, es sind dann – wenn dies aus Druck- und Temperaturgründen zulässig ist – Bälge aus Elastomeren vorzuziehen. Die Bälge werden durch das Reibungsdrehmoment auf Verdrehung beansprucht und müssen daher davon entlastet sein (Bild 21.105, [20, 37]).

250 21. Die Dichtung bewegter Maschinenteile

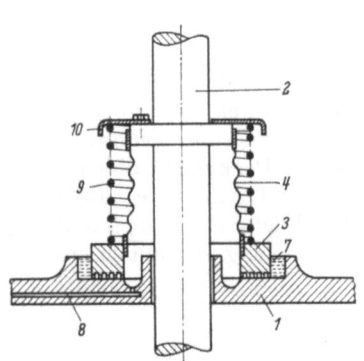

Bild 21.104. Gleitringdichtung mit Flüssigkeitssperre; umlaufendes Federrohr [34].
1 Gehäuse; *2* Welle; *3* umlaufender Gleitring; *4* Federrohr; *7* Sperrflüssigkeit; *9* Anpreßfeder; *10* Federteller.

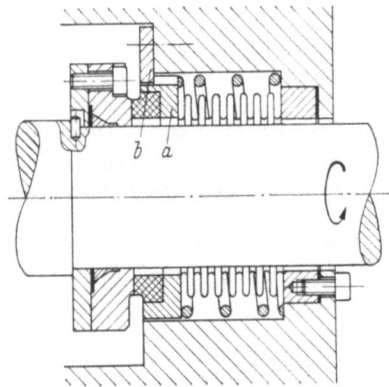

Bild 21.105. Stationär angeordnete Metallfaltenbalg- Gleitringdichtung; *a* mit Torsionssicherung *b* [22].

7. Leistungsverbrauch und Wärmeabfuhr [7]. Leistungsverbrauch (und Wärmeentwicklung) tritt durch folgende Verlustquellen auf:
a) Durch die Entspannung der Lässigkeitsmenge im Dichtspalt; diese Wärmequelle ist im allgemeinen zu vernachlässigen.
b) Durch die Reibung zwischen den Dichtflächen. Bei Flüssigkeitsreibung beträgt dieser Verlust

$$N_R = \frac{2\pi\omega^2 r^3 l \eta}{n} \; [\text{mkp/s}],$$

bei Mischreibung

$$N'_R = \mu F v = \mu \, 2r\pi l p_D \frac{rn\pi}{30} = \frac{1}{15}\mu r^2 \pi^2 l n p_D \; [\text{mkp/s}].$$

Dieser letztere Verlust, bzw. die entsprechende Wärmemenge, dürfte in den meisten Fällen maßgeblich sein. Der Konstrukteur hat durch Entlastung die Möglichkeit, p_D und damit auch diesen Verlust entscheidend zu beeinflussen. Schmälere Ringe haben geringere Wärmeentwicklung, aber erhöhte Bruchgefahr.

Die Lebensdauer der Dichtung wird vor allem durch die Betriebstemperatur und die chemische Beständigkeit bestimmt. Um die Betriebstemperatur niedrig zu halten, werden Gleitringdichtungen häufig gekühlt: Mantelkühlung, Küh-

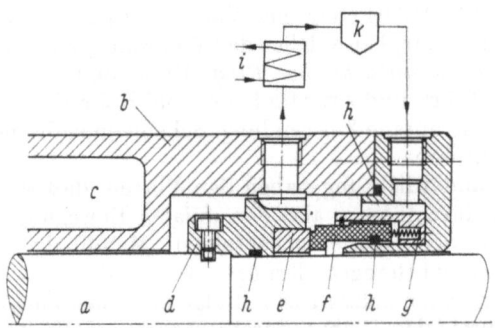

Bild 21.106. Schematischer Schnitt durch eine Gleitringdichtung für Kesselspeisepumpen [29].
a Welle; *b* Dichtungsgehäuse; *c* Raum für Dichtungsgehäusekühlung; *d* Pumpring; *e* umlaufender Gleitring; *f* feststehender Gleitring; *g* Feder; *h* O-Ringe; *i* Kühler; *k* **Magnetabscheider**.

lung des feststehenden Gleitringes. Kühlung durch einen Kühlkreislauf, der entweder durch eine eingebaute Umwälzeinrichtung in Betrieb gehalten wird [29], Bild 21.106 (Kreiselpumpenlaufrad, Gewindewellenpumpen u. ä.) oder eine im Kühlkreislauf außerhalb der Dichtung angeordnete Umwälzeinrichtung besitzt [23] (s. a. ,,Trockenlaufdichtungen").

8. Reibung und Schmierung

Reibungsverhältnisse. Wie bei Besprechung der ,,wirkenden Kräfte" bereits angeführt, können im Dichtspalt verschiedene Reibungsverhältnisse auftreten wie bei Gleitlagern. Die Verhältnisse bei trockener Reibung und Mischreibung bedürfen keiner näheren Aufklärung. Die bei Gleitringdichtungen zu beobachtende Flüssigkeitsreibung ist aber gut zu unterscheiden von der Flüssigkeitsreibung, wie sie bei berührungsfreien Radialflächendichtungen auftritt: es ist keine vorher bestimmte Spaltweite vorhanden. Flüssigkeitsreibung kann bei Gleitringdichtungen erreicht werden durch bewußte Maßnahmen, wie: besondere Gestaltung der Gleitflächen (,,hydrodynamische Gleitringdichtung", siehe [23, 19]) oder Zuführung von Druckflüssigkeit in den Dichtspalt (,,hydrostatische Gleitringdichtung", Bild 21.107).

Es tritt aber in vielen Fällen Flüssigkeitsreibung auf, ohne daß besondere konstruktive Maßnahmen getroffen wurden. Als Ursachen für das Auftreten der hydrodynamischen Druckerzeugung (,,Keilkraftwirkung") können dann etwa angeführt werden:

a) Mikrorauhigkeiten der Dichtflächen; sie können von der Herstellung stammen oder im Betrieb durch Verschleiß entstanden sein,
b) Welligkeiten der Dichtflächen; ebenfalls herstellungs- oder betriebsbedingt, letzteres besonders durch thermische Verzüge,
c) Achsabweichungen (Winkelabweichungen, Außermittigkeit).

Dazu treten noch Vibrationen, axiale Schwingungen, schwankende und Schaukelbewegungen im Betrieb.

Bild 21.108 zeigt die Reibungsverluste von Gleitringstopfbüchsen bei der Abdichtung gegen Wasser. Die bei fehlendem Innendruck auftretende Reibung wird durch die Vorspannung (Feder) bewirkt; der Einfluß der Vorspannung verschwindet bei höheren Innendrücken fast vollständig gegenüber dem Einfluß des Betriebsdruckes, die Reibung nimmt dann ungefähr proportional dem Innendruck zu, der Leistungsverbrauch ist niedrig.

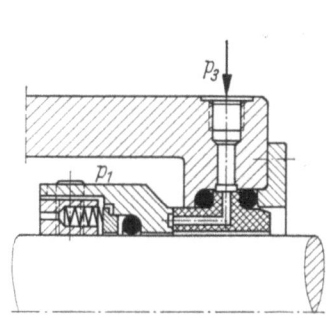

Bild 21.107. Hydrostatische Gleitringdichtung [23].

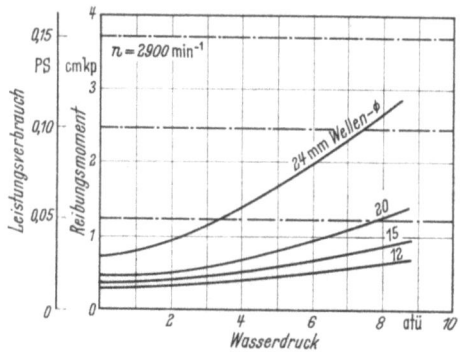

Bild 21.108. Leistungsverbrauch einer Schleifringpackung [19*].

Schmierungsverhältnisse. Im allgemeinen befindet sich zwischen den Gleitflächen ein Flüssigkeitsfilm, der die Laufeigenschaft verbessert und den Verschleiß vermindert und der als Sperrflüssigkeit wirkt. Hat das abzudichtende Mittel keine Schmiereigenschaften, so wird sehr häufig Sperröl verwendet, hat es Schmiereigenschaften, so muß es in hinreichender Menge zu den Gleitflächen gelangen können.

Die Werkstoffpaarung dieser Dichtungen ist sehr oft auf schmierungslosen Betrieb abgestellt.

9. Konstruktion. Eine wichtige Forderung an die Dichtungskonstruktion ist, daß vorhandene Planlauffehler und Schrägstellungen, die von Bearbeitungsungenauigkeiten oder Verwerfungen durch Druck- und Temperatureinflüsse herrühren können, von der Dichtung ohne Schaden aufgenommen werden. Das hängt entscheidend von der Abstützung und Anordnung der Gleitringe ab.

Sowohl in [23] als auch in [38] und in vielen weiteren Aufsätzen sind systematische Konstruktionsbeispiele für alle Details der Radialflächendichtungen zu finden (Lagerung des feststehenden und beweglichen Gleitringes, Ausführung der Sekundärdichtung; konstruktive Durchbildung des Gegenringes: Klemmung unter Anwendung von Dichtungen, Einpressen, elastische Lagerung mit Dichtring; zusätzliche Spülung und/oder Kühlung, Druckölschmierung u.a). Die Radialflächendichtungen sind in einer großen Zahl von verschiedenen Ausführungen vorhanden, wovon viele in der Fachliteratur beschrieben sind, z. B. [21, 22, 31, 36].

Vier grundsätzliche Anordnungen sind möglich (Bilder halbschematisch).

I. Packung umlaufend,
   a) innerhalb des Druckraumes (Bild 21.109a),
   b) außerhalb des Druckraumes (Bild 21.109b),

II. Packung stillstehend,
   a) innerhalb des Druckraumes (Bild 21.109c),
   b) abzudichtender Druck von innen wirkend (Bild 21.109d).

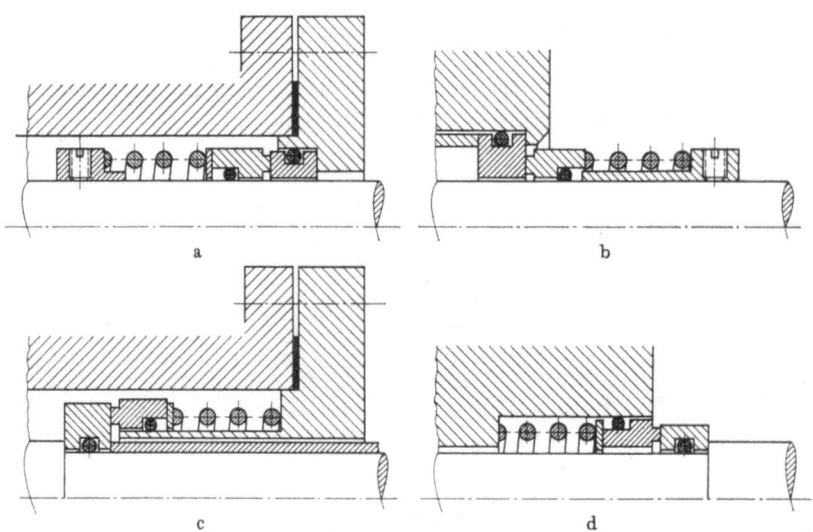

Bild 21.109a–d. Grundsätzliche Anordnungen der Gleitringdichtung (Erklärung im Text) [38].

Bei der Bauart Ia) ist die eigentliche Packung mit der Welle verbunden und läuft mit dieser um; sie stützt sich gegen den festen Schleifring, der im Gehäuse befestigt ist. Diese Bauart wird sehr häufig ausgeführt. Ihr Zusammenbau ist unschwierig.

Bei der Bauart Ib) ist die Packung außerhalb des Druckraumes. Diese Typen kommen besonders als Austausch für nachziehbare Stopfbüchsen in Frage; der Einbau ist konstruktiv sehr einfach.

Bei der Bauart II ist die Packung in Ruhe und im Gehäuse durch einen Preßsitz oder auf andere Art befestigt. Der laufende Gleitring wird durch einen Absatz der Welle oder durch einen mit der Welle dicht verbundenen Bauteil gebildet. Diese Bauart ist besonders für hohe Drehzahlen geeignet, weil keine Unwuchtkräfte verursacht werden können.

10. Werkstoffe [1, 23]. An die Werkstoffe der Radialflächendichtungen werden – je nach dem Verwendungszweck der Dichtung – u.U. auch höchste Ansprüche gestellt. Bestimmend für die Auswahl der miteinander arbeitenden Gleitringe sind die Laufeigenschaften der Paarung sowie das Verhalten gegenüber dem abzudichtenden Medium. Die Werkstoffkombinationen, die für Radialflächendichtungen verwendet werden, können nach Pape [26, 27] in zwei Gruppen eingeteilt werden: die gebräuchlichste Kombination ist eine relativ harte Dichtfläche, die gegen eine weiche Dichtfläche läuft. Eine andere Kombination, die manchmal vorgezogen wird, besteht aus zwei Dichtflächen die beide hart sind. Diese Kombination wird nur angewendet, wenn eine hart/weich-Kombination nicht benutzt werden kann, weil in der abzudichtenden Flüssigkeit schleifende Teilchen vorhanden sind. Es ist eine bekannte Tatsache, daß solche Teilchen im weicheren Werkstoff eingebettet werden, und daß ihre darauffolgende läppende Tätigkeit einen Schleifverschleiß der harten Gegenfläche verursacht. Der Grund für die Bevorzugung der hart/weich-Kombination liegt in den günstigen Einlaufeigenschaften: der Einlaufvorgang vollzieht sich in den ersten Betriebsstunden. Auch bei sehr großer Ebenheit der Dichtflächen erfolgt der eigentliche Kontakt erst während des Betriebes; dies hat seinen Grund in den mechanischen Formänderungen der Dichtflächen, besonders der Kohlefläche.

Wenn beide Dichtflächen hart sind (z.B. Wolfram-Karbid oder Keramik) kann kein effektiver Einlaufvorgang stattfinden; Oberflächengüte und Ebenheit müssen schon vorhanden sein.

Übliche Werkstoffpaarungen sind: Kunstkohle (evtl. mit Bronze) oder kunstkohlehaltige Metalle (Blei, Kupfer, Weißmetall u.a.) mit Gegenringen aus Spezialgrauguß, nicht rostendem Stahl, Sintereisen, Nickel, Monelmetall. Sehr verschleißfest sind Ringe aus Wolfram-Karbid oder Bor-Karbid, keramische Ringe („Oxydkeramik" [10]), mit Stellit gepanzerte oder mit Chrom plattierte Ringe. Aus Gründen der chemischen Widerstandsfähigkeit werden Ringe aus glasfaserverstärktem oder mit Graphit gemischtem TFE verwendet.

Kunstkohle erweist sich als einer der wichtigsten Werkstoffe für Gleitringdichtungen. Sie erfüllt weitgehend die Eigenschaften, wie sie [18] für den Dichtring verlangt werden:

1. Aufnahme einer eingeprägten Last bei kleiner Verschleißgeschwindigkeit,
2. Weiterarbeiten mit niedriger Reibung, wenn der Flüssigkeitsfilm unterbrochen wird oder ausbleibt,
3. Verteilung der Schmierflüssigkeit über die ganze Dichtfläche und Festhalten an derselben,
4. Widerstand gegen die korrodierende Wirkung der Betriebsflüssigkeit.

Die beiden ersten Forderungen können erreicht werden durch die Wahl und anteilmäßige Festlegung der Kohle- und Graphitbestandteile und durch die richtige Wahl der Tränkung. Die dritte Forderung hängt scheinbar von der mikroporösen Struktur der Gleitflächen ab, die eine Vielzahl von kleinsten Flüssigkeitsbehältern bildet, die einen hydrodynamischen Effekt ergeben. Es ist diese Fähigkeit von Kohle, Flüssigkeit auf ihrer Oberfläche auszubreiten und zurückzuhalten, die zusammen mit den selbstschmierenden Eigenschaften die vier Forderungen erfüllt.

Gute Verträglichkeit der Werkstoffe mit dem als Schmiermittel wirkenden Betriebsstoff ist eine weitere Forderung. Hat die abzudichtende Flüssigkeit keine guten Schmiereigenschaften, so können die Dichtflächen mit einer eigenen Preßschmierung versehen werden, oder es muß Mischreibung unbedingt vermieden werden.

Tabelle 21.2. Versuche mit trockenlaufenden axialen Gleitringdichtungen bei 5200 U/min bzw. 68,7 m/s Gleitschwindigkeit [11]

Läuferwerkstoff		TiC	WC	WC
Werkstoff der feststehenden Gleitfläche		TiC	WC	Kohle-Graphit 500 °C
Versuchsdauer	h	0,5	3	3
Druck auf die Gleitflächen	kp/cm²	1,12	1,12	1,05
Umgebungstemperatur	°C	104	260	274
Temperatur auf Rückseite des feststehenden Gleitkörpers	°C	–	343	349
Rotorverschleiß	mm	0,01	0,0005	0
Statorverschleiß	mm	0	0,0013	0,13
Aussehen		glatt	ausgezeichnet	gut

11. Verschiedene Bauarten [21, 22]

a) Hochdruckdichtungen. Alle Einflüsse auf den Betrieb der Dichtung müssen hier möglichst verbessert werden, wie Laufgenauigkeit der Welle, Reinheit des abzudichtenden Stoffes, die Kühlung, die Schmierungsverhältnisse. Es wird sich der Übergang auf hydrodynamische oder hydrostatische Verhältnisse im Dichtspalt empfehlen.

In Betracht kommt auch die Aufteilung des gesamten Druckgefälles in zwei oder drei Stufen (Hintereinanderschaltung von Dichtungen).

b) Hochtemperaturdichtungen [15]. Hier gilt in besonderem Maße das über die Kühlung Gesagte. Die temperaturempfindliche Elastomer-Sekundärdichtung wird u. U. durch einen Metallbalg zu ersetzen sein. Sieden der Flüssigkeit im Dichtspalt ist zu vermeiden. Mit besonderen Werkstoffkombinationen wurden Höchstwerte der Betriebstemperatur erreicht [28]. Bei extrem niedrigen Temperaturen wurde mit Hartmetallen, welche die Eigenschaften weitgehend beibehalten, gute Ergebnisse erzielt [9].

c) Trockenlaufdichtungen. Auch für schmierungslosen Betrieb sind die Gleitringdichtungen u. U. geeignet; sorgfältigste Werkstoffauswahl ist selbstverständlich. Hier sei auf die Versuche von Gray (siehe Tabelle 21.2 [11]) und auf die Arbeit von Hartmann [12] hingewiesen.

21.1.6 Axiale Gleitringdichtungen

Bei Radialflächendichtungen für gasförmige Medien mit Graphitdichtringen ist die Kühlung von besonderer Wichtigkeit. Die im Wärmestromweg vorhandenen Widerstände sind so zu wählen, daß der wärmeempfindliche Ringwerkstoff geschützt wird, indem ein Gegenring mit möglichst hoher Wärmeleitzahl angeordnet wird; dieser übernimmt dann den Hauptanteil an Wärmestrom (der sich ja zwischen den beiden Ringen im Verhältnis der Wärmeabfuhrbedingungen aufteilt), während in den temperaturempfindlichen Ring nur ein geringer Teil der Reibungswärme eindringt. Ist ein Laufring sehr wärmespannungsempfindlich, so sollte diesem – um Risse hintan zu halten – nach Möglichkeit kein radialer Wärmefluß zugemutet werden, weil er Ursache von Zugspannungen ist, die zu makroskopischen Rissen Anlaß geben könnten (die spröden Kohlegleitringe sind wegen ihrer niedrigen Zugfestigkeit dadurch besonders gefährdet).

Wie die Temperaturverhältnisse bei einer Paarung Graphit/Stahl liegen, zeigt Bild 21.110, und zwar für den Betrieb mit Kühlung, die sowohl für den Graphitring als auch für die Stahlgegenlaufscheibe durchgeführt wurde (ζ=Entfernung der Meßstelle von der Reibfläche/Ringstärke bzw. Stärke der Gegenlaufscheibe; $\zeta = 0$: Gleitebene).

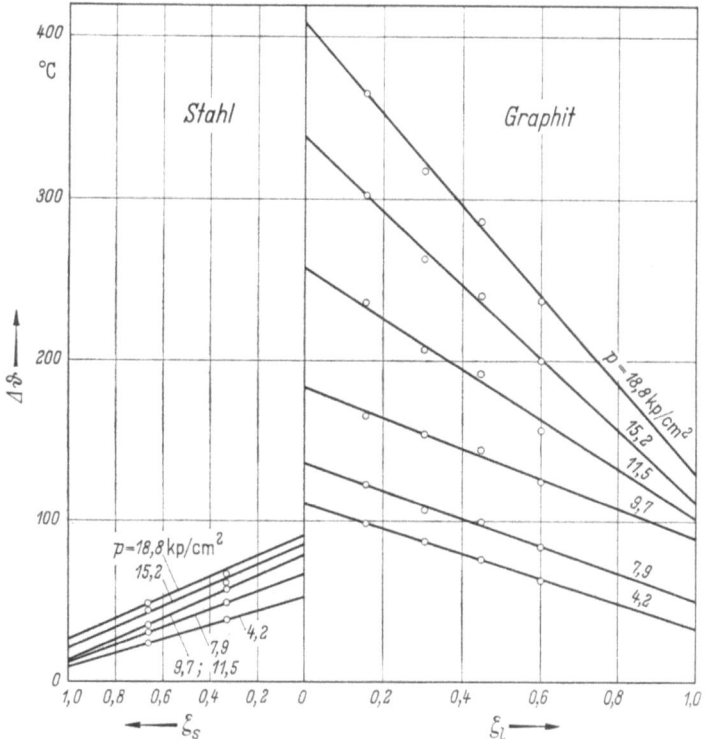

Bild 21.110. Temperaturverhalten der Paarung Graphit/Stahl in axialer Richtung [12].

Weite Einsatzgrenzen für trockenlaufende Graphitringe ergeben sich durch eine große Härte der Kohle; nach Hartmann [12] geht diese mit der 3. Potenz in die Gleichung für das zulässige $p \cdot v$ bei Graphit ein, vorausgesetzt, daß die Härte des stillstehenden Gegenlaufringes größer ist als die des umlaufenden

Ringes. Hartmann empfiehlt einen $p \cdot v$-Wert (spezifischer Reibleistungswert) von $25 \frac{\text{kp}}{\text{cm}^2} \cdot \frac{\text{m}}{\text{s}}$ (seine Versuche wurden mit einem kunststoffimprägnierten Graphit durchgeführt). Diese Einsatzgrenze von trockenlaufenden Kohleringen ist durch das Auftreten eines flockenartigen groben Abriebs bestimmt. Der Härteunterschied beider Ringe soll so groß sein, daß der Verschleiß hauptsächlich einen Ring betrifft.

d) Flüssigkeitsgesperrte Radialflächendichtungen zur Gasabdichtung [17]. Schleifringdichtungen zur Gasabdichtung führen diese Aufgabe meist (mit Hilfsflüssigkeit) wieder auf die Abdichtung gegen Flüssigkeiten zurück. Bild 21.111 zeigt einen solchen Vorschlag; die (angenähert) ruhenden Dichtungen werden mit Rundringen ausgeführt, die schleifende Dichtung zwischen dem äußeren Gleitring a bzw. dem inneren Gleitring b und der Gleitfläche c wird unter Zuführung eines Schmiermittels durch d bewerkstelligt.

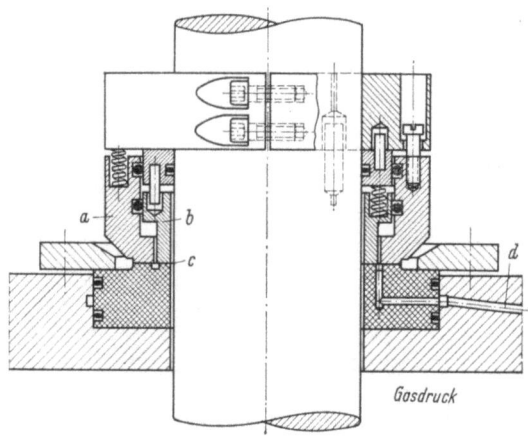

Bild 21.111. Gleitringdichtung für Gasabdichtung [9a].
a Äußerer, umlaufender Gleitring; b innerer, umlaufender Gleitring; c innere Dichtfläche; d Anschluß der Sperrflüssigkeit (Schmiermittel).

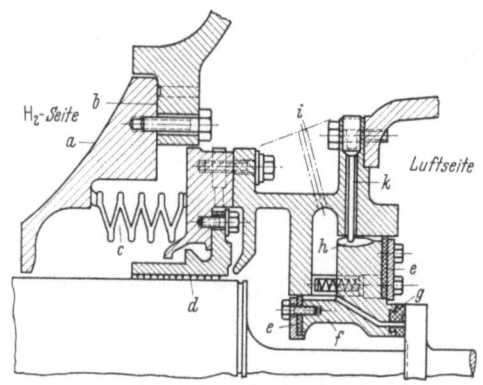

Bild 21.112. Wellenabdichtung eines wasserstoffgekühlten Generators [23a].
a Innenraum des Generators; b gasdichter Flansch; c Federbalg; d Labyrinthdichtung; e Dichtring; f Innenring des Dichtungskörpers; g Dichtungsfläche mit Sperröloffnung; h sphärische Justierfläche; i Sperrölzufuhr; k Justierbolzen.

21.1.6 Axiale Gleitringdichtungen

Eine schwierige Abdichtungsaufgabe bietet z. B. die Wellendurchführung wasserstoffgekühlter Generatoren. Von den ausgeführten Lösungen gibt Bild 21.112 jene mit einer Gleitringdichtung wieder. Infolge der Fliehkraftwirkung und der Gestaltung des (hydrodynamisch durchgebildeten) Gleitringes treten nur etwa 0,5% der gesamten Ölmenge auf die Wasserstoffseite. Das ist wichtig, weil das Öl absorbierte Luft enthält, welche die Wasserstoffkonzentration herabsetzt [2, 13, 17, 23a].

Bild 21.113 [35] stellt beispielsweise das Schema einer Sperrölversorgung für Gleitringdichtungen unter Benutzung des Drucköls aus der Schmierölversorgung dar.

Diese Dichtungen gehören zu den sogenannten Fremddrucksperrdichtungen, da die Sperrflüssigkeit ihren Druck durch eine außerhalb der Dichtung liegende Pumpe erhält. Bild 21.114a zeigt das Schema einer Doppelgleitringdichtung für

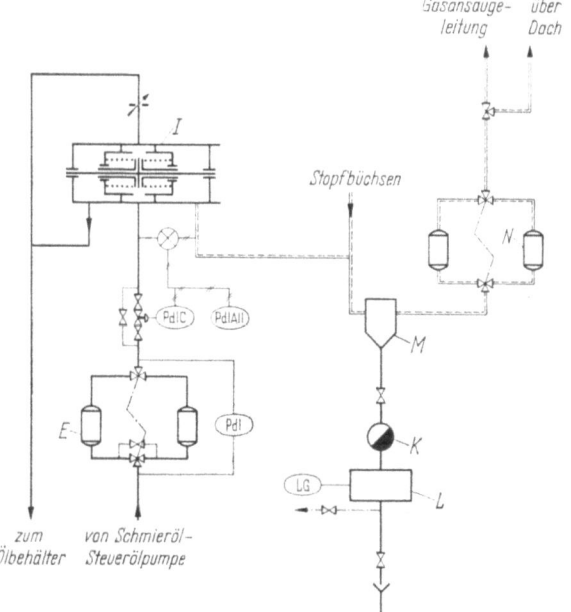

Bild 21.113. Schema einer Sperrölversorgung für Gleitringdichtungen [35].
E Ölfilter; J Gleitringstopfbüchse; K Kondenstopf; L Entgasungsbehälter; M Abscheider; N Aktivkohlefilter; Pdl Differenzdruckmanometer; PdlC Differenzdruckregler; PdlAll Differenzdruckwächter mit zwei Minimalkontakten; LG Standanzeiger.

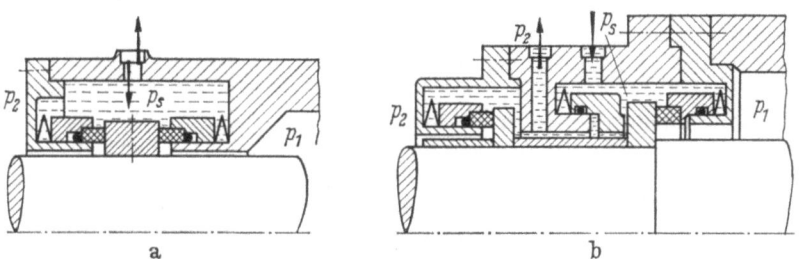

Bild 21.114a u. b. Flüssigkeitsgesperrte Stopfbüchse mit radialen Spalten [24].
a) Einfache Ausführung mit zwei gleichen Radialflächendichtungen (für niedere Drücke); b) dreistufige Dichtung: Niederdruck- und Hochdruck-Gleitringdichtungen ohne Druckdifferenz, dazwischen Radialspaltdrossel zum Abbau des Sperrflüssigkeitsdruckes.

niedere Drücke. Der Anwendungsbereich dieser Sperrkammerdichtung ist durch die Gefahr der Überlastung der niederdruckseitigen Dichtung (welche eine große Druckdifferenz abzudichten hat!) begrenzt.

Für hohe Drücke ist die dreistufige flüssigkeitsgesperrte Stopfbüchse Schema Bild 21.114b vorgesehen. Der Sperrdruck p_s ist normalerweise gleich dem abzudichtenden Druck p_1, die zwischen den beiden Gleitringdichtungen liegende Radialspaltdrossel baut den Druck der Sperrflüssigkeit bis auf den Gegendruck p_2 ab, so daß die beiden Gleitringdichtungen ohne Druckdifferenz arbeiten, also unter sehr günstigen Bedingungen! Wird die Drosseldichtung berührungsfrei ausgeführt, so stellt dieses Dichtungssystem auch bereits einen Übergang zu den berührungsfreien Dichtungen dar. Einen Konstruktionsvorschlag für solche Dichtungen enthält die Arbeit Müller [24].

e) Einbaufertige, vereinfachte Ausführungen. Für mäßige Drücke, als Schutzdichtungen u. a. werden vielfach Gleitringdichtungen mit besonders einfachem und raumsparendem Einbau verwendet; Bild 21.115 ist ein Beispiel für diese Gruppe; durch Wahl von gefülltem PTFE für den Gleitring und nichtrostenden Werkstoffen für die anderen Bauteile ergibt sich die Anwendung besonders in der chemischen Industrie.

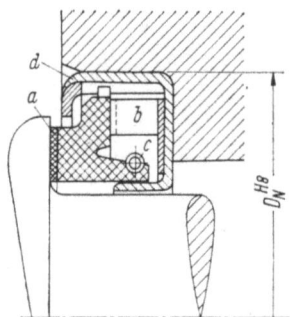

Bild 21.115. Gleitringdichtung einfacher Bauart, einbaufertig [18*].
a Gleitring; *b* Fingerfeder für axiale Anpressung; *c* Schraubenzugfeder für radiale Anpressung; *d* Gehäuse mit Verdrehsicherung des Gleitringes.

12. Gleitringdichtungen für verunreinigte Betriebsmittel [25a]. (Die Ausführungen dieses Abschnittes haben nicht nur für Gleitringstopfbüchsen Bedeutung!) Muß die Stopfbüchse gegen eine Flüssigkeit abdichten, welche schleifende Bestandteile enthält, so stehen grundsätzlich zwei Möglichkeiten offen:

a) Das Fernhalten der Feststoffteilchen von den Dichtflächen durch entsprechendes Spülen der Stopfbüchse,
b) die Verwendung abriebfester Werkstoffe für die Dichtflächen.

Während der erste Weg bei richtigem Entwurf durchaus erfolgreich ist, gelingt es erst in neuester Zeit, genügend verschleißfeste Oberflächen herzustellen.

Anforderungen sekundärer Art sind:
Geringstmögliche Beimischung von Sperrflüssigkeit zum Betriebsstoff; bestehen hier sehr scharfe Bedingungen, so ist es oft möglich, das gereinigte Betriebsmittel selbst als Sperrflüssigkeit zu verwenden.
Geringer Leistungsverbrauch durch das Sperren; dies wird durch geringen Verbrauch an Sperrflüssigkeit erreicht; er ist abhängig vom Differenzdruck zwischen Betriebsmittel und Sperrflüssigkeit und vom Querschnitt, durch welchen die Sperrflüssigkeit in die Betriebsflüssigkeit übertreten kann.

21.1.6 Axiale Gleitringdichtungen

Verschiedene konstruktive Lösungen wurden gefunden, wie beispielsweise: Doppeldichtungen, deren Zwischenraum von Sperrflüssigkeit durchflossen wird. Als Sperrflüssigkeit wird meist ein dünnflüssiges Öl verwendet, wobei der Öldruck um ein bestimmtes Maß höher gehalten wird als der Druck des Betriebsmittels; am besten wird der Differenzdruck automatisch geregelt. Die Doppeldichtung bietet auch eine erhöhte Sicherheit gegen das Versagen der inneren Dichtung (was bei Gleitringdichtungen im Gegensatz zu normalen Weichpackungsstopfbüchsen plötzlich erfolgen kann!). Die Sperrflüssigkeit kann auch gleichzeitig zum Kühlen der Stopfbüchse dienen.

Bild 21.116 zeigt eine Gleitringdichtung, bei welcher die Verunreinigungen durch Spülung ferngehalten werden. Entscheidend für eine gute Spülwirkung ist, daß der Spülquerschnitt möglichst klein gehalten wird, damit eine genügende Strömungsgeschwindigkeit (etwa 3 bis 4 m/s) die festen Teilchen mitnimmt. Eine kleine Spaltweite wird auf verschiedene Arten erreicht (Bild 21.117).

Das Spülen ist auch nach dem Abstellen der Maschine noch eine Zeitlang fortzusetzen.

Eine weitere Möglichkeit besteht in der Preßschmierung der Dichtflächen (durch den festen Dichtring hindurch); auch dies ergibt sehr kleine Beimengungen von Sperrflüssigkeit zum Betriebsstoff.

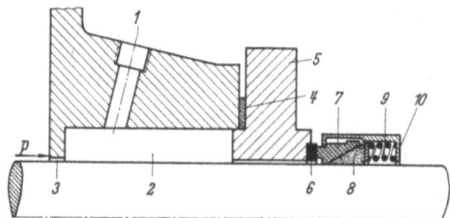

Bild 21.116. Gleitringstopfbüchse mit Spülung (eingebaut als Ersatz für Weichpackungsstopfbüchse) [25a].
1 Eintritt der Spülflüssigkeit; *2* früherer Packungsraum; *3* Drosselstelle; *4* Flachdichtung; *5* Brille; *6* Stellitring; *7* Kohlering; *8* Teflonkeilring (axiale Dichtung); *9* Feder; *10* Gehäuse.

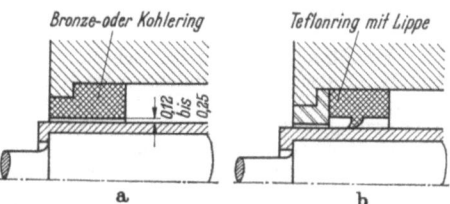

Bild 21.117a u. b. Beispiele für die Ausbildung der Drosselstelle [25a].
a Grundring aus Bronze oder Kunstkohle; b Lippendichtung (gegen das Eindringen des Betriebsmittels gerichtet) aus Teflon.

13. Abdichtung kryogener Flüssigkeiten [10a, 34]. Die Abdichtung von kryogenen Flüssigkeiten hat die Grundschwierigkeit, daß alle gebräuchlichen flüssigen Schmiermittel bei sehr tiefen Temperaturen fest werden und daher als Schmiermittel unbrauchbar sind. Sonst gebräuchliche feste Schmiermittel – wie z.B. Kohle – werden für manche kryogene Flüssigkeiten unbrauchbar, weil sie nur bei Vorhandensein einer dünnen Oberflächenschicht aus adsorbiertem Gas oder adsorbierter Flüssigkeit wirken (dieser schmierende Oberflächenfilm wird ebenso schnell ersetzt, wie er verschleißt). Abhilfe: MoS_2- oder Teflonimprägnierung der Kohle. Eine weitere Schwierigkeit besteht darin, daß sich kryogene Flüssigkeiten nahe ihrem Verdampfungspunkt befinden, so daß schon eine kleine Wärmezufuhr genügt, um labile Zustände bzw. Blasenbildung hervorzurufen; das kann zu plötzlicher starker Erhöhung der Lässigkeit durch Trennung der Dichtflächen führen.

Schrifttum zu Abschnitt 21.1.6

1. Abar, J. W.: Rubbing contact materials for face type mechanical seals. Lubrication Engineering 20 (1964) 381–386.
2. Anonym: Wellendichtungen an wasserstoffgekühlten Generatoren. Engineering 176 (1953) 552–555.
3. Auksmann, B.: Investigation of mechanical seals. Doctor's Thesis, Cal. Inst. of Techn. 1964.
3a. Barker, J., Thornton, W. A.: Rotary face seals. Bibliography BHRA 1972, 239 Ref.
4. Beacham, T. E.: Rotary and oscillating seals. The Engineer 187 (1949) 228–229.
5. Bernd, L. H.: Survey of the theory of mechanical face seals. Journ. Am. Soc. Lubric. Engng. 24 (1968) 479–484, 525–529, 597–604.
6. Boon, E. F.: Afdichting voor roterende assen. De Ingenieur 62 (1950) 43–50.
7. Boon, E. F.: Enige opmerkingen over de afdichting van roterende en heen- en wergande maschineonderdelen. Vortrag, gehalten am 21. Sept. 1951 in Delft vor der Abteilung Chemische Technik und der Sektion Chem. Technologie und Betriebschemie der Niederländ. Chem. Vereinigung.
8. Brockhause, H.: Gleitringstopfbüchsen für stehende Kälteverdichter. Die Technik 10 (1955) 174–182, 319–320.
9. McCleary, G. P.: Sealing the cryogens with hard carbide alloys. Lubric. Engng. 24 (1968) 324–329.
9a. Diefenbach, G.: Gleitringdichtungen für drehende Wellen. Chemie-Ing.-Technik 26 (1954) 397–400.
10. Droscha, H.: Oxydkeramische Gegenlaufringe in axialen Gleitringdichtungen. (Betriebsverhalten und Konstruktion) Maschinenmarkt 72 (1966) 1720–1724.
10a. Fleming, R. B.: Cryogenic sealing. 15 S. Study of dynamic and static seals for liquid rocket engines. Research and development center, Schenectady, New York, 1970, N 70–26148.
11. Gray, S.: Bearing and seal development. Mech. Engng. 81 (1959) 76–80; s. a. Konstruktion 12 (1960) 130–131.
12. Hartmann, H.: Über den Temperaturverlauf von trockenlaufenden Graphitdichtringen. Diss. TH Darmstadt 1970.
13. Horsley, W. D.: Hydrogen-cooled alternators. The Engineer 186 (1948) 587–589; s. a. Konstruktion 1 (1949) 221.
14. Holland-Merten, E. L.: Handbuch der Vakuumtechnik, 3. Aufl., Halle: Knapp 1953.
15. Honold, E., Diederich, H.: Entwicklungstendenzen im Kesselspeisepumpenbau. KSB Technische Mitteilungen 56 (1963) 67–71; (1962) 3–7.
16. Iny, E. H.: A theory of sealing with radial face seals. Wear 18 (1971) 51–69.
17. Komar, J. G.: Turbogeneratoren mit Wasserstoffkühlung, Berlin: Verlag Technik.
18. Lindsey, M. H.: Mechanical seals: Carbon's Key Role. Chemical Engineering, Febr. 27 (1967) 160–166.
19. Loch, E.: Hydrodynamische Gleitringdichtung. Konstruktion 20 (1968) 364–367.
20. Matt, R. J.: High temperature metal bellows seals for aircraft and missile accessories. Trans. ASME Series B, Journ. of Engng. for Industry 85 (1963) 281–288; s. a. Konstruktion 16 (1964) 157–158.
21. Mayer, E.: Gleitringdichtungen für Verbrennungsmotoren, elektrische Maschinen und Sondergetriebe. Konstruktion 20 (1968) 49–53.
22. —: Berechnung und Konstruktion von axialen Gleitringdichtungen. Konstruktion 20 (1968) 213–219.
23. —: Axiale Gleitringdichtungen, 4. Aufl., Düsseldorf: VDI-Verlag 1970.
23a. Moldenhauer, F.: Wasserstoffgekühlte elektrische Maschinen. AEG-Mitt. 43 (1953) 336–354; s. a. Konstruktion 6 (1954) 239–240.
24. Müller, H. K.: Beitrag zur Berechnung und Konstruktion von Hochdruckdichtungen an schnellaufenden Wellen. Mitt. aus d. Inst. A. f. Maschinenelemente, Prof. Talke, Universität Stuttgart 1969.
25. Nau, B. S.: Centripetal flow in face seals. Journ. of the Am. Soc. of Lubrication Engineers (1969) April, S. 161–167.

25a. Norton, R. D.: Mechanical seals for handling abrasive liquids. Chemical Engng. Sept. 1956, S. 199–210.
25b. Nau, B. S.: A review of recent rotary face seal literature. "Review" (BHRA 1972) S. 17–40, 105 Qu. 18 Abb.
26. Pape, J. G.: Fundamental research on a radial face seal, TU Delft, A. S. L. E. Trans. 11 (1968) 302–309.
27. Pape, J. G.: Fundamental aspects of radial-face seals. Diss. TH Delft 1969.
28. Peckner, D.: Titanium Carbide (Mo) cermets resist heat and wear. Materials Engineering 67 (1968) 37–39.
29. Richter, H.: Entwicklungsstand der Kesselspeisepumpen. VDI-Z. 111 (1969) 147–152.
30. Roth, A.: Influence of the surface roughness on the specific leak rate of gasket seals. Vacuum 20 (1970) 431–435.
31. Schaffer, R.: Gleitringdichtungen für Kreiselpumpen der chemischen Industrie. Chemie-Ing.-Technik 29 (1957) 241–249.
32. Schoenherr, K.: Fundamentals of mechanical end face seals. Iron and Steel Engineer 42 (1965) 123–133.
33. —: Design terminology for mechanical end face seals. SAE (1965) May, pp. No. 650301.
34. Scibbe, H. W.: Bearings and seals for cryogenic fluids. SAE Transactions, 77/III (1968) 680550, S. 2307–2320.
35. Seelmeier, H.: Ölversorgungsanlagen für Turbomaschinen. GHH-Techn. Berichte (1969) 3, S. 2–14.
36. Staar, A.: Gleitringdichtungen in Chemiepumpen. KSB Technische Berichte (1963) 5, S. 2–11.
37. Stevens, J. B.: Face seals, metal-bellows types. Machine Design (Seals) (1964) 14, S. 32–34.
38. Tankus, H.: Face seals, general types. Machine Design (Seals) (1969) 14, S. 24–32.
39. Tyler, R. D., Cooper, B. Sc.: Curing instability in a rotating face seal control system: A case history of the application of control techniques in mechanical engineering. Proc. Inst. Mech. Engrs. 180 (1956–1966) 357–370.
40. Wells, J. W.: Wave springs. Machine Design 20 (1970) 113–115.
41. Wilkinson, S. C. W.: Mechanical seal design. Engineering materials and design 5 (1962) 572–576, 664–667.

21.1.7 Das betriebliche Verhalten von Stopfbüchsen

(Ergänzende Bemerkungen; siehe auch frühere Abschnitte!)

a) Reibung und Verschleiß

Die Größe der Reibung und des Verschleißes wird von der Dichtpressung, der Reibungsart und der Reibungszahl bestimmt.

Die Dichtpressung ist so zu halten, daß das Verhältnis von Abnutzung und Lässigkeit einen optimalen Wert erreicht. Bei den Weichpackungen kann das durch Vorpressung der Packung und durch eine elastische Anpressung, bei den Hartpackungen durch Entlastung der Dichtringe mehr oder weniger erreicht werden. Bei den Hartpackungen ist eine Form des Druckabfalles anzustreben, welche eine möglichst gleichmäßige Anpressung aller Dichtringe bewirkt und eine Überlastung eines Dichtelementes vermeidet. Für nichtstationäre Strömung spielt dabei das Kammervolumen eine wichtige Rolle. Wird die Überlastung eines Ringes nicht beseitigt (gefährdeter Ring ist bei Kolbenmaschinenstopfbüchsen der erste Ring, bei Strömungsmaschinenstopfbüchsen ist die Lage des gefährdeten Ringes nicht zu definieren; vgl. Druckverlauf), ergibt sich für diesen eine starke Abnutzung. So wiesen z. B. die ersten beiden Ringe (vom Zylinder weg gerechnet) der Kohlestopfbüchse eines schmierungslos arbeitenden Luftkompressors einen sehr raschen Verschleiß gegenüber den letzten Ringen auf; nach 5165 Betriebsstunden wurden – um die Abnutzung auszugleichen – die hydraulischen Widerstände in der Stopfbüchse abgestuft (bei den ersten Ringen vermindert, bei den folgenden erhöht), mit dem Ergebnis, daß die Ringe am Ende der gesamten Betriebszeit (15544 Stunden) die gleiche Höhenabnutzung – im Mittel 0,6 mm – aufwiesen.

Die Reibungszahl ist möglichst klein zu halten, was entweder 1. durch Erreichung eines möglichst günstigen Schmierzustandes (Flüssigkeitsreibung), 2. durch richtige Auswahl von Schmierstoffen und Dichtungswerkstoffen für gemischte Reibung oder 3. durch richtige Werkstoffpaarung (Trockenlaufeigenschaften) bei schmierungslosem Betrieb erreicht werden kann. Von weiterem Einfluß sind die Oberflächengüte der Dichtflächen, verschiedene Werkstoffeigenschaften (Abriebfestigkeit, Gefügebeschaffenheit), Formänderungen der Dichtfläche im Betrieb, Einhaltung der gegenseitigen Lage der Dichtflächen (Laufgenauigkeit).

Zu 1.: Für das Erreichen der Flüssigkeitsreibung gelten naturgemäß die gleichen Richtlinien wie für die Erreichung dieses Reibungszustandes bei Lagern von umlaufenden, bzw. Führungen von hin- und hergehenden Maschinenteilen (Wellen, Stangen).

Zu 2.: Im allgemeinen reichen die bei Stopfbüchsen erzielbaren Schmierungsverhältnisse nicht aus, um Flüssigkeitsreibung zu erzielen. Häufig handelt es sich nur um die schmierende Wirkung öl- oder fettgetränkter Weichpackungen. In neuester Zeit finden ölgetränkte Sinterwerkstoffe in steigendem Maß Verwendung auch für Packungsteile.

Zu 3.: In manchen Fällen ist es erforderlich, auch geringe Schmierstoffbeimengungen zum Betriebsmittel zu vermeiden oder es liegen andere Gründe vor, Schmiermittel nicht anzuwenden. Dann kommt es zur Anwendung schmierungslos arbeitender Werkstoffe; diese gewinnen immer mehr an Bedeutung. Der Verschleiß hält sich bei richtiger Werkstoffwahl im allgemeinen in solchen Grenzen, daß auch bei sehr strengen Anforderungen die geringen Abriebmengen der betreffenden Werkstoffe als Verunreinigung des Betriebsmittels bedeutungslos sind. Allerdings wird auch in diesen Fällen fast stets die Reibung durch die Adsorption von Flüssigkeit auf den Dichtflächen vermindert. (Beispielsweise wird die Schmierwirkung von Graphit teilweise durch die Adsorption von Wasser an den Grenzflächen erklärt.) Molybdändisulfid wirkt allerdings ohne eine solche adsorbierte Flüssigkeitsschicht. Bestehen kleine Kohäsionskräfte zwischen den Werkstoffen der beiden Dichtungsflächen, ergibt sich eine niedrige Reibungszahl (Beispiel: Teflon auf Stahl).

Die Güte der Dichtflächen hat einen großen Einfluß darauf, ob es gelingt, einen widerstandsfähigen Schmierfilm zu erreichen. Starke Unebenheiten der Oberflächen zerreißen den Ölfilm, der aber gegen Herausquetschen durch die Dichtpressung sehr widerstandsfähig ist.

Die Ölhaltigkeit der Wellenoberfläche kann durch Kugelstrahlen bedeutend gesteigert werden.

Werden eigene Wellenschonbüchsen verwendet, so bestehen diese oft aus einer guten Gußbronze. Die Oberfläche soll mittels Glättrolle verdichtet sein.

Das Schmiermittel übernimmt weiter die Rolle einer Sperrflüssigkeit, wobei bei der Abdichtung von Gasen, Dämpfen und vielen Flüssigkeiten die hohe Zähigkeit der üblichen Schmiermittel günstig ist. Das Schmiermittel sorgt ferner für das Reinspülen der Dichtflächen von aufgetragenen Werkstoffteilchen, nimmt an der Abfuhr der Reibungswärme teil und ist Schutz vor Korrosionen.

Reibungs- und damit auch verschleißerhöhend wirken Verunreinigungen des Betriebsmittels, hohe Temperaturen (durch Herabsetzung der Zähigkeit des Schmiermittels, evtl. auch durch Erniedrigung der Festigkeit), geringer Schmierwert der abzudichtenden Druckflüssigkeit oder des Schmiermittels, bzw. Entfall des letzteren (falls nicht schmierungslos arbeitende Dichtungswerkstoffe verwendet werden).

Die Forderung nach Erhaltung der Laufgenauigkeit führt zur Trennung der Funktionen, in dem Sinn, daß die Stopfbüchse nicht mehr zum Tragen (Führen) der Welle (Stange) herangezogen wird, sondern daß diese Aufgabe durch eigene Maschinenelemente erfüllt wird.

Strahlverschleiß. Strahlverschleiß tritt bei ruhenden Berührungsdichtungen wohl nur bei einer eigentlich schon zerstörten Dichtung auf. Sehr gefährlich wird oft der Strahlverschleiß bei bewegten Dichtungen, da bei größeren Druckunterschieden eine hohe Strömungsgeschwindigkeit des Druckmittels auftritt und dieses eine stark erodierende Wirkung ausübt.

Man hat hier zu unterscheiden zwischen dem Strahlverschleiß, der bei berührungsfreien Dichtungen infolge der stets vorhandenen Undichtheit betriebsmäßig auftritt (bei Berührungsstopfbüchsen wird es im geordneten Betrieb kaum zu solchen Erscheinungen kommen) und dem Strahlverschleiß von Steuer- und Absperrorganen. Während der erste Fall durch die Wahl eines gegen Strahlverschleiß genügend widerstandsfähigen Werkstoffes im allgemeinen kaum Schwierigkeiten geben wird, zählt bekanntlich das Verschleißproblem bei der zweitgenannten Gruppe zu den schwierigsten Aufgaben der Werkstofftechnik (vgl. Oberflächengüte).

Der Konstrukteur kann hier abhelfen, indem er die eigentlichen Dichtflächen von den Einwirkungen der beim Öffnungs- und Schließvorgang auftretenden hohen Strömungsgeschwindigkeiten bewahrt, z.B. durch Anordnung von Überdeckungen oder indem er steuernde Kante (bzw. Fläche) und Dichtflächen trennt [13].

b) *Schmierung* [6, 22]

Wie aus den allgemeinen Ausführungen hervorgeht, ist eine Stopfbüchsenschmierung aus zwei Gründen nötig: um erträgliche Reibungs- bzw. Verschleißverhältnisse zu erreichen (möglichste Trennung der Reibflächen) und um völlige Dichtheit der Stopfbüchse zu erzielen (Rolle des Schmiermittels als Sperrflüssigkeit); eine Ausnahme machen die schmierungslos arbeitenden Stopfbüchsen.

Die Schmierung der Stopfbüchsen wird auf folgende Arten durchgeführt:
1. Durch selbstschmierende Packungswerkstoffe. Bei Weichstoffen als Packungsmaterial sind diese mit Schmierstoffen (Fett, Öl, Graphit, Talkum, Silikon, Molybdändisulfid) getränkt oder imprägniert; Sinterwerkstoffe enthalten adsorbierte Ölmengen, die während des Betriebes an die Welle (Stange) abgegeben werden.

Bei selbstschmierenden Packungen ist darauf zu achten, daß kein zu großer Packungsdruck angewendet wird, weil sonst Auspressen der Fettimprägnierung und damit Verlust der schmierenden Eigenschaft eintritt. Packungen aus Graphitfäden wirken ebenfalls selbstschmierend.
2. Durch Anordnung von eigenen Schmierstoffringen zwischen den (nicht selbstschmierenden) Packungsringen.
3. Durch drucklose Zuführung des Schmiermittels (Tropföler u.dgl.) entweder unmittelbar auf die Stange (knapp neben der Brille), durch die Brille oder in den letzten Teil der Stopfbüchse, je nachdem es sich um hin- und hergehende oder drehende Maschinenteile handelt.

4. Durch Zuführung des Schmiermittels unter Druck. Der Ort der Einführung muß sorgfältig überlegt werden. Meist wird in der Packung an dieser Stelle ein Schmiereinsatz oder eine sog. Laterne angeordnet, wie sie auch zur Einführung von Sperrflüssigkeiten dient (s. Bild 21.45). Der Schmieröldruck muß größer sein als der Druck des Betriebsmittels an der Anschlußstelle (Vorsicht wegen des meist nicht genau bestimmbaren Druckgefälles).

Für die Schmierung wird meist ein Zentralpreßöler angeordnet.

5. Durch den Betriebsstoff, wenn dieser Schmiereigenschaften hat. Es ist dann dafür zu sorgen, daß der Zutritt des Betriebsstoffes in ausreichendem Maß gesichert ist.

6. Handelt es sich um die Abdichtung von Gasen, dann wird man Sperrflüssigkeiten verwenden, die Schmiereigenschaften haben.

Stopfbüchsen sind möglichst sparsam zu schmieren, und zwar nicht nur wegen der Schmierölkosten, sondern um Verunreinigungen des Betriebsmittels durch das Schmiermittel möglichst zu vermeiden.

Es ist stets das richtige Schmiermittel anzuwenden; in sehr vielen Fällen werden es Schmieröle sein, wobei die Sorte in erster Linie durch die Betriebstemperatur der Dichtflächen bestimmt wird. Von Ausnahmefällen abgesehen (s. Gleitringdichtung) wird es kaum gelingen, die Festkörperreibung zu vermeiden, so daß die Werkstoffe der Dichtflächen auch bezüglich der Reibung von großer Bedeutung sind.

Für schwierige Fälle (extrem hohe und niedrige Temperaturen, geringste Schmiermittelmengen u. a.) kommen besonders Graphit, Silikon und Molybdändisulfid als Schmiermittel in Frage; über diese folgen noch etwas nähere Ausführungen.

Graphit [5, 8, 11, 12, 17] (s.a. Werkstoffe). Graphit wird zur Schmierung als Graphitpaste, als Zusatz zu Flüssigkeiten (z.B. Wasser, Öl) oder als fester Überzug auf den reibenden Flächen verwendet, die dann schmierungslos arbeiten. Der Graphit wird dabei in kolloidaler Form (Kolloidgraphit) benutzt. Nach einer Einlaufzeit treten günstige Reibungsverhältnisse auf.

Zur Erzeugung von Graphitlaufflächen wird der Koloidgraphit auf den metallischen Flächen durch Sprühen, Bürsten oder Eintauchen aufgebracht. Er wird dabei in flüchtigen Trägern wie Wasser, Azeton, Tetrachlorkohlenstoff, reinem Alkohol oder in besonderen Mischungen, die rasch hart werdende Bestandteile besitzen, dispergiert. In Azeton aufgeschwemmter Kolloidgraphit wird zur Imprägnierung von Gewebeeinlagen von Kunstharzstoffen verwendet.

Der Graphitschmierfilm bleibt in einem weiten Bereich von Temperaturschwankungen unbeeinflußt.

Silikon (s.a. Werkstoffe). Silikon wird in Form von Ölen, Fetten und Pasten angewendet. Das Temperaturgebiet reicht etwa von -60 bis $+250\,°\text{C}$. Silikon zeichnet sich durch eine geringe Änderung der Viskosität im ganzen Temperaturbereich aus. Es ist unempfindlich gegen viele Chemikalien.

Silikon ist besonders zur Schmierung von Kunststoffen geeignet, nicht aber für GG/St und St/St.

Molybdändisulfid (MoS_2) (Molykote) [1, 9, 14, 15, 20, 21]. Im Gegensatz zu Graphit sind die Schmiereigenschaften von MoS_2 unabhängig vom Vorhandensein eines Feuchtigkeitsfilmes; die Anwendung erfolgt meist dort, wo Graphit versagt, z.B. bei sehr tiefen Temperaturen, im Vakuum, wenn ein nichtleitendes Material gefordert wird. Temperaturbereich -70 bis $+400\,°\text{C}$.

21.1.7 Das betriebliche Verhalten von Stopfbüchsen

Die Reibungszahl eines dünnen Molykotefilmes beträgt etwa 0,05 bis 0,095 und ist kleiner als jene eines Graphitfilmes auf der gleichen Oberfläche; sie nimmt mit steigender Gleitgeschwindigkeit und steigender Flächenpressung ab.

MoS_2-Filme haben an Metallflächen ein sehr großes Haftvermögen und große Abriebfestigkeit, sie sind korrosionsschützend, altern nicht und verharzen nicht. Sie haben eine Druckfestigkeit, die bis zur Fließgrenze der meisten metallischen Werkstoffe reicht, sie lassen sich mit der Trägeroberfläche deformieren und sind sehr zerreißfest.

MoS_2-Filme haben eine hohe chemische Beständigkeit.

Sehr eingehend befaßt sich Hanlon [6] mit der Schmierung von Metallpackungen von Kolbenkompressorstopfbüchsen. Er zeigt, wie durch Verlagerung der Ringe aber auch bei parallelen Gleitflächen (infolge eines auftretenden Temperaturgradienten der Schmierflüssigkeit über der Tragfläche und die Schleppwirkung der Stange) sich ein Druckgebiet aufbauen kann.

c) Wärmeabfuhr [3, 7]

Soll Temperaturgleichgewicht in der Stopfbüchse bestehen, so muß die in der Stopfbüchse erzeugte Wärme auch wieder abgeführt werden; dazu kommt aber u. U. noch Wärme, die bei hoher Temperatur des Betriebsmittels aus dem Maschineninnern durch die Welle (Stange) nach außen fließt (z.B. bei Wellen von Heißwasserpumpen, Kolbenstangen von Dampfmaschinen u. dgl.).

Die in den Dichtflächen entstehende Reibungswärme geht einerseits in die Welle, andererseits in das Stopfbüchsengehäuse über. Der erste Weg hängt in seiner Möglichkeit bzw. Wirksamkeit von der Wellentemperatur ab. Soll die Temperatur der Dichtflächen relativ niedrig bleiben, dann darf der Wärmefluß durch die Packung an das Stopfbüchsengehäuse nicht durch große Wärmeflußwiderstände in Gestalt schlecht leitender Packungswerkstoffe behindert sein; in Fällen starker Wärmebelastung der Stopfbüchse soll daher gut leitendes Packungsmaterial, wie z.B. Weichmetall, vor wärmeisolierenden Faserstoffen bevorzugt werden. Beweglicher Einbau der Packungselemente verhindert ebenfalls die Wärmeabfuhr durch das Gehäuse; diese muß dann durch das Betriebsmittel erfolgen; beispielsweise durch die absichtlich undichte – tropfende – Stopfbüchse.

Für den in das Packungsgehäuse geleiteten Wärmestrom müssen nun möglichst gute Wärmeübergangsverhältnisse an die Luft geschaffen werden: freie Lage der Stopfbüchse (ohne Einstrahlung von Wärme von anderen Maschinenteilen), Verrippung der Stopfbüchsenoberfläche, evtl. künstliche Beschleunigung der thermischen Luftströmung. Reichen diese Hilfsmittel nicht aus, dann muß die Stopfbüchse gekühlt werden, was im Prinzip durch doppelwandige Ausführung des Stopfbüchsengehäuses und Kühlmitteldurchfluß durch den Ringraum erfolgt, Bild 21.28, s.a. Bild 21.27. Als Kühlmittel kann auch ein gekühlter und evtl. gefilterter Teil der Fördermenge dienen.

d) Druckverlauf bei Hartstoffringpackungen [16]

1. Konstanter Gasdruck (stationäre Strömung). Beim nichtentlasteten Dichtring hat der Betriebsdruck einen entscheidenden Einfluß: Je größer das vom Ring gedrosselte Druckgefälle ist, desto größer sind die Dichtpressungen und desto besser dichtet der Ring. Bei einer Anzahl von gut eingelaufenen Dichtringen ist es daher bei konstantem Gasdruck (also im allgemeinen bei Stopfbüchsen von Strömungsmaschinen) nicht möglich anzugeben, wie der Druckverlauf in der Stopfbüchse sein wird. Versuche haben gezeigt (Bild 21.118), daß tatsächlich ein beliebiger Ring praktisch das ganze Druckgefälle abdichtet, während die anderen Ringe fast nichts zur Abdichtung beitragen; es wird dies jener Ring sein, der zufällig von vornherein etwas besser dichtet und infolge der Einwirkung des Betriebsdruckes diese Wirkung immer mehr steigert.

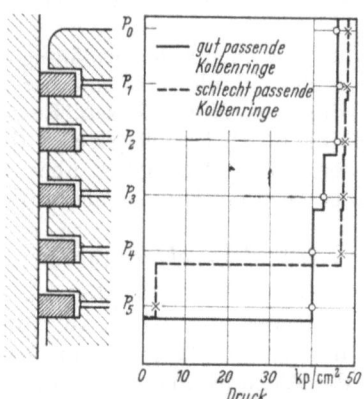

Bild 21.118. Druckverlauf bei konstantem Betriebsdruck bei gut passenden und schlecht passenden (strichliert) Dichtringen [2].

Im Gegensatz dazu ist bei einer Packung mit vollentlasteten Ringen die Dichtwirkung jedes Ringes bzw. jedes Kammerelementes ausschließlich von der Dichtpressung durch die Vorspannfeder abhängig und daher von vornherein festzulegen.

Tatsächlich handelt es sich bei den Metallpackungen meist um Ringanordnungen, bei welchen sowohl der Betriebsdruck als auch die meist konstante Vorspannung auf das Dichtverhalten eines Elementes von Einfluß sind. Man wird daher bei einer solchen Berührungsstopfbüchse etwa einen Druckverlauf nach Bild 21.119 erhalten. Im Bild ist auch noch der Druckverlauf in berührungsfreien Stopfbüchsen eingetragen. Der grundsätzliche Unterschied ist dadurch gegeben, daß bei den berührungsfreien Dichtungen jede nachfolgende Drosselstelle immer wirksamer wird, entsprechend dem wachsenden durchströmenden Gasvolumen; die letzte Drosselstelle ergibt daher den größten Druckgradient. Im Gegensatz hierzu ist bei nichtentlasteten Dichtringen die Anpressung beim ersten Ring die stärkste und daher auch dessen Dichtwirkung (Zunahme der Undichtheitsquerschnitte in der Richtung des Druckgradienten).

Man sieht aus der schematischen Darstellung, daß sich das Gesamtdruckgefälle sehr ungleichmäßig aufteilt; dementsprechend wird auch eine sehr ungleiche Abnutzung der Ringe eintreten, wie bereits im Abschnitt „Reibung und Verschleiß" bemerkt wurde. Aus Verschleißgründen wäre es daher erwünscht, ein anderes – z.B. lineares – Druckgefälle zu erreichen; dies ist durch Regelung des Kammerdruckes möglich. Die Regelung besteht in der Herstellung einer zusätzlichen Undichtheit für die überbelastete Kammer; sie kann entweder mittels von Hand geregelten Ventilen oder selbsttätigen Ventilen oder durch Herstellung eines Nebenschlußweges konstanten Querschnitts erfolgen. Bei gleicher Lässigkeit ergibt sich eine höhere Kammerzahl. Bild 21.120 gibt das Schema für eine teilweise geregelte Stopfbüchse.

21.1.7 Das betriebliche Verhalten von Stopfbüchsen

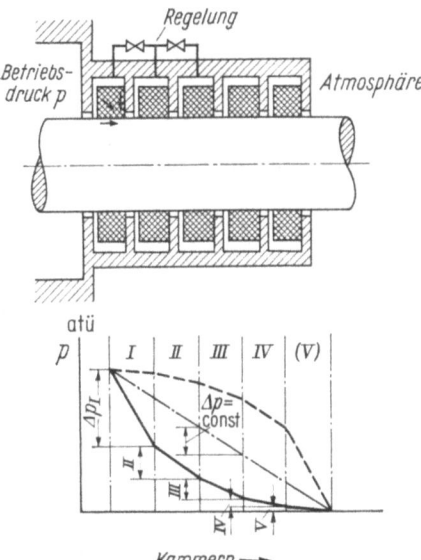

Bild 21.119. Druckverlauf in einer stationär durchströmten (nicht geregelten) Stopfbüchse; Vergleich mit einer berührungsfreien Stopfbüchse (Druckverlauf in letzterer strichliert).

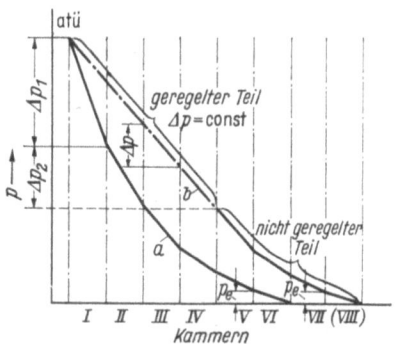

Bild 21.120. Druckverlauf in nicht geregelter (a) und teilweise geregelter (b) Stopfbüchse gleicher Dichtheit. Schema der Regelung siehe Bild 21.119.

2. Wechselnder Gasdruck (nichtstationäre Strömung). Bei allen mit kompressiblen Betriebsmitteln arbeitenden Kolbenmaschinen liegen periodisch veränderliche Strömungen vor; es herrschen dann in der Stopfbüchse ähnliche Verhältnisse wie in der Kolbenringdichtung [2]. Sie sind insofern günstiger, als die Dichtringe außer den Gasdrücken nur noch Reibungskräften, aber keinen Massenkräften unterworfen sind. Trotzdem haben auch Versuche mit ruhenden Kolben ein unstabiles Verhalten der Kolbenringe bei pulsierender Druckbelastung ergeben.

Durch die bei den Elementen der Hartpackungen besprochenen konstruktiven Maßnahmen (Sicherung der Ringanpressung an der druckabgewandten Seite, teilweise Entlastung) gelingt es aber anscheinend, ein stabiles Verhalten, bzw. eine definierte Lage der Dichtringe der Stopfbüchse zu erzielen.

Durchgeführte Indizierungen der Kammerdrücke von Kolbenmaschinenstopfbüchsen ergeben Verhältnisse wie etwa auf Bild 21.121. Meist sind solche Stopfbüchsen praktisch dicht, so daß überhaupt keine Strömung im üblichen Sinn vorhanden ist, sondern es tritt nur eine innere Strömung als Folge von Auffüll- und Entleerungsvorgängen in den Kammern auf.

Der Druckverlauf läßt sich bei Vorliegen des Indikatordiagrammes, der Drehzahl und der Abmessungen rechnerisch ermitteln [10, 4], doch haben diese Rechnungen bei Berührungsstopfbüchsen kaum viel Bedeutung, da man die Leckquerschnitte nicht kennt. Es ist jedoch wichtig, sich im klaren darüber zu sein, welchen Einflüssen diese Vorgänge unterliegen.

Für das Verhalten der Kolbenmaschinenstopfbüchsen ist es – wie bei der Kolbenringdichtung [2] – kennzeichnend, wie sich die periodischen Druckschwankungen in der Stopfbüchse fortpflanzen, insbesondere wie tief die Spitze des Gasdruckes in die Stopfbüchse eindringt; als Maß hierfür wird die relative Auffüllzeit T gewählt. Man versteht darunter das Verhältnis der absoluten Auffüllzeit des Leerraumes einer Stopfbüchsenkammer zur Zeitdauer des Druckzyklus, wobei es genügt, die Verhältnisse zu berücksichtigen, die durch das erste Dichtelement und die folgende Kammer gegeben sind.

$$T = t_f/t_0,$$

t_f = absolute Auffüllzeit, t_0 = Zeitdauer des Druckzyklus.

Die Druckspitze dringt um so tiefer in die Stopfbüchse ein, je kleiner der Wert von T ist.

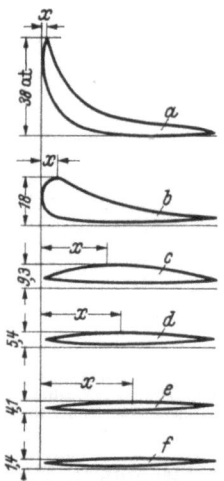

Bild 21.121. Druckverlauf in einer Kolbenmaschinenstopfbüchse.
a Druckverlauf im Zylinder; b, c, d, e, f Druckverlauf in den Stopfbüchsenkammern; x = Lage des Höchstdruckes.

Die Ermittlung der absoluten Auffüllzeit t_f ist nur angenähert möglich: Sie ist bestimmt durch den Leckquerschnitt des der betreffenden Kammer vorausgehenden Dichtelementes (Ringpaares) f, vom Leervolumen der Kammer V_K und von der Gasgeschwindigkeit im Leckquerschnitt; letztere ändert sich natürlich gemäß dem jeweils herrschenden Druckgefälle. Man nimmt dann die für den Gaszustand vor dem ersten Dichtelement mögliche Schallgeschwindigkeit c_0 und berücksichtigt die tatsächlichen Verhältnisse durch einen Korrekturfaktor K. Die absolute Auffüllzeit ist dann:

$$t_f = K \frac{V_K}{fc_0}.$$

Aue [2] rechnet ein Beispiel (Kolbendichtung für einen Zweitaktdieselmotor) und erhält ein $T = 4$, d. h. die Zeit, die nötig ist, um (im Beispiel) den Zwischenraum zwischen erstem und zweitem Kolbenring aufzuladen ist so lang, daß die hohen Gasdrücke nicht genügend Zeit finden, hinter dem ersten Ring noch sehr wirksam zu sein. Abgenutzte Ringe ergeben ein T von 1 bis 0,25 und damit ein wesentlich tieferes Eindringen der Druckspitzen. Für konstanten Druck wird T unendlich klein, für dichte Ringe unendlich groß.

Da der Lässigkeitsquerschnitt kein konstanter ist, sondern von der mit dem Betriebsdruck wechselnden Dichtpressung abhängt, wobei noch ein starker Einfluß der Schmierungsverhältnisse, des Einlaufzustandes der Dichtringe und anderes mehr vorhanden ist, gibt diese Rechnung nur einen qualitativen Einblick in die Verhältnisse.

Eine hohe Auffüllzeit bringt also raschen Druckabfall und damit aber u. U. eine sehr starke Belastung des ersten Dichtelementes (das den Hauptteil des gesamten Druckabfalles aufnimmt), was aber wegen der Reibungs- und Verschleißverhältnisse keineswegs günstig ist, wie bereits erwähnt wurde.

21.1.7 Das betriebliche Verhalten von Stopfbüchsen

Wie sehr der Druckverlauf in der Stopfbüchse – bei gleichbleibendem Undichtheitsquerschnitt – durch das Kammervolumen beeinflußt wird, zeigten auch Versuche an Labyrinthstopfbüchsen, Bild 21.122 [18, 19], wobei als sehr einfacher Kennwert das Verhältnis von Kammervolumen : Undichtheitsquerschnitt gewählt werden kann. Der Einfluß auf die „äußere Lässigkeit" der Stopfbüchse ist aber gering. Die „innere Lässigkeit" (das Rückströmen aus der Stopfbüchse in den Zylinder) ist bei großem Kammervolumen viel bedeutender als bei kleinem, Bild 21.123.

Das kleinere Kammervolumen ergibt eine wesentlich gleichmäßigere Aufteilung des gesamten Druckgefälles auf die Kammern und entspricht so besser der früher aufgestellten Forderung nach linearem Verlauf der Drücke, wenigstens in jenen Kurbelstellungen, die noch hohen Betriebsdrücken entsprechen. Ein Vergleich der Kammerdrücke für verschiedene Kurbelstellungen (Bild 21.124) zeigt dies recht deutlich.

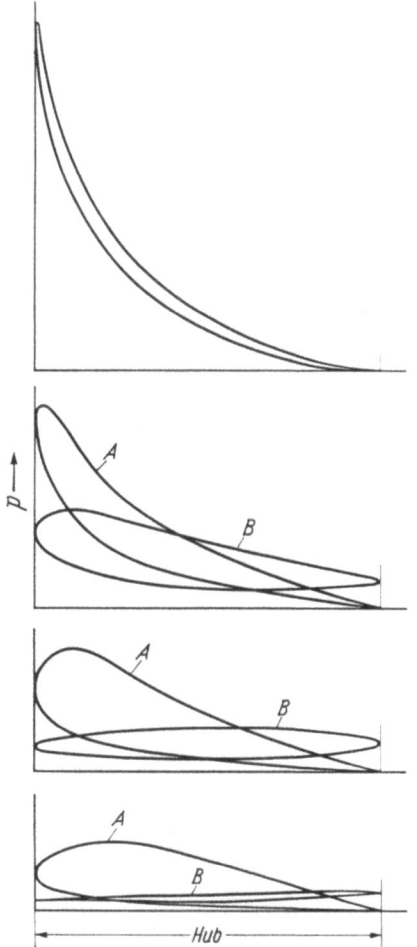

Bild 21.122. Druckverlauf in den Kammern einer berührungsfreien Stopfbüchse bei kleinem (*A*) und großem (*B*) Kammervolumen.

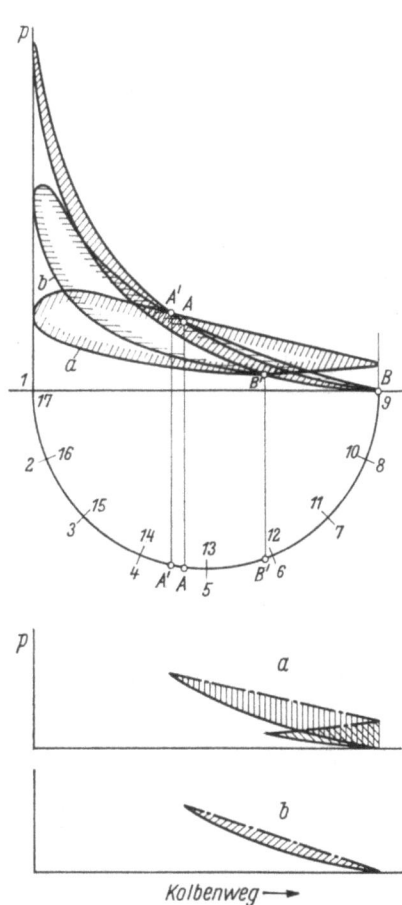

Bild 21.123. Druckverlauf in den beiden ersten Kammern und das Rückströmen in den Zylinder in Abhängigkeit vom Kammervolumen; *a* großes; *b* kleines Kammervolumen.

270   21. Die Dichtung bewegter Maschinenteile

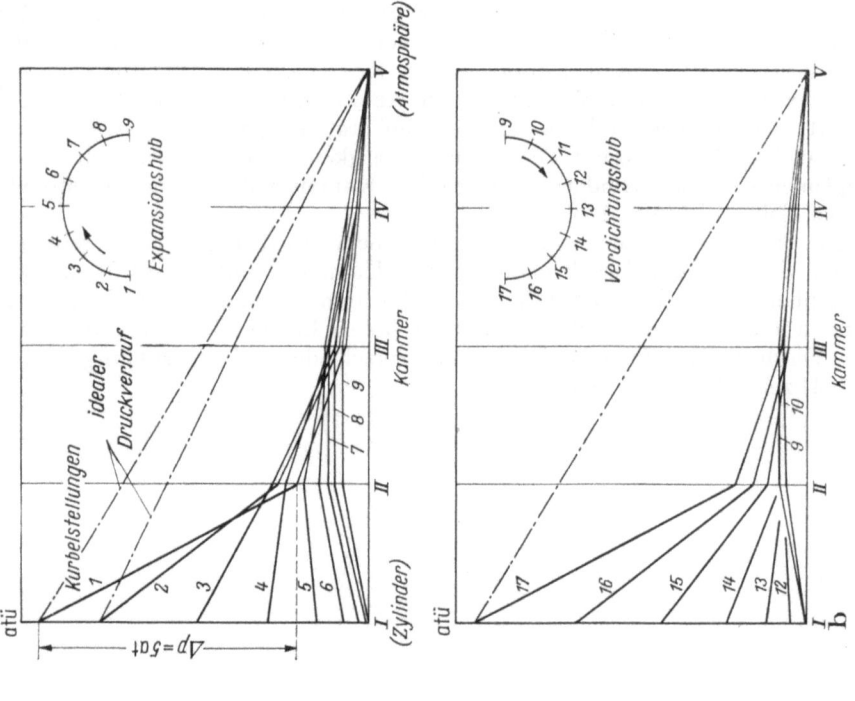

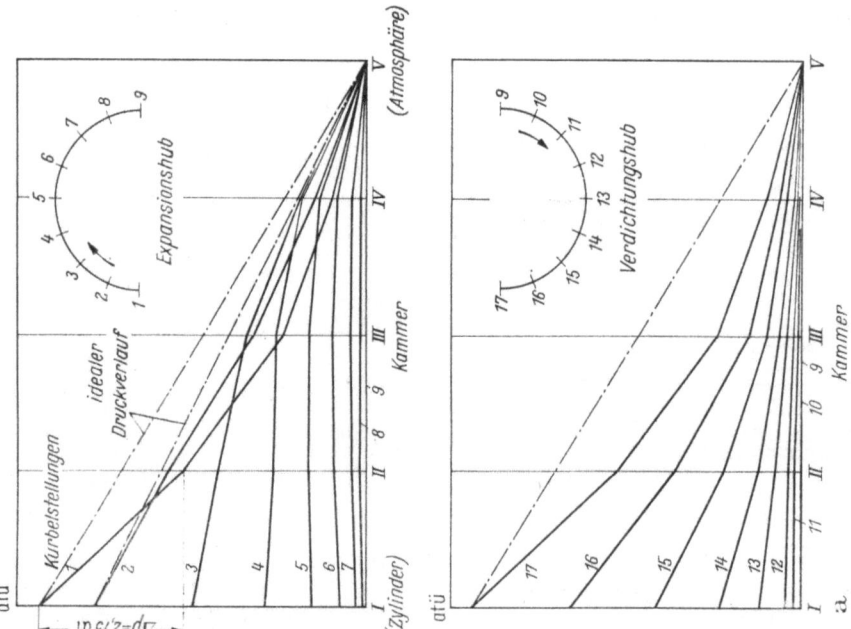

Bild 21.124a u. b. Aufteilung des gesamten Druckgefälles bei großem (a) und kleinem (b) Kammervolumen für verschiedene Kurbelstellung (berührungsfreie Stopfbüchse).

Schrifttum zu Abschnitt 21.1.7

1. Anonym: Plastics fight wear problems with molybdenum disulfide. The Iron Age 189 (1962) 155–157.
2. Aue, G.: Untersuchungen über das Verhalten von Kolbenringen. Techn. Rdsch. Sulzer (1953) Nr. 4, S. 10–20.
3. Boon, E. F.: Enige opmerkingen over afdichting van chemische pompen. De Ingenieur 67 (1955) 31–38.
4. Eweis, M.: Reibungs- und Undichtigkeitsverluste an Kolbenringen. VDI-Forsch.-Heft 371. (1935); s. a. VDI-Z. 79 (1935) 1313–1315.
5. Fechter, N. J., Petrunich, P. S.: Development of seal ring carbon-graphite materials, tasks 1 and 2. NASA CR–72799, 118 pp. (1970).
6. Hanlon, P.: Lubrication of reciprocating compressor seals. Lubrication Engng. (1966) Febr., S. 50–56.
7. Honold, E., Diederich, H.: Entwicklungstendenzen im Kesselspeisepumpenbau. KSB Technische Mitteilungen 56 (1963) 2, S. 67–71, (1962) 2, S. 3–7.
8. Humann, A.: Der Graphit. Schriftenreihe des Verl. Technik Berlin 121 (1953).
9. Lihl, F.: Schmiereigenschaften und technische Anwendung von Graphit und Molybdändisulfid. Berg- und hüttenmänn. Monatshefte d. Mont. Hochsch. Leoben 102 (1947) 149–154.
10. Metallpackungen für Hochdruck. Rly. Engr. (1933) S. 342–344.
11. Paxton, R. R., Shobert, W. R.: Testing carbon for seals and bearings. Lubric. Engng. 17/1 (1961) 27–34.
12. Savage, R. H.: Graphite Lubrication. J. Appl. Phys. vol 19, No. 1.
13. Schwen, W.: Schwimmergesteuerte Kondenswasserableiter. Brennstoff-Wärme-Kraft 5 (1953) 434–436.
14. Sonntag, A.: Schmiereigenschaften und industrielle Anwendungen von reinem Molybdändisulfid. Schmiertechnik (1954) S. 47–50.
15. Sprengler, G.: Molybdändisulfid, ein neuartiges Schmiermittel. VDI-Z. 96 (1954) 506–512; s. a. Sprengler, G.: Molybdändisulfid als Schmiermittel. VDI-Z. (1954) 683–687.
16. Thomson, J. L.: Packed glands for high pressures; an analysis of fundamentals. Proc. Inst. mech. Engrs. 172 (1958) 471–512; s. a. 1. IDT Harlow (1961) BHRA, Paper B 1. 18 S.
17. Trockenschmierung. Air Craft Production 1943, S. 247–248; s. a. Foggs, Hunwicks: J. Inst. Petrol 26 (1940) 195 Jan.; Hughes, Wittingham: Trans. Faraday Soc. 38 (1942) Jan.
18. Trutnovsky, K.: Aufbau und Wirkungsweise von Stopfbüchsen. VDI-Z. 85 (1941) 383–387.
19. —: Versuche über die nichtstationäre Strömung durch Labyrinthe. VDI-Z. 86 (1942) 609–611.
20. Tschanter, E.: Erfahrungen mit Molydbändisulfid als Schmiermittel. Konstruktion 7 (1955) 483.
21. Weber, W.: Molybdändisulfid als Schmiermittel. Werkst. u. Betr. 88 (1955) 13–14.
22. Wunsch, F.: Dichtungswerkstoff und Schmierstoff-Wechselwirkungen. Maschinenmarkt 76 (1970) 321–325.

22. Membrandichtungen

a) Metallbälge [38*]

(Metallfaltenbälge, Röhrenmembrane, Federungskörper, Wellrohre, Federrohre, Wellmembranbälge)

Metallbälge sind gewellte, rohrartige Elemente, die durch ihren Aufbau stark elastisch verformbar sind. Die Wellung ergibt Federeigenschaften und ermöglicht Längsbewegungen, Winkelbewegungen und Seitenverschiebungen (axiale, angulare, laterale Bewegungen) sowie Bewegungen in allgemeiner, räumlicher Richtung.

Infolge der zylindrischen (und nicht spiraligen) Wellung findet kein gegenseitiges Verdrehen der Stirnflächen bei Längenänderungen statt.

22. Membrandichtungen

1. Vorzüge und Nachteile

Vorzüge. Die besonderen Vorzüge dieser Abdichtungsart sind: völlige Dichtheit (auch gegen Vakuum); Entfall der Stopfbüchsenreibung; vollständige Wartungslosigkeit; Federeigenschaften; höchste Ansprüche bezüglich Korrosionsfestigkeit erfüllbar (bei entsprechenden Werkstoffen); hohe, zulässige Temperaturen und Drücke möglich.

Nachteile. Schwierigkeit bei großen Hüben; begrenzte, nur angenähert vorausbestimmbare Lebensdauer; beschränkte Eignung für Drehbewegungen; mangelhafte Federeigenschaften bei manchen Werkstoffen (dann u. U. Einbau einer entsprechenden Feder nötig).

Metallbälge haben daher als Dichtelemente besonders dann Bedeutung, wenn vollkommene Dichtheit wegen eines giftigen oder sehr wertvollen Betriebsstoffes gefordert wird (daher ihre häufige Verwendung bei den Armaturen von Reaktoranlagen), wenn die Stopfbüchsenreibung oder deren Veränderlichkeit störend ist (Regelanlagen), oder wenn vollständige Wartungslosigkeit gefordert wird.

2. Herstellungsart.
Derzeit sind folgende Fertigungsarten bekannt:
1. Mechanische Fertigung, und zwar durch
   a) Rollen (Einwalzen) von Wellen in dünnwandige, geschweißte oder nahtlose Rohre auf kaltem Wege; nach Notwendigkeit Einschaltung von Warmbehandlungen zwischen den einzelnen Arbeitsgängen,
   b) hydraulische oder pneumatische Fertigung,
   c) Gummianpreßverfahren,
   d) aus dem Vollen gedrehte Bälge (für hohe Drücke).
2. Aufbau aus Einzelteilen durch
   a) Schweißung aus Blechscheiben (Bild 22.1),
   b) Klemmen von Blechscheiben zwischen Distanzringen [32].
3. Elektrochemische Fertigung (bisher ohne wesentliche Bedeutung).

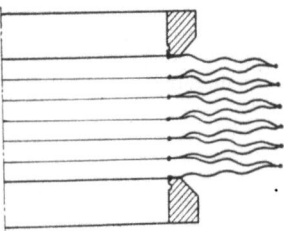

Bild 22.1. Beispiel eines geschweißten Balges.

Metallbälge können ein- und mehrwandig hergestellt werden. Jede Teilschicht eines vielwandigen Balges deformiert sich relativ unabhängig; die Spannungen in den einzelnen Wandungen sind daher viel kleiner als bei einem einfachen Balg von gleicher Gesamtwandstärke.

3. Werkstoffe.
Sowohl für mechanisch hergestellte Metallbälge als auch für geschweißte Bälge kommen die verschiedensten Werkstoffe in Frage. Für die erste Gruppe werden besonders Bronze, Tombak und Stahl verwendet; für geschweißte Bälge ist die Wahl des Werkstoffes noch freizügiger. Häufig ist Plattierung mit Edelmetallen.

22. Membrandichtungen

4. Lieferangaben (Abmessungen, zulässige Längenänderung, Drücke und Temperaturen). Durchmesser: Metallbälge werden praktisch von den kleinsten bis zu den größten Abmessungen ausgeführt.

Balglänge: Bei mechanisch hergestellten Bälgen beschränkt; große Längen durch Aneinanderreihen von zwei oder mehr Bälgen. Das Aneinanderreihen von Metallbälgen erfolgt mittels Verbindungsstücken, die bei Stahlbälgen eingeschweißt, bei Bronzebälgen eingelötet werden. Die Aufteilung des Hubes auf die einzelnen Bälge ist konstruktiv sicherzustellen [34]. Bei Innendruck ist bei langen Bälgen wegen Knickgefahr eine Führung nötig (Bild 22.2). Der kritische Innendruck hängt von der Knicklänge (diese von der Art der Einspannung) und von der Biegesteife des Metallbalges ab (Berechnung des kritischen Druckes siehe [15], dort auch ein Rechenbeispiel); Knickabminderungsfaktoren für lange Bälge.

Balglänge bei geschweißten Bälgen unbeschränkt.

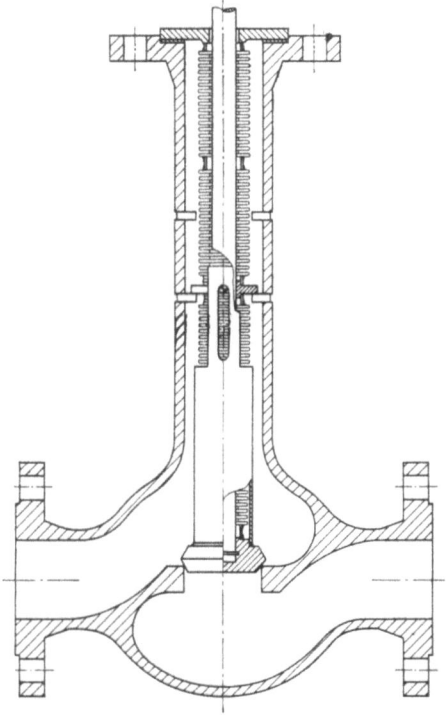

Bild 22.2. Balgdichtung eines Ventiles mit großem Hub. 4 hintereinandergeschaltete Balgsegmente; Balg außendruckbelastet; Verteilung der Hübe: oberer Balgteil durch von außen eingebrachte Stifte, unterer durch Schutzhülse [38*].

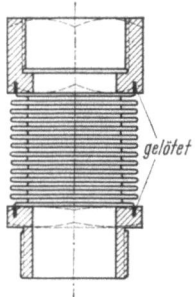

Bild 22.3. Nutlötung von Metallbälgen.

Anschlüsse: Metallbälge können mit verschiedenartigen Endbordformen geliefert werden (normal sind kurze zylindrische Endborde). Der Anschluß an die benachbarten Bauelemente erfolgt – meist bedingt durch die Betriebstemperatur – entweder durch Weichlöten (bis 150 °C z.B. durch Nutlötung, Bild 22.3), Hartlöten (bis 400 °C) oder Schweißen (bis zu den höchsten, für den Balgwerkstoff zulässigen Temperaturen). Eventuelle Entlastung der Verbindungsstellen durch Umbördeln des Metallbalges. Ohne Wärmebeanspruchung kann die Verbindung erfolgen mittels Klemmverbindungen, wie Überwurfmuttern, Einwalzringen (Bild 22.4), Bördelung und losen Flansch, oder durch Kleben.

Zulässiger Innendruck: Dieser ist naturgemäß sehr vom Durchmesser abhängig. Listenmäßig von wenigen Zehntelatmosphären bis zu sehr hohen Drücken (900 at). Für hohe Drücke auch mit Verstärkung durch eingelegte Drahtringe [9]. Außendruck erlaubt höhere Belastungen: Die Druckfestigkeit wird durch thermische Beanspruchung herabgemindert; die in den Tabellen angegebenen zulässigen Betriebsdrücke sind Kaltdrücke. Reduktion bei höheren Temperaturen entsprechend dem Streckgrenzenabfall („Temperaturabminderungsfaktoren").

Zulässige Längenänderung. Abhängig von der Balgform und der gewünschten Lebensdauer. Mechanisch hergestellte Bälge: Bei sehr seltener Betätigung beträgt die zulässige Längenänderung bis etwa 40% der gewellten Länge. Bei größeren Hubzahlen soll die Federung 5 bis 10% nicht überschreiten. Hauptfederungsvermögen in axialer Richtung; die Federeigenschaften des Balges können nach beiden Richtungen (Streckung, Zusammendrückung) ausgenutzt werden. Wellmembranbälge (geschweißt) haben große Elastizität: Zusammendrückung auf etwa 28% der ungespannten Länge, Gesamthub etwa 90% der ungespannten Balglänge (Bild 22.5).

Zulässige Temperatur (je nach Werkstoff): Für Kupferlegierungen etwa 180°C, bei Stahl bis 800°C.

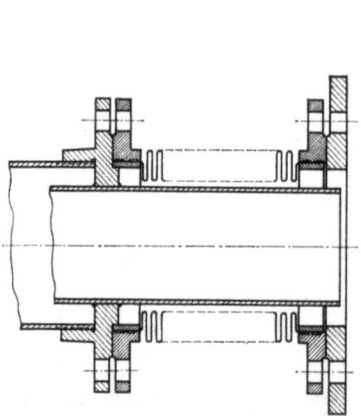

Bild 22.4. Befestigung des Metallbalges mittels Einwalzringen.

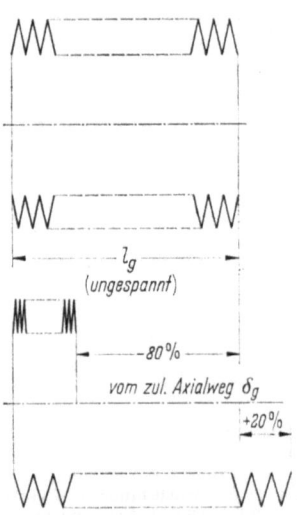

Bild 22.5. Hub von Wellmembranbälgen: z.B. 80% Balgverkürzung und 20% Balgdehnung (Vorspannung).

5. Kennwerte und Berechnung. Bezüglich der rechnerischen Ermittlung der Kennwerte, wie der Federsteife des Balges bzw. der spezifischen Federkonstante einer Welle, des zulässigen Hubes und zulässigen Druckes, der wirksamen Fläche, der Lebensdauer (Dauerfestigkeit) muß auf das Schrifttum verwiesen werden (wertvolle Druckschriften der Herstellerfirmen!).

Metallbälge weisen nur eine geringe Hysteresis auf, was ernste Schwingungsprobleme bringen kann (Auftreten von Resonanz). Einbau von Reibungsdämpfungen ist möglich, darf aber die Balgbewegungen nicht behindern.

In das Schrifttum wurden auch Arbeiten über die mit den Metallbälgen nahe verwandten Wellenrohrdehnungsausgleicher aufgenommen.

6. Anwendungsgebiete. Metallbälge sind überall dort am Platz, wo Hubbewegungen unter gleichzeitiger Trennung von Räumen verschiedenen Druckes oder verschiedener Medien auszuführen sind. Sie sind im Allgemeinen Maschinenbau (z. B. als Dehnungsausgleicher in Rohrleitungen, längs- und winkelbewegliche Wellenkupplungen für kleine Drehmomente, Sekundärdichtungen von Gleitringdichtungen [23], Verhinderung der Fortleitung von Schwingungen durch Rohrleitungen, vollkommen dichte Chemiekolbenpumpen, druck- und volumendichte Durchführung von Wellen (s. Abschnitt d), im Armaturenbau (z. B. als stopfbüchsenlose Spindeldurchführungen bei Absperrorganen, Bild 22.6, besonders für Kernkraftanlagen, Raumfahrzeuge, in der Verfahrenstechnik, in der Kälte- und Hochvakuumtechnik) und vor allem in der Steuerungs- und Regeltechnik, im Apparatebau (z. B. als Volumausgleichselement [34], Temperaturschalter, hydraulisches Gestänge) anzutreffen.

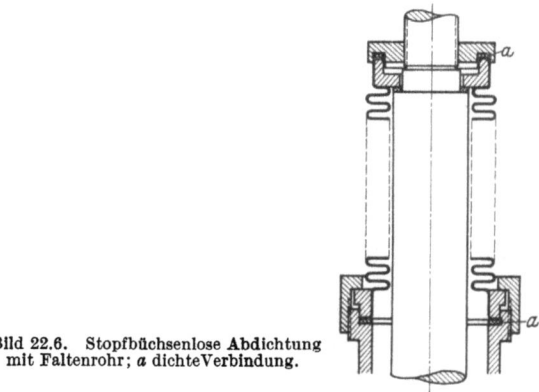

Bild 22.6. Stopfbüchsenlose Abdichtung mit Faltenrohr; *a* dichteVerbindung.

b) Plattenmembrane (Flachmembrane) [32]

Plattenmembrane werden als ebene Membrane und als gewellte Plattenmembrane in Kreis- oder Kreisringform verwendet. Bekannt ist die Anwendung im Plattenfedermanometer und in Membranpumpen und in Membranverdichtern.

c) Bälge und Membranen (Diaphragmen) aus nichtmetallischen Werkstoffen [12, 25]

Bälge, die nur für mäßige Druckunterschiede oder auch nur als Schutzdichtungen Verwendung finden, werden aus den verschiedensten Weichstoffen gefertigt (Gummi, Kunststoffe – hier insbesondere PTFE, Leder usw.).

Die Gestaltung der Membrane wird von Druckunterschied und Hub bestimmt.

1. Flachmembrane. Kleine Hübe werden bei kleinen Drücken mittels Flachmembranen ausgeführt. Grundsätzlich muß die Befestigung des Balges im Zylinder bzw. Kolben (Kolbenstange) den Ansprüchen an eine Dichtung genügen. Das Herausziehen der Membranplatte aus ihrer Einspannung wird durch Rillen oder Ringe auf den Dichtflächen verhindert. Bild 22.7 und Bild 22.8 zeigen Ausführungen von Flachgummimembranen.

Zu den Flachmembranen zählen auch noch konisch gestaltete und mit rillenförmigen Eindrücken versehene Membrane. Flachmembrane erfordern eine relativ dicke Wandung; das ergibt eine größere Unempfindlichkeit und größere Hysteresisverluste.

Membrane verschiedenster Form finden in Armaturen Verwendung.

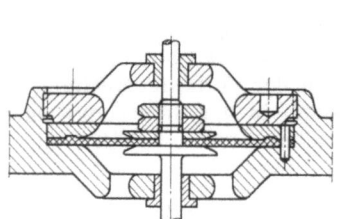
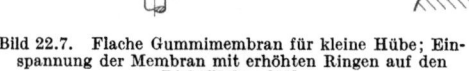
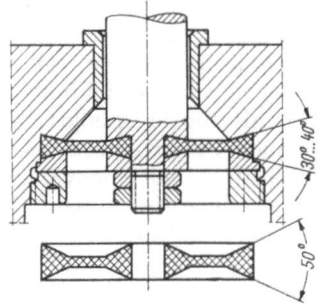

Bild 22.7. Flache Gummimembran für kleine Hübe; Einspannung der Membran mit erhöhten Ringen auf den Dichtflächen [36].

Bild 22.8. Flache Gummimembran mit keilförmiger Einspannung für kleine Hübe; Membran vor dem Einspannen [36].

2. Rollmembrane (Rollbälge, Stülpmembrane) [40, 37]. Bei den Rollmembranen wird die Gleitreibung durch die Rollreibung ersetzt. Sie weisen vollständige Dichtheit auf (nötigenfalls Tränkung des Membranes mit Elastomeren), was bei Gleitreibung nicht möglich ist. Auch entfällt jeder Schlepptransport von Betriebsstoffen. Kein Ruckgleiten (Reibungsschwingungen).

Der Innendruck hält die Membran an der Zylinderwand bzw. Kolbenwand; ein bestimmter Differenzdruck der beiden Membranseiten darf nicht unterschritten werden. Ist die Membran nur innen beaufschlagt, dann besteht keine Gefahr des Umstülpens oder der Faltenbildung, die aber bei Druckumkehr eintritt.

Rollmembrane weisen nur einen kleinen Verformungswiderstand auf. Sie ermöglichen große Hübe im Vergleich zum Durchmesser. Die Lebensdauer (Hubzahl) hängt vom mittleren Betriebsdruck, von der Temperatur und von der Differenz der maßgeblichen Durchmesser ab, die die Umfangserweiterung und die Krümmung beim Abrollen bestimmen. Die Rollmembran ist durch den abzudichtenden Druck nur sehr wenig belastet, es erhält nur einen kleinen Teil des Kolbendruckes. Rollmembrane sind unempfindlich gegen Ablagerungen der Betriebsflüssigkeit an der Zylinderwand oder am Kolben; sie rollen über diese Teilchen hinweg.

Bild 22.9 zeigt die Abdichtung eines Kolbens, bei welcher der Rollbalg dauernd an der Zylinderwand bzw. Stangenoberfläche anliegt.

Durch die Wahl eines geeigneten Werkstoffes und die Abstützung des Balges auf einem Polster von inkompressibler Flüssigkeit (z. B. durch das Schmieröl der Maschine) gelingt die betriebssichere Anwendung von Rollmembranen auch bei hohen Hubzahlen und Drücken; der Balg übernimmt dann nur mehr die Trennfunktion [26]. Die Rollmembran vermeidet die Eigenfederung der Metallbälge, u. U. muß daher eine Rückdruckfeder angeordnet werden, gegen deren verdrehende Wirkung der Balg konstruktiv abzusichern ist.

22. Membrandichtungen

3. Rollschlauchdichtung [18, 19] Bild 22.10. Diese Dichtung besteht aus einem Gummischlauch, der in der Längsrichtung durch Cordfasern verstärkt ist. Die endgültige Form wird nach Füllen mit einem inkompressiblen Medium erreicht.

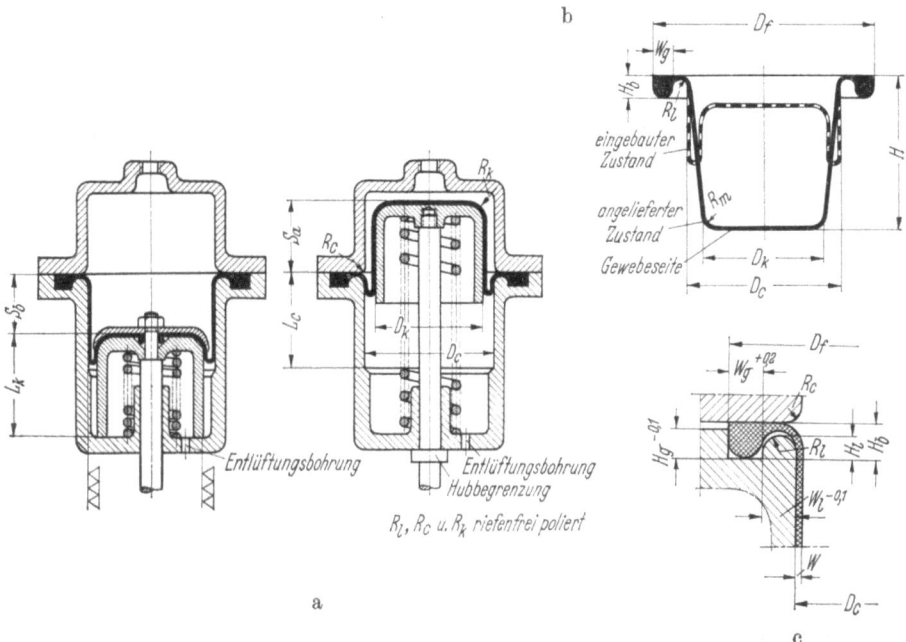

Bild 22.9a—c. Rollmembrane [18*] zur Kolbendichtung. a) vollständiger Aufbau; b) Rollmembran; c) Befestigung der Membran.

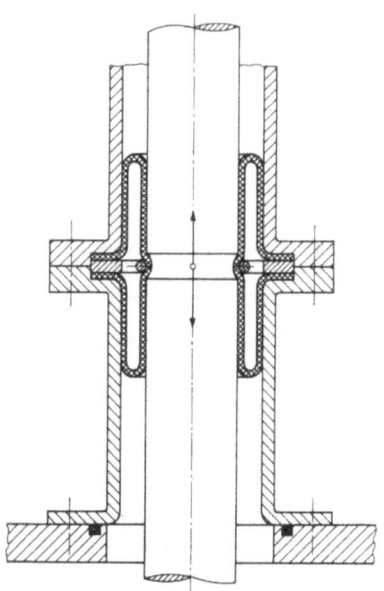

Bild 22.10. Rollschlauchdichtung [19].

Als Vorteile werden angegeben: Reine Rollbewegung, sehr geringe Dehnung des Gummis, wenn die Durchmesser genügend groß sind, und ein sehr günstiges Verhältnis von Schlauchlänge zu Hub, relativ hohe, ertragbare Druckdifferenz (abhängig vom Dichtungswerkstoff, den Verstärkungsfasern und von der Durchmesserdifferenz: je enger der Spalt, desto höher der zulässige Druck), Beaufschlagbarkeit von beiden Seiten und Verwendung auch ohne Druckdifferenz.

Keine hohe Anforderung an die Einbautoleranz, keine besondere Bearbeitung der Laufflächen, vollkommen wartungsfrei, Kontrolle der Funktionstüchtigkeit durch Messung des Flüssigkeitsdruckes in der Membran möglich, besonders auch für große Kolbendurchmesser geeignet.

d) Abdichtung von Drehbewegungen

Die Abdichtung von Drehbewegungen durch Membrane ist nur auf Umwegen möglich. Es gelingt dies z.B. durch Einschaltung einer Zwischenwelle mit Taumelbewegung. Bild 22.11 zeigt eine solche vollkommen dichte Durchführung einer Welle. Eine weitere Verwendungsmöglichkeit – zur Abdichtung von Hebeln – ist in Bild 22.12 dargestellt.

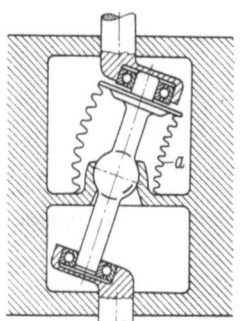

Bild 22.11. Abdichtung einer Wellendurchführung mittels Röhrenmembran unter Zwischenschaltung einer Taumelwelle [3]. *a* Röhrenmembran.

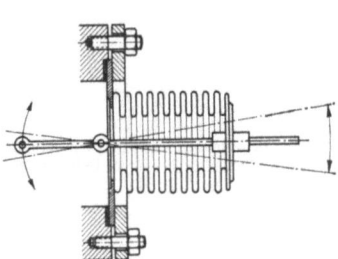

Bild 22.12. Hebelabdichtung mittels Metallbalg.

Schrifttum zu Abschnitt 22

1. Altmann, F. G.: Wellenkupplungen und mechanische Getriebe. VDI-Z. 98 (1956) 1147–1158.
2. Altuchov, S. M., Rumjancev, V. A.: Membranverdichter, Moskau: „Mašinostroenie" 1967.
3. Anonym: Nuclear reactors pose new problems in mechanical design. Product Engng. 27 (1956) 187–210; s.a. Konstruktion 9 (1957) 161–162.
4. Aungst, R. C.: Bellows seals for liquid metal systems-literature search for fabrication and operational experience. Battelle Memorial Inst. Rept. BNWL – (1968) pp. 34.
5. Blair, R. W., Johnson, D. L., Morley, J. P.: Metal bellows seals. Lubrication Engineering 17 (1961) 470–475.
6. Blair, R. W.: Bellows seals and total face force. Design News 23 (1968) 64–68.
7. Daniels, C. M.: Bellows joints. Machine Design 31 (1959) 146–155.
8. Dickie, A. B.: Bellows seals can keep valves in tune. The Engineer 229 (1969) 41–43.
9. Frolov, V. N.: Wellrohr-Dehnungsausgleicher mit Ringverstärkung (russ.). Mašinostroenie (1964) 26–30; s.a. BWK 18 (1966) 204.

10. Gaiser, E.: Entwicklung von Ähnlichkeitsgesetzen zur näherungsweisen Berechnung von Kreisringförmigen Dehnungsausgleichern in Rohrleitungen (Dissertationsreferat). VDI-Z. 106 (1964) 448.
11. Gerlach, C. R.: Flow-induced vibrations of metal bellows. Transaction ASME (1969) 4, S. 1196–1202.
12. Gumm, P.: Untersuchungen zur Ermittlung der Beanspruchungen von Dehnungsausgleichselementen für Kunststoffrohrleitungen. Kunststoffe 61 (1971) 115–123.
13. Hamada, M., Takezono, S.: Strength of U-shaped bellows (1st report, case of axial loading). Bulletin of JSME 8 (1965) 525–531.
14. Hannah, M. J.: Packed slip of packless bellows expansion joints? Heating, Piping and Air Conditioning 40 (1968) 122–129.
15. Haringx, J. A.: Die Instabilität durch Innendruck belasteter Wellrohre (holl.). Der Ingenieur 63 (1951) 29, s. a. Konstruktion 5 (1963) 27.
16. Howard, J. H.: Designing with metal bellows. Machine Design 26 (1954) 137–148; s. a. Konstruktion 6 (1954) 404–405.
17. Hudelson, J. C.: Dynamic instability of undamped bellows face seals in cryogenic liquid. ASLE Trans. 9 (1966) 381–390.
18. Kayser, H.: Anwendungsmöglichkeiten nahezu reibungsfreier hermetischer Kolbendichtungen. Konstruktion 23 (1971) 263–268.
19. —: Die Rollschlauchdichtung – ein vielseitig anwendbares Maschinenelement. Konstruktion 21 (1969) 366–369.
20. Klee, G., Lehberger, R.: Konstruktionselement Metallbalg. Feinwerktechnik 73 (1969) 16–22.
21. König, K.: Metallbälge – ihre Anwendung, Herstellung und Lebensdauer. Die Technik 19 (1964) 750–752.
22. Matheny, J. D.: Bellows spring rate. Machine Design 34 (1962) 137–139; s. a. Konstruktion 15 (1963) 111–112.
23. Matt, R. J. High temperature metal bellows seals for aircraft and missile accessories. Trans. ASME Series B, Journ. of Engng. for Industry 85 (1963) 281–288.
24. Nichus, G.: Über die Entwicklung von Luftfederbälgen kleiner Abmessungen und großer Weichheit. ATZ 61 (1959) 279–284.
25. North, R. A., Quinsby, J. A.: Diaphragm seals. Machine Design 41 (1969) 56–60.
26. Notdurft, H.: Eigenschaften von Metallbälgen. Regelungstechnik 5 (1957) 334–338.
27. Proska, F.: Untersuchungen der Instabilität von Faltenbälgen. Mitt. der VGB (1964) 358–365.
28. Raschke, E.: Instabilität von Faltenbälgen unter Innendruck. Konstruktion 19 (1967) 144–149.
29. Samoiloff, A.: Evaluation of expansion-joint behaviour. Power 105 (1961) 57–59.
30. Schaack, M.: Stopfbuchslose Armaturen. Ind.-Anz. 84 (1962) 1154–1156.
31. Seifert, K.: Metallbälge. Fertigungstechnik und Betrieb 13 (1963) 513–514.
32. Siehe Hütte, 28. Aufl., Bd. II A, S. 1260–1262.
33. Stevens, J. B.: Metal-bellows types. Machine Design 41 (1969) 32–34.
34. Trutnovsky, K.: Der Metallbalg. Techn. Rundschau 59 (1967) 5, 7.
35. Turner, C. E., Ford, H.: Stress and deflection studies of pipeline expansion bellows. The Chartered Mech. Eng. (1957) 76–78.
36. VDI-Richtlinien: Gestaltung und Anwendung von Gummiteilen, 4. Aufl., Düsseldorf: VDI-Verlag 1955.
37. Verbeek, H. J.: Ein Zweistufenkompressor mit Rollmembranen. Philips Technische Rundschau 30 (1969/70) 47–50.
38. Weber-Walleck, F.: Membranarmaturen. Versuch eines Überblickes über die deutschen Erzeugnisse. Ind. Rundschau 15 (1960) 21–25.
39. Wellinger, K., Dietmann, H.: Festigkeitsberechnung von Wellrohrkompensatoren. MPA-Stuttgart-Berichte, Nr. 64–01; s. a. Konstruktion 17 (1965) 110.
40. Wigotsky, V. W.: Rolling diaphragms seal air cylinder. Design News 20 (1965) 16–17.

23. Stopfbüchsenlose Pumpen
[5, 7]

(s. a. [26] Stopfbüchsen usw. für Kernkraftanlagen)

Als stopfbüchsenlose Pumpen werden meist elektrisch angetriebene Kreiselpumpen bezeichnet, bei welchen sich zwischen Pumpe und Motor keine Stopfbüchse befindet. Sie sind besonders zur Förderung gefährlicher Flüssigkeiten (Reaktortechnik) eingesetzt. (Streng genommen, gehört eine Anzahl weiterer Pumpenbauarten noch hierher, wie z. B. Membranpumpen, Schlauchpumpen usw., die hier nicht behandelt werden.)

Man kann unterscheiden:

a) Trockenen Motor (Spaltrohrmotorpumpen)
Der Rotor befindet sich in der zur fördernden Flüssigkeit, während der Stator durch eine dünne, nicht magnetische Hülse von dieser getrennt ist.
Bei hohen Systemdrücken ist das Spaltrohr so belastet, daß ein hydraulischer Ausgleich zwischen Stator- und Pumpenraum nötig ist; dies erfolgt z. B. durch den Einbau eines Druckausgleichkompensators (Bild 23.1).

b) Nasser Motor
Stator und Rotor befinden sich in der Förderflüssigkeit. Die Statorwicklung ist mit einer Isolierung versehen, welche dem Betriebsmittel widersteht (Bild 23.2).

c) Gasgefüllte Pumpen
Bei diesen (Kreiselpumpen mit darüberliegendem Motor) wird der Flüssigkeitsspiegel des Betriebsstoffes durch den gesteuerten Gasdruck eines inerten Gases zwischen Pumpe und Motor gehalten.

d) Pumpen mit Magnetkupplungsantrieb [8]
Antriebs- und Abtriebselemente sind durch eine nicht magnetische Membranscheibe voneinander getrennt; aktive Elemente der Kupplung sind zwei keramische Scheibenmagnete.

e) Pumpen mit Entlastungsverschaufelung
Zu den stopfbüchsenlosen Pumpen werden auch solche gerechnet, bei denen während des Betriebs Entlastungsräder bzw. Rückenschaufeln den Austritt der Förderflüssigkeit verhindern; während des Stillstandes erfolgt Abdichtung durch ein automatisches Ringventil [3].

Weitere Ausführungen über stopfbüchsenlose Pumpen in [1, 2, 4, 6, 9, 10, 11].

Schrifttum zu Abschnitt 23

1. Anonym: Pumpen ohne Leckverluste. Pumps-Pompes-Pumpenä (1966) 2, S.106–111.
2. Elonka, Steve: Integral motor pumps or separate motor pumps, how do they compare ? Power (New York) 110 (Sept. 1966) Nr. 9, S.84–87.
3. Freier, W.: Standardisierte Säurekreiselpumpen. Maschinenbautechnik 5 (1956) 3–13.
4. Gaffal, K.: Primär-Kühlmittelpumpen in Kernkraftwerken. VDI-Z. Bd. 111 (1969) 823–828.
5. Holz, H.: Stopfbüchsenlose Umwälzpumpen – ein wichtiges Element im modernen Kraftwerksbau. KSB Technische Berichte (1960) H. 1, S. 1–8.
6. Platt, A.: The development of glandless pumping systems. Vortr. d. 2. DT Cranfield, 1964, G 1, S.1–16.
7. Rütschi, K.: Stopfbüchsenlose Pumpen für Kern-Kraftwerke. Schweiz. Bauztg. 84 (1966) 629–631.

Schrifttum zu Abschnitt 23

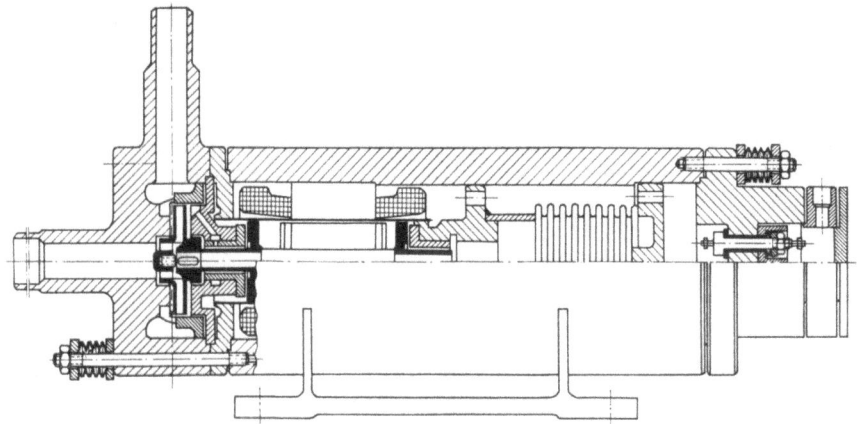

Bild 23.1. Pumpe mit Spaltrohrmotor für Drücke über 100 kp/cm² mit Druckausgleichskompensator und Ölfüllung im Statorraum des Elektromotors [7].

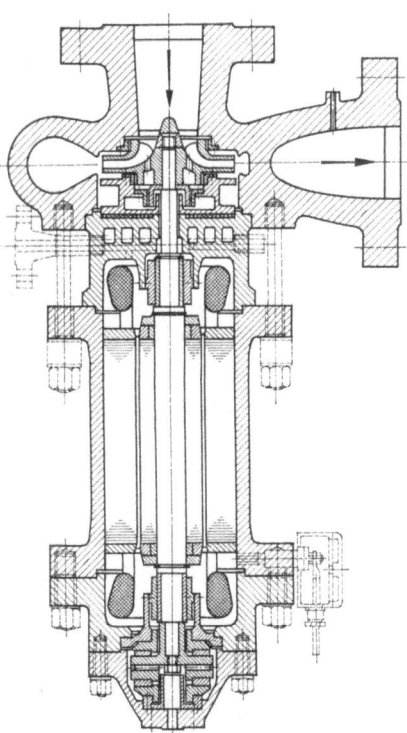

Bild 23.2. Schnittbild einer stopfbüchsenlosen Umwälzpumpe [5].

8. Schwanecke, R.: Luftverunreinigungen durch Kleinleckagen an Apparaten der chemischen Technik und Möglichkeiten zu ihrer Vermeidung. Wasser, Luft und Betrieb 9 (1965) 725–729.
9. Stefanides, E. J.: Diaphragm Provides Seal between Magnetically Coupled Elements. Design News 20 (1965) 48–49.
10. Strub, R. A.: Turbomaschinen für Kernenergieanlagen. VDI-Z. 101 (1959) 747–752.
11. Vetter, G., Böhm, O.: Ausführung, Eigenschaften und Anwendung stopfbuchsloser Dosierpumpen. Chem.-Ing.-Techn. 39 (1967) 449–457.

24. Trockenlaufdichtungen

[7, 10, 16, 22, 23, 24]

Dichtungen für schmierungslosen Betrieb haben eine steigende Bedeutung. Besonders bei Kolbenkompressoren ist der Fall immer häufiger, daß das Betriebsmittel eine Schmierung nicht zuläßt oder Schmierstoffe im verdichteten Medium unzulässig sind.

Der schmierungslose Betrieb von Kolbenmaschinen kann grundsätzlich auf zwei ganz verschiedenen Wegen gelöst werden:

a) durch berührungslose Kolbendichtungen (Labyrinthspaltdichtungen, s. [21]),
b) durch Ausführung der Kolbenringe aus einem Werkstoff, der keine Schmierung erfordert.

Der letztere Weg wird hier besprochen.

Die übliche „Trockenreibung" ist in Wirklichkeit fast nie eine solche, da stets adsorbierte Filme von Wasser u. a. vorhanden sind, die als Schmiermittel wirken; ganz anders liegen die Verhältnisse im Hochvakuum, weil sich eine solche Schicht entweder nicht bildet oder – bei Abtragung durch Verschleiß – nicht schnell genug wieder bilden kann.

Als schmierungslos arbeitende Werkstoffe sind heute vorwiegend Kunstkohle, MoS_2 und Kunststoffe [8a] oft in verschiedenen Mischungen und mit verschiedenen Beimengungen, in Gebrauch [3, 12, 19].

24.1 Kunstkohlebasis

a) Kunstkohle (Elektrographit) (Allgemeine Eigenschaften s. „Werkstoffe") [5, 6] Tafel 1.
Kunstkohle hat sich als Kolbenringwerkstoff in vielen Fällen ausgezeichnet bewährt. Sie kann bis zu hohen Verdichtungstemperaturen benutzt werden. Bei vollkommen trockenem Gas tritt ein Verspröden und großer Verschleiß ein [18]. Ungetränkte Kohle ist gasdurchlässig.
b) Imprägnierte Kunstkohle weist eine erhöhte Festigkeit und eine Verminderung der Sprödigkeit auf. Zum Imprägnieren werden Phenolharz, Epoxydharze, Metalle (besonders Weißmetalle) benutzt. Bei Temperaturen von 150 bis 200 °C und einem Taupunkt der zu verdichtenden Luft um 0 °C und einer Oberflächenrauheit kleiner als 16 μm beträgt die Lebensdauer der Ringe etwa 10 000 Std. Empfohlen wird für Drücke bis 25 kp/cm² kunstharzgetränkte Kunstkohle, für

24.1 Kunstkohlebasis

höhere Drücke metallgetränkte Kunstkohle. Durch Variieren der Tränkungsstoffe kann ein breiter Bereich aggressiver Gase, sowie auch ein breiter Temperaturbereich beherrscht werden.

Es wird über den Betrieb mit elektrographitierter Kunstkohle mit Weißmetalltränkung berichtet, daß der Verschleiß bei feuchten Gasen und mäßigen Drücken sehr gering ist. Bei sehr trockenen Gasen erfolgt Wassereinspritzung.

Tabelle 24.1. Eigenschaften von Graphit und MoS_2 [7]

	Graphit	MoS_2
Dichte g/cm^3	2,4	4,8
Erforderl. Reinheitsgrad %	>99	>99
Härte nach Mohs	0,5 bis 1,0	1,0 bis 1,5
Schmelzpunkt °C	≈3540	1180
Wärmeleitfähigkeit $\frac{kcal}{m\,h\,grd\,C}$	41	≈2 bis 3[1]
Elektr. Leitfähigkeit	gut	keine
Teilchenfeinheit bei Pulver (Durchschnittswerte μm)	–	0,3 bis 2,5
Teilchenfeinheit in Suspensionen	50% < 0,2 μm 90% < 0,6 μm	50% < 0,3 μm 90% < 0,8 μm
Haftvermögen an Metallen durch	Adhäsion + Wasserdampf	Adhäsion, Chemosorption
Mittl. Reibwerte gegen Stahl (trocken)	0,1 bis 0,2	0,04 bis 0,08
Temperaturgrenzen in Luft °C	−180 bis <450	−180 bis <450
Temperaturgrenze unter Luftabschluß °C	<800	<650
Schmierfähigkeit im Vakuum	–	+
Temperaturgrenze im Vakuum °C	–	+1100
Verhalten bei radioaktiver Strahlung	fast keine Veränderung	unempfindlich
Unbeständig gegen	heiße konzentrierte Schwefel- oder Salpetersäure	heiße, konzentrierte anorganische Säuren, starke Oxydationsmittel
Zersetzungsprodukte	CO_2	MoO_3, SO_2 (Mo, S)
Härte von MoO_3	–	≈1,5 bis 2[1]
Mittl. Reibwerte von MoO_3 gegen Stahl	–	≈0,15 bis 0,3[1]
Toxisches Verhalten	ungiftig	ungiftig

[1] Geschätzte Werte.

24.2 PTFE-Basis
[2, 4, 11]

c) Harzgebundene Kohle mit PTFE und MoS_2
Dieser Werkstoff zeigt eine Vereinigung der selbstschmierenden Eigenschaften der Kombination PTFE/MoS_2, unterstützt durch die festigende und wärmeableitende Wirkung der Kohle. Es ergibt sich gegenüber b) eine stark verlängerte Lebensdauer.

d) Kohlegefülltes PTFE enthält einen viel größeren PTFE-Gehalt als c), etwa 80%. Die Eigenschaften sind sehr ähnlich jenen von reinem PTFE. Das Hinzufügen von 20% Kohle (meist als Graphit) vermindert die Kaltverformungscharakteristik, aber die Temperaturausdehnungskoeffizienten sind wesentlich größer als bei c).

e) Glasfaserverstärktes PTFE scheint sich sehr gut zu bewähren. Lauffläche aus Spezialgrauguß. Als Füllstoffe werden Glaspulver, Bronze, Kunstkohle, Graphit, Metalloxyde, Keramik genannt. Diese Zusätze werden von den meisten technischen Gasen nicht angegriffen und zeigen einen günstigen Sinterpunkt.

f) Teflon ist als Ringwerkstoff trotz guter Reibungseigenschaften nicht ohne weiteres zu gebrauchen; es zeigt zu wenig Festigkeit und Verschleißwiderstand. Das Kriechverhalten bei hohen Drücken und Temperaturen ist ungünstig.

Wohl alle angeführten Werkstoffe zeigen eine gewisse Unbeständigkeit der Abmessungen, was beim Entwurf des Kolbens zu berücksichtigen ist. Erleichtert wird die Verwendung dieser Stoffe durch die Art des Verschleißes: es findet ein Auftragen des Ringwerkstoffes auf der Zylinderfläche (meist Grauguß) statt (Graphit- bzw. Teflonlaufspiegel), was sehr günstig ist. Die anfängliche hohe Reibungszahl fällt dadurch nach einer gewissen Zeit stark ab, ebenso der Verschleiß. Die Lauffläche soll daher nicht zu glatt sein (ausgenommen sehr trockene Gase). Kolbenstangen werden auch verchromt. Teflonhaltige Werkstoffe sind etwa zwischen -200 bis $+200\,°C$ beständig.

24.3 Aufbau der Kolben und Stopfbüchsen
[1, 8, 9a, 15, 20]

Kolbenringe aus den beschriebenen Werkstoffen können wohl auch als selbstspannende Ringe übergestreift werden (besonders Plastikringe). Oft wird man es aber, besonders bei kleinen Ringen, wegen geringer Biegefestigkeit vorziehen, entweder einen gebauten Kolben zu verwenden, bei dem das Überstreifen entfällt und die Spannung der Ringe durch eigene Spannringe (aus Grauguß oder Stahl) unterstützt wird (Bild 24.1), oder man verwendet mehrteilige Ringe mit hinterlegtem Spannring. Die Ausführung des Ringstoßes entspricht der bei gußeisernen Kolbenringen. Die Führung des Kolbens im Zylinder übernehmen eigene Führungsringe, einteilig bei geteiltem Kolben, Laufsitz gegenüber der Zylinderbohrung. Senkrechte Lage des Zylinders ist vorteilhaft. Der Anpreßdruck der Kolbenringe durch die Spannfedern wird gering gehalten (0,1 bis 0,2 kp/cm^2); im Betrieb werden die Ringe durch den Gasdruck zusätzlich angepreßt. Der Aufbau der Stopfbüchsen unterscheidet sich nicht grundsätzlich von den anderen Stopfbüchsen mit Hartstoffen (s. Abschnitt 21.14). Durch Entlastungsnuten kann ein gleichmäßiges Druckgefälle über die gesamte Ringstrecke erreicht werden; dadurch gleichmäßigerer Verschleiß der Ringe. In [15] wird auch eine Bauart beschrieben, bei der an Stelle einer Spannfeder ein PTFE-

24.3 Aufbau der Kolben und Stopfbüchsen

Tabelle 24.2. Eigenschaften gleitfähiger Kunststoffe

		6,6 Polyamid PA	Vulkollan Typ 40 PUR	Polyoxymethylen POM	Polytetrafluoräthylen PTFE	PTFE mit 15% Glas u. 5% MoS_2
Dichte	g/cm³	1,13 bis 1,14	1,26	1,42	2,1 bis 2,3	2,27
Schmelzpunkt	°C	260 bis 255		175	(327)	(327)
Temperatureinsatzbereich °C dauernd kurzzeitig		−20 bis 100 −40 bis 120	−25 bis 80 −40 bis 130	−40 bis 95 −50 bis 130	−160 bis 260 −250 bis 270	−160 bis 260 −250 bis 270
Grenzbiegespannung	kp/cm²	500		1200		
Biegefestigkeit bei Raumtemperatur	kp/cm²		350	990	180 bis 200	265 bis 295
Zugfestigkeit bei 23 °C	kp/cm²	570	180	705	245 bis 315	224
Thermischer Längenausdehnungsbeiwert	$\frac{10^{-6}}{°C}$	90 bis 100		45	164[1]	80[1]
Wärmeleitfähigkeit	kcal	0,20 bis 0,22	0,25	0,20	0,20	0,26
Wasseraufnahme bei Sättigung	Gew.-%	7,5	≦1,5	0,9	<0,01	<0,01
Verhalten gegen Schmieröle		+	[3]	+	+	+
Verhalten gegen Schmierfette		+	[3]	+	+	+
Reibwert gegen gleichen Stoff trocken	Ruhe Bewegung	>0,25 ≈0,2		Paarung trocken ungünstig	0,16[2] 0,12	0,16[2] 0,14
Reibwert gegen Stahl trocken	Ruhe Bewegung	>0,4 0,2 bis 0,4	>0,4 0,4	>0,3 0,1 bis 0,3	≈0,12 0,07 bis 0,11	≈0,14 0,07 bis 0,15

[1] Quer zur Verarbeitungsrichtung   [2] Bei Gleitgeschwindigkeiten <1 cm/s   [3] Nach Herstellerlisten

Ring hinter jedem Kolbenring eingelegt ist, der den anpressenden Gasdruck reguliert. Durch den Entfall der Spannfedern kann eine Beschädigung der Zylinderlaufbahn nicht mehr eintreten.

Eine andere, bewährte Ringbauart wird in [14] beschrieben. Es handelt sich um sogenannte „gefangene Kolbenringe" (Bild 24.2). Die Kolbenringe sind so dimensioniert, daß sie im neuen Zustand mit ihrem äußeren Umfang an der Zylinderwand anliegen, angepreßt durch eine Bandfeder; zwischen den Ringschultern und den Ringbunden der Kammer besteht ein Abstand (Einlaufspiel). Während des Einlaufvorganges verschleißt der Ring solange, bis die Ringschultern an den Kolbenbunden zum Abliegen kommen; Der Ring ist „gefangen", er kann sich radial nicht mehr erweitern. Der Kolbenring kann

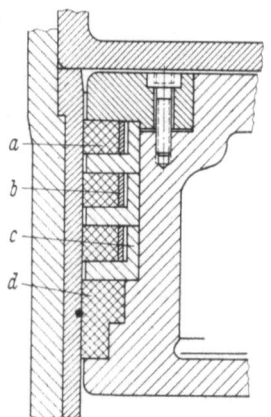
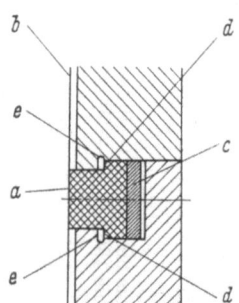

Bild 24.1. Kunstkohle-Kolbenringdichtung von Trockenlaufverdichtern [20].
a Kunstkohle-Dichtungsring; b Spannring; c Kammerring; d Kunstkohle-Führungsring.

Bild 24.2. Querschnitt eines gefangenen Kolbenringes im Einbauzustand [14].
a äußerer Umfang der Kohleringe; b Zylinderwand; c Bandfeder; d Ringschultern; e Kolbenbunde.

nun weder vom Gasdruck noch durch die Feder an die Zylinderwand angepreßt werden. Ein weiterer Verschleiß tritt nur mehr ein, wenn sich das Führungslager der Kolbenstange (ebenfalls aus PTFE) abnutzt. Der Abdichtvorgang hat sich dadurch grundsätzlich geändert: aus der normalen Kolbenringdichtung ist eine Art Labyrinthspaltdichtung geworden. Durch ein folgendes Abdrehen der Ringschultern kann die Standzeit noch weiter erhöht werden. Auch bei den Stopfbüchsen kann man – wie bei den Kolbenringen – von Dichtelementen abgehen, die vom Gasdruck angepreßt werden und auf Drosselelemente übergehen. Für die Abmessungen und die Zahl der Kolbenringe finden sich Angaben in [10].

Tabelle 24.3. Empirische Gleichungen zur Berechnung von Dichtungen

	PTFE-Ringe	Kunstkohleringe
h mm	$2{,}3 \sqrt[3]{D}$	$\sqrt{D}$
s mm	b	$1{,}2\,h$
z	$1{,}1\sqrt{\Delta p + 5}$	$\sqrt{2\Delta p + 5}$

Einfluß der Gasart und des Feuchtigkeitsgehaltes. Wie schon erwähnt ist der Feuchtigkeitsgehalt für den Verschleiß von großer Bedeutung; das gleiche gilt auch für die Gasart. Wie in [13] ausgeführt wird, müssen für die verschiedenen Gase sowie für trockene und feuchte Gase die jeweils optimalen PTFE-Kompositionen gewählt werden. Die Unterschiede sind sehr groß: z.B. verschleißt die für O_2 optimale PTFE-Komposition in N_2' vierzigmal schneller als der für N_2 am besten geeignete Werkstoff! In sehr ausführlichen Untersuchungen [17] wurde daher der Einfluß der Gasatmosphäre und deren Wasserdampfgehalt auf den Gleitverschleiß von PTFE-Kompositionen bestimmt.

Bild 24.3 ist ein Beispiel für eine Trockenlauf-Stopfbüchsenpackung eines Gaskompressors. Die Konstruktion entspricht den geschmierten Metallpackungen: zwei stoßversetzte Packungsringe aus Kunstkohle oder PTFE (mit genügendem axialen Spiel), Ringteilung hier sechsteilig (Bild 24.4): die Dichtelemente werden durch die Schlauchfedern (und den Druck) selbsttätig radial zur Kolbenstange verschoben, die dreieckförmigen Segmente behalten ihre Ausgangspositionen bei. Der für PTFE-Ringe als Auflage dienende Kunstkohlestützring kann mit sehr kleinem Spiel zur Stange ausgeführt werden.

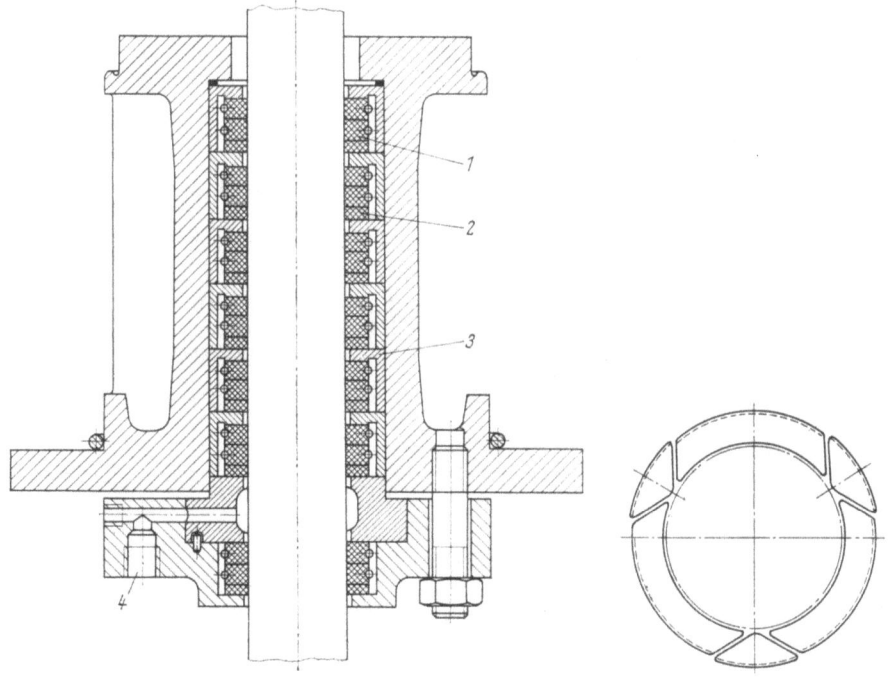

Bild 24.3. Trockenlaufstopfbüchsenpackung [10].
1 PTFE-Packungsring; *2* Kunstkohlestützring; *3* Kammerring; *4* Absaugung.

Bild 24.4. Sechsteiliger Packungsring aus Kunstkohle.

Schrifttum zu Abschnitt 24

1. Anonym: Piston rings made of teflon designed better with data. Product Engng. 38 (1967) 86; s.a. Konstruktion (1968) 496–497.
2. Arnold, W. C., u.a.: Materials and design for nonlubricated seals. Mechanical Engineering 86 (1964) 38–43.
3. Arnold, W. C., Eser, W. J.: Seals for nonlube service. Machine Design 36 (1964) 134, 136, 138, 141.

4. Braun, W.: Trockenlaufverdichter mit Berührungsdichtungen aus PTFE-Werkstoffen. Industrie-Anzeiger 92 (1970) 2155–2159.
5. Bryant, P. J., u.a.: Eine Untersuchung des Vorganges von Graphitreibung und -verschleiß. Wear 7 (1964) 118–126; s.a. Maschinenbautechnik 14 (1965) 542.
6. Dzhafarov, A. S., u.a.: Carbon-textolite piston rings. Russian Engineering Journ. 49 (1969) 38–39, übersetzt nach: Vestnik Masinostroenie 49 (1969) 12.
7. Franke, W. D.: Schmierstoffe und ihre Anwendung, München: Hanser 1971.
8. Frenkel: Kolbenverdichter, Berlin: VEB Verlag Technik 1969.
8a. Hachmann, H., Strickle, E.: Reibung und Verschleiß an der Gleitpaarung Kunststoff/Stahl bei Trockenlauf. Kunststoffe 59 (1969) 45–50.
9. Harig: Kolben- und Führungsringe aus PTFE. Industrie-Anzeiger 92 (1970) 2159–2161.
9a. Kleinert, H. J.: Trockenlauf – Kolbenverdichter – konstruktive Ausbildung, Einsatz und Erfahrungen. Maschinenbautechnik 11 (1962) 465–471.
10. Kriegel, G.: Trockenlaufkolbenmaschinen – Entwicklungsstand; Dicht- und Führungselement. Maschinenbautechnik 20 (1971) 226–230.
11. Lewis, W. D.: Fluorcarbon resin in piston rings- new performance data for reciprocating non-lubricated air compressors. Lubrication Engineering 24 (1968) 122–127.
12. Mitchell, P. J.: Carbon rings and packings for non-lubricated gas compressors. Machinery 105 (1964) 927–929.
13. Müller, H.-J.: Weiterentwicklung der Trockenlaufkompressoren. Linde-Berichte aus Technik und Wissenschaft (1963) 15, S. 11–16.
14. —: Weiterentwicklung der Trockenlaufkompressoren. Linde Berichte aus Technik und Wissenschaft (1971) 29, S. 12–19.
15. Riedel, A.: Vierstufiger Trockenlaufverdichter für Helium. Linde-Berichte aus Technik und Wissenschaft. (1966) 22, S. 18–20.
16. Schubert, R.: Abdichtungs- und Verschleißprobleme in Trockenlaufkolbenverdichtern. Chemie-Ing.-Technik 40 (1968) 235–241.
17. —: Einfluß der Gasatmosphäre und deren Wasserdampfgehalt auf den Gleitverschleiß von PTFE-Kompositionen. Linde-Berichte aus Technik und Wissenschaft (1971) 29, S. 24–32.
18. Summers-Smith, D.: Vapour lubrication of carbon piston rings. Wear 9 (1966) 425–428.
19. Spengler, G., Fischer, W.: Über die Schmierwirksamkeit von Stoffen mit Graphitgitterstruktur, insbesondere Molybdän- und Wolframchalkogenide. Schmiertechnik und Tribologie (1971) 2, S. 76–80.
20. Technisches Handbuch Verdichter, Berlin: VEB Verlag Technik 1966.
21. Trutnovsky, K.: Berührungsfreie Dichtungen. 3. Aufl., Berlin: VDI-Verlag 1973.
22. Weis, E.: Trockenlauf-Kolbenverdichter, Teil III: Versuche über den Einfluß extrem trockener technischer Gase auf die Standzeit von Trockenlaufwerkstoffen in Kolbenverdichtern. VDI-Z. 101 (1959) 777–788.
23. —: Vergleich von Versuchsergebnissen an Trockenlauf-Kolbenverdichtern. VDI-Z. 108 (1966) 859–862.
24. —: Trockenlauf-Kolbenverdichter, VDI-Z. 108 (1966) 822–825.

25. Drehbare Verbindungen

Dieses Dichtungsgebiet hat sich zu einem wichtigen Sondergebiet der Dichtungstechnik entwickelt. Es schließt an die Schwenkverschraubungen an und läßt sich in die Gruppe „Rohrdrehgelenke" und (eigentliche) „Drehverbindungen" einteilen. Bei beiden Gruppen handelt es sich stets um die Vereinigung eines Lagers mit einer Stopfbüchse. Entsprechend den weit auseinanderliegenden Betriebsbedingungen sind die Konstruktionen sehr verschieden und teilweise recht komplex.

Als Lagerungen werden sowohl Wälzlager als auch Gleitlager benutzt, letztere vielfach aus Sinterwerkstoffen (schmierungsarm) oder aus Kunstkohle (schmierungslos). An Abdichtungen werden verwendet Hydraulikdichtungen

25. Drehbare Verbindungen

(O-Ringe, Nutringe, T-Ringe, Dachstulpe, Spezialhydraulikringe u.a.), Weichpackungen, Gleitringdichtungen (mit Metallbälgen, Membranen, Kunststoffkeilringen u.a. als Sekundärdichtungen) und Labyrinthdichtungen.

Es werden im nachstehenden nur wenige Ausführungsbeispiele gebracht.

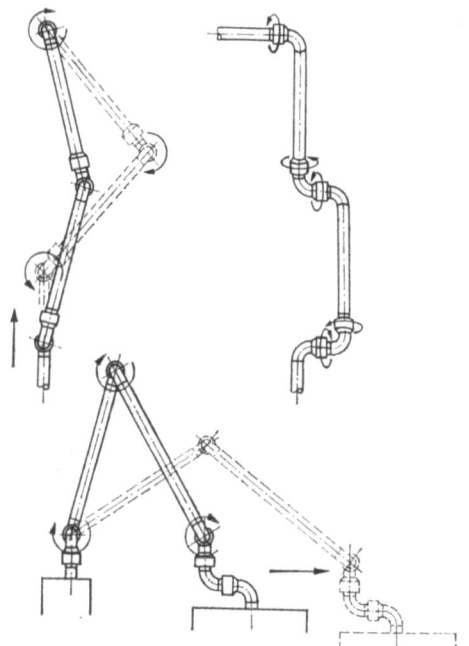

Bild 25.1. Bewegung von Verladearmen.

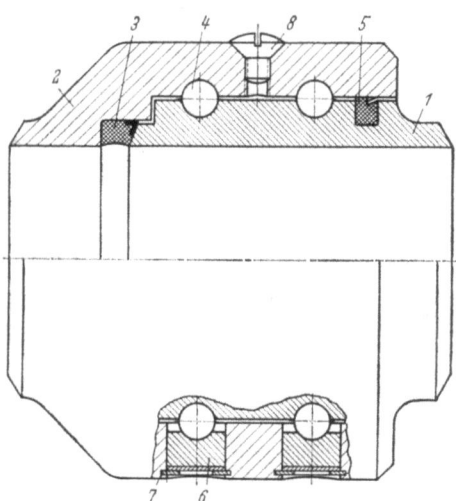

Bild 25.2. Rohrdrehgelenk [8*].
1 drehbarer Zapfenteil; *2* Muffe; *3* Packung; *4* Doppelkugellaufbahn; *5* Staubdichtung; *6* Verschlußstopfen; *7* Seegerring; *8* Verschlußschraube für Schmieröffnung.

25. Drehbare Verbindungen

25.1 Drehgelenke

Rohrdrehgelenke ermöglichen in Kombination mit festen Rohrteilen alle Bewegungen im Raum (Bild 25.1), wie sie z. B. heute im großen Maße bei der Verladung von chemischen und petrochemischen Medien gebraucht werden. Aber auch im Maschinenbau sind Drehgelenke zu finden, z. B. bei der Zuführung von Drucköl in Triebwerken von großen Kolbenmaschinen. Sie sind im Gegensatz zur folgenden Gruppe meist nur für beschränkte Schwingbewegungen und nicht für dauernde Drehbewegungen bestimmt. Hergestellt werden diese Drehgelenke in Druckstufen bis über 1 000 atü und für hohe Temperaturen.

Nachstehend einige Beispiele:

Bild 25.2 zeigt eine Bauart mit Doppelkugellaufbahn und Anschluß mit Schweißfasen.

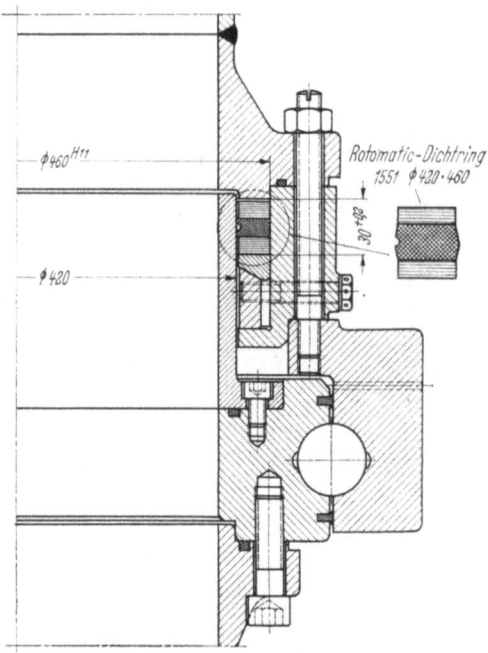

Bild 25.3. Tankverladeeinrichtung [3].

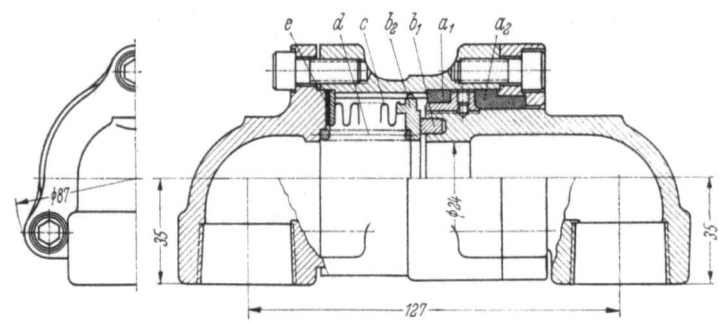

Bild 25.4. Rohrdrehgelenk mit Gleitringdichtung [56*].
a_1, a_2 Lagerringe (Kunstkohle); b_1, b_2 Ringe der Gleitringdichtung; c Metallbalg mit Endplatte; d Druckfeder der Gleitringdichtung; e Flachdichtung.

25.2 Drehverbindungen

Bild 25.3 eine Tankverladeeinrichtung mit einfacher Kugellaufbahn und nachstellbarer Hydraulikdichtung.

Ein Rohrdrehgelenk mit Gleitringdichtung ist auf Bild 25.4 dargestellt. Die bei Gleitringdichtung nötige Sekundärdichtung ist hier ein Metallbalg. Die Lagerungen sind aus imprägnierter Kunstkohle. Solche Drehgelenke sind bis zu höheren Temperaturen brauchbar und zeigen sehr wenig Drehwiderstand.

In diese Gruppe gehören wohl dem Wesen nach auch manche hydraulische Steuerorgane, wie z.B. Drehverteiler; Bild 25.5 zeigt verschiedene konstruktive Ausführungen dieses Organes.

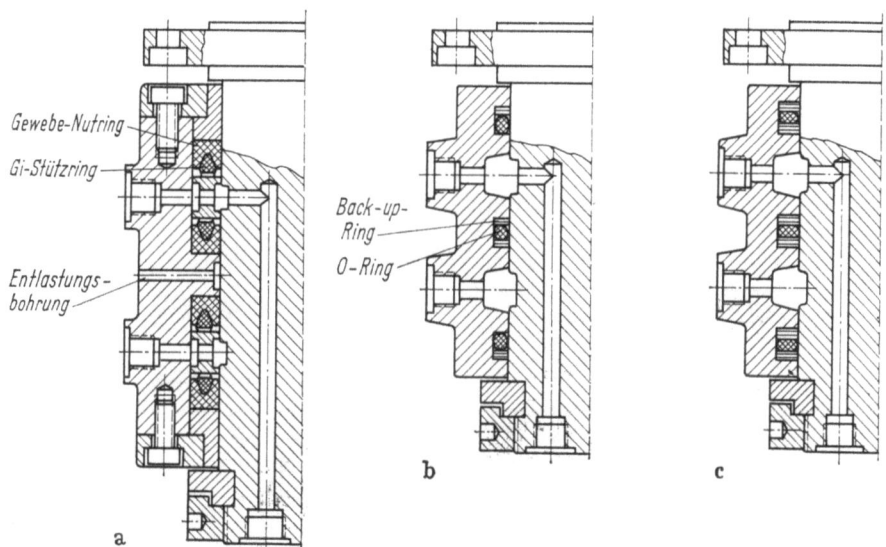

Bild 25.5a—c. Drehverteiler [3]. a) Nutringabdichtung; b) O-Ring-Abdichtung; c) Rotomatic-Dichtring.

25.2 Drehverbindungen

Drehverbindungen ermöglichen die Überleitung von Druckflüssigkeit in einen rotierenden Maschinenteil und umgekehrt. Dies können die Trockenwalzen einer Papiermaschine oder die Kühlwalzen einer anderen Maschine sein, eine hydraulisch oder pneumatisch betätigte Kupplung und ähnliches.

Die früher üblichen Packungsstopfbüchsen sind durch Sonderkonstruktionen ersetzt worden. Man kann die Einteilung der Drehverbindungen nach verschiedenen Gesichtspunkten treffen, wie nach der Art der Unterstützung in selbsttragende oder gelagerte Drehverbindungen, nach der Art der Funktion in Einweg-, Zweiweg- und Mehrwegausführungen, nach der Art des inneren Aufbaues (vor allem des angewendeten Abdichtsystems) und nach den zulässigen Betriebstemperaturen.

25.2.1 Einwegdrehverbindungen

Diese dienen dazu, eine Flüssigkeit in einen rotierenden Maschinenteil einzuführen oder aus diesem abzuleiten; es besteht keine Möglichkeit, die Flüssigkeit wieder durch dieselbe Armatur abzuführen.

292   25. Drehbare Verbindungen

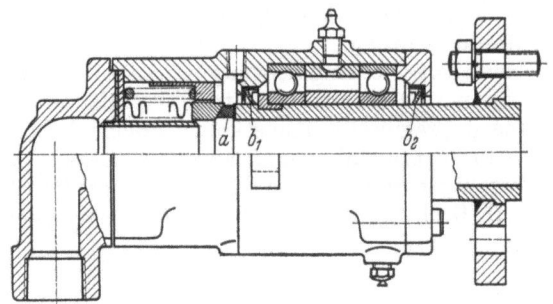

Bild 25.6. Einwegdrehverbindung [56*].
a schwimmender, sphärischer Ring; b_1, b_2 Schutzdichtungen der Kugellagerung.

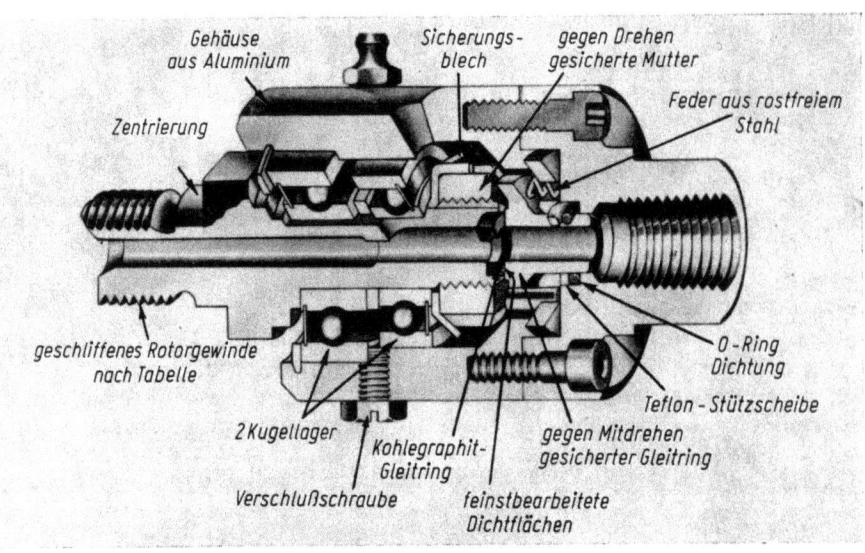

Bild 25.7. Einwegeinführung für Kühlflüssigkeit [9*].

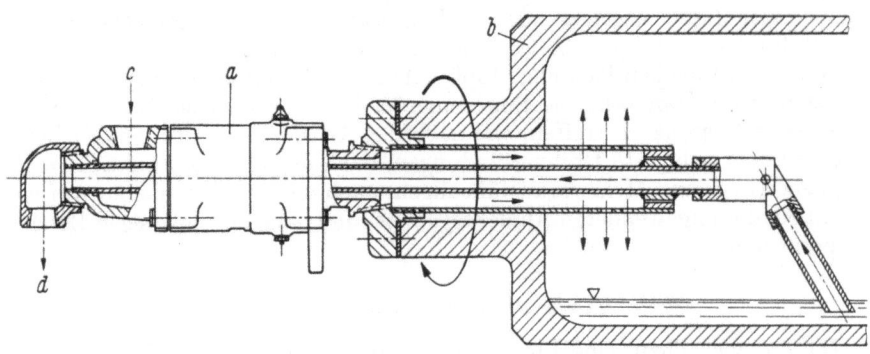

Bild 25.8. Beispiel für die Anwendung einer Zweiwegdrehverbindung [56*].
a Zweiwegdrehverbindung mit stillstehendem Innenrohr; *b* dampfbeheizte Trommel; *c* Dampfzuführung; *d* Kondensatableitung.

25.2 Drehverbindungen

Auch die Konstruktion dieser einfachsten Drehverbindungen wird schon recht vielgestaltig, wie Bild 25.6 zeigt, wenn sie hohen Ansprüchen genügen soll. Diese Ausführung zeigt eine Gleitringdichtung mit Einschaltung eines schwimmenden, sphärisch bearbeiteten Kunstkohleringes, der eine allseitige Beweglichkeit erlaubt.

Als extremes Beispiel einer Einwegeinführung wird Bild 25.7 gebracht. Diese Drehverbindung dient der Zuführung von Kühlmittel bei Werkzeugspindeln. Der Rotor ist kugelgelagert, zur Abdichtung dient eine Gleitringdichtung; die Verbindung ist ausgelegt für einen maximalen Kühlmitteldruck von 100 kp/cm² und eine maximale Drehzahl von 15 000 U/min.

25.2.2 Zweiwegdrehverbindungen

Die beiden Wege müssen vollkommen getrennt sein.

Bild 25.8 zeigt die Verwendung einer Zweiwegdrehverbindung für die Zuführung von Heizdampf in eine Trockentrommel und Abführung des Kondensates durch die gleiche Verbindung.

Bild 25.9 zeigt den inneren Aufbau, hier allerdings noch dazu mit mitrotierendem Innenrohr. Es sind hier (s. Detailbild) zwei Gleitringdichtungen eingebaut (die Hauptdichtung M, die Dichtung des Innenrohres („Centerrohres") C, zu denen noch ein dritter, ebenfalls sphärisch bearbeiteter schwimmender Ring A (als Hilfsdichtung bezeichnet) hinzukommt, der der Axialschubaufnahme dient. Diese drei Ringe bestehen aus imprägnierter Kohle. Die Sekundär-

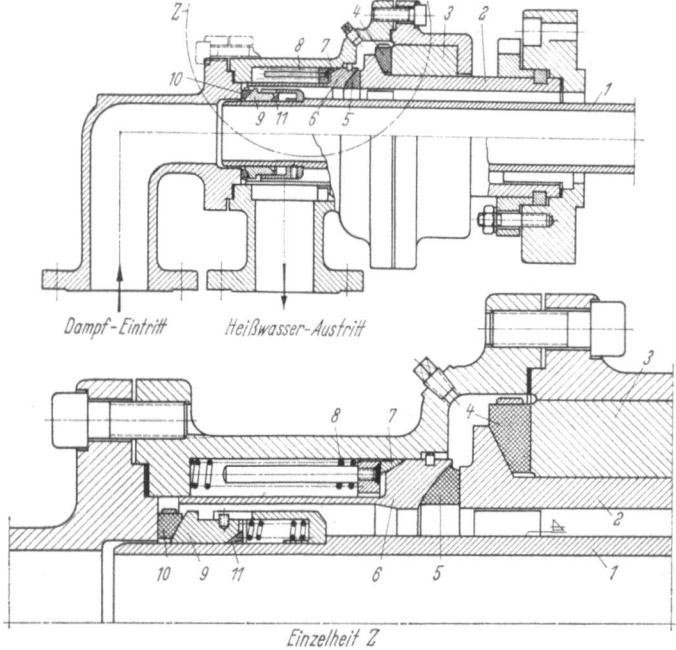

Bild 25.9. Zweiwegdrehverbindung mit rotierendem Innenrohr [56*] und zwei Gleitringdichtungen ($\vartheta = 190°C$, $p = 19$ atü, $n = 50$ U/min).
1 Innenrohr (rotierend); 2 Hohlwelle (rotierend); 3 Traglager (Kohle) für 2; 4 sphärischer Spurlagerring (Kohle); 5 schwimmender Gleitring, sphärisch (Kohle); 6 feststehender Gleitring; 7 Sekundärdichtung (Teflonkeil); 8 Andrückfeder für 6; 9 Druckring für das Mittenrohr (rotierend); 10 schwimmender Gleitring, sphärisch (Kohle); 11 Sekundärdichtung (Teflonkeil).

dichtungen der beiden Gleitringdichtungen sind keilförmige PTFE-Ringe. Für die Lagerung dient ein Kohlelager, die Oberflächen, bei denen besonderer Wert auf ihre gute Erhaltung gelegt wird, sind chromplattiert. Die sorgfältige Konstruktion sichert einen klemmungsfreien Dauerbetrieb.

Schrifttum zu Abschnitt 25

1. Anonym: Medien Einleitung in rotierende Maschinenteile. Konstruktion 24 (1972) 134.
2. Boulden, L. L.: The no-spill way to transfer fluids into rotating objects. Machine Design 10 (1972) 111–113.
3. Hopp, H.: Dichtungen für Drehverteiler. Ölhydraulik und Pneumatik 14 (1970) 300–306; s.a. Konstruktion 21 (1969) 307.
4. Nishi, J.: Über Rohrdrehgelenke mit sphärischen Dichtflächen. (jap.) Valgu Review (Nippon) 11 (1967) 12–15.
5. Oesmann, W.: Drehbare Einführungen. Antriebstechnik 9 (1970) 264.
6. Pohlmann, D.: Dichtungsprobleme an Gelenklagern. TZ für praktische Metallbearbeitung 63 (1969) 170–172.

|26. Stopfbüchsen und Dichtungen für Kernkraftanlagen
[3, 5, 6, 10]

Die Anforderungen an Reaktorarmaturen [12] gehen weit über das hinaus, was von modernen Hochdruckarmaturen hinsichtlich Dichtheit und Verschleiß verlangt wird. Das abzusperrende Medium bzw. der Wärmeträger ist radioaktiv, wirkt meist korrosiv und ist oft wertvoll.

Dichtungen an feststehenden Teilen werden nach Möglichkeit überhaupt vermieden; Schweißverbindungen und Dichtschweißungen sind hier die Regel (siehe den Abschnitt „Schweißverbindungen"). Wo lösbare Dichtungen unvermeidbar sind, werden vielfach Doppeldichtungen mit Absaugmöglichkeit zur Dichtheitskontrolle angeordnet.

Handelt es sich um ruhende Dichtungen großen Durchmessers (wie z.B. Deckeldichtungen von Druckbehältern), so werden alle im Kapitel „Hochdruckdichtungen" angeführten Bauarten angewendet, mit zusätzlichen Kontrolleinrichtungen (also z.B. selbstdichtende Deckelverschlüsse u.ä.). Bei dichtgeschweißten Druckgefäßdeckeln muß die Schweißdichtung entsprechend (nach allen Richtungen) elastisch sein (Bild 26.1), um sich der Verformung der Flanschen und der Dehnung der durch den Innendruck belasteten Bolzen anpassen können; es handelt sich dabei um eine beschränkt lösbare Verbindung (Aufschneiden durch eigene Vorrichtung).

Wesentlich schwieriger ist natürlich die Abdichtung bewegter Teile, die vor allem bei Armaturenspindeln und bei Wellen von Umwälzkreiselmaschinen vorkommen.

Die Spindeldichtungen werden – bei kleinen Hüben – vorwiegend als Balgdichtungen ausgeführt, mit einer aus Sicherheitsgründen nachgeschalteten Packungsstopfbüchse. Vielfach findet dabei die Beaufschlagung des Faltenbalges durch eine eigene Sperrflüssigkeit statt. Treten im Dichtsystem Schwingungen auf, so muß die Eigenfrequenz des Faltenbalges außerhalb des Schwin-

26. Stopfbüchsen und Dichtungen für Kernkraftanlagen   295

gungsbereiches liegen. Bei längeren Bälgen tritt Knickgefahr auf (s. Membrandichtungen). Werkstoff für den Balg ist meist Edelstahl, die Ausführung manchmal zweischichtig, bei höheren Drücken (lt. Literatur) sind bis zu zwölf Schichten.

Außer Faltenbalgarmaturen werden auch noch „stopfbüchsenlose" Armaturen angewendet, bei denen die Betätigung des Absperrorganes elektromagnetisch oder hydraulisch (durch das Fördermedium selbst) erfolgt.

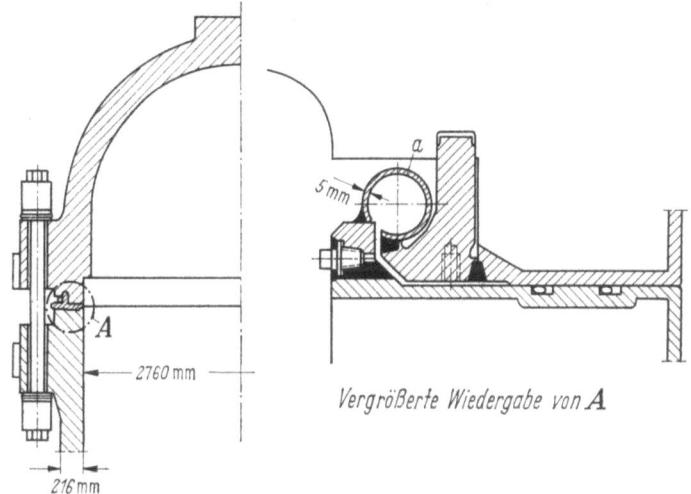

Bild 26.1. Elastische Schweißdichtung (nach Combustion Engineering, New York). *a* angeschweißte Dichtung.

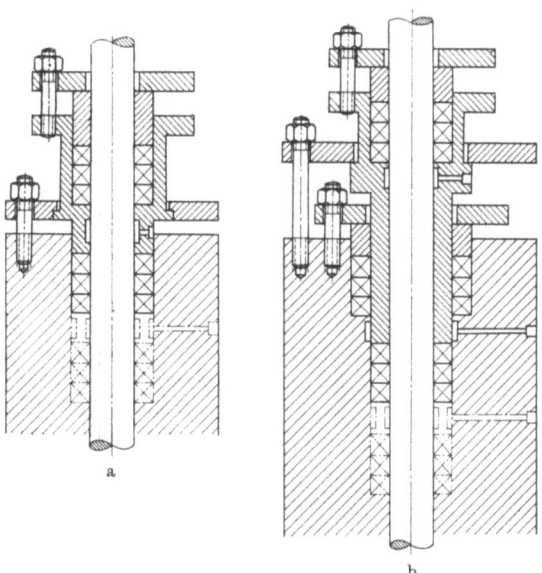

Bild 26.2a u. b. Stopfbüchsen für nukleare Anwendungen [16]. a) Doppelstopfbüchse; b) Dreifachstopfbüchse.

26. Stopfbüchsen und Dichtungen für Kernkraftanlagen

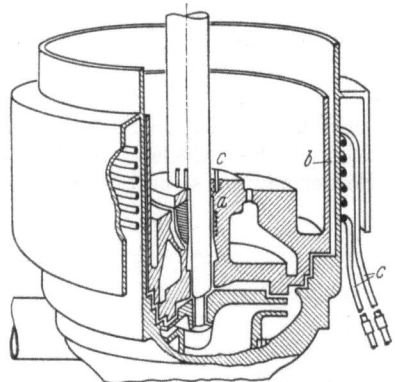

Bild 26.3. Erstarrungsstopfbüchse für senkrechte Wellen. *a* Wellenabdichtung; *b* Gehäuseabdichtung; *c* Kühlmittelleitungen [13].

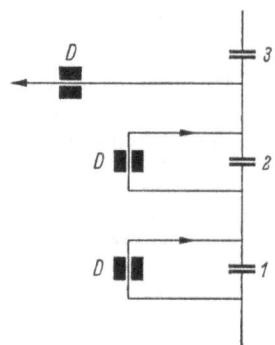

Bild 26.4. Druckteilerschaltung in einem Wellendichtungssystem [7]. *1, 2, 3* Dichtungen; *D* Drosseln.

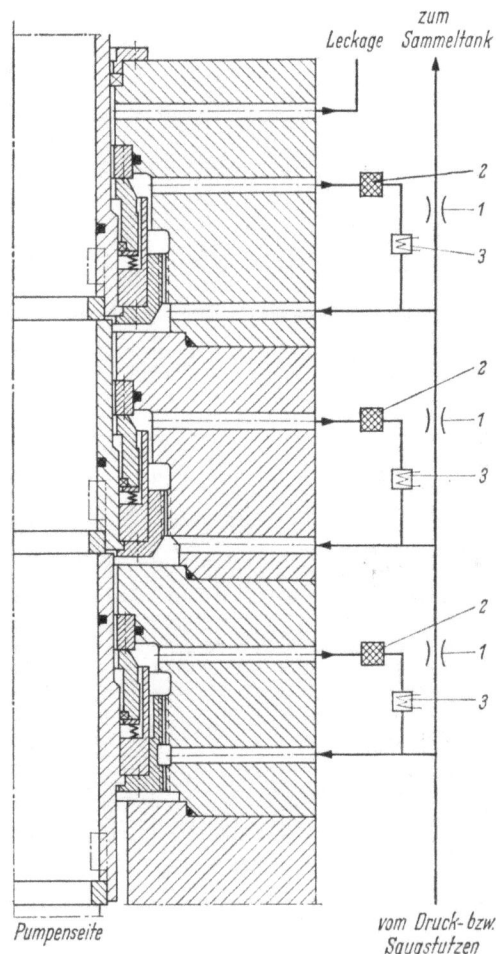

Bild 26.5. Gleitring-Wellenabdichtung in Tandemanordnung [4]. *1* Drossel; *2* Filter; *3* Kühler.

Wo der Faltenbalg nicht verwendet werden kann (z. B. für große Hübe), werden Packungsstopfbüchsen eingesetzt. Beispiel Bild 26.2: Ausführung a) mit zusätzlicher Dichtung des Innenspaltes, Ausführung b) mit zusätzlicher Dichtung des Innen- und Außenspaltes. Das Packungsmaterial muß strahlungsunempfindlich sein, was z. B. für reinen Asbest und teflonimprägnierten Asbest zutrifft; das gilt auch für die übrigen verwendeten Werkstoffe [14].

Die Anforderung an solche Dichtungen bez. Dichtheit ist sehr groß. Zugelassen wird eine Leckmenge, die sich etwa zwischen 10^{-4} bis 10^{-7} Torr l/s hält. Selbstverständlich sind Verunreinigungen nach Möglichkeit fernzuhalten, da sie die Undichtheit stark vergrößern.

Auch Packungen aus Elastomeren werden angewendet, wobei besonders auf einen zulässigen Gehalt an Füllstoffen und Weichmachern zu achten ist.

Eine Stopfbüchsendichtung ganz besonderer Art sind die Gefrierdichtungen [2, 8, 13] z. B. Bild 26.3. Sie sind ihrer Wirkungsweise nach zu den flüssigkeitsgesperrten Stopfbüchsen zu zählen. Diese werden z. B. bei Pumpen und Ventilen von Flüssigmetallanlagen angewendet. Voraussetzung ist ein sehr ruhiger Lauf der Welle; dann genügt die Reibung der Welle gerade, um eine sehr dünne Schicht des Metalls (z. B. Na) flüssig zu erhalten, ohne daß praktisch Undichtheit auftritt. Die aufzuwendende (nicht unbedeutende) Kühlleistung hängt naturgemäß von den Abmessungen und Betriebsbedingungen ab. Die gleiche Abdichtungsart wird auch für ruhende Dichtungen angewendet.

Die Schwierigkeiten steigen noch bei der Abdichtung großer, schnellaufender Wellen (z. B. für Umwälzgebläse, Kreiselpumpen u. dgl. [4, 9, 15]). Verschiedene Dichtungen werden hierfür angewendet, es scheint sich u. a. die Gleitringdichtung besonders in Form der berührungsfreien Spaltringdichtung zu bewähren [11].

Bei hohen Drücken können mehrere Dichtungen hintereinander geschaltet werden, wobei die Druckaufteilung durch entsprechende Drosseln in Nebenschlußleitungen erfolgt (Bild 26.4, s. a. Bild 26.5).

Bei Pumpen für Siedewasserreaktoren genügen im allgemeinen zwei Dichtungen ($p = 70$ bis 80 at), für Druckwasserreaktoren werden 3 bis 4 Dichtungen (Gleitringdichtungen) eingebaut (150 bis 160 at). Bei vier Dichtungen stehen z. B. die ersten drei ständig im Eingriff, die vierte Dichtung ist dann Notdichtung, sie läuft normalerweise trocken (Gleitflächen voneinander abgehoben), kann von Hand oder selbsttätig in Eingriff gebracht werden. Die in Bild 26.4 dargestellte Druckteilerschaltung verbessert auch die Wärmeabfuhr.

Auch die in Bild 26.5 halbschematisch dargestellte Reaktorstopfbüchse arbeitet mit Druckteilung, die durch Drosseln erzielt wird. Die Kühlung der Einzeldichtungen erfolgt durch geschlossene Kühlkreisläufe; zusätzlich eingeschaltete Filter schützen die Gleitringdichtungen vor Schmutz. Werkstoffpaarung für die Gleitringe: Wolframkarbid/weißmetallgetränkte Kunstkohle. Eine weitere Ausführung von tandemgeschalteten Gleitringdichtungen mit dreistufigem Druckabbau bringt Mayer [11].

Es kommen auch geschlossene Motorpumpen zur Anwendung (siehe „stopfbüchsenlose Pumpen").

Schrifttum zu Abschnitt 26

1. Anonym: Elastomer seals for high pressure CO_2. Nuclear Engineering 13 (1968) 586–590.
2. —: Frozen slugs seal shafts. Chemical Engng. 63 (1956) 124, 126.
3. Bertsch, W., Sigel, R.: Abdichtungsprobleme an einem Hochdruckreaktor. Chemie-Ing.-Technik 40 (1968) 893–897.

4. Born, D.: Umwälzpumpen im Primärkreis von Kernkraftanlagen. KSB Technische Berichte (1967) 37–46.
5. Coast, G.: Review of development of low leak rate seals for nuclear reactors. The design and function of static seals. Proc. Inst. of Mech. Engng. (1970) 95–114.
6. Dorner, H.: Reaktordruckbehälter. Siemens-Z. 42, Beiheft Kernkrafttechnik (1968).
7. Frei, A., Kündig, J.: Pumpen für Kernkraftwerke. Techn. Rundschau Sulzer (1971) 135–144.
8. Hainzelin, J., u. a.: Untersuchungen an einer schmelzbaren Metalldichtung für Schnellreaktoren. Soudage et Techniques Connexes 19 (1965) 27–33.
9. Honold, E.: Hauptkühlmittelpumpen in Kernkraftwerken. BWK 21 (1969) 522–526.
10. Künzli, A.: Konstruktive Probleme des Reaktorbaues. Techn. Rundschau Sulzer (1964) 2, S. 66–70.
11. Mayer, E.: Axiale Gleitringdichtungen, 4. Aufl., Düsseldorf: VDI-Verlag 1970.
12. Mörsdorf, M.: Reaktorarmaturen. Konstruktion 21 (1969) 341–347; s. a. KSB Technische Berichte 9, S. 16–20.
13. Nuclear Reactors pose new problems in mechanical design. Product-Engng. 27 (1956) 187–210; s. a. Konstruktion 9 (1957) 161–162.
14. Schimmel, W.: Über den Einsatz von Konstruktionswerkstoffen in wassergekühlten Leistungsreaktoren. Kernenergie 6 (1962) 3–13.
15. Strub, R. A.: Turbomaschinen für Kernenergieanlagen. Techn. Rundschau Sulzer (1958) S. 59–69.
16. Vögeli, E.: Regelventile und Antriebssysteme für Dampferzeuger. Techn. Rundschau Sulzer 1 (1969) S. 39–46.

27. Bemerkungen zum Schrifttum über Dichtungen

Bücher, Taschenbücher, Übersichten, Tagungsberichte, Forschungsberichte, Dokumentation, Patente, Normen

27.1 Bücher über das Gesamtgebiet bzw. wesentliche Teilgebiete

In der Zeit seit dem Erscheinen der ersten Auflage des vorliegenden Buches wurden einige Bücher über Dichtungen veröffentlicht. Hier ist zu nennen das Buch von Veit [1], das außer dem Überblick auch Anleitungen für die Auswahl von Dichtungen bringt, das Büchlein von Seifert [2], das eine Darstellung der Bauarten für den Praktiker enthält. Erwähnt sei auch noch das Büchlein „Dichtungen" vom Verfasser [3], das wohl als der erste Versuch einer Gesamtdarstellung gelten kann. Hauptsächlich das Gebiet der elastomeren Dichtungen (gestreift sind auch andere Gebiete) behandelt Warring [4]. Eine besonders für den Konstrukteur gedachte Einführung in das Gebiet ist das Werk von Leyer [5]. Hier wäre auch noch das Sonderheft „Seals" der Zeitschrift „Machine Design" anzuführen [6].

1. Veit, G.: Taschenbuch der Dichtungstechnik. (125 S.). München: Hanser 1971.
2. Seifert, F. W. E.: Dichtungspraktikum, Hamburg: Verlag der Industriemeister 1970 (246 S.).
3. Trutnovsky, K.: Dichtungen. Werkstattbücher, Nr. 92, Berlin, Göttingen, Heidelberg: Springer 1949.
4. Warring, R. H.: Seals and packings, Trade and Technical Press Ltd. Morden, Surrey, (248 S.).
5. Leyer, A.: Maschinenkonstruktionslehre, Nr. 4, Spezielle Gestaltungslehre, 2. Teil, Basel: Birkhäuser 1968.
6. Seals-Reference Issue. Machine Design 41 (1969) Nr. 14, Cleveland, Ohio: Penton Publishing Co. (94 S.).

27.1.1 Dissertationen

Besonders wertvolle Veröffentlichungen sind natürlich die einschlägigen Dissertationen; von diesen seien (chronologisch) folgende angeführt:

Raible, F. A.: Das Verhalten von Dichtungen, TH Stuttgart 1937.
Lein, J.: Mechanische Untersuchungen an Dichtungen für rotierende Wellen. TH Karlsruhe 1952.
Scobel, H.: Untersuchungen an Gleitringdichtungen für Werkzeugmaschinen. TH Stuttgart 1958.
Mayer, E.: Belastete axiale Gleitringdichtungen für Flüssigkeiten. TH Stuttgart 1959.
Lok, H. H.: Untersuchungen an Dichtungen für Apparateflansche. TH Delft 1960.
Lang, C. M.: Untersuchungen an Berührungsdichtungen für hydraulische Arbeitszylinder. TH Stuttgart 1960.
Müller, H. K.: Schmierfilmbildung, Reibung und Leckverlust von elastischen Dichtungen an bewegten Maschinenteilen. TH Stuttgart 1962.
Wendt, G.: Untersuchungen an gummielastischen Berührungsdichtungen. TH Braunschweig 1968.
Upper, G.: Dichtlippentemperatur von Radial-Wellendichtringen. TH Karlsruhe 1968.
Pape, J. G.: Fundamental aspects of radial-face seals. TH Delft 1969.
Rajakovics, G.: Beitrag zur Kenntnis der Wirkungsweise von Berührungsdichtungen. Montan. Hochschule Leoben 1970.

27.1.2 Monographien

An Monographien sind auf dem Gebiet der Berührungsdichtungen erschienen: ein Buch über Gleitringdichtungen [1], Zylinderkopfdichtungen [2], Dichtstoffe [3], Vakuumdichtungen [4]. Der Vollständigkeit halber sei eine Monographie über die berührungsfreien Dichtungen hier angeführt [5]:

1. Mayer, E.: Axiale Gleitringdichtungen. Düsseldorf: VDI-Verlag 1970 (245 S., 325 Lit.-Ang.).
2. Stadelmann, W.: Die Zylinderkopfdichtung des wassergekühlten Fahrzeugmotors, Stuttgart: Franckhsche Verlagshandlung 1968 (60 S.).
3. Damusis, A.: Sealants, New York: Reinhold 1967 (382 S.).
4. Roth, A.: Vacuum sealing techniques, Oxford: Pergamon Press 1966 (845 S., 1358 Lit.-Ang.).
5. Trutnovsky, K.: Berührungsfreie Dichtungen, 3. Aufl., Düsseldorf: VDI-Verlag 1973 (312 S., 404 Lit.-Ang.).

27.2 Taschenbücher der Dichtungshersteller

Viele große Firmen des Fachgebietes geben wertvolle Taschenbücher heraus, die nicht nur über die Erzeugnisse informieren, sondern teilweise auch Abschnitte allgemeiner Art über Dichtungen beinhalten.

27.3 Bücher, die Abschnitte über Dichtungen enthalten

Kurze Gesamtdarstellungen des Dichtungsgebietes sind erst in neuerer Zeit auch in den Büchern über Konstruktionselemente (Maschinenelemente) in einem gewissen Umfang zu finden. Selbstverständlich enthalten auch Bücher über Rohrleitungen mehr oder weniger ausgedehnte Abschnitte über Dichtungen. Hierher gehören auch Taschenbücher (Handbücher).

27.4 Patentliteratur

Berichte über neue deutsche Patente des Fachgebietes werden vor allem in der „Konstruktion" [3] und in der „Maschinenbautechnik" [4] gebracht. Die englische Patentliteratur über Dichtungen wird in der Zeitschrift „Fluid Sealing

Abstracts" [5] angeführt. Zwei umfassende Aufsatzreihen in „Gummi-Asbest-Kunststoffe" [1, 2] sind sehr aufschlußreich.

1. Nebesky, W.: Dichtungen nach Bauart und Stoff. Gummi und Asbest 10 (1957) 284–289.
2. Kluge, G.: Dichtungen im Spiegel der neueren Literatur unter besonderer Berücksichtigung der Patentliteratur. Gummi-Asbest-Kunststoffe 23 (1970) 823–838, 924–930, 1090–1097.
3. „Konstruktion": Springer-Verlag, Berlin, Heidelberg, New York.
4. „Maschinenbautechnik": VEB Verlag Technik, Berlin.
5. „Fluid Sealing Abstracts": BHRA Fluid Engineering, Cranfield, Bedford, England.

27.5 Normen; Einteilung

Die für die einzelnen Abschnitte wichtigen Normen sind an den betreffenden Stellen angeführt; bez. der gesamten erschienenen DIN-Blätter über Dichtungen muß auf das Normblattverzeichnis verwiesen werden. Mit der Einteilung der Dichtung befaßt sich DIN 3750. Verschiedene Aufsätze beschäftigen sich mit der Standardisierung [1, 2] und Systematisierung der Dichtungstechnik [3] bzw. Klassifizierung der Dichtungswerkstoffe. Auch eine Übersicht bzw. eine Einteilung von der Wirkungsweise her wird versucht [4].

1. Hinkel, H.: Standardisierung von Verbindungselementen im Rohrleitungsbau. Standardisierung 6 (1960) 1/1102–1/1104.
2. Gäbel, W.: Empfehlungen zur schrittweisen Standardisierung auf dem Gebiet der Dichtungen. 2. IDT Dresden, 1964, S. 277–310.
3. Gäbel, W.: Beitrag zur Systematisierung der Dichtungstechnik. Die Technik (1968) 8, S. 484–487.
4. Trutnovsky, K.: Einteilung der Dichtungen. Konstruktion 20 (1968) 201–206.

27.6 Tagungsberichte; Forschungsberichte

Hier sind vor allem anzuführen:

a) Proceedings der „British Hydromechanics Research Association" (BHRA) Cranfield, Bedford, England; (1. Tagung Ashford 1961, 2. Cranfield 1964, 3. Cambridge 1967, 4. Philadelphia 1969, 5. Coventry 1971, 6. München 1973).
b) Sammelberichte über die Internationalen Dichtungstagungen in Dresden (1. Tagung 1961, 2. 1964, 3. 1967, 4. 1970, 5. 1974) Vertrieb durch Fachausschuß Dichtungen der KdT in VEB Cosid-Kautasit-Werke, Dresden.
c) Berichte über amerikanische Tagungen und Forschungsberichte (Herausgeber z. B. NASA).

Diese Berichte sind großteils allgemein zugänglich und sehr preiswert erhältlich. Für die Beschaffung wird empfohlen, sich einer amerikanischen Verbindungsstelle zu bedienen. Die Kopien sind oft schlecht.

27.7 Dokumentation

Eine umfangreiche Dokumentation der Literatur über Dichtungen an bewegten Maschinenteilen enthält die Zusammenstellung von Th. H. Koenig [2] mit 145 Kurzreferaten, eine von A. L. King [1] mit 447 Inhaltsangaben und das „Review" [5] mit etwa 700 Quellen und 300 Kurzreferaten. Die früher angeführten amerikanischen Forschungsberichte enthalten eine außerordentliche Zahl von Literaturangaben. Dokumentations-Zeitschriften: Fluid Sealing Abstracts [4]; für das Gebiet der Dichtungen kommt noch in Betracht die Dokumentation „Verschleiß, Reibung und Schmierung" [3], sowie die Zeitschriftenschauen verschiedener Fachzeitschriften (insbesondere „Konstruktion").

1. King, A. L.: Bibliography of fluid sealing. Bibliography BIB 1 (1962) 38 pp. Cranfield, Bedford, England: British Hydromechanics Research Association.
2. Koenig, Th. H.: Review of dynamic seal literature through 1967. 4. IDT (BHRA) 6, S. 270–281.
3. Dokumentation Verschleiß, Reibung und Schmierung, herausgegeben von der Bundesanstalt für Materialprüfung (BAM), Berlin-Dahlem (letzter Band 10/1973).
4. „Fluid Sealing Abstracts", herausgegeben von The British Hydromechanics Research Association, Cranfield, Bedford, England.
5. Review and Bibliography on aspects of fluid sealing (kurz: Review); Verfasser: Blow, C. M., Berker, J., Thornton, W. A.; herausgegeben von BHRA 1972.

27.8 Übersichtsaufsätze

Es gibt eine große Zahl von Aufsätzen, deren Verfasser sich die Aufgabe gestellt haben eine bestimmte Schau zu bieten, ohne daß eine Systematisierung beabsichtigt ist.

Hier wären auch die umfangreichen Berichte der NASA anzuführen!

Sachverzeichnis

Abdichten durch Fließen der Dichtung 42
Abdichtung bei hohen Mediumstemperaturen (Stopfbüchsen) 205
— — kleinen axialen Bewegungen 45
— — der Kammer (formbeständige Packungen) 219
— kryogener Flüssigkeiten 259
— von Befestigungsmitteln 140
— — Drehbewegungen (Membrane) 278
— — schwingenden (unrund laufenden) Wellen 204
— — Stoffen, welche die Packung zerstören 207
Abmessungen, Einfluß der — der Dichtung 56
Abriebfestigkeit 16
Aluminium 21
Anforderungen an die bewegten Dichtflächen der Stopfbüchsen 193
Anpassung durch äußere Kräfte 33
Anpassung durch innere Kräfte 34
Anpressen durch Preßpassungen 40
Anpressung durch innere und äußere Kräfte 39
Anpressung vorwiegend durch die Eigenelastizität der Dichtung 40
Anwendung von O-Ringen 117
Anwendungen der Formdichtungen 92
Armaturendichtungen 138
Art der Aufbringung des Dichtdruckes 32
Art der Formänderung, Einfluß der 28
Arten der Dichtungen 1
Asbest 10
— -faserfilze 66
— -flachdichtungen 66
— -Neoprene 10
Aufblasbare Gummidichtungen 124
Aufgeschliffene Dichtflächen 70
Aufnahme von Längskräften (Rohrschub) (Muffend.) 103

Balgdichtung 99
Bälge und Membranen aus nichtmetallischen Werkstoffen 275
— — —, Flachmembrane 275
— — —, Rollmembrane (Rollbälge, Stülpmembrane) 276
— — —, Rollschlauchdichtung 277
Ballige Dichtleisten 85
Bauarten der Muffenverbindungen 103
Baumwolle 9
Bearbeitbarkeit 7

Befestigungsmittel, Abdichtung 140
Beispiele ausgeführter Stopfbüchsen (Metallpackungen) 221
Benennungen 3
Berechnung der Dichtschweißungen 101
— — Dichtung gegen Herausdrücken durch den Innendruck 167
— — ruhenden Berührungsdichtungen 144
— — im Nebenschluß liegender Dichtungen 156
Berechnungsbeispiel 165
Berechnungsgrundlagen der Preßpassungen 93
Berechnungsmethoden, weitere 152
Berührungsdichtungen an bewegten Maschinenteilen 190
Berührungsdichtungen an ruhenden Maschinenteilen 25
Beschreibung der Bauarten und deren Bauteile (Formbeständige Packungen) 211
Beschreibung von Flachdichtungen aus verschiedenen Werkstoffen 62
Besondere Prüfungen 176
Bestimmung des elastischen Verhaltens von Werkstoffen 172
Betriebliches Verhalten von Stopfbüchsen 261
— — — —, Druckverlauf bei Hartstoffpackungsringen 265
— — — —, Reibung und Verschleiß 261
— — — —, Schmierung 263
— — — —, Wärmeabfuhr 265
Betriebssicherheit 2
Beurteilung der konstruktiven Einbauverhältnisse 176
Blei (Weichblei) 21
Bleibronze 21
Büchsenringe 222
Buna N 12
Buna S 11

Chemische Widerstandsfähigkeit 6
Chloroprene 12

Dachmanschetten 233
Darstellung der Vorgänge im Verspannungsschaubild 159
Dichtdruck durch das Eigengewicht der Dichtungsteile 41
Dichtdruck durch Wärmedehnungsunterschiede 42

Sachverzeichnis

Dichtflächen, aufgeschliffene 70
Dichtheit 1
Dichtkitte 74
Dichtleisten, ballige 85
Dichtmittel 73
Dichtschweißungen 98
Dichtschweißungen, Berechnung 101
Dichtung bewegter Maschinenteile 189
Dichtungen, druckbeaufschlagte 39
—, federnde 39
— für tiefe Temperaturen 124
— — ultrahohe Drücke 117
— mit Druckverstärkung durch entsprechende Dichtungsgeometrie 38
Dichtungsbreite 56
Dichtungswerkstoffe, Besprechung 8
Dichtungsstärke 57
Dichtverhalten von Hydraulikdichtungen 236
DIN 2505 — Vornorm „Berechnung von Flanschverbindungen" 144
Diverse Arbeiten über Prüfungen und Prüfstände 176
Doppelpassungen, Vermeiden von 182
Drehbare Verbindungen 288
— —, Drehgelenke 290
— —, Drehverbindungen 291
— —, Einwegdrehverbindungen 291
— —, Zweiwegdrehverbindungen 293
Druck-abfall (Hydraulik) 244
— -dichtung 35
— -festigkeit 14
— -standfestigkeit (Temperatur- und Zeitstandfestigkeit, Kriechverhalten) 173
Druckverlauf bei Hartstoffringpackungen 265
—, konstanter Gasdruck (stationäre Strömung) 265
—, wechselnder Gasdruck (nichtstationäre Strömung) 267
Durchflußprüfung 176
Durchlässigkeit gegen das Betriebsmittel 47
Dynamische Beanspruchung statischer Dichtungen 43

Eigenschaften der Dichtungen 1
— gleitfähiger Kunststoffe 285
— von Graphit und MoS_2 283
Einbau des O-Ringes 80
Einbauarten der Flachdichtungen 52
Einfluß der Abmessungen der Dichtung (Flachdichtung) 56
— — Art der Formänderung 28
— des abzudichtenden Mediums 32
Einflüsse auf die Vorpreßkräfte 26
Einschraubzapfen 130
Einwirkung auf den Betriebsstoff 2
Elastische Muffenverbindungen 103
Elastische oder plastische Formänderungen 29
Elastizitätsmodul 6
Elastomere 11
Elastomerringe (Hochdruckdichtungen) 117

Elektro-Graphit 18
Entlastete Ringe (Hydraulik) 241
Entlasteter Dichtring 216
Entwurf von Dichtverbindungen, Hinweise 183
Erneuerung der Packung 207
Erosionsbeständigkeit 7
Erzielung und Aufrechterhaltung des Packungsdruckes 203

Faltenbälge 271
Federnde Metalldichtungen 39
Federrohre, Federungskörper 271
Fertige Ringe (Stopfbüchsen) 195
Festigkeitseigenschaften 4
Feststellung der Brauchbarkeit eines Werkstoffes für Dichtungen unter wirklichkeitsnahen Bedingungen 174
Filze 21
Firmenverzeichnis XI
Flachdichtungen 52
— aus diversen Werkstoffen 66
—, Hochdruckdichtungen 110
— mit Anpressung durch den Betriebsdruck 116
Flanschen 184
Fließdichtung 42
Fluorpolymerisate 16
Formänderungen durch Druck- oder Schubspannungen 28
Formänderungswiderstand 6, 28
Formbeständige Packungen 209
— —, Anwendung und Vorteile 210
— —, Beschreibung der Bauarten und deren Bauteile 210
— —, Einteilung 210
— —, Werkstoffe 210
Formdichtungen 75
Formdichtungen mit besonderer Einwirkung des Betriebsdruckes 87
Formfaktor 58

Gasdurchlässigkeit, Bestimmung 173
Gasundurchlässigkeit, Bestimmung 173
Geschraubte Flanschverbindungen 184
Gestaltungsgrundsätze für Flachdichtungen von Weichstoffen 65
Gewebepackungen 233
Gewindemuffen 108
Gleitringdichtungen 245
Gleitringdichtungen für verunreinigte Arbeitsmittel 257
Gold 21
Graphit 17
Grundlagen (Wirkungsweise) 25
Grundlagen der Selbstdichtung 35
Gummi 11
— -arten, Eigenschaften handelsüblicher 13
— -Asbest (It-Stoffe) 14
—- elastische Wirkstoffe 11
— -Flachdichtungen 63
— -rollverbindungen 103
Gußeisen (Grauguß) 21

Hanf 9
Hartbrandkohle 20
Härte 6
Hartstoffe 21
Hartstoff-Formdichtungen 83
Hartstoffringpackungen 209
Hinweise für den Entwurf von Dichtverbindungen 183
Hochdruckdichtungen 109
—, Bauarten 110
— mit Aufgabenteilung 116
Hutmanschetten 230
Hydraulikdichtungen 225

Innendruckprüfung 175
It-Dichtungen 63
It-Stoffe 14

Jute 9

Kammer (Formbeständige Packungen) 218
Kammprofilierte Dichtungen 90
Kammrillendichtung (Berechnung) 158
Kennwerte, Anmerkung zur Berechnung mittels der 150
Keramische Werkstoffe 21
Klammerverbindungen 185
Klebmuffen 106
Knet- und Stopfpackungen 195
Kolbenringe als Hydraulikdichtungen 240
Konstruktive Gesichtspunkte 180
Konusflanschverbindung 84
Kork 9
Kork-Kautschuk-Kompositionen 14
Kriechen 58
Kunstharze 15
Kunstkohle 18
Kunststoffe 15
Kunststoffdichtmittel 73

Längenabmessung der Verbindung, der Einfluß der Dichtung auf die 180
Lässigkeit, theoretische Ermittlung der 168
Lässigkeitsmessung (Übersicht), Methoden der 176
—, Qualitative Messung (Durch Beobachtung) 177
—, Quantitative Methoden 177
Laufgenauigkeit der Welle (Stange) 193
Lebensdauer 2
Lebensdauer (Muffendichtungen) 103
Leckspaltmodell nach Lok 174
Leder 8
Leistungsverlust 2
Linse 84
Linsenringe 85
Lippenringe 231
Lösbarkeit 2
Lötmuffen 106

Manschettendichtungen 239
Maßhaltigkeit (Ausgangsdicke, Ursprungsdicke) 174

Maßsysteme, Umrechnung 5
Mehrstoffdichtungen 66
— Dichtungen für niedrige Temperaturen 124
— in der Art von Weichdichtungen 67
Mehrteiliger Ring mit Vorspannung (formbeständige Packungen) 213
Membrandichtungen 271
Membrandichtungen, Abdichtung von Drehbewegungen 278
Membranschweißdichtung 99
Meßgrößen für die Undichtheit 178
Metall-bälge 271
— -dichtungen (Zylinderkopfdichtungen) 136
— -— mit geometrischer Beweglichkeit 41
— -hohlringe 85
— -Lippendichtungen 233
— -Manschettendichtungen 233
— -O-Ringe (Hochdruckdichtungen) 118
— -packungen 209
— -Weichstoff-Dichtungen (Zylinderkopfdichtungen) 135
— -Weichstoffpackungen 208
— -—, Aufbau 208
Metallische Mehrstoffdichtungen 67
Methode von Roth/Inbar 175
Mittel gegen das Kriechen der Dichtung 60
Monelmetall 21
Montage und Betrieb von Dichtungen 188
Muffendichtungen 102

Nachgiebigkeit (Muffendichtungen) 102
Nachprüfung der Kraft- und Verformungsverhältnisse 159
Naturgummi 11
Neoprene 10, 12
Nesselfasern 9
Niedere Temperaturen, Dichtungen für 120
Nietendichtungen 142
Nutringe 231

Oberflächenbeschaffenheit, Einfluß der 29
Oberflächenfeingestalt (Stopfbüchsen) 193
Omega-Schweißungen 100
O-Ringe (Hochdruckdichtungen) 117
O-Ringe (Hydraulikdichtungen) 225

Packungsschnüre 195
Papier 8
Pappe 8
Perbunan 12
Pflanzenfasern 9
Platin 21
Pneumatikdichtungen 225
Polyamide 16
Polytetrafluoräthylen PTFE 16
Polytrifluorchloräthylen 16
Polyvinylchlorid 16
Preßpassungen und Walzverbindungen 93
Preßsitz-Dichtringe 95
Profildichtungen mit vorwiegend elastischen Formänderungen der Dichtfläche 76

Prüfstände 176
Prüfungen für Dichtungswerkstoffe und für Dichtverbindungen 171

Quadring 229
Quellen 8
Querdehnung 6

Radiale Dichtungen (Hochdruckdichtungen) 112
Radialflächendichtungen 245
Reibung (Hydraulikdichtungen) 237
Reibungseigenschaften 6
Reibverschleißfestigkeit 16
Rillendichtungen 90
Ringbauarten (Hydraulik) 241
Ringe mit anderen Querschnitten 83
Ringfederelement als Dichtelement 96
Ringpaar (formbeständige Packungen) 219
Rißunempfindlichkeit 8
Röhrenmembrane 271
Rohrkupplungen 105
Rohrverschraubungen 127
Rohrverschraubungen mit Gewinden an den Rohrenden 132
Rückfederungsverlust (Relaxation) 6
Rundringe (bewegte Dichtungen) 225
Rundringe (O-Ringe) (ruhende Dichtungen) 78

Schlauchverschraubungen und Schlauchkupplungen 133
Schleifringdichtungen 245
Schmiegungsdichtungen 88
Schmiegungsdichtungen (Hochdruckdichtungen) 116
Schmierung (Stopfbüchsen) 263
Schraubmuffendichtungen 105
Schrifttum, Bemerkung zum — über Dichtungen 298
Schrumpfen 8
Schweißmuffen 106
Schweißringdichtungen 100
Schweißverbindungen, weitere Beispiele 100
Schwenkverschraubung 130
Selbstspannender Dichtring, nach innen federnd 213
Selbsttätige Dichtung 35
Selbsttätige Dichtung mit radialen Dichtflächen 11
Selbsttätige Stopfbüchsen 225
Silber 21
Silikone 12
Silikon-Kautschuk 14
Sintermetalle 21
Spaltdichtung (Hochdruckdichtung) 116
Spannung bei 10% bleibender Stauchung 6
Spannungsabbau 58
Spießkant- und Rillenprofile 90
Stabiles und labiles Verhalten; Stabilitätsgrenze, Stabilitätsbreite 171
Stahl 21

Stahlwasserbau, Dichtungen im 142
Standardrille nach Boon/Lok 175
Standkraft 6
Starre Muffenverbindungen 105
Stellite 21
Stemm-Muffen 105
Stirnflächendichtungen 245
Stoffschlüssige Verbindungen (Vakuumdichtungen) 121
Stopfbüchsen 190
—, Allgemeine Grundlagen 190
—, mit metallischen Liderung 209
—, Übersicht über die Bauarten 193
— und Dichtungen für Kernkraftanlagen 294
— -artige Dichtungen (Muffendichtungen) 102
— -muffen 105
— -raum (formbeständige Packungen) 220
Strahlverschleiß 6, 7
Stulpdichtungen 229

Teflon 16
Temperaturbeständigkeit 7
Thermoplastische Flachdichtungen 66
Thioplaste 12
Topfmanschetten 230
T-Ring 229
Trennung von Festigkeitsaufgabe und Dichtungsaufgabe 40
Trockenlaufdichtung 282
—, Aufbau der Kolben und Stopfbüchsen 284
—, Kunstkohlebasis 282
—, PTFE-Basis 284

Übersicht über die Hauptbauarten 50
Umrechnung der Maßsysteme 5
Undichtheitswege der Stopfbüchsenpackung 192
Undichtwerden, Vorgang bei Flachdichtungen 54
Undurchlässigkeit 7
Universelle Anwendbarkeit 3
Untersuchung des Verschleißverhaltens 176
Untersuchungen der Dichtverbindung 176
Ursachen für die Abnahme der Dichtkraft, weitere 61

Vakuumdichtungen 120
Verbindungen mit gummielastischen Dichtelementen (Vakuumdichtungen) 121
Verbindungselemente (Flanschen) 184
Verformbare (verdichtbare) Packungen 194
Vergußmuffen 108
Verhalten, das betriebliche — von Stopfbüchsen 261
Vermeiden von Doppelpassungen 182
Verschleiß (Hydraulikdichtungen) 237
Verschleißfestigkeit (Stopfbüchsen) 193
Verspannungsschaubild, Darstellung der Vorgänge im 159

Verteilung der Dichtkraft 61
Vorpreßkräfte, Einflüsse auf die 26
Vorspannfeder (formbeständige Packungen) 217
Vulkanfiber 9

Walzschweißverbindungen 98
Walzverbindungen 97
Wärmedehnung 7
Wärmeleitfähigkeit 7
Wärmeleitzahl des Dichtungswerkstoffes 2
Weichgraphit 17
Weichkupfer 21
Weichpackungen 194
Weichpackungsstopfbüchse, Durchmesser und Länge der Packung 202
—, konstruktive Ausführung 200
—, Wirkungsweise 196
Weichstoff-Formdichtungen 77
Weißmetall-Legierungen 21
Weitere Hinweise für den Entwurf von Dichtverbindungen 183
Wellblechringe 90
Wellmembranbälge 271
Wellrohre 271
Werkstoffe 4

Werkstoffe (Hydraulikdichtungen) 239
Werkstoffeigenschaften, die für die Dichtung wichtigsten 4
Winkelstulpe 233
Winkelverschraubung 130
Wirkungsweise, Berührungsstopfbüchsen 190
—, Manschettendichtungen 229
—, ruhender Berührungsdichtungen und Einflüsse auf das Dichtverhalten 25
—, Weichpackungsstopfbüchsen 196

X-Ring 229

Zeitdauer des Vorpressens, Einfluß 31
Zeitstandfestigkeit 6
Zugfestigkeit 14
Zunderbeständigkeit 8
Zusammendrückbarkeit 16
Zusammenfassung (Hydraulikdichtungen) 239
Zweck der Dichtungen 1
Zylinderkopfdichtungen 135
—, Metall-Dichtungen 136
—, Metall-Weichstoff-Dichtungen 135
Zylinderringe 222

MIX
Papier aus verantwortungsvollen Quellen
Paper from responsible sources
FSC® C105338

If you have any concerns about our products,
you can contact us on
ProductSafety@springernature.com

In case Publisher is established outside the EU,
the EU authorized representative is:
**Springer Nature Customer Service Center GmbH
Europaplatz 3, 69115 Heidelberg, Germany**

Printed by Libri Plureos GmbH
in Hamburg, Germany